U0389780

JIBING ZHENZHI CAISE TUPU

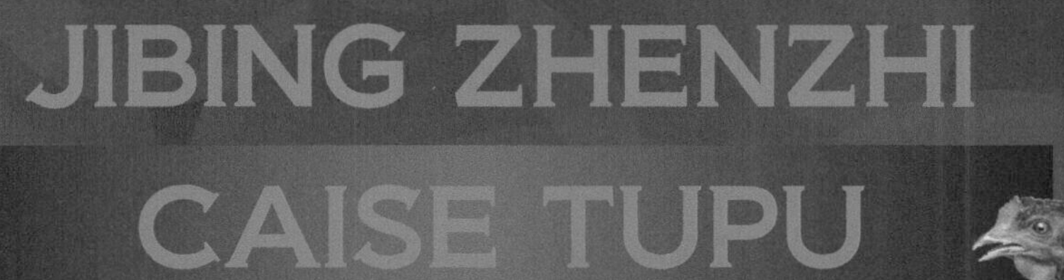

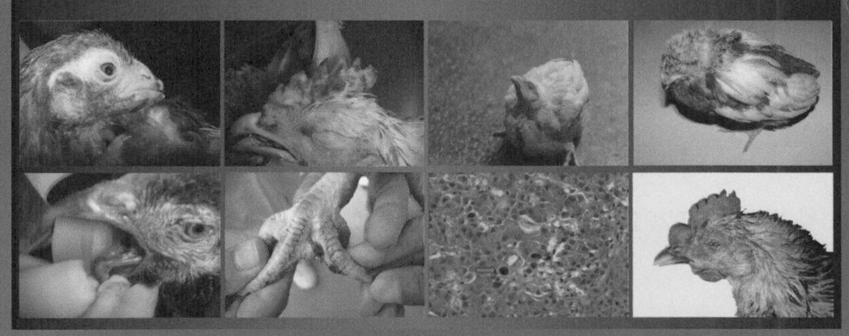

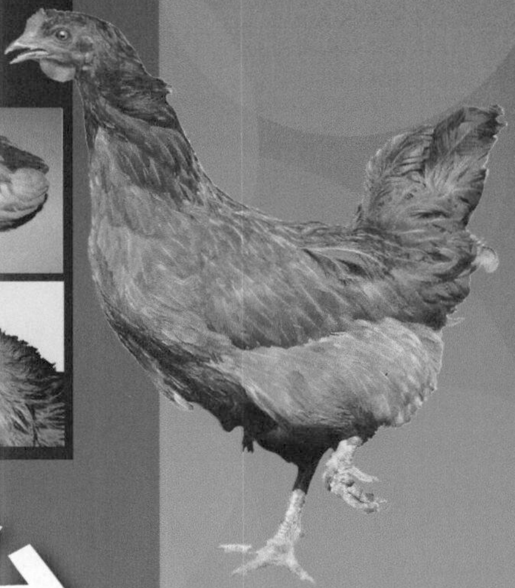

鸡病诊治彩色图谱

第二版

刁有祥 主编

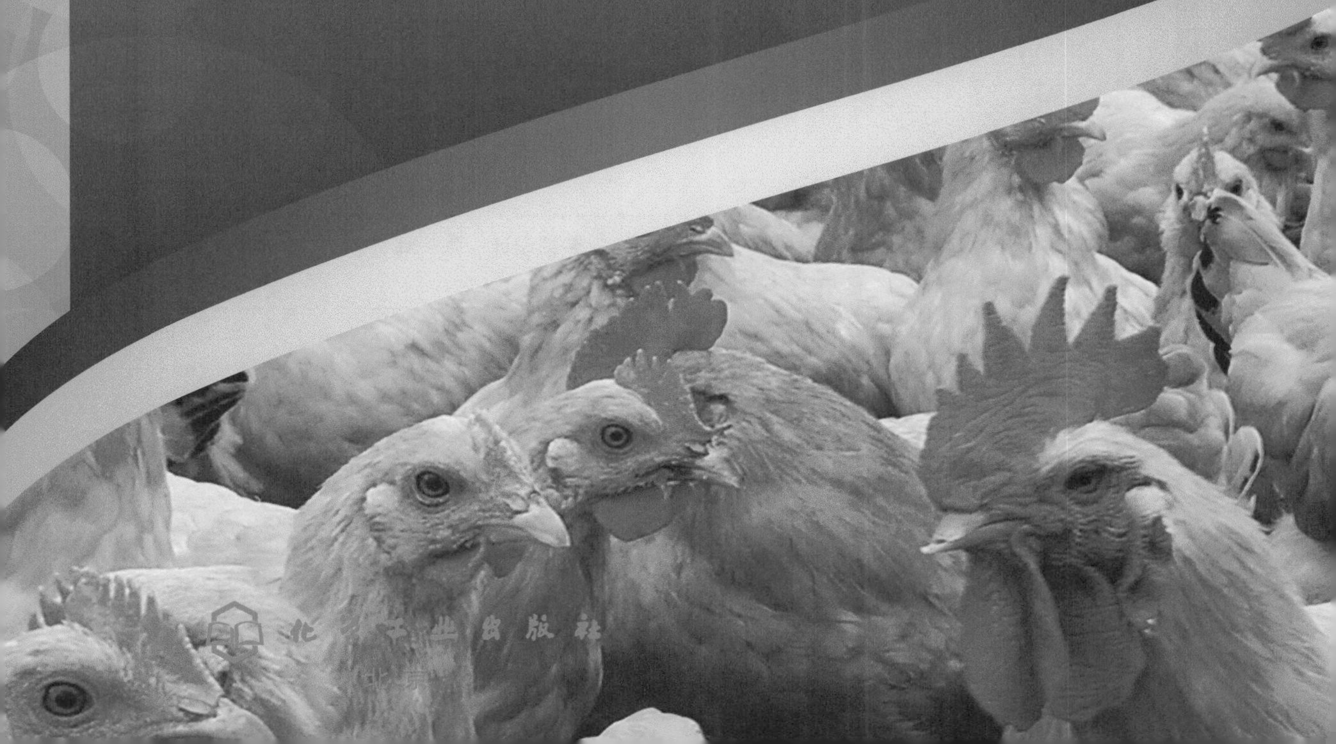

化学工业出版社

图书在版编目（CIP）数据

鸡病诊治彩色图谱/刁有祥主编．—2版．—北京：化学工业出版社，2018.2（2024.5重印）

ISBN 978-7-122-31318-8

Ⅰ.①鸡… Ⅱ.①刁… Ⅲ.①鸡病-诊疗-图谱 Ⅳ.①S858.31-64

中国版本图书馆CIP数据核字（2018）第001817号

责任编辑：邵桂林　　装帧设计：张　辉
责任校对：陈　静

出版发行：化学工业出版社（北京市东城区青年湖南街13号　邮政编码100011）
印　　装：北京盛通数码印刷有限公司
787mm×1092mm　1/16　印张24　字数557千字　2024年5月北京第2版第5次印刷

购书咨询：010-64518888　　售后服务：010-64518899
网　　址：http://www.cip.com.cn
凡购买本书，如有缺损质量问题，本社销售中心负责调换。

定　　价：150.00元

编写人员名单

主　　编　刁有祥

副 主 编　唐　熠　刁有江　杨金保

编写人员（按姓氏笔画排序）

刁有江　刁有祥　冯　涛

杨金保　唐　熠

前言

FOREWORD

《鸡病诊治彩色图谱》自2012年6月出版以来，已走过5个年头，5年来我国禽病研究发展迅速，新技术、新方法不断应用，新成果不断涌现。为进一步满足广大读者的迫切需要，我们在《鸡病诊治彩色图谱》第一版的基础上，对本书进行了补充和修订。

在第二版中，增加了近年来我国新发生的鸡病，如“心包积水-肝炎综合征”“肉鸡低血糖-尖峰死亡综合征”“鼻气管鸟疫杆菌感染”等，删除了国家禁用的药物和疫苗及由于应用此类药物引起的中毒内容；删除了部分像素较低的图片，增加了近年来新收集的清晰图片，图片数量由第一版的566幅，增加到现在的762幅。

本书在保持原书基本框架的基础上，系统介绍了鸡的传染病、寄生虫病、代谢病、中毒病、普通病的病原（病因）、流行特点、症状、病理变化、诊断、治疗及综合性防控措施，具有图文并茂、图片清晰、直观易懂、实用性强等特点。本书是广大从事鸡病防治工作者、动物检疫工作者、基层兽医的工具书，也是大专院校动物医学专业、动物科学专业、食品卫生检验等专业师生的重要参考书。

本书个别图片由其他专家提供，在此表示衷心感谢。虽尽努力，但由于笔者水平有限，书中不足之处在所难免，敬请各位专家、同行和广大读者批评指正。

编者

2018年1月

第一版前言

FOREWORD

近年来，我国养鸡业迅速发展，但鸡病的发生始终威胁着我国养鸡业的健康发展，鸡病一旦发生，往往造成严重的经济损失。为预防和控制鸡病的发生，保护和促进养鸡业的健康发展，作者根据多年从事禽病教学、科研和科技服务中收集的典型图片编写了《鸡病诊治彩色图谱》一书。

本书图文并茂，系统介绍了鸡的传染病、寄生虫病、营养代谢病、中毒病、普通病的病原、病因、流行特点、症状、剖检变化、诊断及综合性防治措施。具有图像清晰、直观易懂、内容翔实、系统性与科学性强、理论联系实际等特点。可让读者“看图识病，识病能治”，达到快速掌握各种鸡病诊断与防治的目的。本书可作为广大鸡病防治工作者和养鸡场技术人员、动检工作者、基层兽医的工具书，也是大专院校动物医学专业、食品卫生检验专业、养鸡和鸡病防治专业师生的重要参考书。

本书个别图片由其他专家提供，在此向提供图片的专家表示衷心感谢。由于编者水平有限，书中疏漏在所难免，不妥之处，恳请各位专家和广大读者不吝赐教。

编者

目 录

CONTENTS

第一章 鸡传染病

第二章　鸡寄生虫病

第三章　鸡代谢病

第四章 鸡中毒病

第五章 鸡普通病

参考文献

第一章　鸡传染病

第一节　病毒性传染病

1.新城疫

新城疫（Newcastle disease，ND）又名亚洲鸡瘟、伪鸡瘟。它是由新城疫病毒（Newcastle disease virus，NDV）引起的鸡和火鸡的一种急性高度接触性传染病。主要特征是呼吸困难，下痢，神经机能紊乱，黏膜和浆膜出血，出血性纤维素性坏死性肠炎，脾脏、胸腺、腔上囊及肠壁淋巴滤泡等淋巴组织坏死等。

本病于1926年首次发现于印度尼西亚的爪哇，以后迅速蔓延到整个东印度群岛。同年秋传到英国新城，由Doyle首次描述于欧洲，故命名为新城疫。本病分布于世界各地，是严重危害养鸡业的主要疾病之一。

【病原】

新城疫病毒属副黏病毒科（P aramyxoviridae）、副黏病毒亚科、腮腺炎病毒属。病毒粒子呈圆形，有囊膜，囊膜外面有突起，并含有血凝素和神经氨酸苷酶。病毒粒子的大小为120～300纳米，多数在180纳米左右，因具有囊膜，故对乙醚和其他脂溶剂敏感；并含有血凝素和神经氨酸苷酶，因此该病毒具有凝集红细胞的特性。因此，可用血凝抑制试验来鉴定新城疫病毒，也可用于诊断、流行病学调查和免疫程序的制定。

目前，新城疫病毒只有一个血清型，分为Class Ⅰ（1～9型）和Class Ⅱ（Ⅰ～Ⅹ型）两个分支，19个基因型。新城疫病毒基因组全长有15186、15192和15198个碱基3种形式。基因组长度有15186个碱基的新城疫病毒为Class Ⅱ（Ⅰ～Ⅳ），强毒、弱毒均有；有15192个碱基的新城疫病毒为Class Ⅱ（Ⅴ～Ⅸ），均为强毒；有15198个碱基的新城疫病毒为Class Ⅰ，均为弱毒。Class Ⅱ NDV包括了传统意义上的所有NDV毒株类型。当前我国流行的新城疫病毒多为Class Ⅱ中的Ⅶd基因亚型。

病毒存在于病鸡的血液、粪便、嗉囊液、脾、肝、肾、肺、气管、骨髓及脑等，以脑、脾、肺含毒量最高，骨髓含毒时间最长。有病母鸡，其早期所产的蛋常带毒。该病毒能在多种细胞培养基上生长，有致细胞病变作用，并使感染细胞形成蚀斑。本病毒在鸡舍内能存活7周，鸡粪内于50℃可存活5个半月，鸡尸体内的病毒在15℃可存活98天，骨髓内的病毒可存活134天。新城疫病毒对一般消毒剂的抵抗力不强，2%的氢氧化钠、1%来苏儿、3%石炭酸、1%～2%的甲醛溶液在几分钟内就能把它杀死。

【流行特点】

鸡、火鸡、珠鸡、野鸡、鹌鹑、鸽子、鹧鸪都有易感性，其中以鸡的易感性最高。外来鸡及其杂种鸡比本地鸡的易感性高，死亡率也大。各种年龄的鸡易感性也有差异，幼雏和中雏易感性最高，2年以上的老鸡易感性较低。新城疫一年四季都能发病，但以冬春季节多发，夏季发病减少，传统节日前后多发。新城疫的主要传染源是感染新城疫的病鸡，病鸡与健康鸡接触，经呼吸道和消化道感染。病鸡的分泌物中含大量病毒，病毒污染了饲料、饮水、地面、用具，经消化道感染。带病毒的尘埃、飞沫进入呼吸道，经呼吸道感染。此外，买卖、运输、乱屠宰病死鸡、带毒鸡或未经消毒处理的鸡产品是造成本病流行的重要原因。

【症状】

根据临床表现和病程的长短，可分为最急性型、急性型、亚急性型或慢性型三型。

最急性型：突然发病，常无特征症状而迅速死亡。

急性型：病初体温升高达43～44℃，食欲降低，精神委顿，不愿走动，垂头缩颈，眼半闭，状似昏睡（图1-1-1～图1-1-4）。随着病程的发展，病鸡咳嗽、呼吸困难，有黏液性鼻漏，常伸头，张口呼吸，并发出“咯咯”的喘鸣声，鸡冠及肉髯渐变暗红色或暗紫色（图1-1-5～图1-1-7）。口角常流出大量黏液，为排出此黏液，病鸡常作摇动或吞咽动作。病鸡嗉囊内充满液体（图1-1-8），倒提时常有大量酸臭的液体从口内流出（图1-1-9）。粪便稀薄，呈黄绿色或黄白色，后期排蛋清样的粪便（图1-1-10、图1-1-11）。产蛋鸡产蛋量下降，软壳蛋、无壳蛋、褪色蛋、砂壳蛋等畸形蛋增多（图1-1-12、图1-1-13）。有的病鸡还出现神经症状，如翅、腿麻痹等，最后体温下降，不久死亡。

刁有祥 摄

图1-1-1 病鸡精神沉郁，垂头缩颈，羽毛蓬松

图1-1-2 病鸡精神沉郁，羽毛蓬松

刁有祥 摄

图1-1-3 病鸡精神沉郁，垂头缩颈，闭眼嗜睡

图1-1-4 病鸡精神沉郁，羽毛蓬松，闭眼嗜睡

图1-1-5 病鸡呼吸困难

图1-1-6 病鸡伸颈张口气喘

图1-1-7 病鸡鸡冠发紫

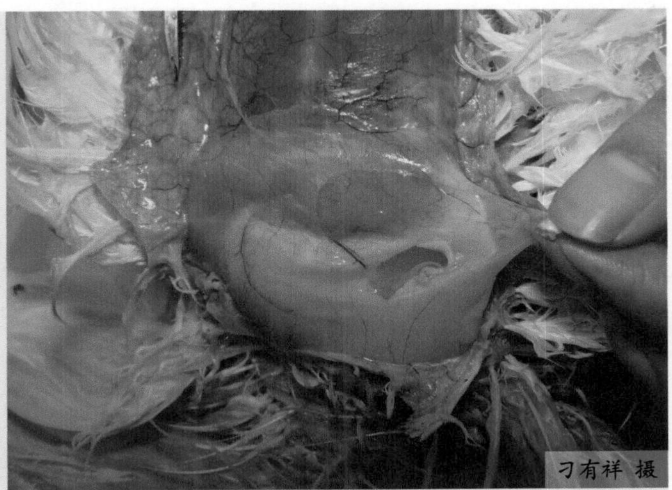

图1-1-8 嗉囊中充满大量液体

刁有祥 摄

图1-1-9 口腔中流出的液体

图1-1-10 病鸡排黄白色稀便

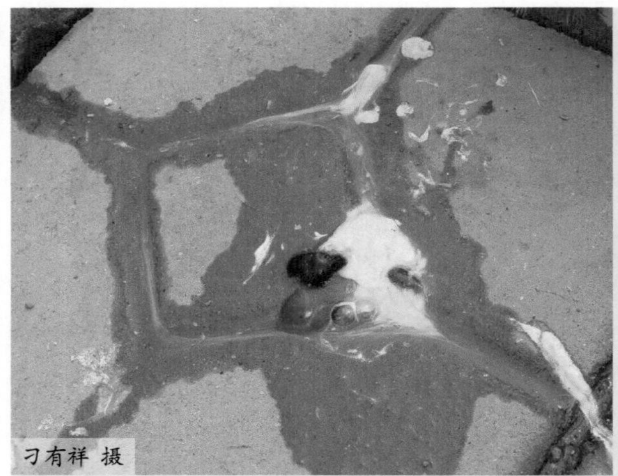

图1-1-11　病鸡排蛋清样稀便

图1-1-12　病鸡产褪色蛋、软壳蛋、砂壳蛋

图1-1-13　病鸡产软壳蛋、无壳蛋

慢性型：多由急性转变而来，病鸡翅、腿麻痹，跛行或站立不稳（图1-1-14～图1-1-16），头颈向一侧歪斜，或向后、扭转，常伏地旋转，动作失调，反复发作，受刺激后加重（图1-1-17～图1-1-21）。除部分可以康复外，一般经10～20天死亡。此型多发生于流行后期的成年鸡，致死率较低。

刁有祥 摄

图1-1-14 病鸡翅、腿麻痹，不能站立

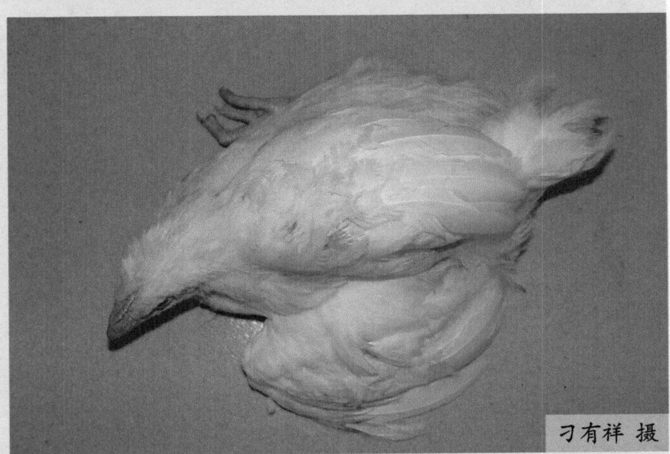
刁有祥 摄

图1-1-15 病鸡翅、腿麻痹，瘫痪，不能站立

刁有祥 摄

图1-1-16 病鸡瘫痪，不能站立

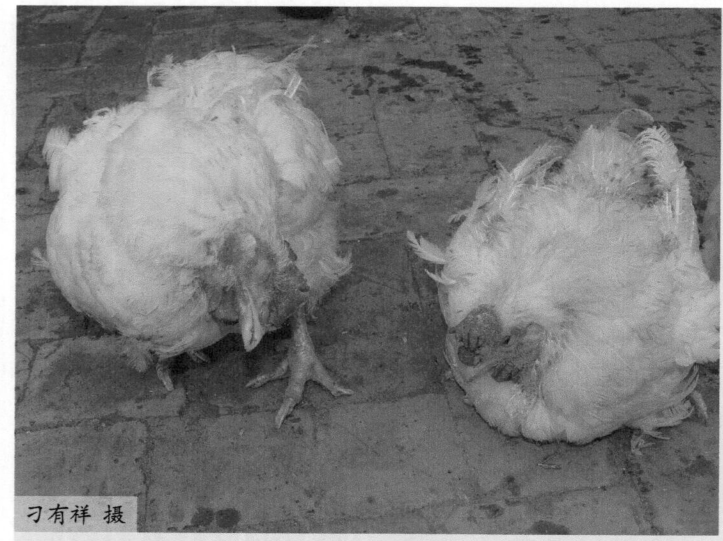

图1-1-17 病鸡精神沉郁，头颈歪斜

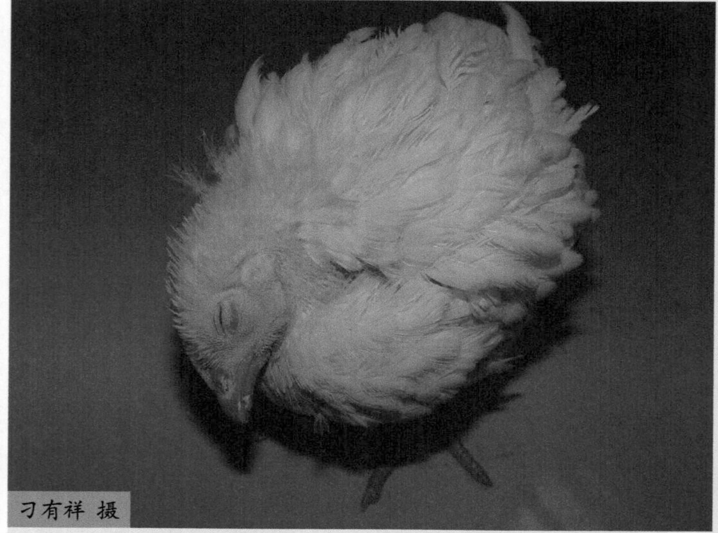

图1-1-18 病鸡头颈歪斜

图1-1-19 病鸡头颈扭转（一）

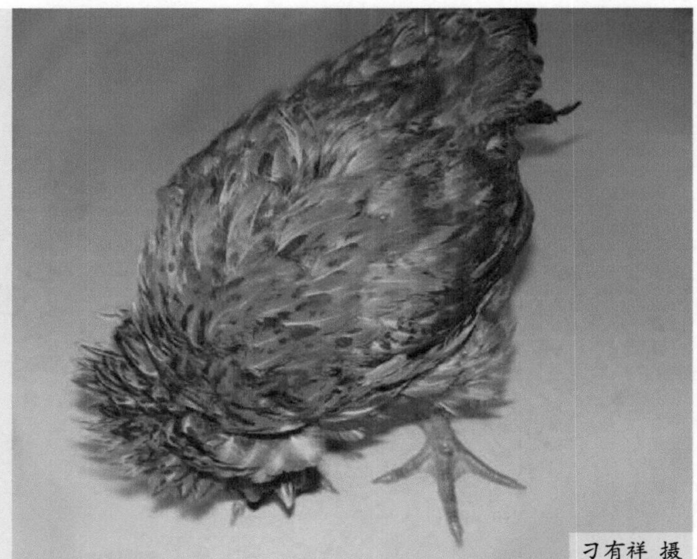

图1-1-20 病鸡头颈扭转（二）

图1-1-21 病鸡头颈后仰

【病理变化】

本病的病理变化具有败血症的病变特征，全身黏膜、浆膜出血，淋巴系统肿胀，出血和坏死，以消化道和呼吸道最明显。

最急性型：由于发病急骤，多数没有肉眼可见的病变，个别死亡鸡可见胸骨内面（图1-1-22）及心外膜上有出血点（图1-1-23）。

急性型：病变比较特征，口腔中有多量黏液和污物，嗉囊内充满多量酸臭液体和气体，食道与腺胃交界处有出血斑、出血带或溃疡（图1-1-24）。腺胃肿胀，乳头出血，严重者乳头间腺胃壁出血，肌胃角质膜下出血（图1-1-25～图1-1-28）。肠道充血或严重出血，以十二指肠和直肠后段最严重。十二指肠常呈弥漫性出血，肠道淋巴滤泡有枣核状出血，常突出于黏膜表面，局部肠管膨大，充满气体和粥样内容物；盲肠扁桃体严重肿胀、出血和坏死。病程稍长者，肠黏膜上可出现纤维素性坏死灶，去掉坏死假膜，即可见溃疡（图1-1-29～图1-1-31）。直肠黏膜常密布针尖大小的出血点（图1-1-32），盲肠扁桃体出血（图1-1-33）。

图1-1-22 胸膜表面有大小不一的出血点

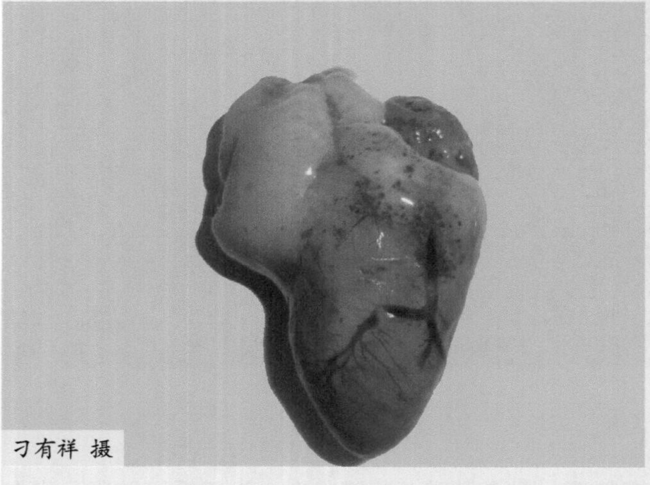

图1-1-23 心冠脂肪大小不一的出血点

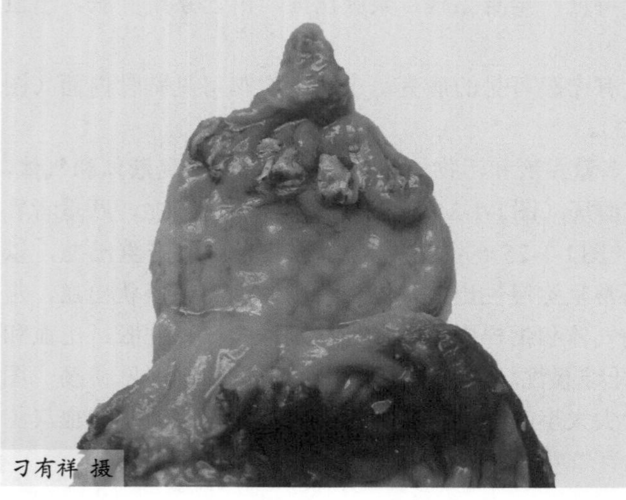

图1-1-24 腺胃与食道移形部交界处有溃疡

图1-1-25 腺胃乳头出血，肌胃角质膜下出血（一）

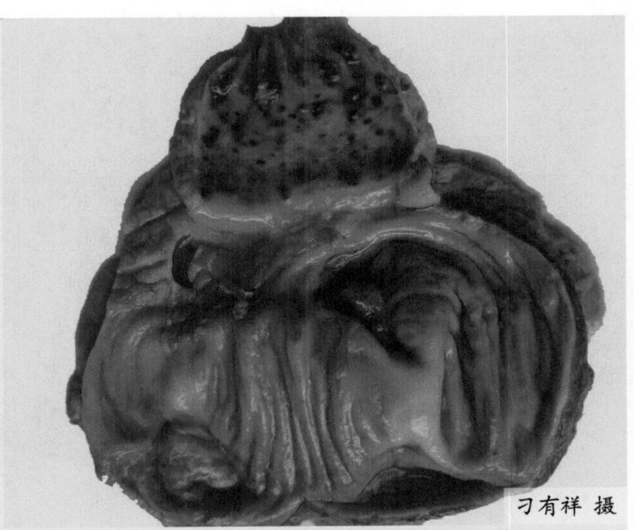

图1-1-26 腺胃乳头出血，肌胃角质膜下出血（二）

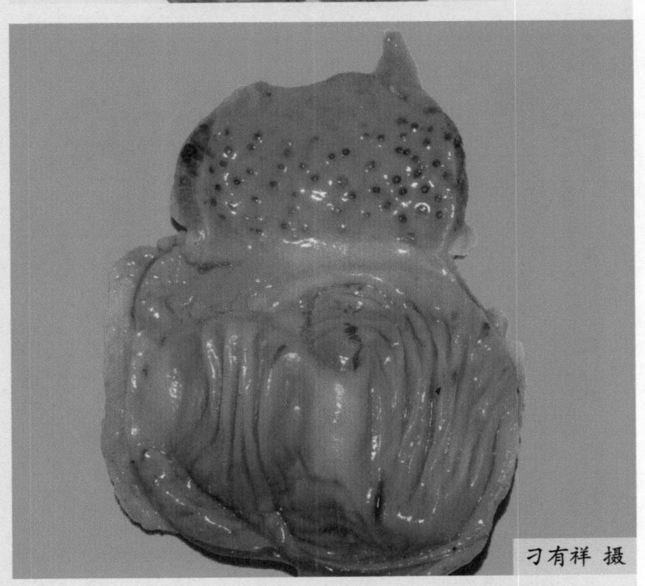

图1-1-27 腺胃乳头出血，肌胃角质膜下出血（三）

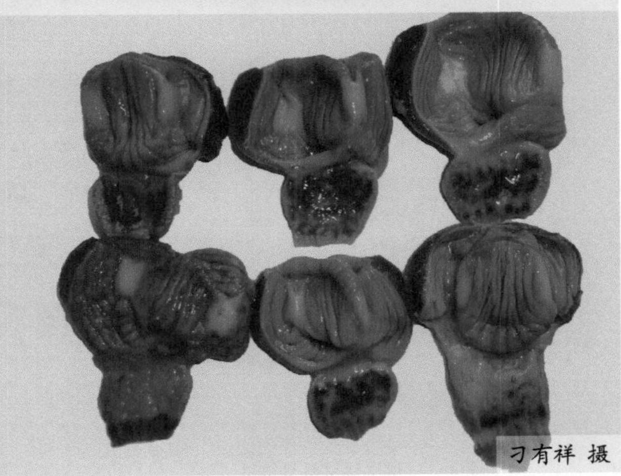

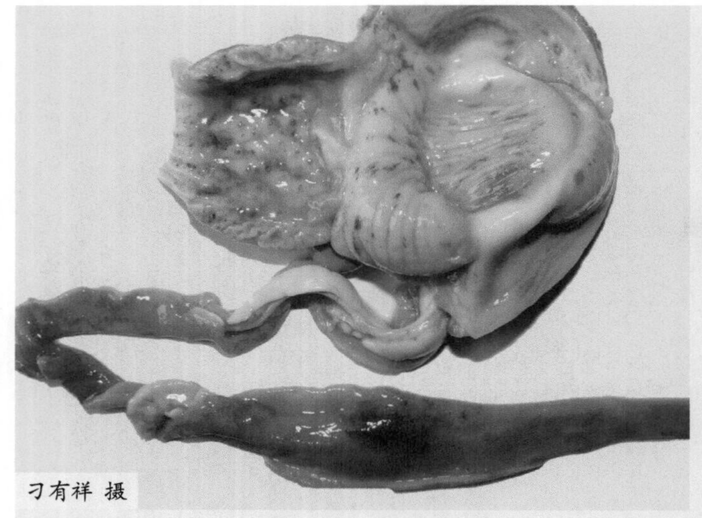

图1-1-28 腺胃肿胀，乳头出血，肌胃角质膜下出血，十二指肠有枣核样出血

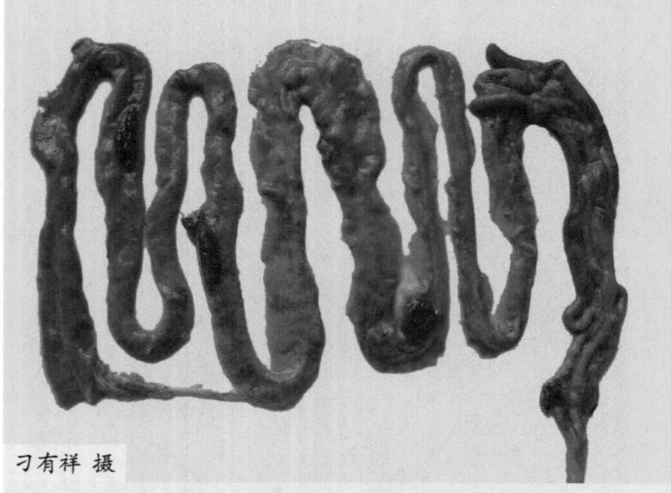

图1-1-29 肠道淋巴滤泡有枣核状溃疡，盲肠扁桃体出血

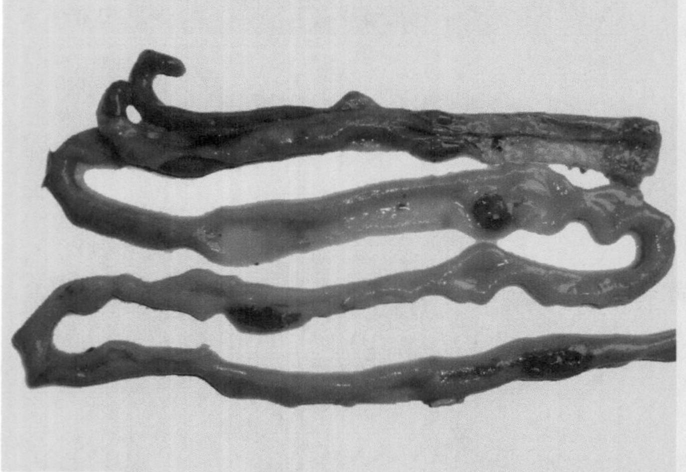

图1-1-30 肠道淋巴滤泡有枣核状溃疡

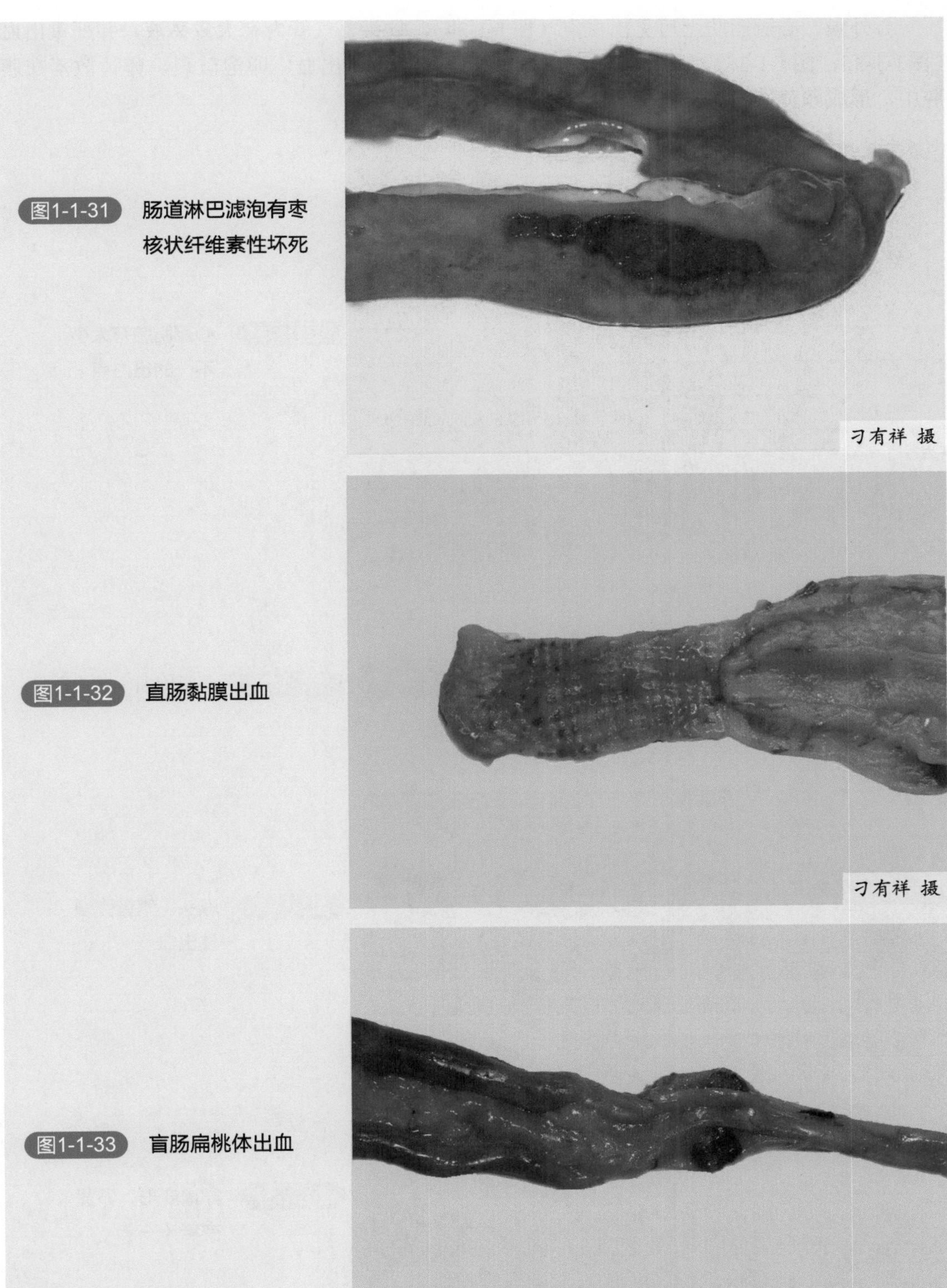

图1-1-31 肠道淋巴滤泡有枣核状纤维素性坏死

刁有祥 摄

图1-1-32 直肠黏膜出血

刁有祥 摄

图1-1-33 盲肠扁桃体出血

刁有祥 摄

心外膜、心冠脂肪上可见出血点（图1-1-34），喉头、气管内有大量黏液，并严重出血（图1-1-35、图1-1-36），产蛋鸡卵泡变形，卵泡膜充血、出血，卵泡破裂，卵黄散落在腹腔中，形成卵黄性腹膜炎（图1-1-37～图1-1-39）。

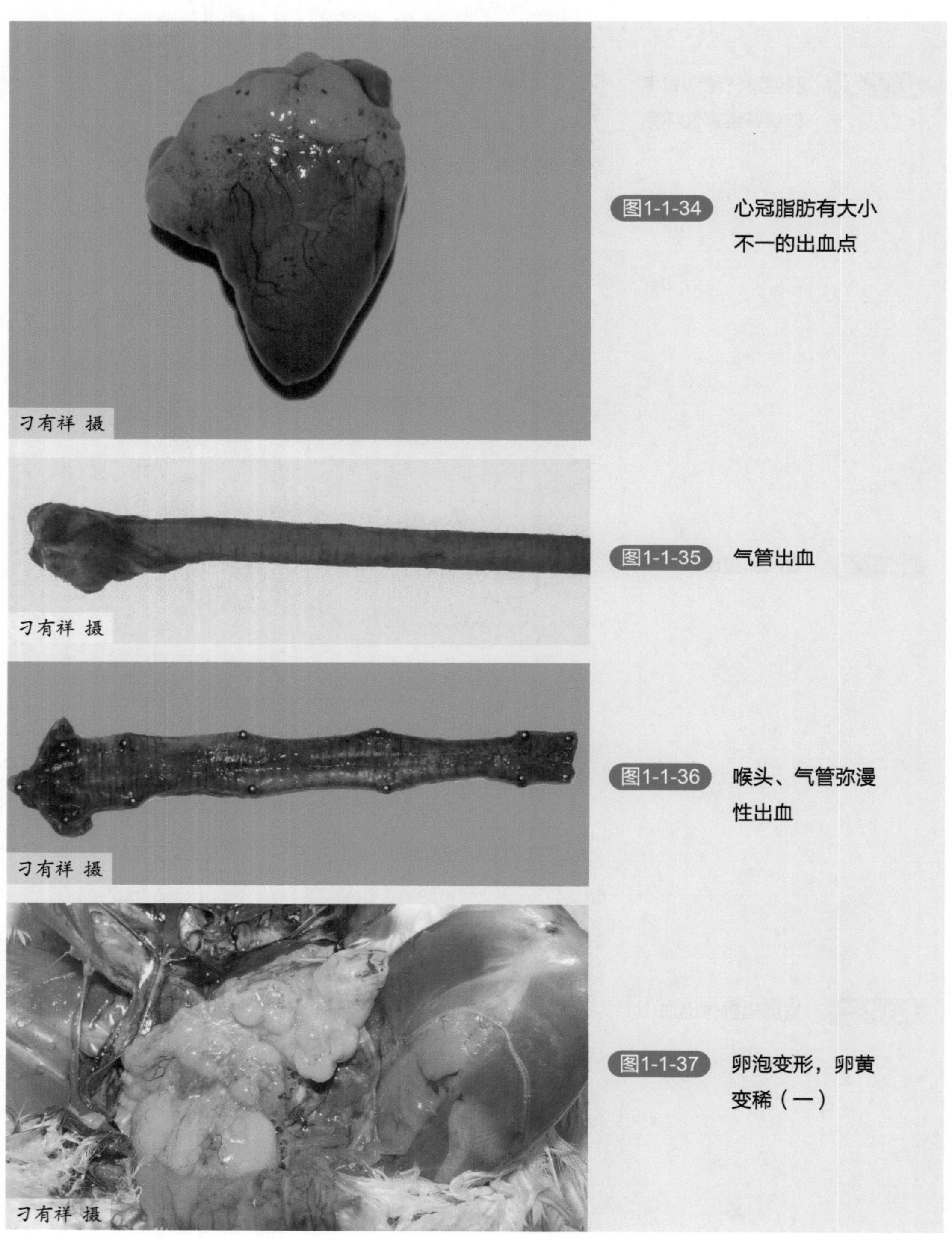

图1-1-34 心冠脂肪有大小不一的出血点

图1-1-35 气管出血

图1-1-36 喉头、气管弥漫性出血

图1-1-37 卵泡变形，卵黄变稀（一）

慢性型：剖检变化不明显，个别鸡可见肠卡他性炎症，盲肠扁桃体肿胀、出血，小肠黏膜上有纤维素性坏死，脑膜充血、出血（图1-1-40）。

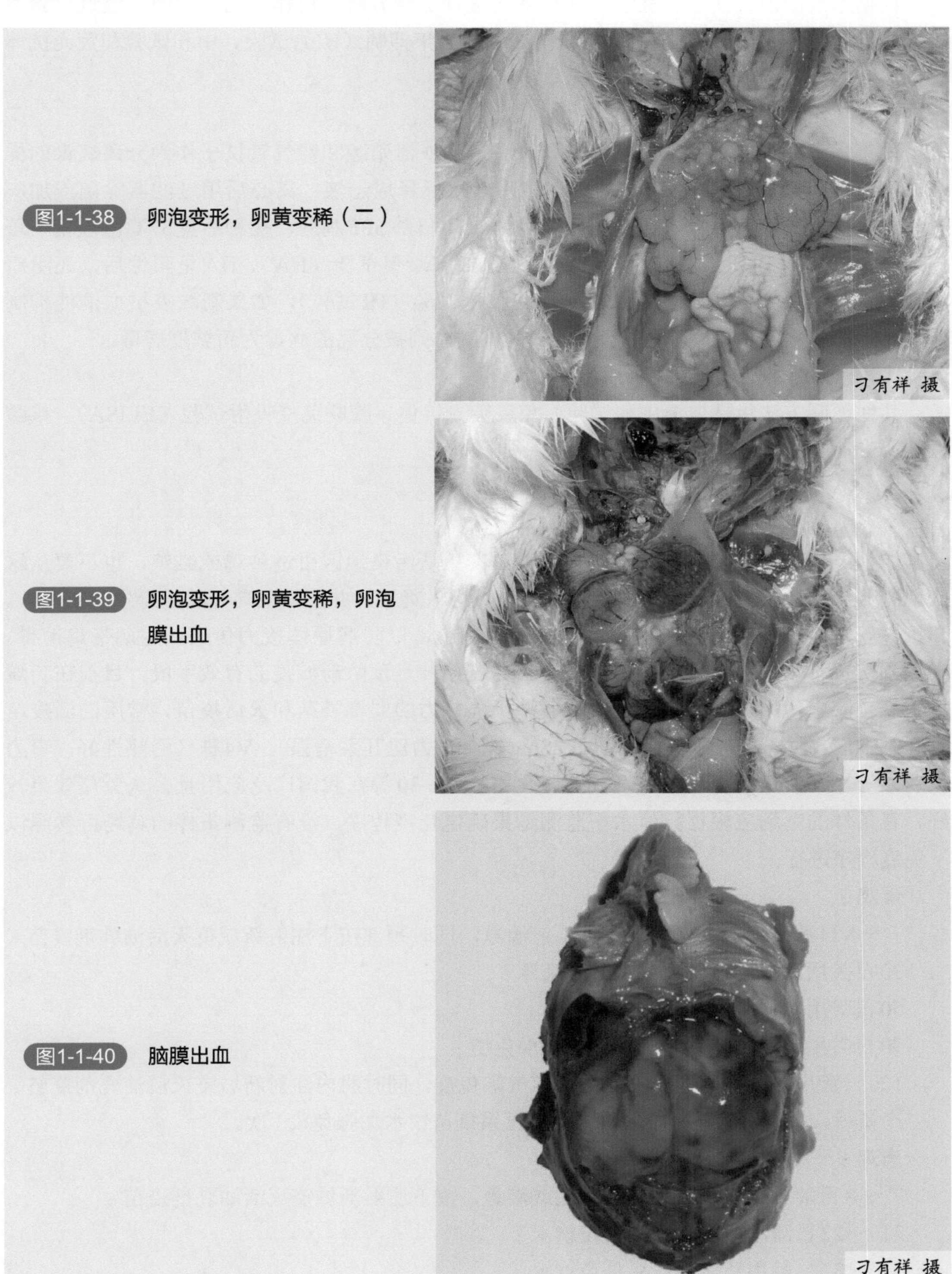

图1-1-38 卵泡变形，卵黄变稀（二）

图1-1-39 卵泡变形，卵黄变稀，卵泡膜出血

图1-1-40 脑膜出血

【诊断】

根据本病的流行病学、症状和病理变化进行综合分析，可作出初步诊断。通过实验室进行病毒的分离、红细胞凝集（HA）与红细胞凝集抑制（HI）试验、中和试验和荧光抗体等方法可确诊。

1.病毒分离与鉴定

采集病、死鸡的气管、支气管、肺、肝、脾或泄殖腔和喉气管拭子作为分离病毒的样品。将病料研磨成乳剂，按1 ∶ 5加入生理盐水稀释成悬液，离心后用过滤器除菌或加庆大霉素等抗生素除菌。经尿囊腔途径接种9 ～ 10日龄SPF鸡胚，接种后置37℃恒温箱中培养。收集72小时内死亡鸡胚尿囊液，进行红细胞凝集试验（HA）。HA呈阳性后，还用新城疫抗血清对分离的病毒进行红细胞凝集抑制试验（HI试验），如果新城疫抗血清能抑制被分离物的HA活性，而其他血清不能将其抑制，则被分离的病毒为新城疫病毒。

2.其他诊断方法

其他诊断方法包括血清中和试验、免疫荧光抗体、酶联免疫吸附试验（ELISA）、核酸探针、RT-PCR等分子生物学技术。

【预防】

加强卫生管理，防止病原体侵入鸡群。禁止从污染地区引进种鸡或雏鸡，也不要从这些地区购买饲料、养鸡设备等，禁止无关人员进入鸡场，并防止飞鸟和其他野生动物侵入。在饲养管理上，应实行全进全出的饲养管理制度，以防病原体接力传染。定期带鸡消毒。定期预防接种，增强鸡群的特异免疫力。免疫接种是预防新城疫的有效手段，目前在新城疫免疫预防中使用的常规疫苗主要有各种不同毒力的弱毒疫苗和灭活疫苗。常用的活疫苗有Ⅱ系、Ⅲ系（毒力较弱）、Ⅳ系（LaSota株，毒力比Ⅱ系稍强）、V4株（耐热性好，毒力最弱）等。其中Ⅳ系苗LaSota及其克隆化株Clone-30等在我国广泛应用且公认免疫效果较好。有条件的鸡场应根据抗体水平监测结果确定免疫程序，没有监测条件的鸡场可参照以下免疫程序进行。

蛋鸡：

7 ～ 8日龄用新城疫Ⅳ系疫苗点眼或滴鼻，同时颈部皮下注射新城疫灭活油乳剂疫苗；

30日龄用新城疫Ⅳ系疫苗点眼或滴鼻；

50日龄用新城疫Ⅳ系疫苗气雾免疫；

90日龄用新城疫Ⅳ系疫苗气雾或饮水免疫；

120日龄用新城疫用新城疫Ⅳ系疫苗气雾免疫，同时肌内注射新城疫灭活油乳剂疫苗；

产蛋后，每隔1个月左右，用新城疫Ⅳ系疫苗饮水加强免疫1次。

肉鸡：

7 ～ 8日龄用新城疫Ⅳ系疫苗点眼或滴鼻，皮下注射新城疫灭活油乳剂疫苗；

21 ～ 22日龄用新城疫Ⅳ系疫苗饮水；

31 ～ 32日龄用新城疫Ⅳ系疫苗饮水。

土杂鸡：

7～8日龄用新城疫Ⅳ系疫苗点眼或滴鼻，皮下注射新城疫灭活油乳剂疫苗；

24～25日龄用新城疫Ⅳ系疫苗饮水；

50～55日龄用新城疫Ⅳ系疫苗饮水。

【治疗】

鸡群发病后，无特异治疗方法，应采取紧急免疫的措施。可视鸡的日龄大小，用Ⅳ系疫苗倍量点眼或饮水，若为产蛋鸡用Ⅳ系疫苗饮水，以避免应激反应。发病鸡尽量避免注射，以免通过针头传播强毒而引起大批死亡。

2.禽流感

禽流感（Avian influenza，AI）是由A型流感病毒（Avian influenza Virus type A）中的任何一型引起的一种感染综合征。

本病于1878年首次发现于意大利，目前几乎遍布世界各地。该病曾称为鸡瘟（Fowl plague），第一届禽流感国际研讨会建议取消该名，改名为高致病性禽流感（Highly pathogenic avian influenza，HPAI）。

【病原】

A型流感病毒属正黏病毒科（O rthomyxoviridae family）、正黏病毒属的病毒。该病毒的核酸型为单股RNA，病毒粒子一般为球形，直径为80～120纳米（图1-1-41），但也常有同样直径的丝状形式，长短不一。病毒粒子表面有长10～12纳米的密集钉状物或纤突覆盖，病毒囊膜内有螺旋形核衣壳。两种不同形状的表面钉状物是血凝素（HA）和神经氨酸酶（NA）。HA和NA是病毒表面的主要糖蛋白，具有种（亚型）的特异性和多变

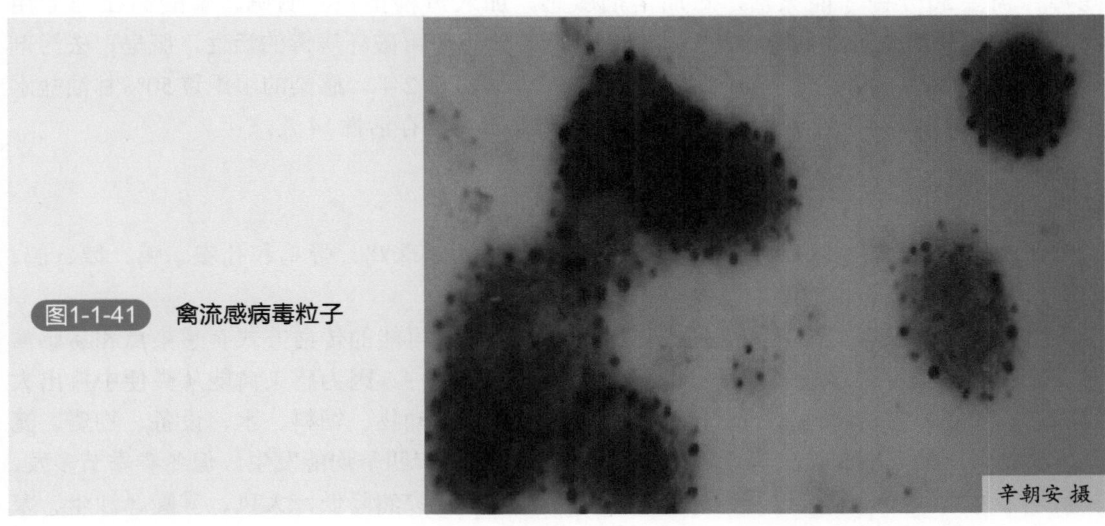

图1-1-41 禽流感病毒粒子

辛朝安 摄

性，在病毒感染过程中起着重要作用。HA是决定病毒致病性的主要抗原成分，能诱发感染宿主产生具有保护作用的中和抗体，而NA诱发的对应抗体无病毒中和作用，但可减少病毒增殖和改变病程。流感病毒的基因组极易发生变异，其中以编码HA的基因的突变率最高，其次为NA基因。迄今已知有18种HA和11种NA，不同的HA和NA之间可能发生不同形式的随机组合，从而构成许许多多的不同亚型。现已发现的流感病毒亚型至少有80多种，其中绝大多数属非致病性或低致病性，高致病性亚型主要是含H5和H7的毒株，如H5N1、H5N2、H5N5、H5N6、H5N8、H7N3、H10N8，低致病性流感病毒常见的有H9N2、H7N9、H6N4。但应注意，某些低致病性流感病毒在流行过程中会突变为高致病性毒株，如H7N9流感病毒，目前既有低致病性毒株，又有高致病性毒株。

流感病毒抗原性变异的频率很高，主要以两种方式进行——抗原漂移（Antigenic drift）和抗原转变（Antigenic shift）。抗原漂移可引起血凝素或神经氨酸酶的次要抗原变化，而抗原转变可引起血凝素或神经氨酸酶的主要抗原变化。抗原漂移是由编码血凝素和神经氨酸酶蛋白的基因发生点突变引起的，是在免疫群体中筛选变异体的反应。抗原转变是指当细胞感染两种不同的流感病毒时，病毒基因组的特定片段允许片段发生重组，有可能产生256种遗传学上不同的子代病毒。这种活性称为遗传重组。现在认为人类和禽类病毒的遗传重组，是新的大流行毒株出现的机制。

流感病毒能凝集鸡和某些哺乳类动物的红细胞。由于病毒吸附于红细胞表面的黏蛋白受体上而产生血凝反应，随后，在适宜条件下，又由于病毒的神经氨酸苷酶的作用，使受体黏蛋白的N拟乙酰神经氨酸侧链劈开，又被解离。吸附率和解离率以及血凝作用对非特异性抑制物的敏感性，随不同的流感病毒而异。解离之后，该红细胞即不再能被同一病毒凝集。所有毒株均易在鸡胚以及鸡和猴的肾组织培养中生长，有些毒株也能在家兔、公牛和人的细胞培养中生长。在组织培养中能引起血细胞吸附，并常产生病变。大多数毒株能在鸡胚成纤维细胞培养中产生蚀斑。有些毒株在鸡、鸽或人的细胞培养中生长后，对鸡的毒力减弱。

病毒子在不同基质中的密度为1.19～1.25克/毫升。通常在56℃经30分钟灭活，某些毒株需要50分钟才能灭活，对脂溶剂敏感。加入鱼精蛋白、明矾、磷酸钙在–5℃用25%～35%甲醇处理使病毒沉淀后，仍保持活性。甲醛可破坏病毒的活性，肥皂、去污剂和氧化剂也能破坏其活性。冻干后病毒在–70℃下可存活2年。感染的组织置50%甘油盐水中在0℃病毒可保存活性数月。在干燥的灰尘中病毒可保存活性14天。

【流行特点】

禽流感在家禽中以鸡和火鸡的易感性最高，其次是珠鸡、野鸡和孔雀。鸭、鹅、鸽、鹧鸪、鹌鹑、麻雀等也能感染。

感染禽从呼吸道、结膜和粪便中排出病毒。因此，可能的传播方式有感染禽和易感禽的直接接触传播，通过被病毒污染的气溶胶间接传播两种。因为感染禽能从粪便中排出大量病毒，所以，被病毒污染的任何媒介，如鸟粪和哺乳动物、饲料、水、设备、物资、笼具、衣物、运输车辆和昆虫等，都易传播疾病。本病一年四季均能发生，但冬春季节多发，夏秋季节发病减少。脱温过早、通风量过大，导致舍温突然降低，大风、雾霾、沙尘、寒流等恶劣天气，饲料中营养物质缺乏均能促进该病的发生。本病能否垂直传播，现在还没有充分的证据证实，但当母鸡感染后，鸡蛋的内部和表面可存有病毒。人工感染母鸡，在感染后3～4天几乎所产的全部鸡蛋都含有病毒。

【症状】

高致病性禽流感：多由高致病性流感病毒引起，如H5N1、H5N2、H5N6、H5N8等，病鸡不出现前驱症状，发病后急剧死亡，死亡率可达90%～100%（图1-1-42）。发病稍慢的鸡可见精神沉郁，闭眼嗜睡（图1-1-43～图1-1-45），鸡冠、肉髯出血、坏死，呈紫黑色（图1-1-46～图1-1-49），头部、腿部皮肤出血（图1-1-50～图1-1-54），胸腹部皮肤出血（图1-1-55），死后头部呈紫黑色（图1-1-56）。发病后期个别鸡出现扭头、转圈、头颈后仰等神经症状（图1-1-57）。

图1-1-42 因高致病性禽流感死亡的鸡

图1-1-43 病鸡精神沉郁，闭眼嗜睡，羽毛蓬松

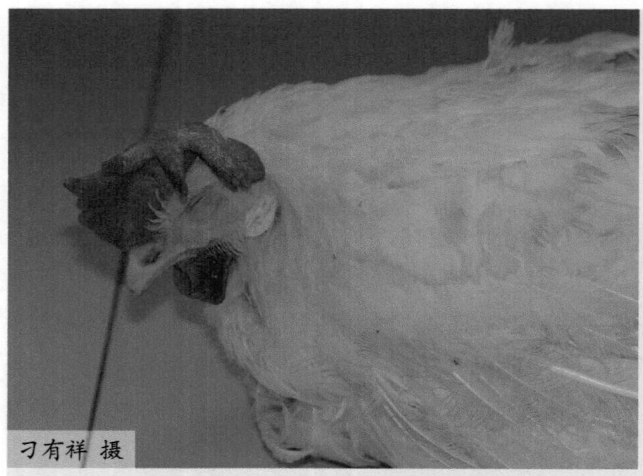

图1-1-44 病鸡精神沉郁，闭眼嗜睡

图1-1-45 病鸡精神沉郁

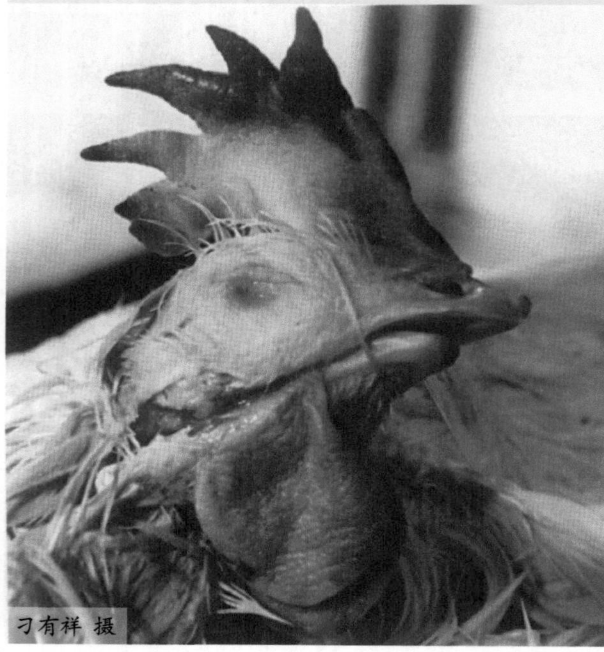

图1-1-46 鸡冠、肉髯呈紫黑色、坏死

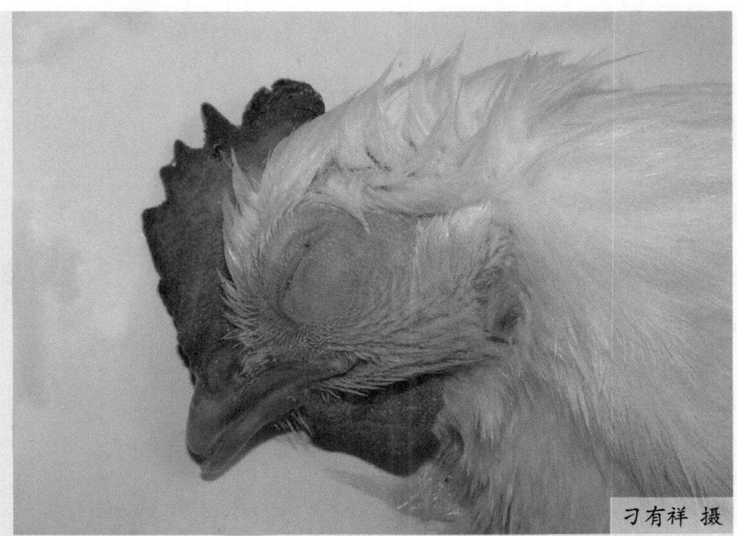

图1-1-47 鸡冠呈紫黑色、坏死

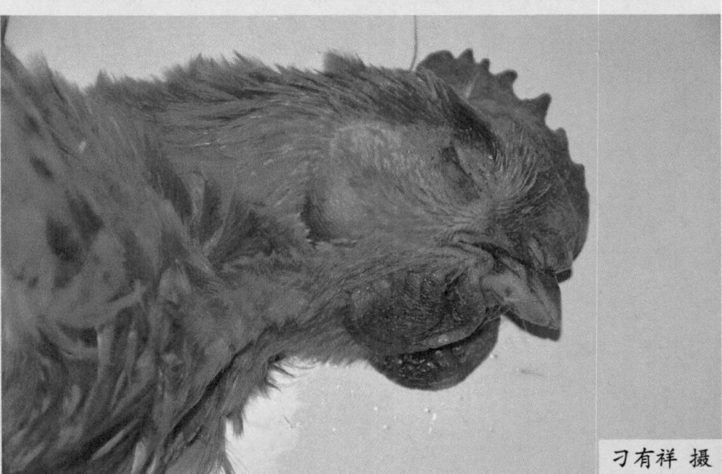

图1-1-48 鸡冠、肉髯呈紫黑色，肉髯坏死

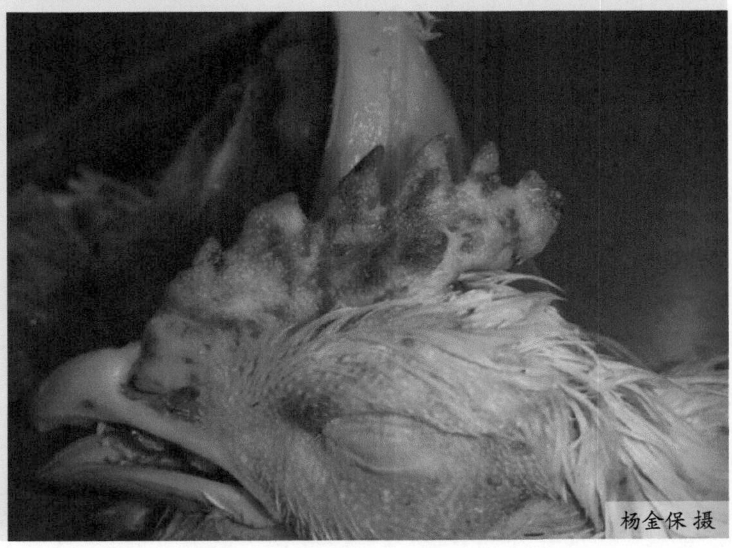

图1-1-49 鸡冠出血

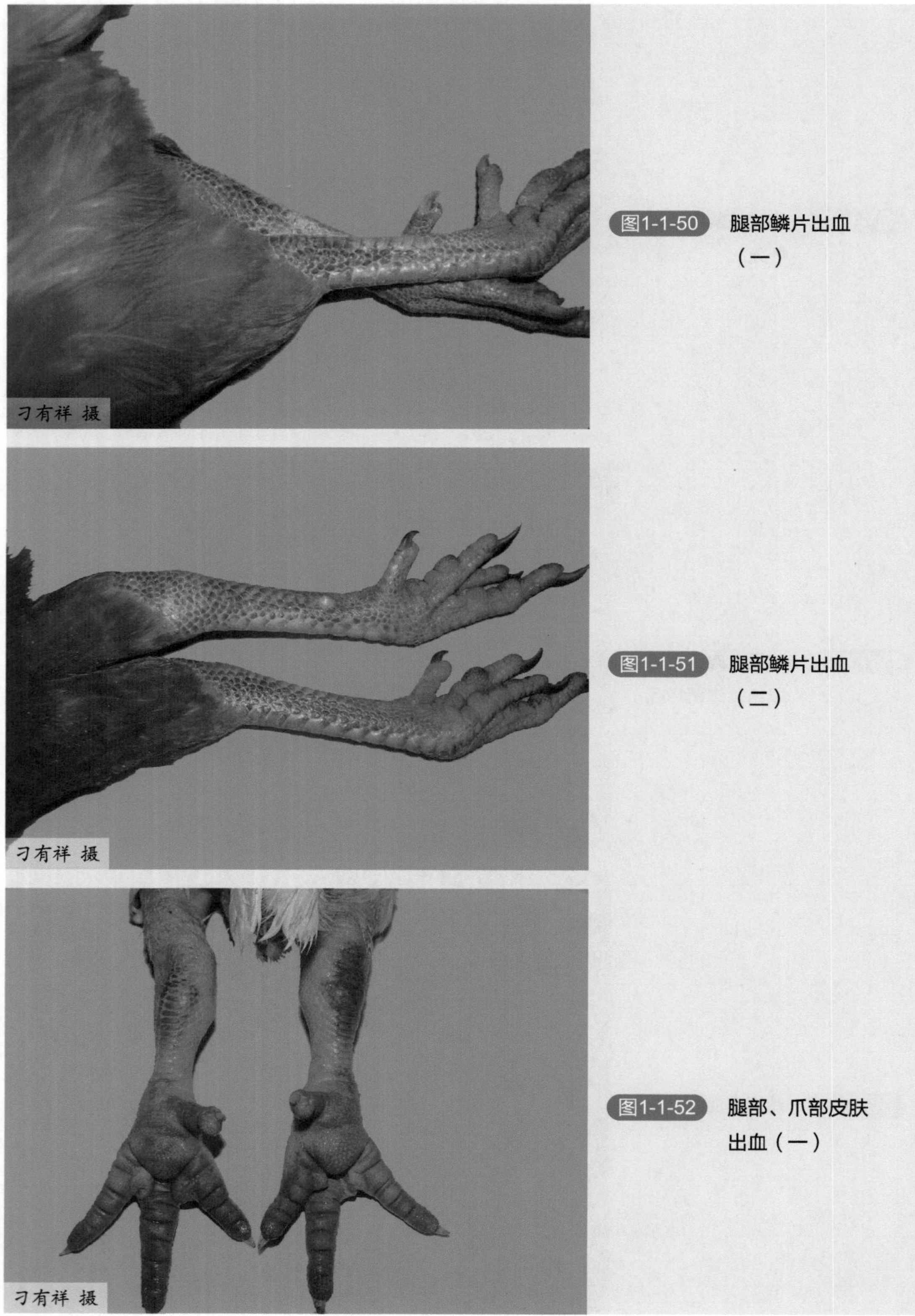

图1-1-50 腿部鳞片出血（一）

图1-1-51 腿部鳞片出血（二）

图1-1-52 腿部、爪部皮肤出血（一）

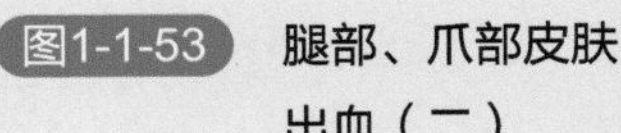

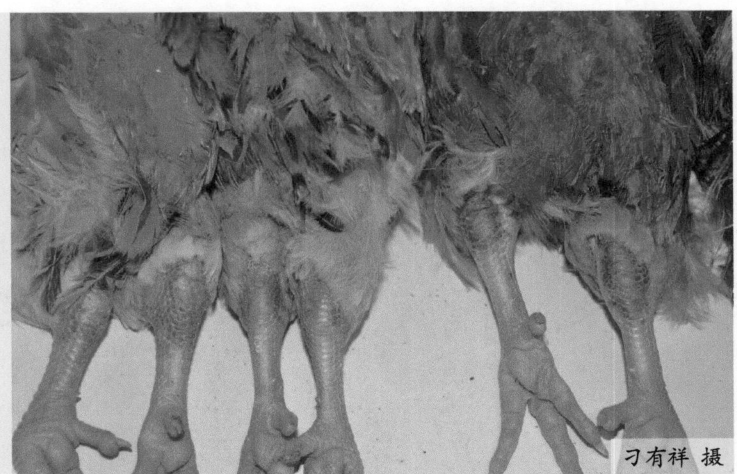

图1-1-53 腿部、爪部皮肤出血（二）

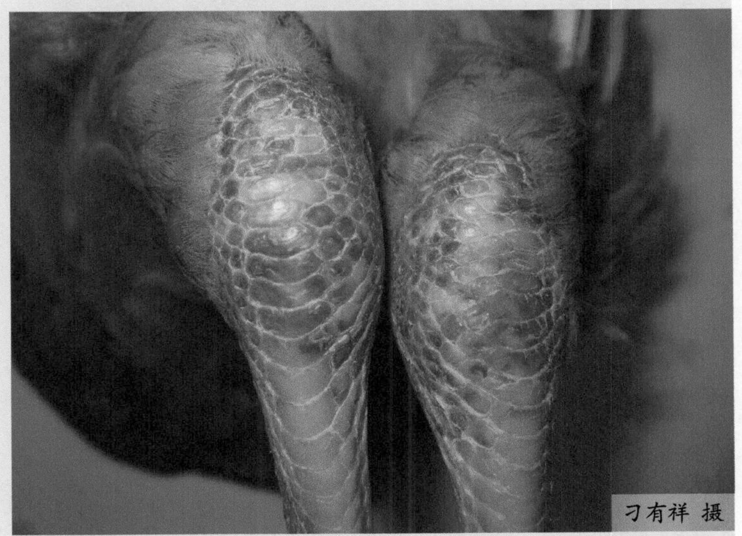

图1-1-54 腿部皮肤鳞片出血

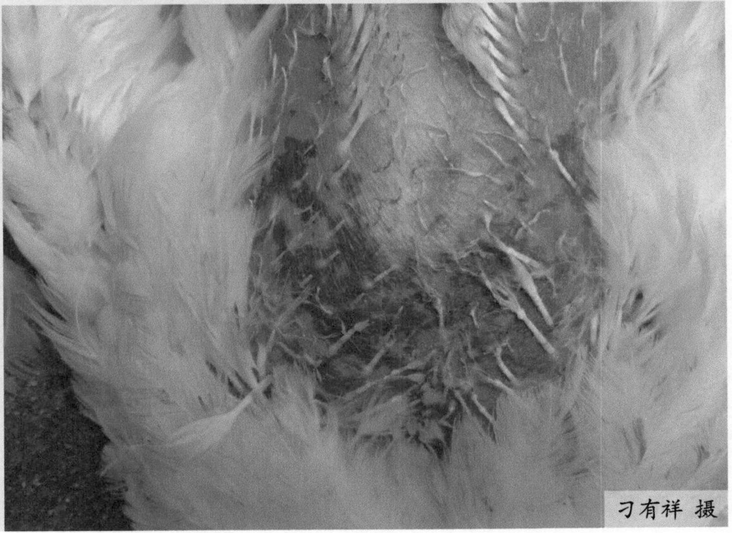

图1-1-55 胸腹部皮肤出血，呈紫红色

图1-1-56 死亡鸡头部呈紫黑色

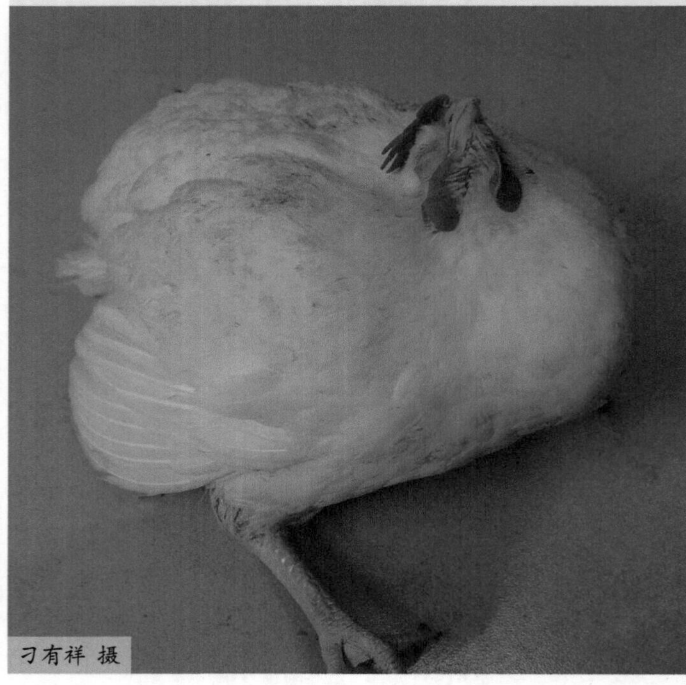

图1-1-57 病鸡头颈后仰的神经症状

低致病性禽流感：多由低致病性流感病毒引起，如H9N2。病鸡表现为突然发病，体温升高，可达42℃以上。精神沉郁，叫声减小，缩颈，嗜睡，眼呈半闭状态（图1-1-58～图1-1-61）。采食量急剧下降，可减少15%～50%，嗉囊空虚，大群鸡排黄绿色稀便（图1-1-62）。病鸡呼吸困难、咳嗽、打喷嚏、张口呼吸（图1-1-63～图1-1-65）、怪叫。眼肿胀流泪，初期流浆液性带泡沫的眼泪（图1-1-66～图1-1-69），后期流黄白色脓性分泌物

（图1-1-70、图1-1-71），眼睑肿胀（图1-1-72），两眼突出，肉髯增厚变硬，向两侧开张，呈八字形（图1-1-73～图1-1-75）。也有的出现抽搐，头颈后仰、运动失调、瘫痪等神经症状。产蛋鸡感染后，2～3天产蛋量即开始下降，7～14天内可使产蛋率由90%以上降到5%～10%（图1-1-76），严重的将会停止产蛋；同时软壳蛋、无壳蛋、褪色蛋、砂壳蛋增多（图1-1-77、图1-1-78）。持续1～5周后产蛋率逐步回升，但恢复不到原有的水平，一般经1.5～2个月逐渐恢复到下降前产蛋水平的70%～90%之间。种鸡感染后，除上述症状外，可使受精率下降20%～40%，并致10%～20%的鸡胚死亡（图1-1-79～图1-1-81），且弱雏增多（图1-1-82）。雏鸡在1周内死亡率较高（图1-1-83、图1-1-84），且易感染大肠杆菌病，剖检变化表现为肺脏出血（图1-1-85）、卵黄吸收不良（图1-1-86、图1-1-87）、心包炎、肝周炎、气囊炎（图1-1-88），有的雏鸡在剖检时腺胃、肝脏、脾脏呈黑褐色（图1-1-89～图1-1-91）。

免疫以后的鸡群感染低致病性禽流感后，大群鸡精神较好，粪便基本正常。采食稍有下降，产蛋量轻度下降，白壳蛋、软壳蛋增多。个别鸡眼肿胀、流泪。种鸡在此期间所产的种蛋孵化率降低。

图1-1-58 病鸡羽毛蓬松，精神沉郁，眼肿胀

图1-1-59 病鸡羽毛蓬松，精神沉郁，闭眼嗜睡

图1-1-60 病鸡羽毛蓬松，精神沉郁

图1-1-61 病鸡闭眼缩颈，羽毛蓬松，精神沉郁

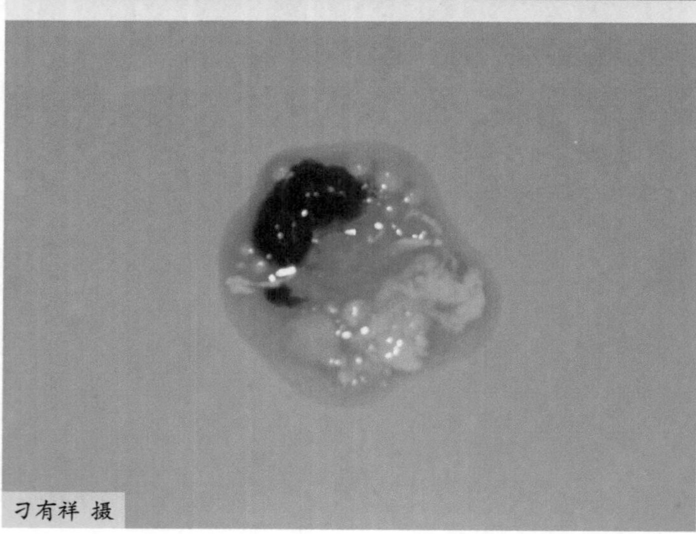

图1-1-62 病鸡排黄绿色稀便

图1-1-63 病鸡精神沉郁，呼吸困难

刁有祥 摄

图1-1-64 病鸡伸颈张口气喘

刁有祥 摄

图1-1-65 病鸡呼吸困难

图1-1-66 病鸡眼肿胀，流泪，眼角膜潮红

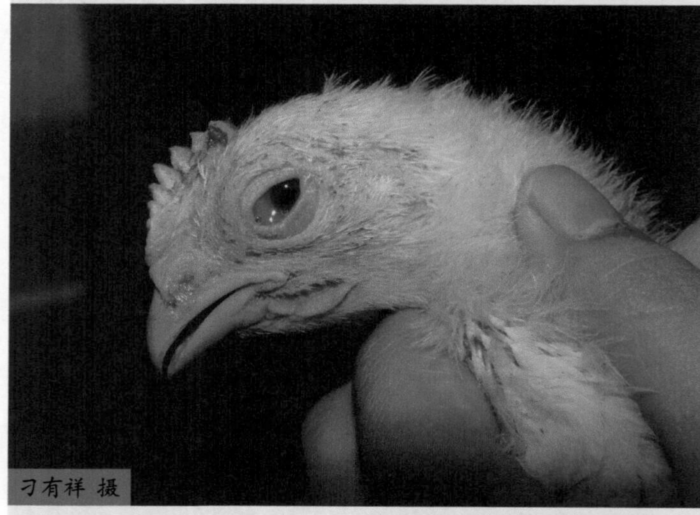

图1-1-67 病鸡眼肿胀，流泪

图1-1-68 病鸡眼部肿胀，流泡沫状眼泪

图1-1-69 眼肿胀，流清亮眼泪

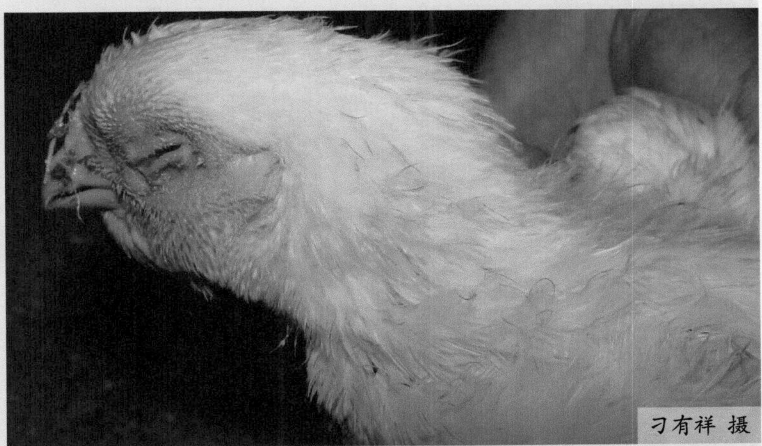

图1-1-70 病鸡眼肿胀，流黄白色脓性分泌物（一）

图1-1-71 病鸡眼肿胀，流黄白色脓性分泌物（二）

图1-1-72 病鸡上下眼睑肿胀

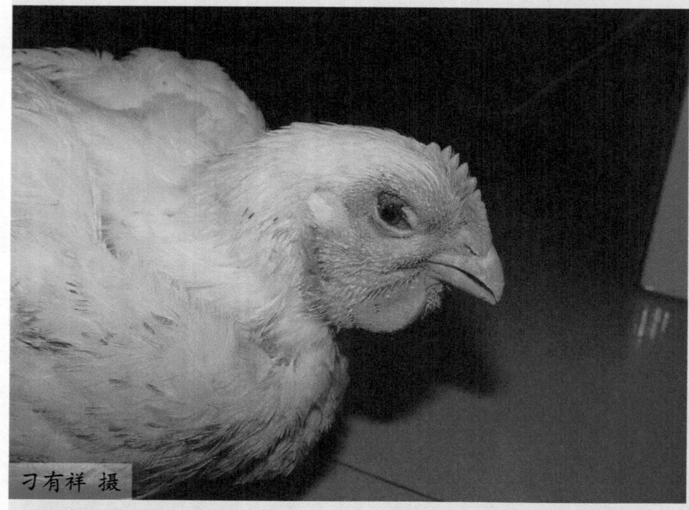

图1-1-73 病鸡眼肿胀，肉髯肿胀，呈八字形

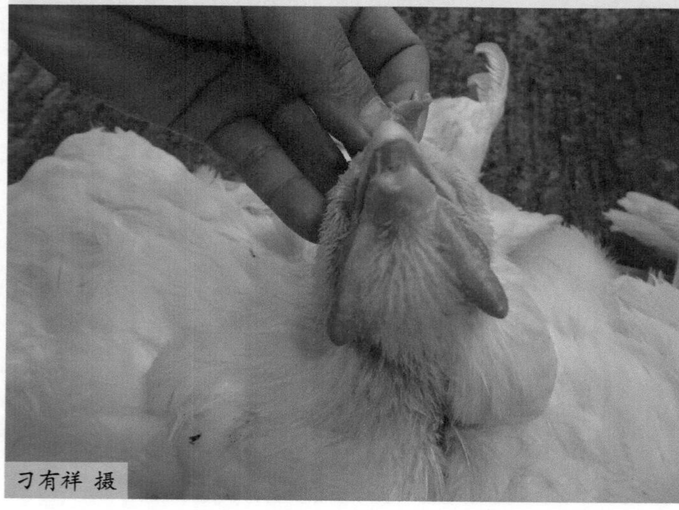

图1-1-74 肉髯肿胀，呈八字形（一）

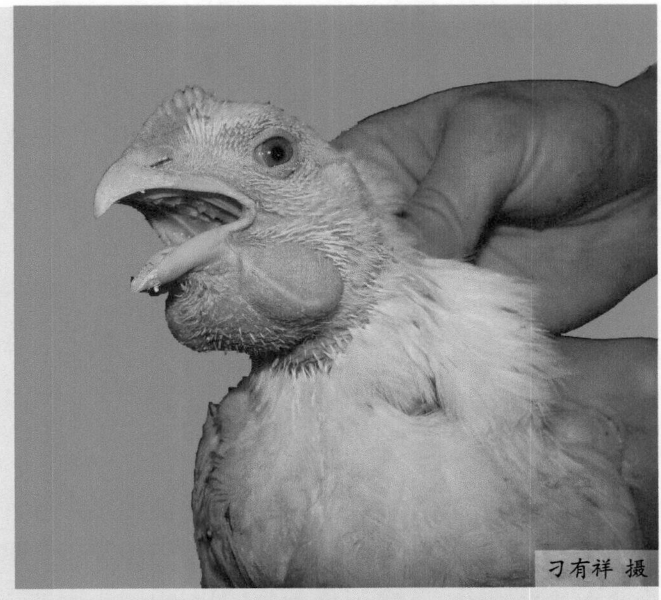

图1-1-75 肉髯肿胀，呈八字形（二）

图1-1-76 高峰期的产蛋鸡感染流感后，产蛋下降

图1-1-77 产蛋鸡感染流感后所产的褪色蛋

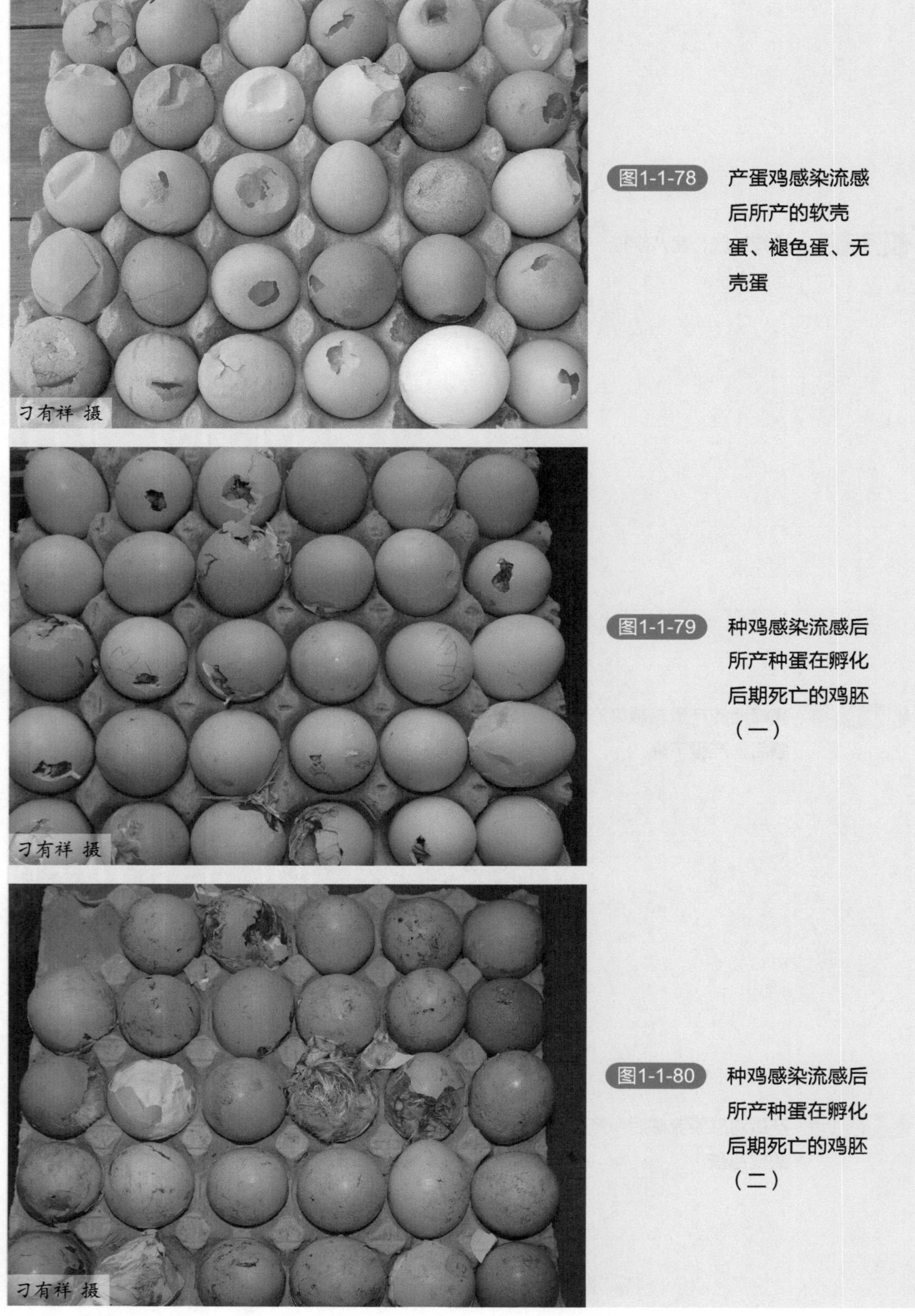

图1-1-78 产蛋鸡感染流感后所产的软壳蛋、褪色蛋、无壳蛋

图1-1-79 种鸡感染流感后所产种蛋在孵化后期死亡的鸡胚（一）

图1-1-80 种鸡感染流感后所产种蛋在孵化后期死亡的鸡胚（二）

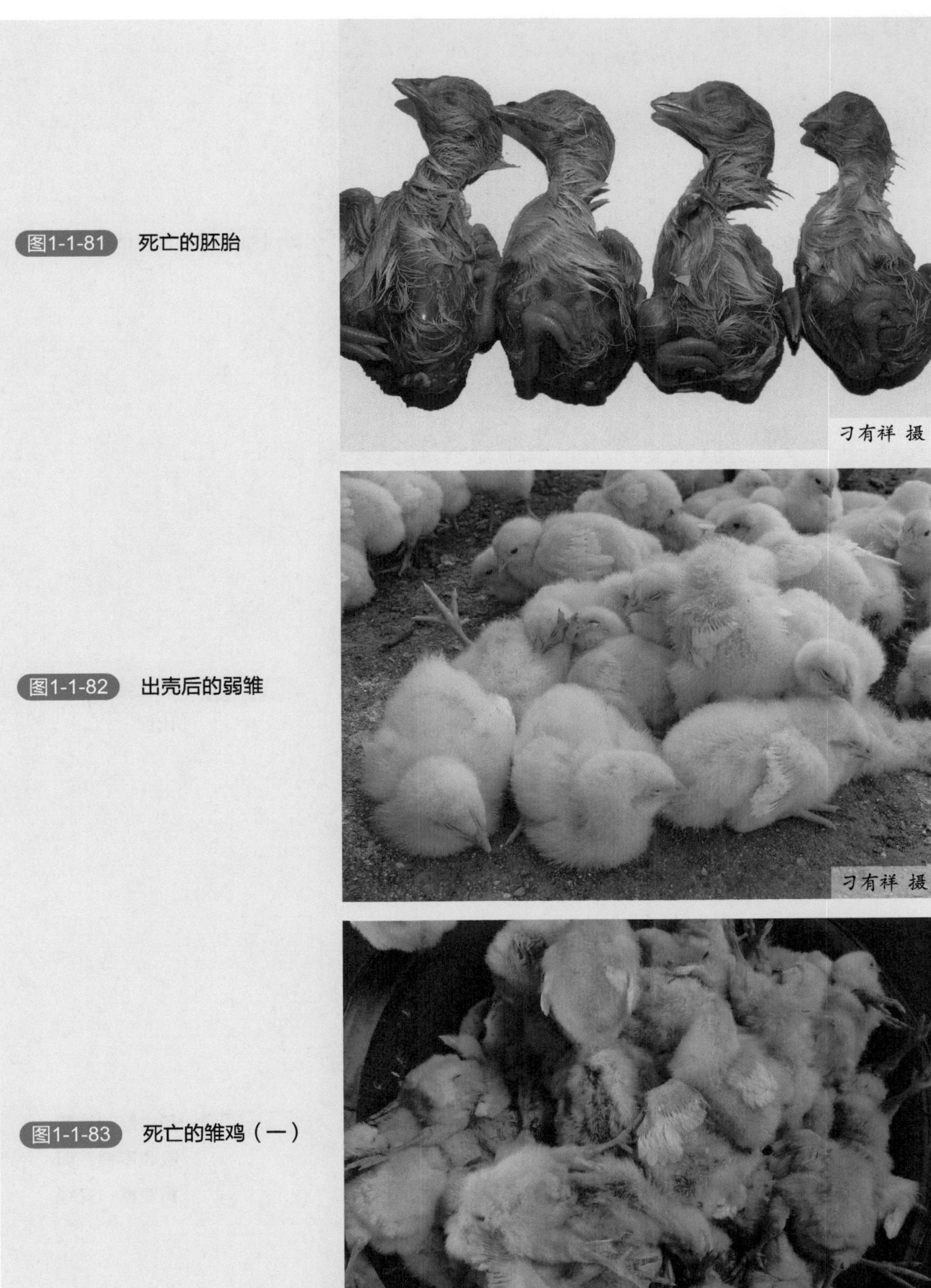

图1-1-81　死亡的胚胎

图1-1-82　出壳后的弱雏

图1-1-83　死亡的雏鸡（一）

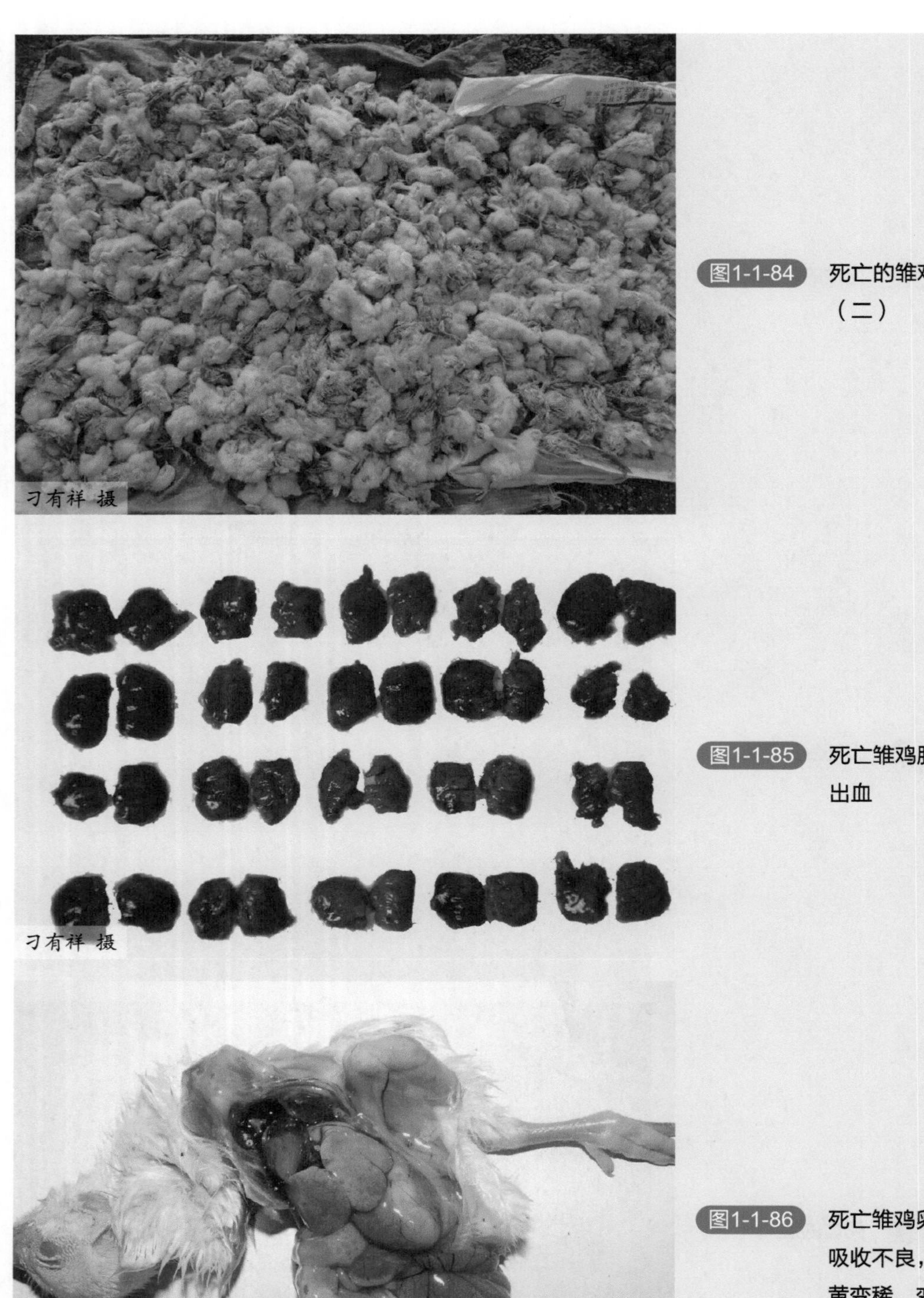

图1-1-84 死亡的雏鸡（二）

图1-1-85 死亡雏鸡肺脏出血

图1-1-86 死亡雏鸡卵黄吸收不良，卵黄变稀、变绿

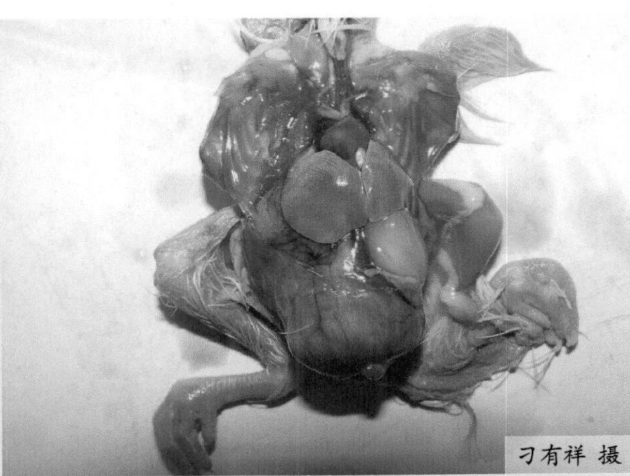

图1-1-87　死亡雏鸡卵黄吸收不良，肝脏肿大

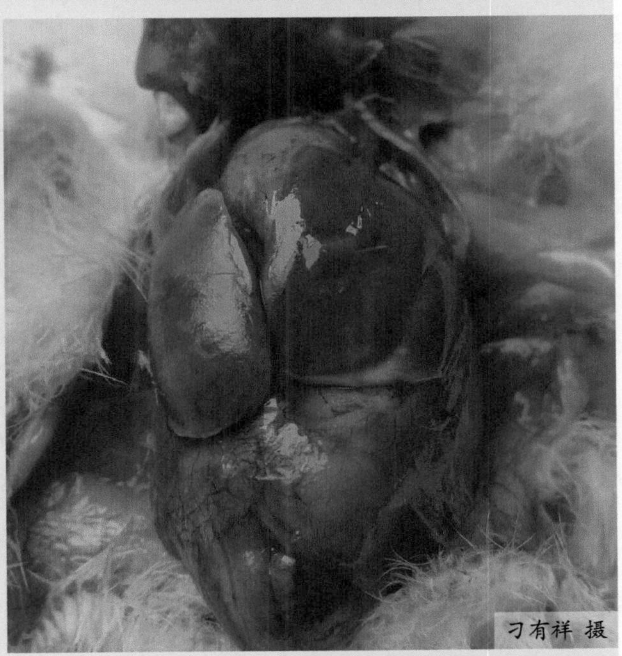

图1-1-88　雏鸡继发大肠杆菌感染，出现心包炎、肝周炎

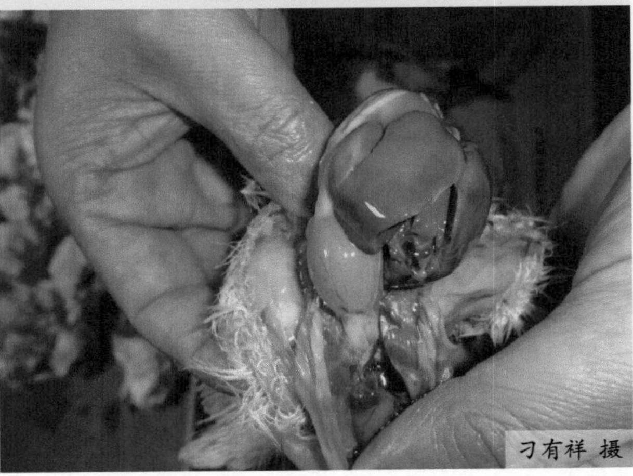

图1-1-89　腺胃呈黑褐色，肝脏肿大呈黑褐色

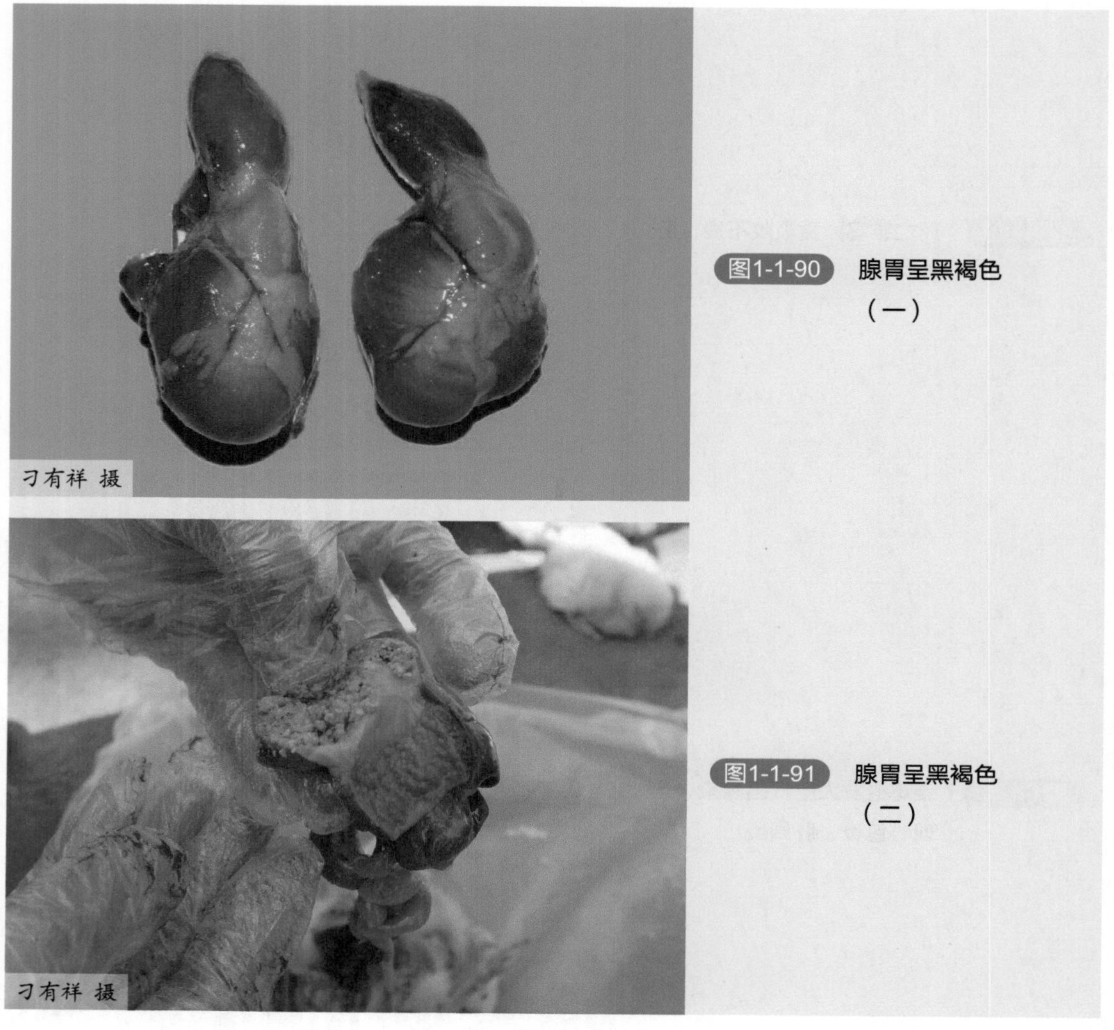

图1-1-90 腺胃呈黑褐色（一）

图1-1-91 腺胃呈黑褐色（二）

【病理变化】

高致病性禽流感感染后，剖检可见心冠脂肪有大小不一的出血点（图1-1-92、图1-1-93），心内膜出血（图1-1-94），心肌有白色条纹状坏死（图1-1-95、图1-1-96）。喉头、气管环出血（图1-1-97、图1-1-98），严重的管腔中有血凝块（图1-1-99），肺脏出血、水肿（图1-1-100）。腺胃水肿，乳头出血，肌胃角质膜下出血（图1-1-101～图1-1-105）；肠黏膜弥漫性出血（图1-1-106），盲肠扁桃体出血（图1-1-107）；胰腺出血、液化、坏死（图1-1-108、图1-1-109）；肝脏、脾脏、肾脏瘀血、肿大，腹腔脂肪、肠系膜脂肪弥漫性出血（图1-1-110～图1-1-112）。产蛋鸡卵泡变形、卵泡膜出血，严重的卵泡破裂，形成卵黄性腹膜炎（图1-1-113～图1-1-115）。输卵管黏膜水肿、充血、出血，管腔中有黄白色渗出物（图1-1-116～图1-1-118）。皮肤出血的，剖检可见皮下有淡黄色胶冻状水肿，严重的皮下出血（图1-1-119～图1-1-122）。

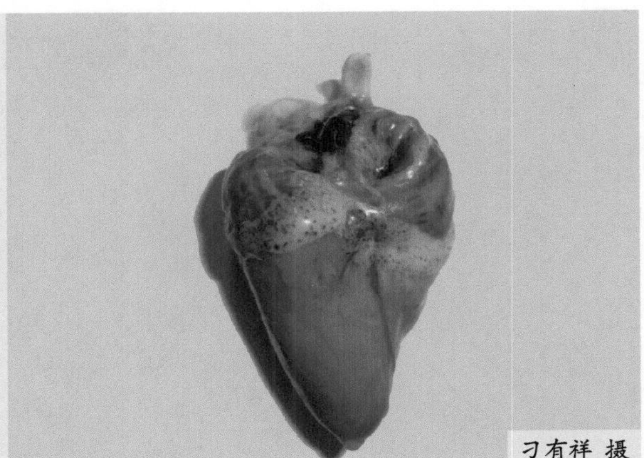

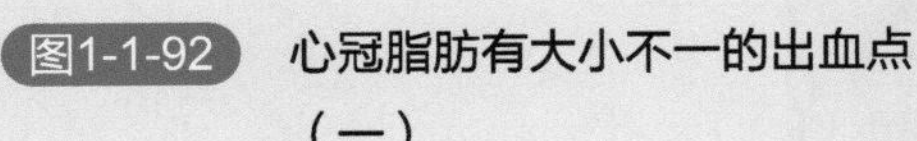
图1-1-92 心冠脂肪有大小不一的出血点（一）

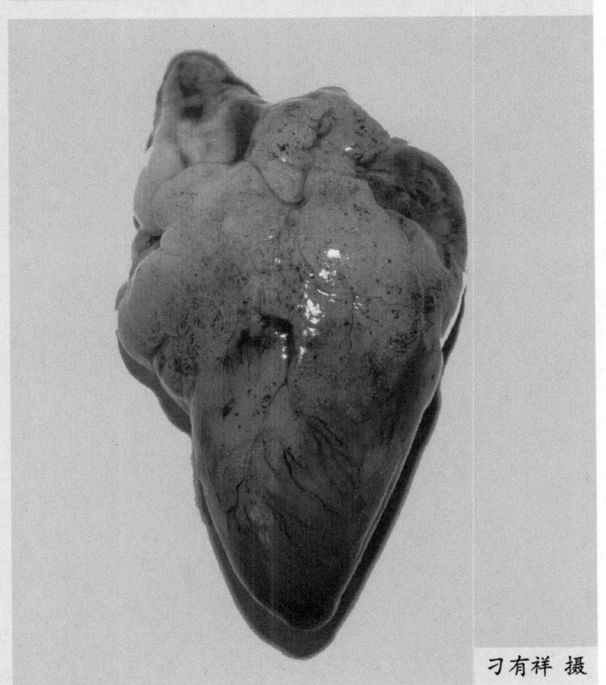

图1-1-93 心冠脂肪有大小不一的出血点（二）

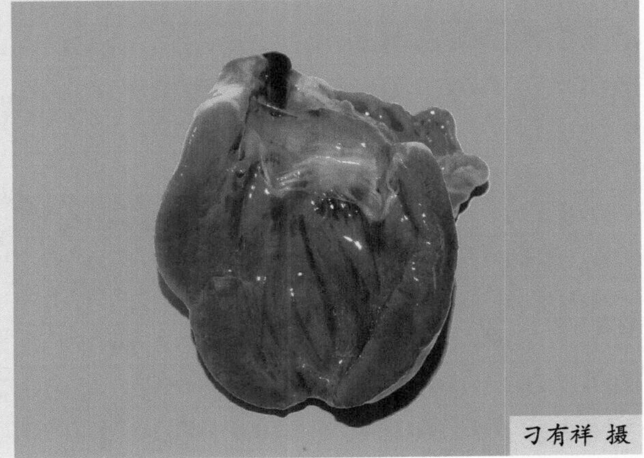

图1-1-94 心内膜出血

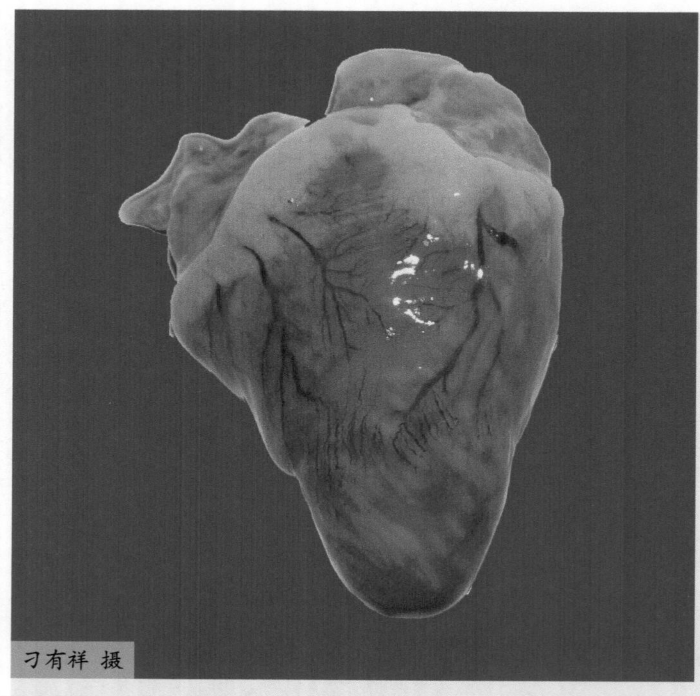

图1-1-95 心肌白色条纹状坏死（一）

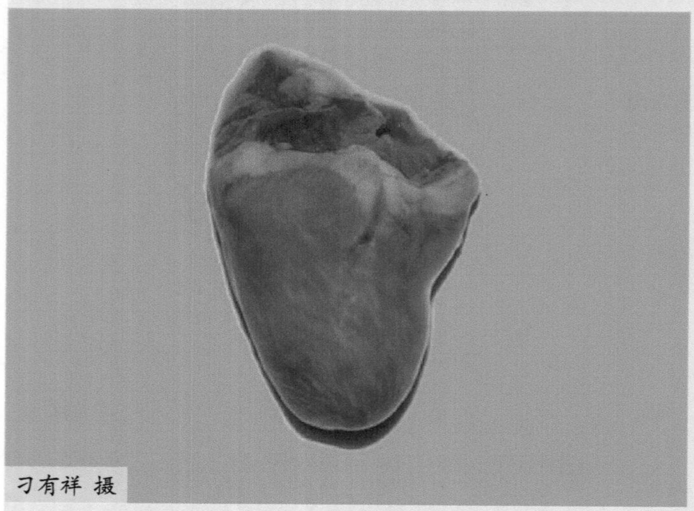

图1-1-96 心肌白色条纹状坏死（二）

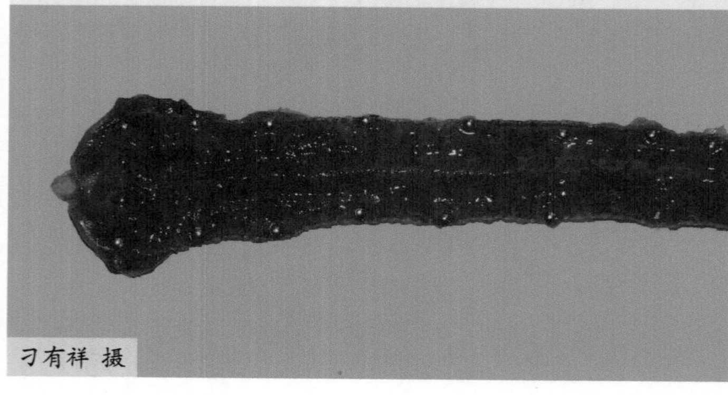

图1-1-97 喉头、气管弥漫性出血

图1-1-98　气管环弥漫性出血

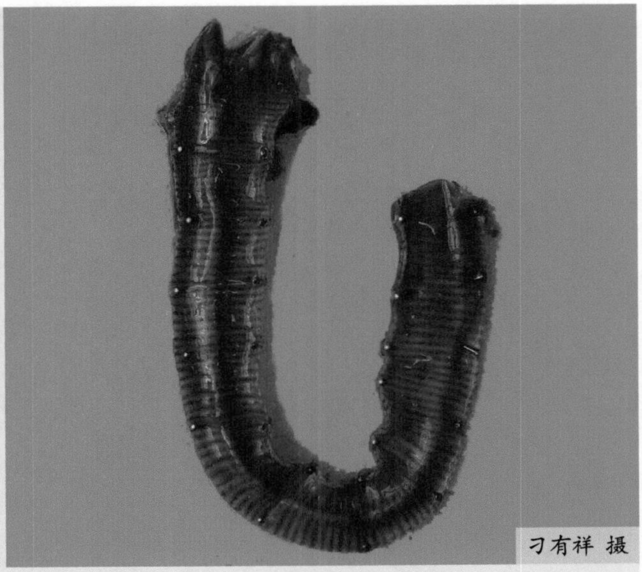

刁有祥 摄

图1-1-99　气管环出血，气管内有凝血块

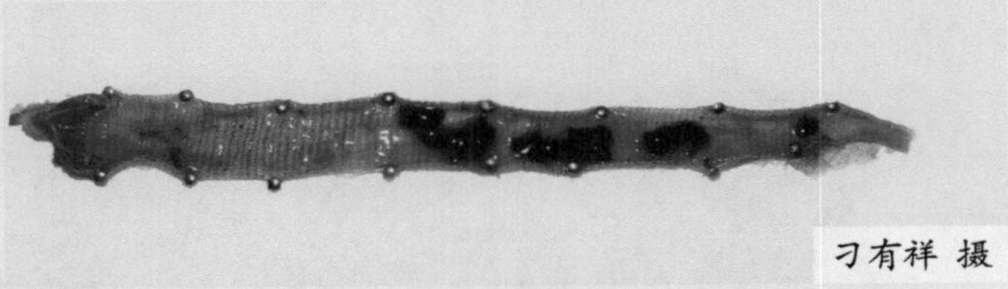

刁有祥 摄

图1-1-100　肺脏出血、水肿，呈紫黑色

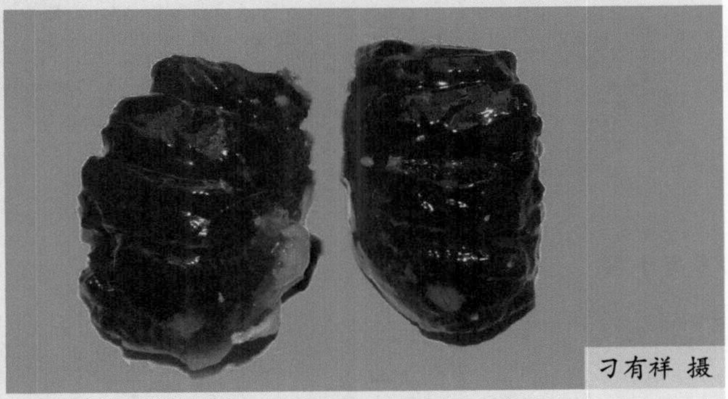

刁有祥 摄

图1-1-101　腺胃乳头出血（一）

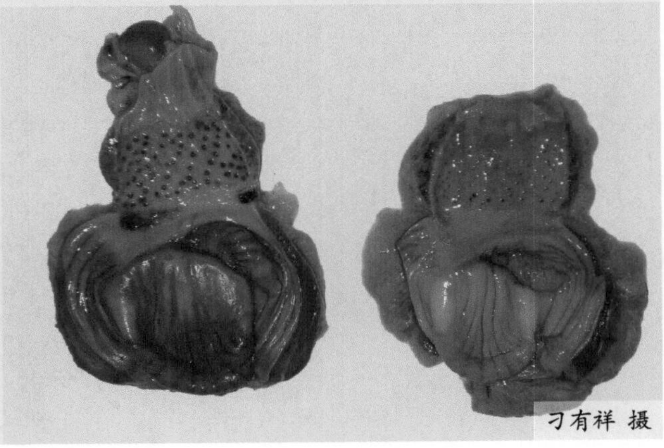

刁有祥 摄

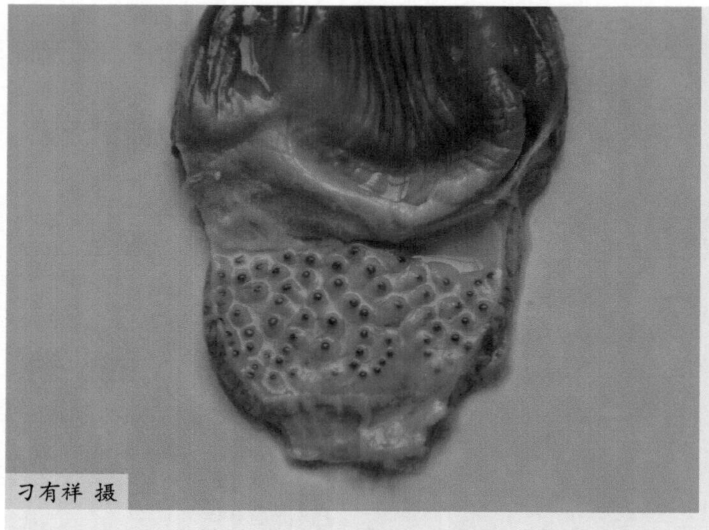

图1-1-102 腺胃乳头出血（二）

图1-1-103 腺胃乳头出血，肌胃角质膜下出血

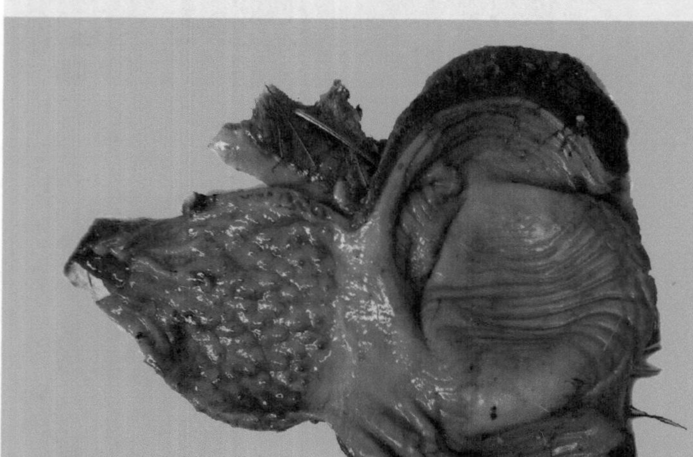

图1-1-104 肌胃角质层下出血

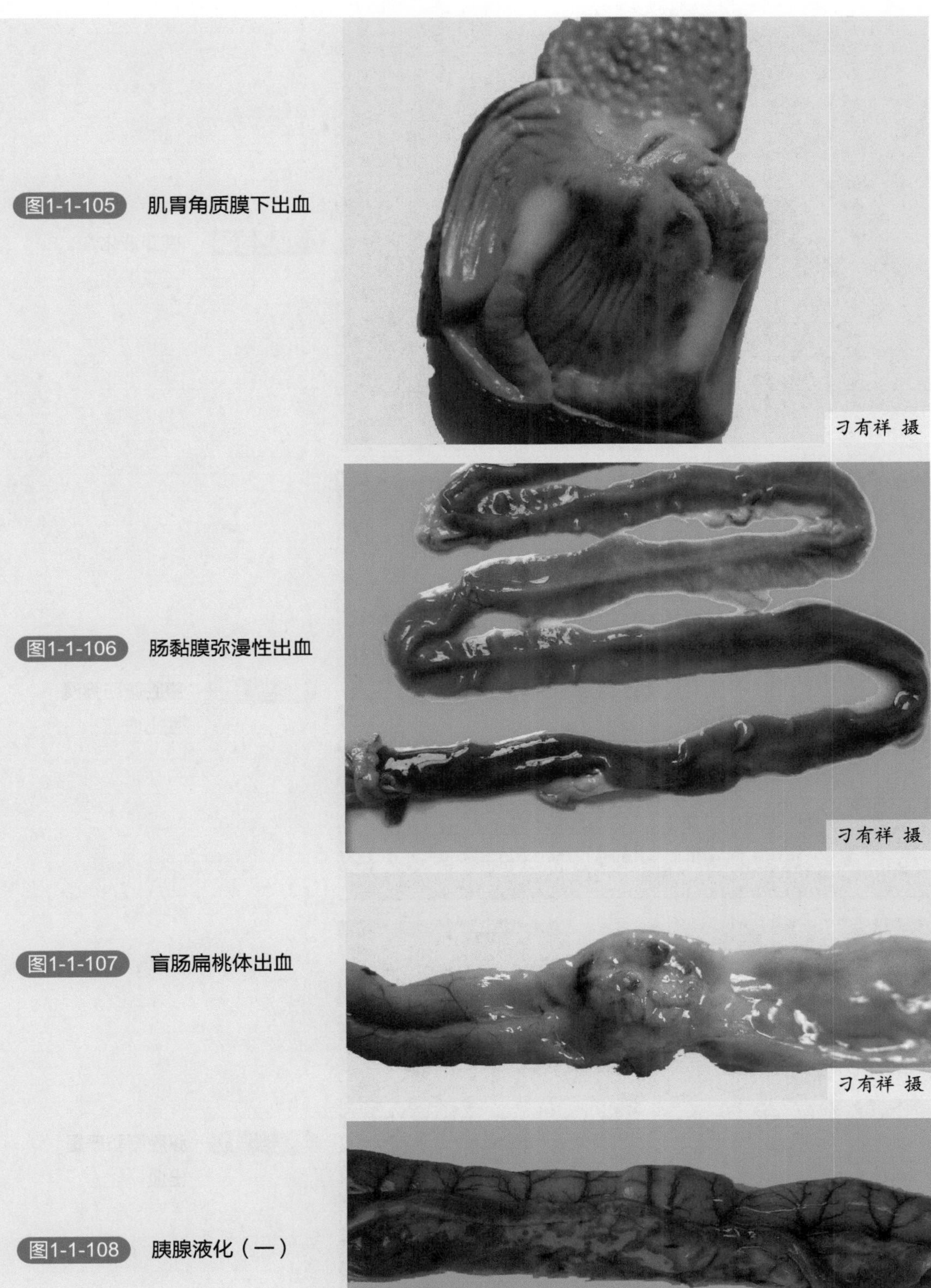

图1-1-105 肌胃角质膜下出血

图1-1-106 肠黏膜弥漫性出血

图1-1-107 盲肠扁桃体出血

图1-1-108 胰腺液化（一）

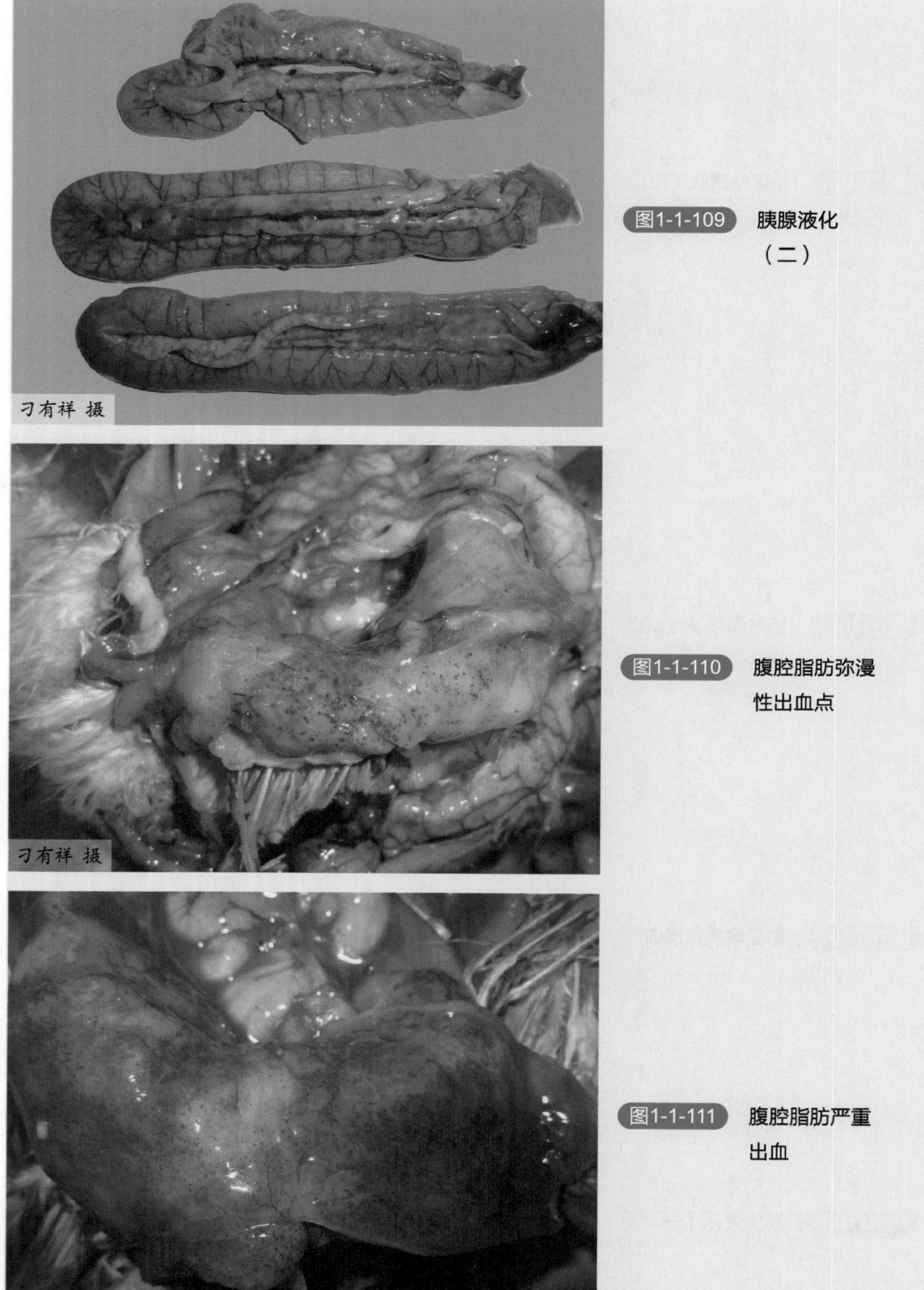

图1-1-109 胰腺液化（二）

图1-1-110 腹腔脂肪弥漫性出血点

图1-1-111 腹腔脂肪严重出血

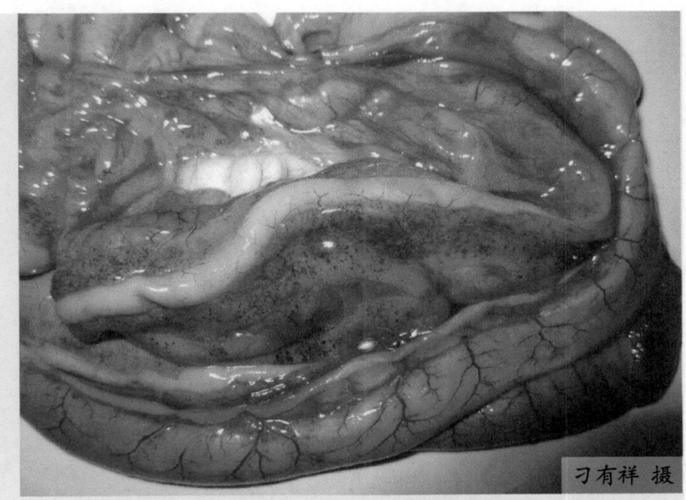

图1-1-112 肠系膜脂肪弥漫性出血点

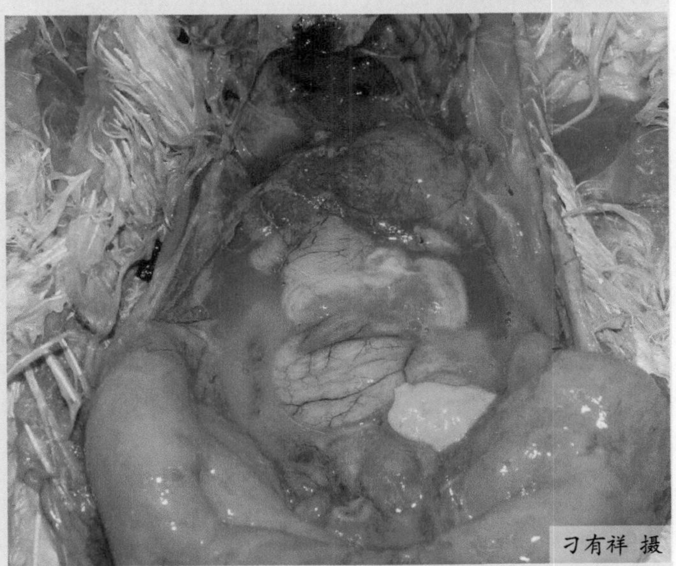

图1-1-113 卵黄液变稀薄，严重者卵泡破裂，形成卵黄性腹膜炎

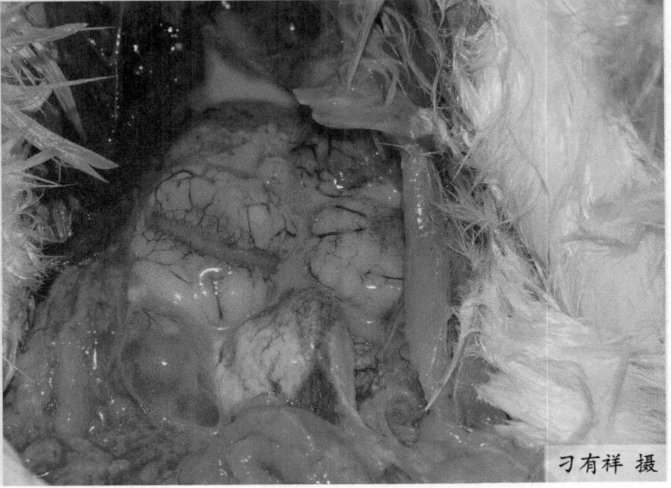

图1-1-114 卵泡变形，卵黄液变稀薄，严重者形成卵黄性腹膜炎

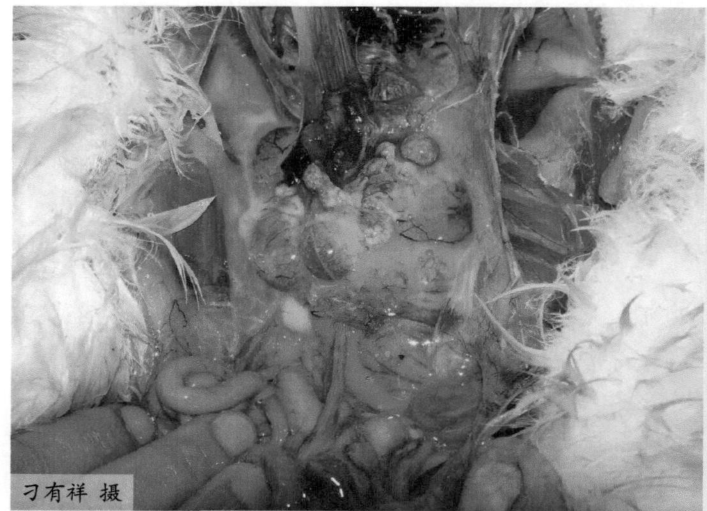

图1-1-115 卵泡破裂，卵黄散落在腹腔中，严重者形成卵黄性腹膜炎

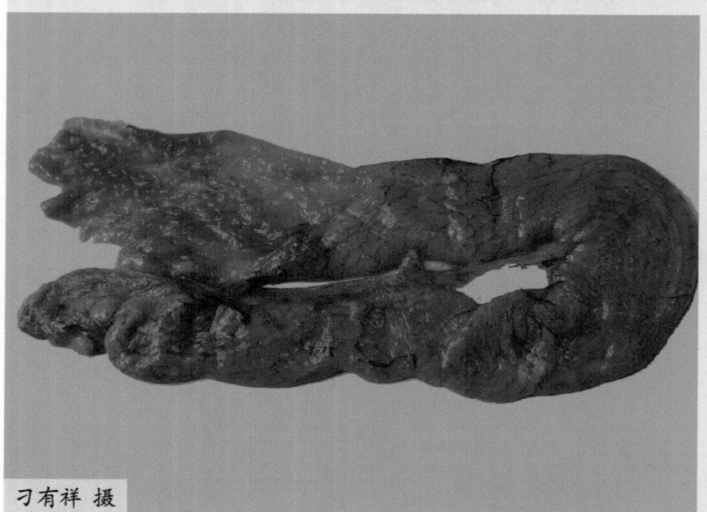

图1-1-116 输卵管水肿

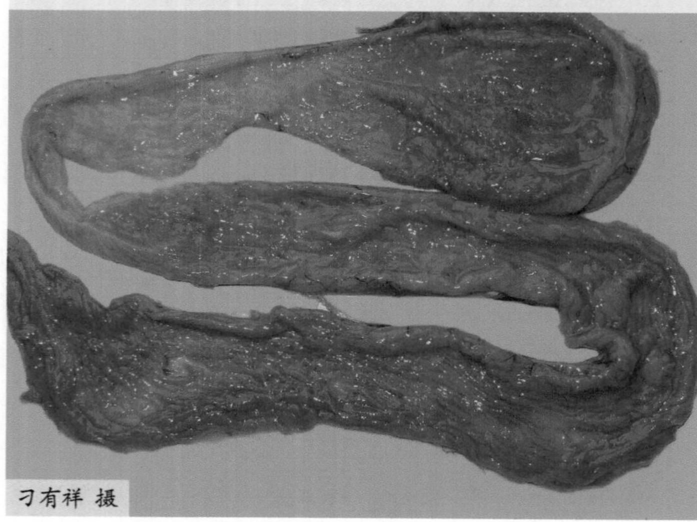

图1-1-117 输卵管水肿、充血

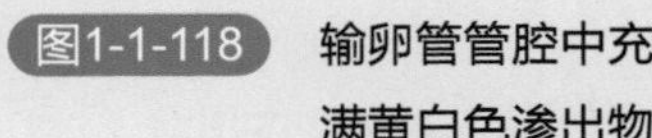
图1-1-118 输卵管管腔中充满黄白色渗出物

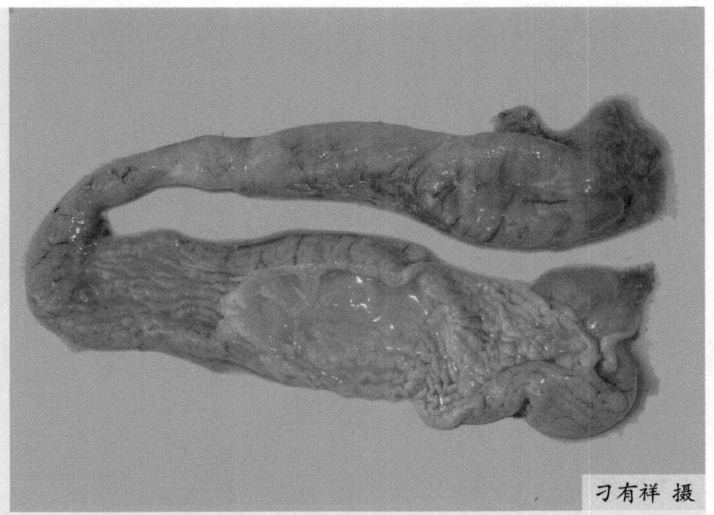

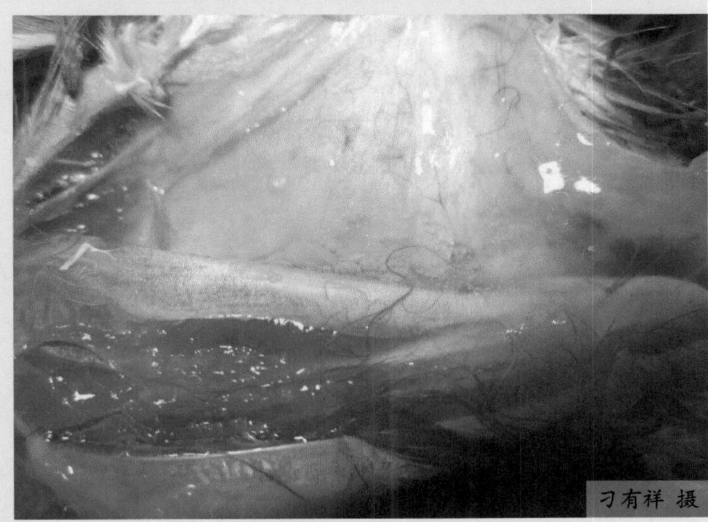

图1-1-119 皮下有淡黄色渗出物

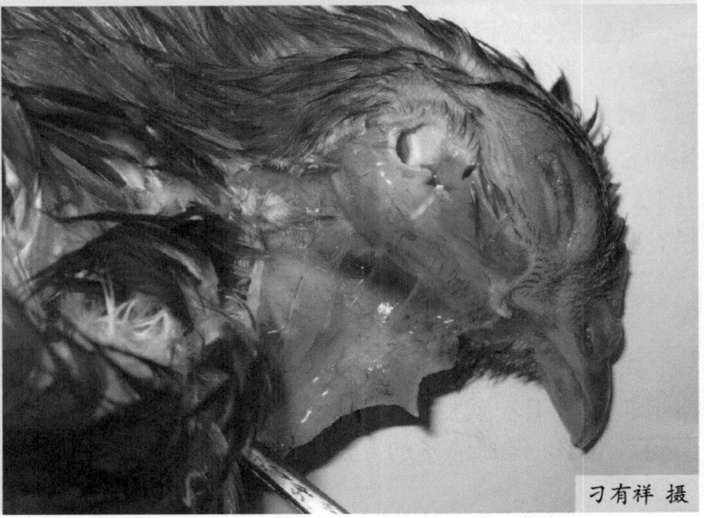

图1-1-120 头颈部皮下有淡黄色胶冻状渗出物

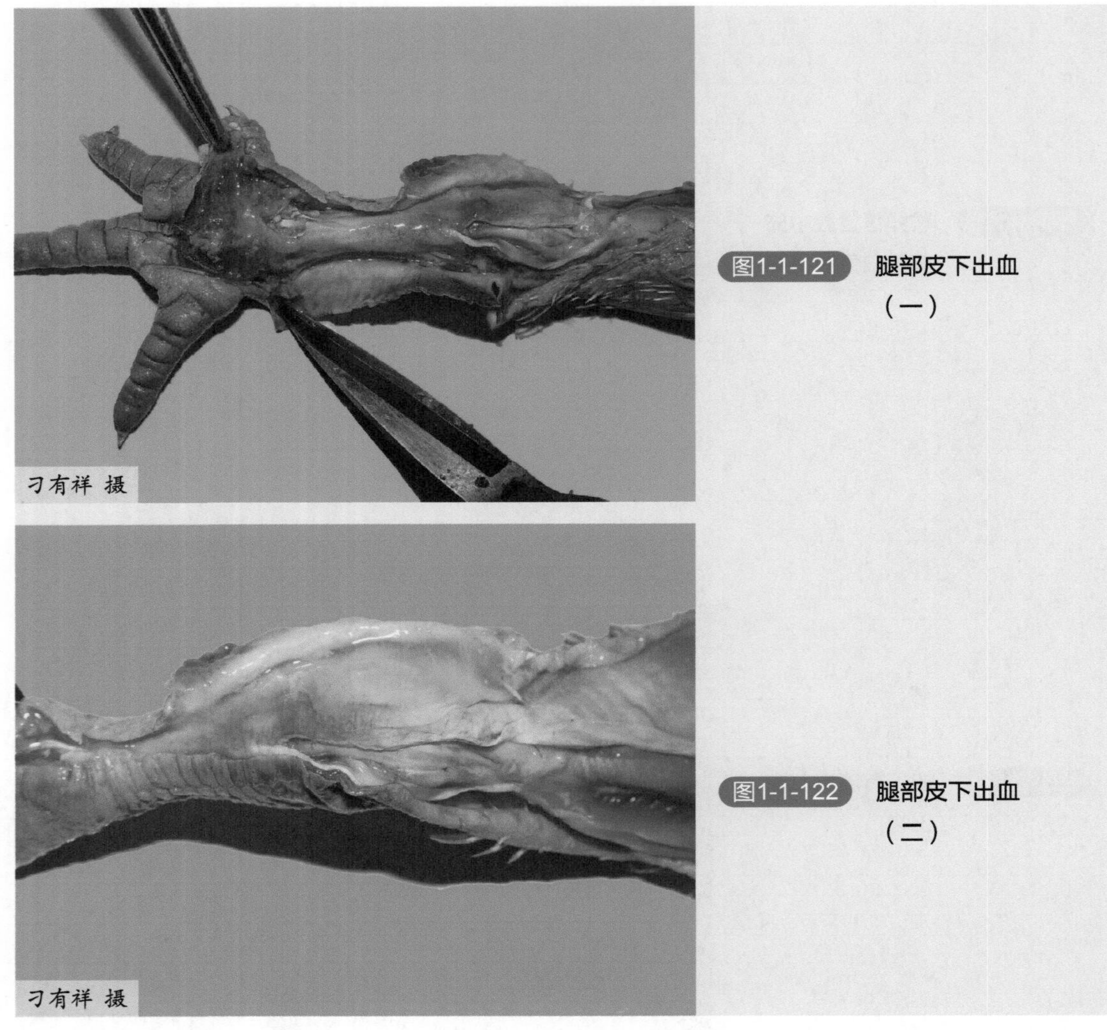

图1-1-121 腿部皮下出血（一）

图1-1-122 腿部皮下出血（二）

低致病性禽流感病毒感染后，其主要变化表现为气管出血、肺脏出血（图1-1-123），在支气管常有黄白色干酪样栓塞（图1-1-124、图1-1-125）。肠黏膜弥漫性出血，胰脏出血、液化。产蛋鸡卵泡充血、出血，卵黄液变稀薄；严重者卵泡变形、破裂（图1-1-126）。输卵管水肿、充血，内有浆液性、黏液性或干酪样物质（图1-1-127、图1-1-128），公鸡睾丸变性坏死。发生低致病性禽流感病毒感染后常继发大肠杆菌感染，剖检时，常见有心包炎、肝周炎、气囊炎等病变。

【诊断】

由于本病的临床症状和病理变化差异较大，所以确诊必须依靠病毒的分离、鉴定和血凝抑制（HI）试验、中和试验、双向免疫扩散试验、酶联免疫吸附试验、琼脂扩散试验（AGP）等血清学的方法。本病在临床上与新城疫的症状及剖检变化相似，应注意鉴别。

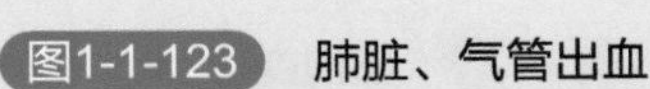
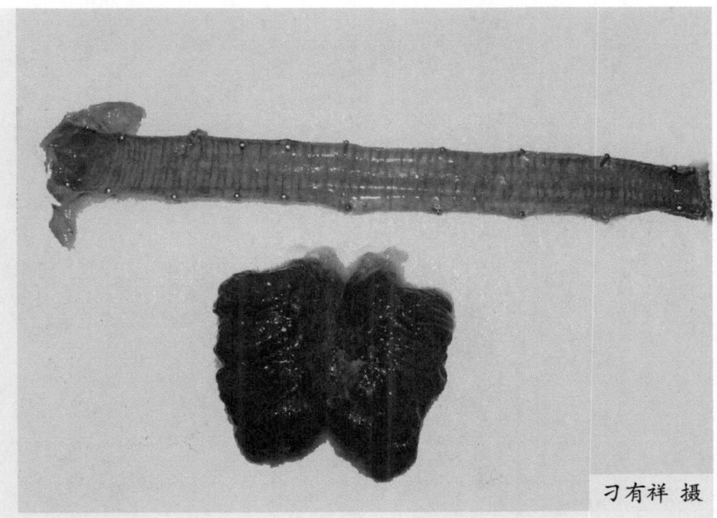

图1-1-123 肺脏、气管出血

图1-1-124 支气管有黄白色渗出物，堵塞管腔（一）

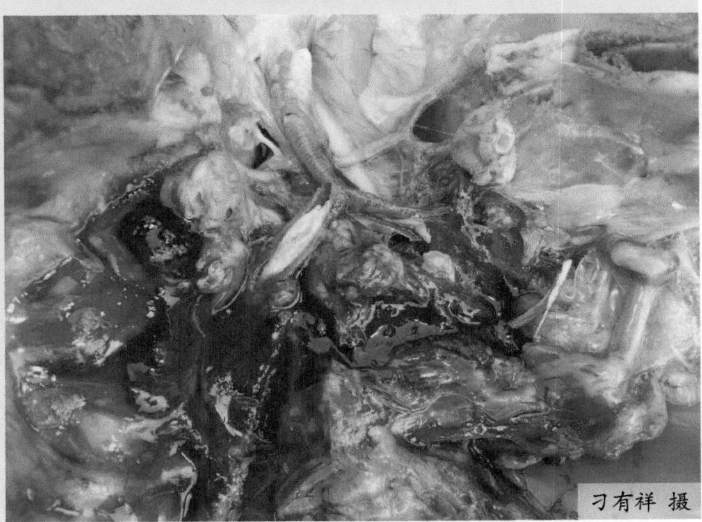

图1-1-125 支气管有黄白色渗出物，堵塞管腔（二）

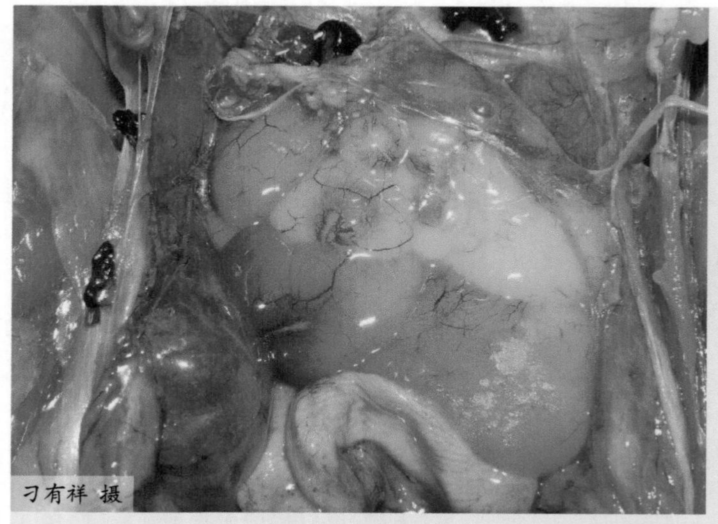

图1-1-126 卵泡变形，破裂

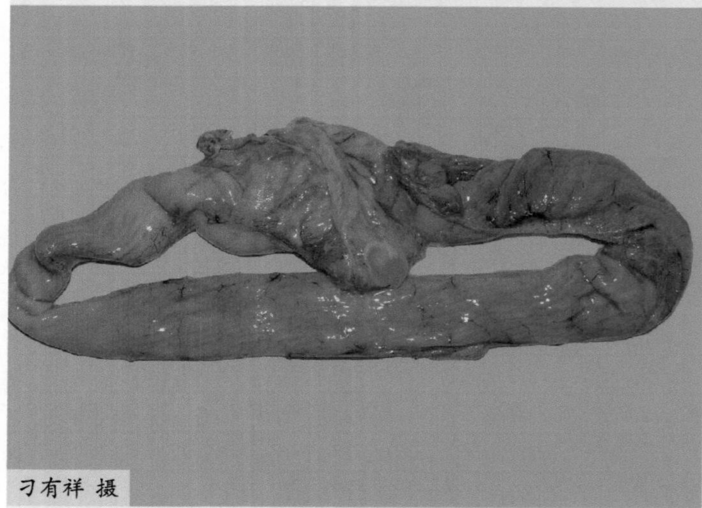

图1-1-127 输卵管水肿

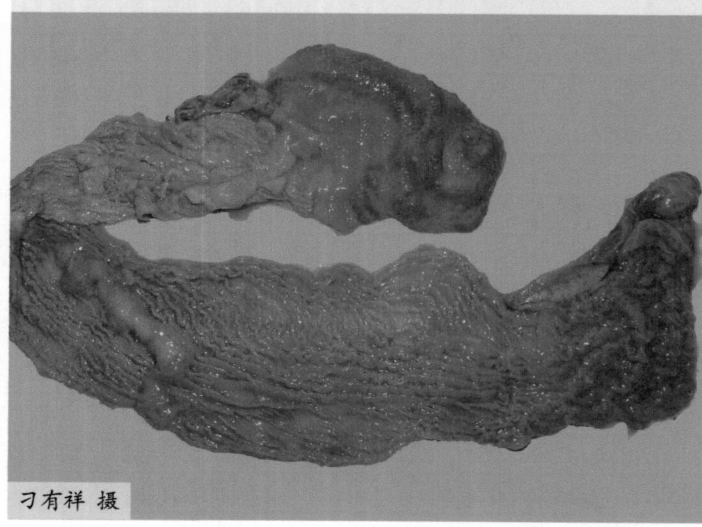

图1-1-128 输卵管黏膜水肿，管腔中有黄白色渗出

【预防】

禽流感发病急，死亡快，一旦发生损失较大，所以应重视对该病的预防。

（1）加强饲养管理，提高环境控制水平　饲养、生产、经营场所必须符合动物防疫条件，取得《动物防疫合格证》。饲养场实行全进全出的饲养方式，控制人员出入，严格执行清洁和消毒程序。鸡和水禽禁止混养，养鸡场与水禽饲养场应相互间隔3000米以上，且不得共用同一水源。养禽场要有良好的防止禽鸟（包括水禽）进入饲养区的设施，并有健全的灭鼠设施和措施。

（2）加强消毒　严格消毒可以杜绝或减少病原微生物入侵机体的机会，减少疾病的发生。鸡舍周围可用2%～3%火碱喷洒消毒，每隔2～3天消毒1次；带鸡喷雾消毒可用季铵盐类消毒剂及含氯消毒剂（如二氯异氰酸钠），每天1次。饲养管理人员、技术人员要戴口罩、手套，更换工作服、胶靴，经过消毒池方可进入禽舍。在种鸡场应洗澡更衣后方可进入鸡舍。

（3）做好粪便的处理　生产区的粪便、污物等堆积发酵，不允许旷野处理。

（4）免疫预防　免疫预防是控制禽流感的有效手段，目前使用的禽流感疫苗主要为H5与H7亚型二联油乳剂、灭活疫苗和H9N2油乳剂灭活疫苗，接种后2周产生保护力，可以抵抗本血清型的流感病毒，抗体维持时间一般为10周以上。

种鸡、商品蛋鸡：首免在15～20日龄，每只注射H5与H7亚型二联油乳剂灭活疫苗和H9N2油乳剂灭活疫苗各0.3毫升；二免在45～50日龄，每只接种H5与H7亚型二联油乳剂灭活疫苗和H9N2油乳剂灭活疫苗各0.5毫升；开产前2～3周每只接种H5与H7亚型二联油乳剂灭活疫苗和H9N2油乳剂灭活疫苗各0.6～0.7毫升，开产后每隔2～3个月接种1次。

肉鸡：7～8日龄颈部皮下注射H5与H7亚型二联油乳剂灭活疫苗和H9N2油乳剂灭活疫苗各0.3毫升。

疫苗接种后应加强对HI抗体水平的检测，当HI抗体水平达6.0log2及以上时，对人工接种禽流感病毒具有完全抵抗能力，不排毒。因此，对H5、H9N2亚型禽流感病毒具完全抵抗力的HI抗体水平的临界保护滴度为6.0log2，生产中一般要求HI抗体水平达8.0log2以上。

【治疗】

高致病性禽流感属法定的畜禽一类传染病，危害极大，故一旦暴发确诊后应按照国家要求坚决彻底销毁疫点的禽只及有关物品，采取严格的封锁、隔离和无害化处理措施。

对低致病性禽流感的病鸡可采用抗病毒药物与抗菌药物配合使用的治疗方案。

① 抗病毒药物：板蓝根2克/（只·日），大青叶3克/（只·日），配合防制。或用大青叶、板蓝根、黄连、黄芪等粉碎拌料或煎汁。或黄芪多糖饮水，连用4～5天。

② 抗菌药物：用环丙沙星或安普霉素，或强力霉素，或氟苯尼考拌料或饮水，连用4～5天。

同时在饲料中增加0.18%蛋氨酸、0.05%赖氨酸、0.03%维生素C或多种维生素饮水，以抗应激，缓解症状，加快体质恢复。

3. 传染性法氏囊病

传染性法氏囊病（Infectious bursal disease，IBD）是由传染性法氏囊病病毒（Infectious bursal disease virus，IBDV）引起的一种以破坏鸡免疫中枢器官——法氏囊为特征的急性、高度接触性传染病。

1957年鸡传染性法氏囊病首次在美国特拉华州甘保罗镇（Gumboro）的肉鸡群中暴发，因此又称为甘保罗病（Gumboro Disease）。1962年Cosgrove首次对该病进行了全面的描述。当时由于死于该病的鸡肾脏极度肿大，因而称之为“禽肾病”，1970年世界禽病会议正式定名为传染性法氏囊病，其病原称为传染性法氏囊病病毒（Infectious bursal disease virus，IBDV）。1965年本病传入欧洲，流行于德国的西南部，1967年瑞士发生本病，1970年后，在法国、意大利、以色列、苏联等国陆续发生；亚洲的日本于1965年首先报道该病，随后印度、泰国、菲律宾、印度尼西亚等国都有发生。在我国，1979年邝荣禄、1980年周蛟等分别在广州、北京报道该病。

【病原】

该病毒属于双RNA病毒科（Birnaviridae family）、双RNA病毒属的病毒。该病毒无囊膜、二十面体对称，衣壳由32个直径为12纳米的壳粒组成，病毒粒子的直径为58～60纳米。在氯化铯中的浮密度为1.32～1.33克/毫升，完整病毒的RNA沉降系数为14S。IBDV病毒基因组为双链、分节段的RNA，分A、B两个节段，长度分别为3200～3400个核苷酸和2800个核苷酸。IBDV有两个血清型，血清Ⅰ型病毒由鸡中分离，Ⅱ型来源于火鸡，血清Ⅰ型病毒对鸡有致病性，血清Ⅱ型病毒对鸡没有致病性。病毒中和试验表明两株病毒的抗原性不同，但具有某些共同的抗原成分。

传染性法氏囊病病毒能在鸡胚上生长繁殖，病毒经绒毛尿囊膜接种，在接种后72小时，鸡胚胎、绒毛尿囊膜和尿囊液、羊水中病毒浓度达到高峰。多数鸡胚在接种病毒后3～7天死亡，胚胎全身水肿，头部和趾爪部充血和小点状出血。肝肿大，肝表面有斑驳状坏死灶。病毒能适应鸡胚成纤维细胞培养，经2～3代后，可观察到细胞致病变作用，并能形成空斑。初次分离的病毒不能适应于鸡胚肾细胞培养，但在鸡胚法氏囊细胞中传4代后，即可适应于鸡胚肾细胞，又连续传2代后，可见到细胞致病变作用。

IBDV非常稳定，对乙醚、氯仿、胰蛋白酶具有抵抗力，在酸性（pH3）、中性或弱碱性条件下稳定，但在碱性（pH12）条件下可失活。56℃经3小时，其感染效价不受影响，56℃经5小时和60℃经90分钟仍有抵抗力，但70℃经30分钟可失活。

【流行特点】

本病毒的自然宿主是鸡和火鸡，其他禽类未见感染。所有品系的鸡均可发病，3～6周龄的鸡对本病最易感，随着日龄的增长易感性降低，但也偶有接近性成熟和开始产蛋的鸡群发生本病的报道。小于3周龄的鸡感染后会发生严重的免疫抑制。成年鸡法氏囊已经退化，多呈隐性感染，火鸡也呈隐性感染。病鸡和带毒鸡是本病的主要传染源，病鸡的粪便中含有大量的病毒，IBDV可持续地存在于鸡舍的环境中。本病可直接接触传播，也可通过病毒污染的各种媒介物如饲料、饮水、尘土、器具、垫料、人员、衣物、昆虫、车辆等间接传播。感染途径包括消化道、呼吸道和眼结膜等。本病一年四季都能发生，但以6～7月发病较多。

IBD的流行特点是潜伏期短、传播快，感染率和发病率高，有明显的死亡高峰。近几年IBD的流行出现了新特点：在IBDV污染地区，单纯用弱毒疫苗难以控制IBD的发生，流行上多表现散发或鸡场内轻度暴发；IBDV超强毒株感染鸡群的死亡率可高达70%以上；IBD常常与新城疫、慢性呼吸道疾病、大肠杆菌病等混合感染或继发感染。

【症状】

本病的特征是幼中雏鸡突然发病，头颈部羽毛逆立无光泽，喙插入羽毛中，常蹲在墙角下，严重时卧地不动（图1-1-129～图1-1-131）。随后病鸡排白色奶油状粪便（图1-1-132），

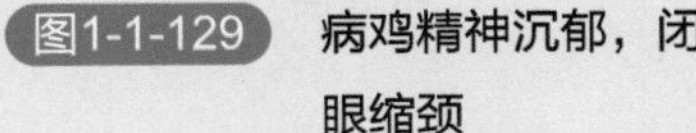
图1-1-129 病鸡精神沉郁，闭眼缩颈

图1-1-130 病鸡精神沉郁，羽毛蓬松无光泽

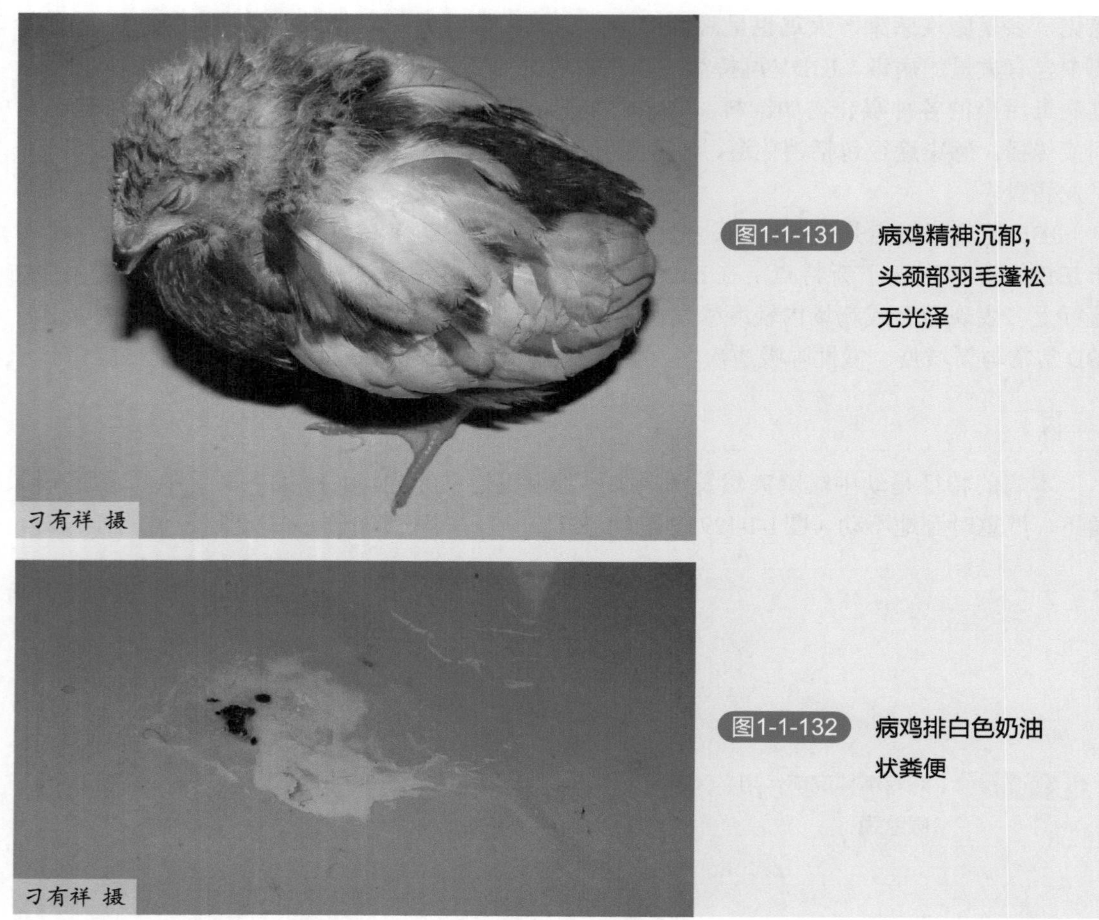

图1-1-131 病鸡精神沉郁，头颈部羽毛蓬松无光泽

图1-1-132 病鸡排白色奶油状粪便

食欲减退，饮水减少，嗉囊中充满液体。部分鸡有自行啄肛现象。出现症状后1～3天死亡，群体病程一般不超过2周。鸡场初次暴发本病时症状典型，死亡率高，以后雏鸡发病症状减轻，甚至呈隐性经过。耐过的雏鸡常出现贫血、消瘦、生长迟缓，并对多种疫病易感。本病的感染率为100%，死亡率一般在10%～30%，但若混合感染或继发其他疫病，死亡率会更高。

【病理变化】

法氏囊是本病毒侵害的靶器官，其病变具有证病意义。在感染早期，法氏囊由于充血、水肿而肿大。感染2～3天后法氏囊水肿和出血变化更为明显，其体积和重量增大到正常的2倍左右。此时法氏囊的外形变圆，浆膜覆盖有淡黄色胶冻样渗出物（图1-1-133、图1-1-134），表面的纵行条纹显而易见，法氏囊由正常的白色变为奶油黄色，严重时出血，法氏囊呈紫黑色、紫葡萄状。切开囊腔后，常见黏膜皱褶有出血点或出血斑，囊腔中有脓性分泌物（图1-1-135）。感染5天后，法氏囊开始缩小，第8天后仅为原来重量的1/3左右，此时法氏囊呈纺锤状，因炎性渗出物消失而变为深灰色。有些病程较长的慢性病例法氏囊的体积虽增大，但囊壁变薄，囊内积存黄白色干酪样物（图1-1-136）。

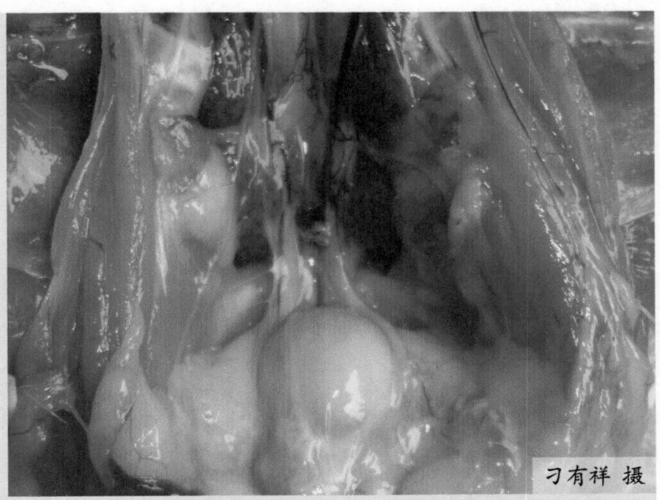

图1-1-133 法氏囊肿胀，浆膜覆盖有淡黄色胶冻样渗出物（一）

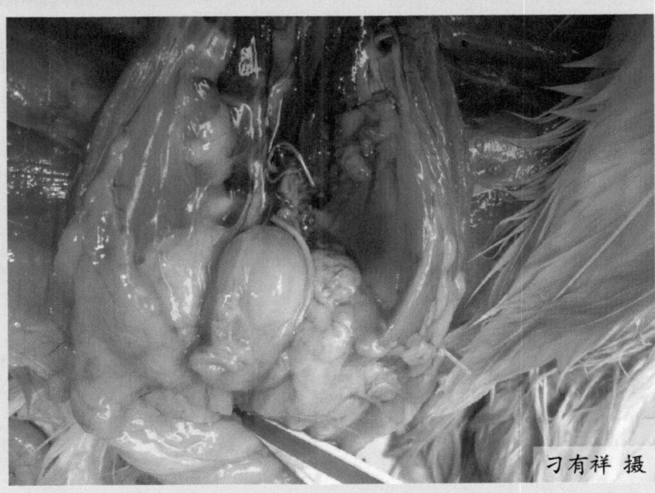

图1-1-134 法氏囊肿胀，浆膜覆盖有淡黄色胶冻样渗出物（二）

图1-1-135 法氏囊皱褶有出血，囊腔中有黄白色脓性分泌物

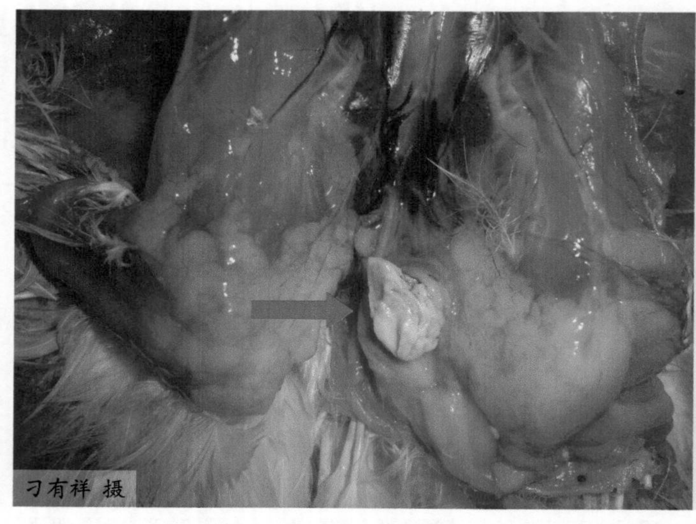

图1-1-136 囊腔中有黄白色干酪样物

肝脏一般不肿大，呈土黄色，死后由于肋骨压迹而呈红黄相间的条纹状，周边有黄白色梗死灶（图1-1-137～图1-1-139）。在腺胃与肌胃交界处、腺胃与食道移行部交界处有出血带（图1-1-140、图1-1-141）。盲肠扁桃体肿大、出血。肾脏肿胀，输尿管中有白色的尿酸盐沉积（图1-1-142）。严重者在病鸡的腿部、腹部及胸部肌肉出现出血条纹或出血斑（图1-1-143～图1-1-145）。

【诊断】

根据流行特点、症状和剖检变化可作出初步诊断。进一步确诊需进行病毒分离及血清学试验。

【预防】

（1）传染性法氏囊病主要是通过接触感染，所以应加强卫生管理，定期消毒。消毒液

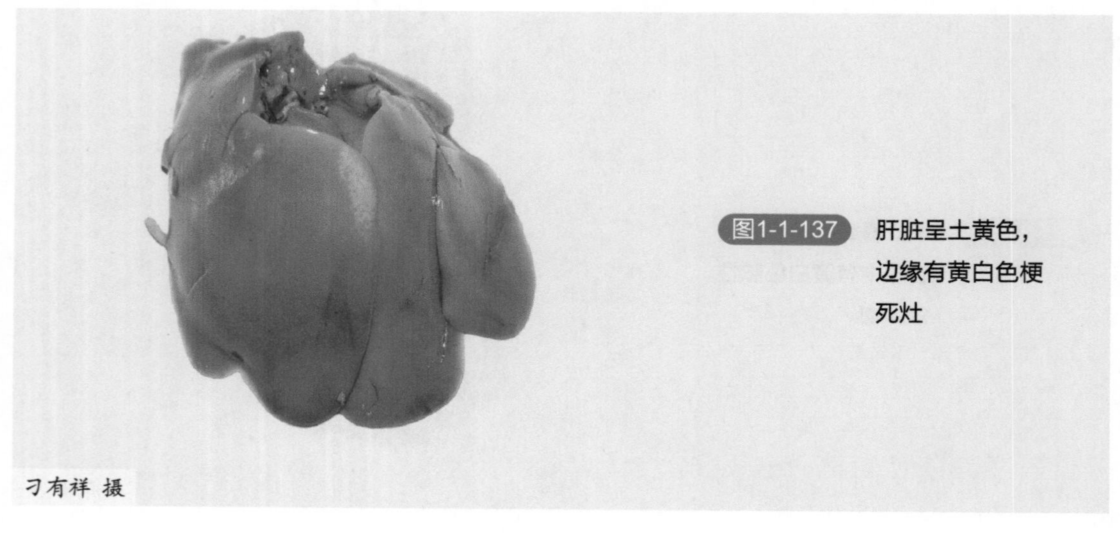

图1-1-137 肝脏呈土黄色，边缘有黄白色梗死灶

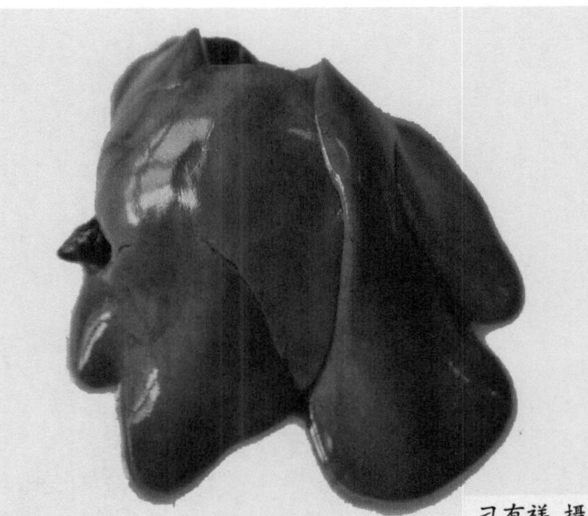

图1-1-138 肝脏土黄色，呈红黄相间的条纹状（一）

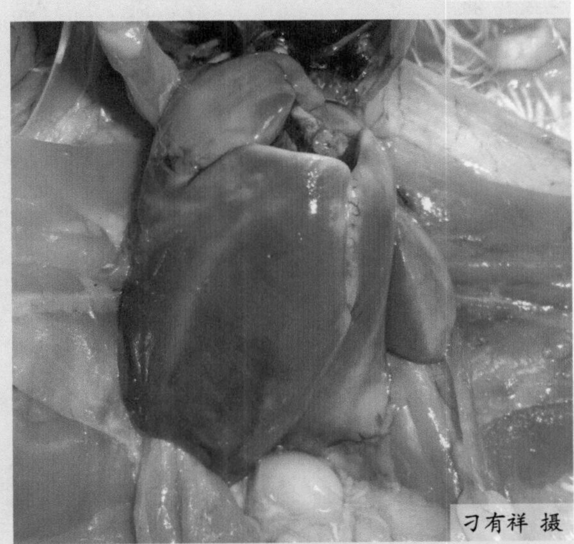

图1-1-139 肝脏土黄色，呈红黄相间的条纹状（二）

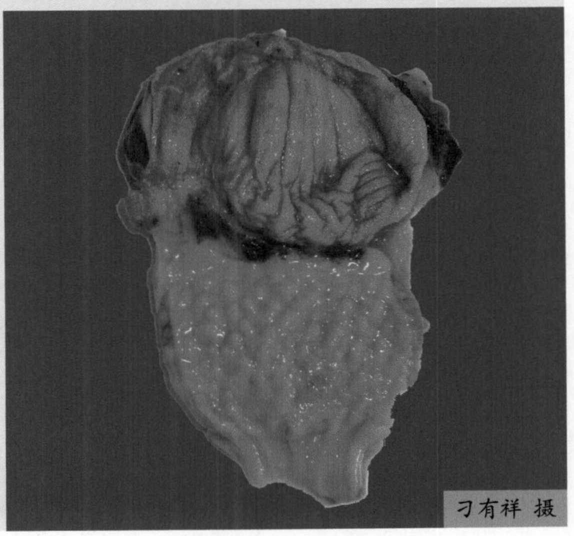

图1-1-140 腺胃与肌胃交界处有出血带

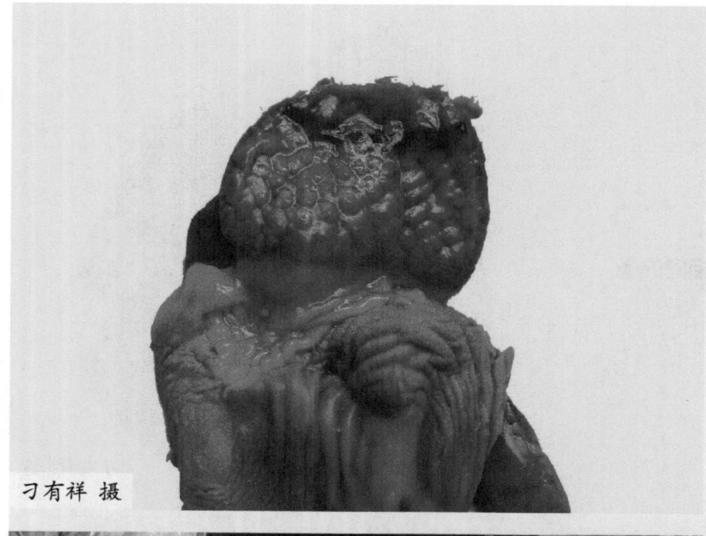

图1-1-141 腺胃与食道移行部界处有出血带

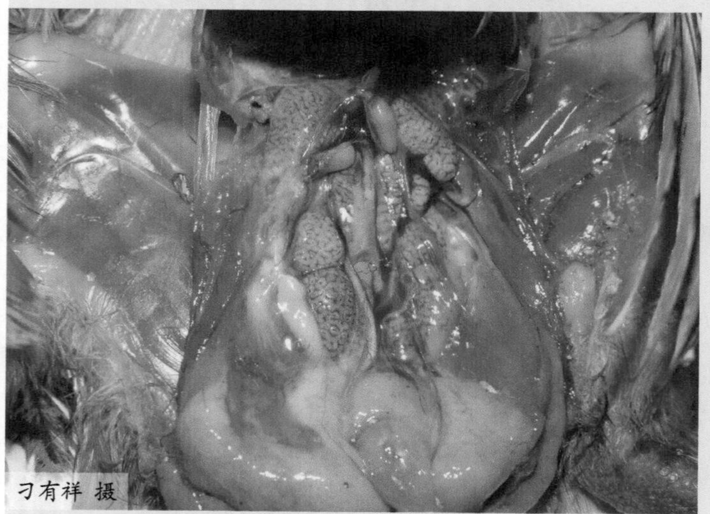

图1-1-142 法氏囊肿胀，肾脏肿胀，输尿管中有白色的尿酸盐沉积

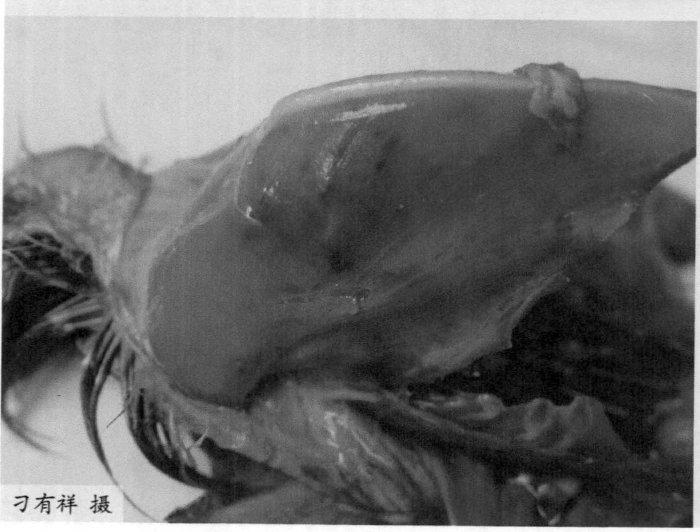

图1-1-143 胸肌呈现条纹状出血或出血斑

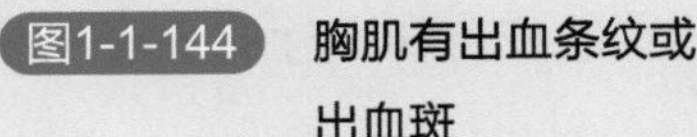
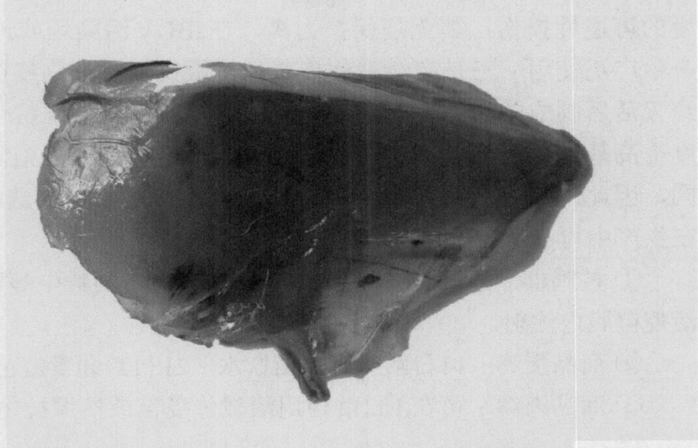

图1-1-144 胸肌有出血条纹或出血斑

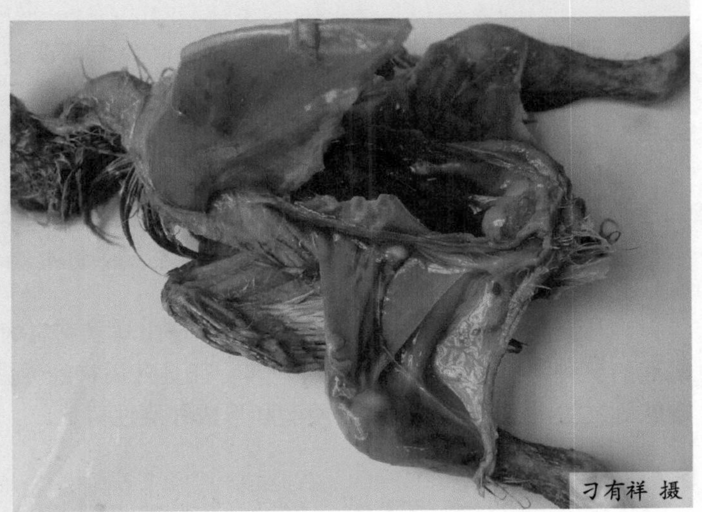

图1-1-145 胸肌、腿肌出血，法氏囊肿胀

以酚制剂、福尔马林和强碱消毒药液效果较好。首先应对消毒的环境、鸡舍、笼具、食槽、饮水器具、工具等喷洒消毒药，经4～6小时后，进行彻底清扫和冲洗，将粪便和污物清理干净，再用高压水冲洗整个鸡舍、笼具和地面等。经2～3次消毒，再用清水冲洗1次，然后将消毒干净的用具等放回鸡舍，再用福尔马林熏蒸消毒10小时，进鸡前通风换气。经过以上消毒，可将IBDV的污染量降低到最低程度。由于雏鸡经疫苗接种到产生免疫力需要一定时间，因此对雏鸡舍的严格消毒，可以防止IBDV的早期感染，保证疫苗接种后充分地发挥效力。

（2）免疫接种是控制传染性法氏囊病的主要方法，特别是种鸡群的免疫，以提高雏鸡母源抗体水平，防止雏鸡早期感染。目前我国常用的疫苗有两大类，即活疫苗和灭活疫苗。活疫苗主要有三种类型：一是低毒力（弱毒）活疫苗，如PBG98、LKT、Bu-2、LZD258，这类疫苗对法氏囊没有任何损伤，但免疫后抗体产生迟，效价也比较低，在IBDV污染程度较高的鸡场或地区使用免疫效果不好，对鸡群的保护力低，在实际生产中已很少使用；

二是中等毒力的活疫苗，如228E、CU-1M、D78、B87、BJ836等，这类疫苗对法氏囊有轻度的可逆性损伤，其免疫保护力高，在IBDV污染场或地区使用免疫效果较好，在实际生产中广泛使用；三是有活载体疫苗和抗原抗体复合物疫苗。灭活疫苗是用细胞毒或鸡胚毒经灭活后制成的油佐剂灭活疫苗，灭活疫苗不受母源抗体影响，无免疫抑制危险，能大幅度提高基础免疫的效果。由于母源抗体水平、当地污染情况、鸡场性质、饲养管理方式不同，因此，在生产实践中应根据本场情况综合考虑，选择适宜的疫苗和可行的免疫程序。在生产中可参考以下接种方案。

① 种鸡群：2～3周龄弱毒苗饮水；4～5周龄中等毒力疫苗饮水；开产前用油佐剂灭活疫苗肌内注射。

② 商品蛋鸡：14日龄弱毒疫苗饮水；21日龄弱毒疫苗饮水；28日龄中等毒力疫苗饮水。

③ 商品肉鸡：可在1日龄使用活载体疫苗或抗原抗体复合物疫苗。

【治疗】

发现传染性法氏囊病后，可及时注射高免血清或高免卵黄抗体，每只鸡1～2毫升。为避免病鸡脱水衰竭死亡，可饮口服补液盐以补充体液。饲料中添加抗生素防止继发感染，连用4～5天。

4.鸡马立克病

鸡马立克病（Marek's disease，MD）是由马立克病病毒（Marek's disease virus，MDV）引起的一种淋巴组织增生性疾病，其特征是外周神经、性腺、虹膜、各内脏器官、肌肉和皮肤等发生淋巴样细胞增生、浸润和形成肿瘤性病灶。

【病原】

鸡马立克病病毒属于疱疹病毒的B亚群病毒。这种病毒的裸体粒子或核衣壳直径为85～100纳米，具有囊膜的病毒粒子的直径达130～170纳米。它于羽毛囊上皮细胞中形成的有囊膜的病毒粒子特别大，直径可达273～400纳米。

病毒在机体组织中有两种存在形式：一种是没有发育成熟的病毒，称为不完全病毒，主要存在于肿瘤组织及白细胞中，此种病毒离开活体组织和细胞很容易死亡；另一种是发育成熟的病毒，称为完全病毒，存在于羽毛囊上皮细胞及脱落的皮屑中，对外界环境的抵抗力强，在传播本病方面有极重要作用。

根据抗原性不同，马立克病病毒可分为3个血清型，即血清Ⅰ型、Ⅱ型和Ⅲ型。致病的血清Ⅰ型病毒在鸭胚成纤维细胞或鸡肾细胞培养上生长最好，生长缓慢并产生小蚀斑。血清Ⅱ型病毒在鸡胚成纤维细胞上生长最好，生长缓慢并产生有一些大合胞体的中等大小蚀斑。血清Ⅲ型病毒在鸡胚成纤维细胞上生长最好，生长速度快，并产生大蚀斑。血清Ⅰ型病毒能引起肿瘤的发生，而血清Ⅱ型和Ⅲ型无致瘤性。

马立克病病毒能于鸭胚成纤维细胞、鸡肾细胞上生长繁殖。被感染的细胞培养物经常有疏散的灶形病变，病灶的直径通常不到1毫米。感染的细胞可以含有两个或更多的细胞核，可见有核内包涵体。当空斑病灶成熟时，圆形细胞脱落到细胞培养液中，但常见不到整个细胞层脱下。初次分离时，于感染后5～14天出现空斑，连续继代时出现空斑的时间可缩短，这种空斑病灶可于显微镜下进行计数。病鸡肾直接作细胞分散培养亦可产生病毒的空斑病灶。

马立克病病毒的抵抗力较强，自感染鸡的羽毛囊浸出的病毒于–65℃很稳定，保存210天滴度下降不明显，4℃保存4天残留原有的病毒量约20%，7天后只残存百分之几。22～25℃保存48小时病毒量接近于零，37℃保存18小时、56℃保存30分钟、60℃保存10分钟全部死亡。反复冻融4次变化不大。于pH7.0稳定，pH4.0以下以及pH10.0以上活力迅速消失。

在自然条件下，从羽毛囊上皮排出的病毒因其具有保护性物质，在鸡舍的尘埃中能长时间存在，在室温下生存4周以上。病鸡鸡粪与垫草在室温下可以保持传染性达16周之久，在温度较低的条件下，病毒生存时间更长。

【流行特点】

本病的易感动物是鸡，火鸡、山鸡也能感染发病。病鸡和带毒鸡是本鸡的传染源，感染鸡的羽毛囊上皮中有囊膜的病毒粒子可脱离细胞而存在，自病鸡脱落带病毒的皮屑（其中病毒对外界有很强的抵抗力），常和尘土一起随空气到处传播而造成污染。病鸡与易感鸡直接或间接接触是本病的重要传播方式。病毒主要经呼吸道进入鸡体内，很快分布到全身。鸡一旦感染后可长期带毒与排毒。马立克病病毒对初生雏鸡的易感性高，1日龄雏鸡的易感性比成年鸡大1000～10000倍，比50日龄鸡大12倍。病鸡终身带毒排毒，母鸡的发病率比公鸡高。不同病毒株毒力差异很大，JM毒株主要侵害神经，HRP-16、GA、RPL-39毒株主要侵害内脏。马立克病的发病率与鸡的品种、病毒毒力以及饲养管理的方式有关。有些鸡的品种对本病高度敏感，而另一些品种有明显的抵抗力。若饲养管理条件差、饲养密度高，感染的机会就增加。本病不经蛋内传染，但若蛋壳表面残留有含病毒的尘埃、皮屑又未经消毒就可造成马立克病的传染。

本病具有高度接触传染性，直接或间接接触都可传染。病毒主要随空气经呼吸道进入体内，其次是消化道。病毒进入机体后，首先在淋巴系统，特别是法氏囊和胸腺细胞中增殖，然后在肾脏、毛囊和其他器官的上皮中增殖，同时出现病毒血症。其结果可以出现症状，也可能保持潜伏性感染，因病毒的毒力、宿主的抵抗力及外界其他应激因素的影响而定。因此，病毒一旦侵入易感鸡群，其感染率几乎可达100%，但发病率却差异很大，可从百分之几到80%，发病鸡都以死亡为转归，只有极少数能康复。

【症状】

该病是一种肿瘤性疾病，从感染到发病有较长的潜伏期。1日龄雏鸡接种病毒后第2或第3周开始排毒，第3～4周出现症状及眼观病变，这是最短的潜伏期。马立克病多发生于2～3月龄鸡，但1～18月龄鸡均可致病。根据其病变发生部位和临床症状不同，可分为内脏型、神经型、眼型和皮肤型，其中以内脏型发病率最高。

内脏型：病鸡精神萎靡，羽毛松乱，行动迟缓，常缩颈蹲在墙角下。病鸡脸色苍白，常排绿色稀便，消瘦（图1-1-146～图1-1-150）。但病鸡多有食欲，往往发病半个月左右死亡。

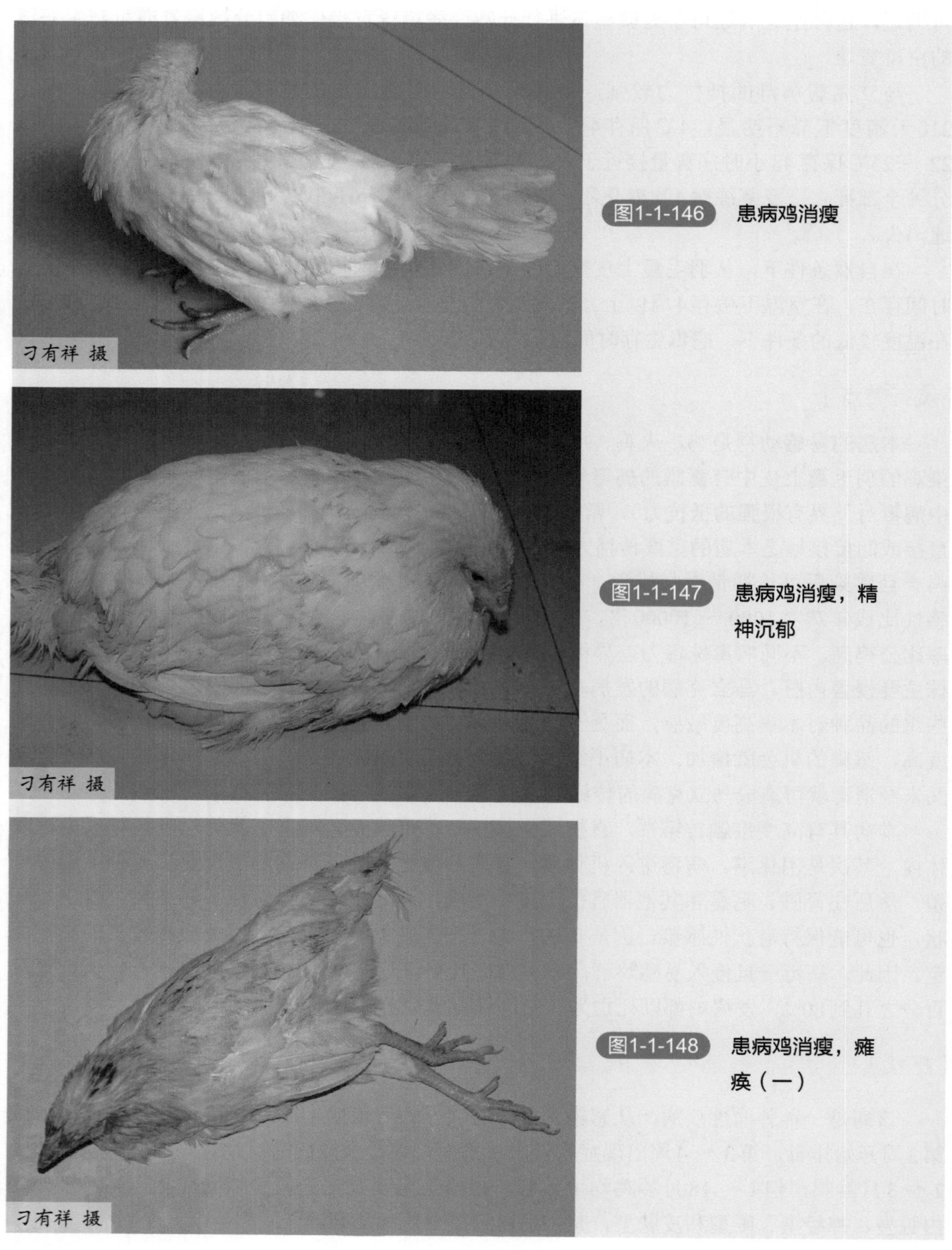

图1-1-146 患病鸡消瘦

图1-1-147 患病鸡消瘦，精神沉郁

图1-1-148 患病鸡消瘦，瘫痪（一）

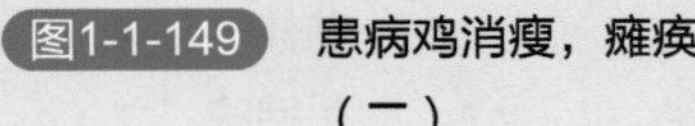
图1-1-149 患病鸡消瘦，瘫痪（二）

图1-1-150 患病鸡消瘦，瘫痪（三）

神经型：由于病变部位不同，症状有很大区别。当坐骨神经受到侵害时，病鸡开始只见走路不稳，逐渐看到一侧或两侧腿麻痹，严重时瘫痪不起。典型症状是一腿向前伸一腿向后伸的“大劈叉”姿势（图1-1-151～图1-1-153）；当臂神经受侵害时，病侧翅膀松弛无力，有时下垂，如穿“大褂”（图1-1-154）；当颈部神经受侵害时，病鸡的脖子常斜向一侧。

眼型：病鸡一侧或两侧眼睛失明，病鸡眼睛的瞳孔边缘不整齐呈锯齿状，虹彩消失，眼球如鱼眼呈灰白色。

皮肤型：病鸡退毛后可见体表的毛囊腔形成结节及小的肿瘤状物，在颈部、翅膀、大腿外侧较为多见。肿瘤结节呈灰黄色，突出于皮肤表面，有时破溃（图1-1-155～图1-1-158）。

图1-1-151 病鸡一腿向前伸一腿向后伸的“大劈叉”姿势（一）

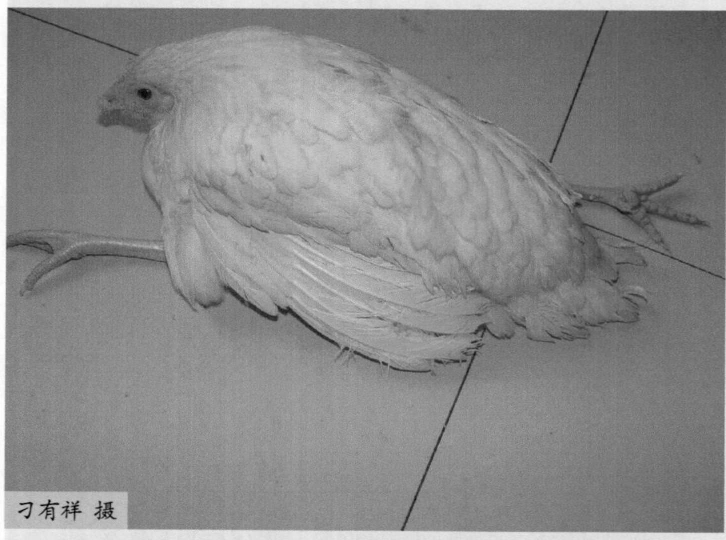

图1-1-152 病鸡一腿向前伸一腿向后伸的“大劈叉”姿势（二）

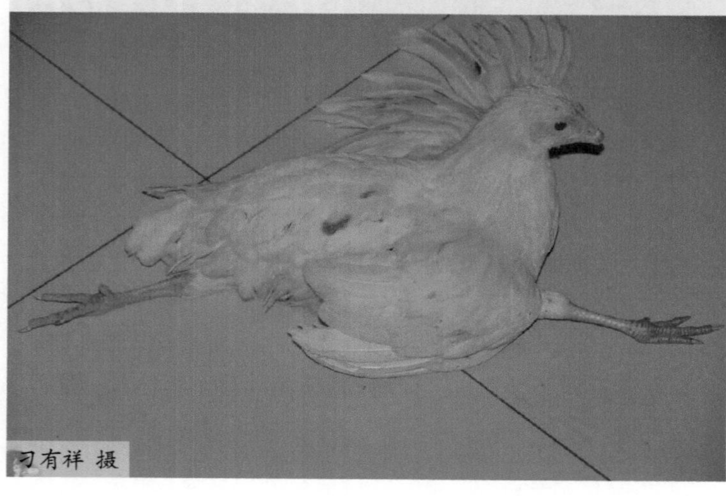

图1-1-153 病鸡一腿向前伸一腿向后伸的“大劈叉”姿势（三）

图1-1-154 病鸡因臂神经受侵害翅下垂而呈穿“大褂”姿势

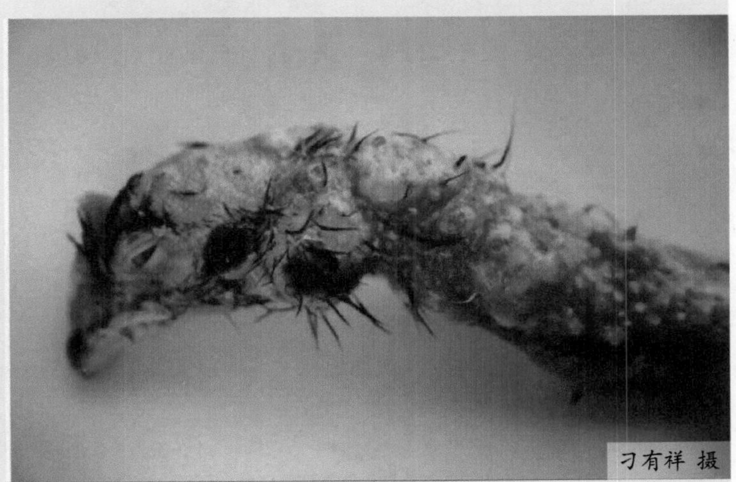

图1-1-155 颈部皮肤表面有大小不一的肿瘤结节

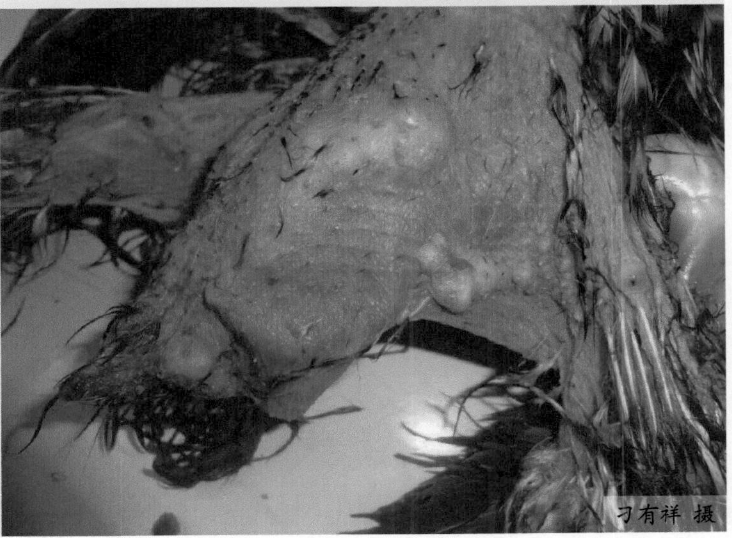

图1-1-156 背部、腹部皮肤表面大小不一的肿瘤结节

【病理变化】

内脏型病鸡以肝脏、腺胃、脾脏的病变最为常见。

肝脏：肿大、质脆，有时为弥漫型的肿瘤，有时见粟粒大至黄豆大的灰白色瘤，几个至几十个不等（图1-1-159～图1-1-164）。

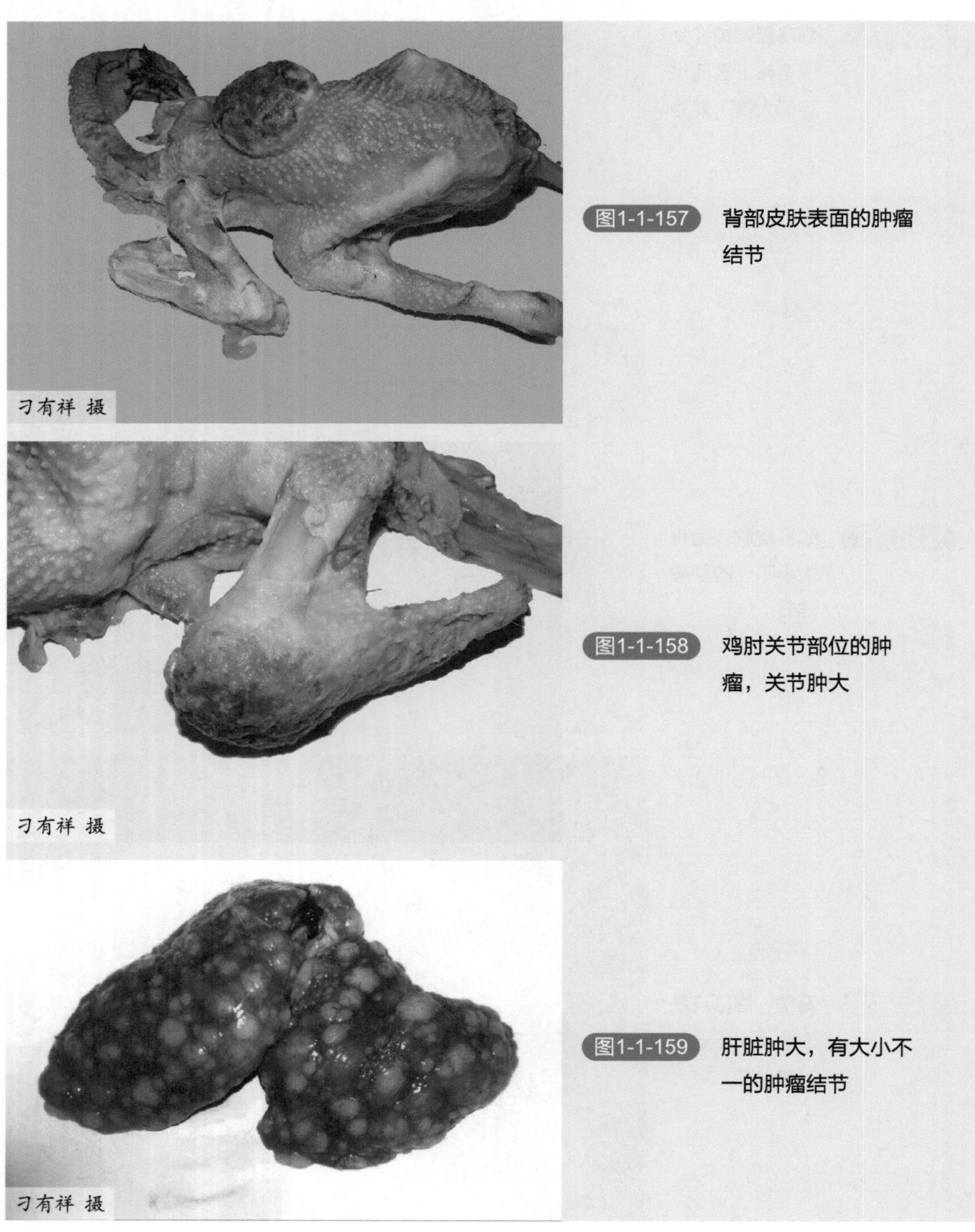

图1-1-157 背部皮肤表面的肿瘤结节

图1-1-158 鸡肘关节部位的肿瘤，关节肿大

图1-1-159 肝脏肿大，有大小不一的肿瘤结节

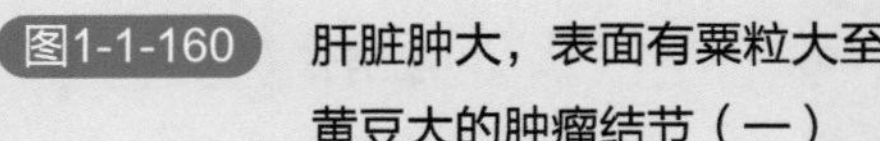

图1-1-160 肝脏肿大，表面有粟粒大至黄豆大的肿瘤结节（一）

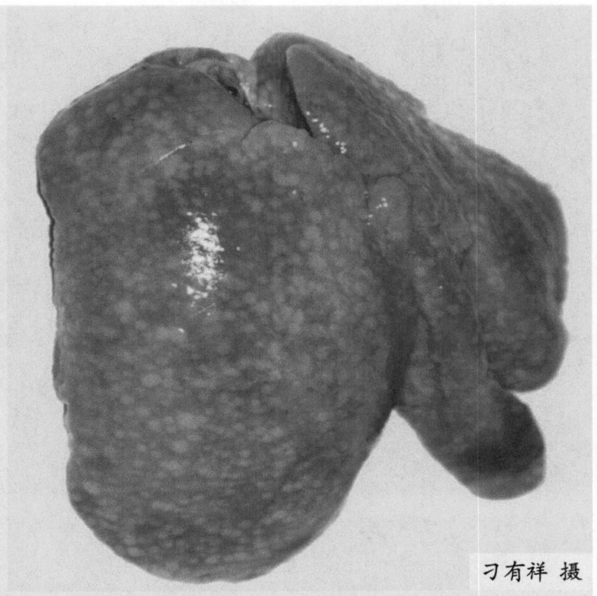

图1-1-161 肝脏肿大，表面有粟粒大至黄豆大的肿瘤结节（二）

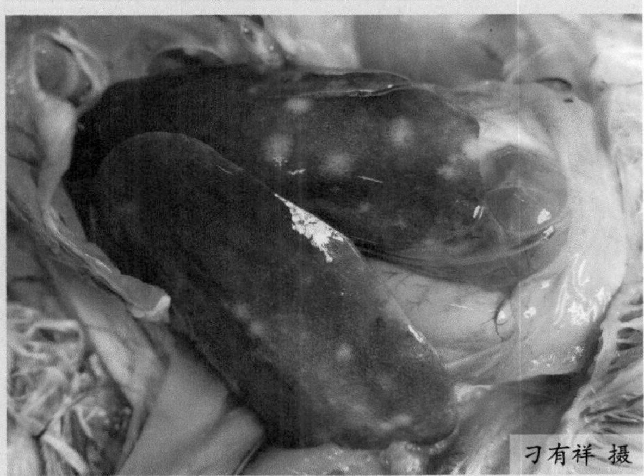

图1-1-162 肝脏肿大，表面有散在的肿瘤结节

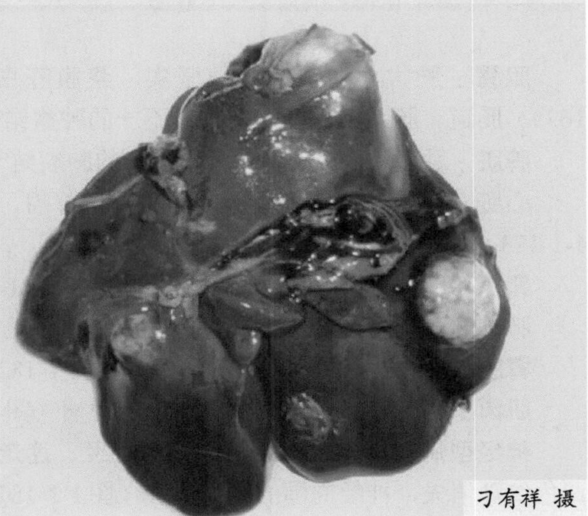

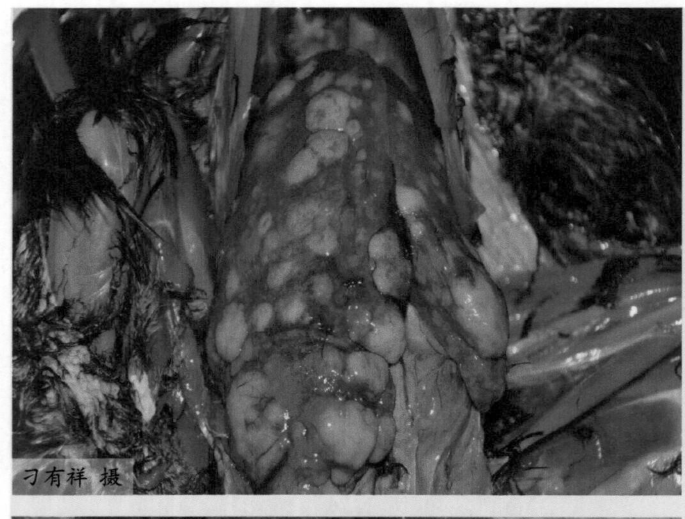

图1-1-163 肝脏肿大，表面有大小不一的肿瘤结节（一）

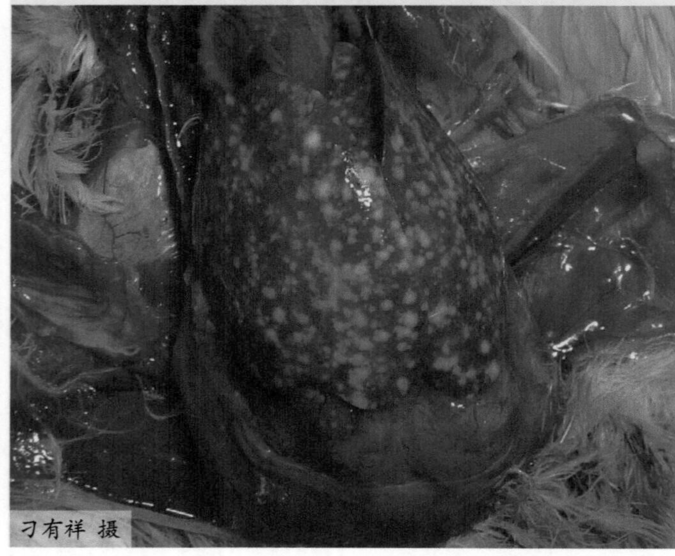

图1-1-164 肝脏肿大，表面有大小不一的肿瘤结节（二）

腺胃：肿大、增厚、质地坚实，浆膜苍白，黏膜出血、溃疡（图1-1-165～图1-1-167）。肠道、肠系膜、胰脏有大小不一的肿瘤结节（图1-1-168～图1-1-171）。

脾脏：肿大4～5倍，有大小不一的肿瘤结节（图1-1-172）。

心脏：在心外膜有大小不一的黄白色肿瘤，常突出于心肌表面，米粒大至黄豆大（图1-1-173～图1-1-175）。

卵巢：肿大4～10倍不等，呈菜花状（图1-1-176～图1-1-178）。

肺脏：在一侧或两侧见灰白色肿瘤，肺脏呈实质性，质硬（图1-1-179～图1-1-181）。

肾脏：肿大，有大小不一的肿瘤（图1-1-182～图1-1-184）。

肌肉：在胸肌、腿肌有大小不一的肿瘤（图1-1-185、图1-1-186）。

神经型病变：多见坐骨神经、臂神经、迷走神经肿大，神经表面光亮，粗细不均，银白色纹理消失，神经周围的组织水肿（图1-1-187、图1-1-188）。

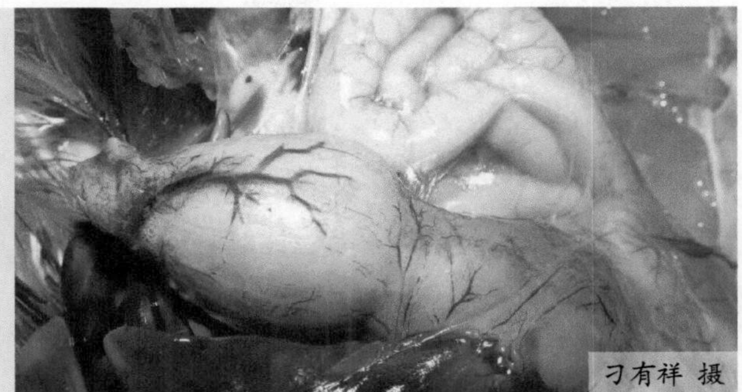

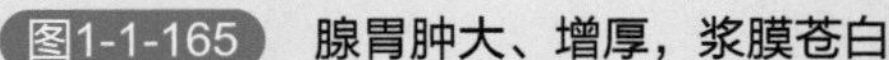
图1-1-165 腺胃肿大、增厚，浆膜苍白

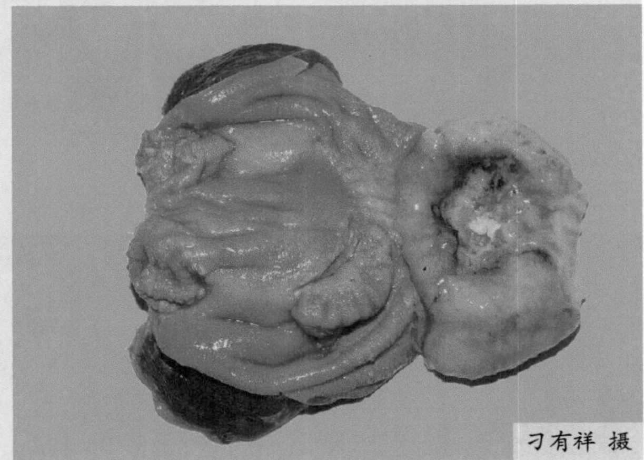

图1-1-166 腺胃肿大、增厚，腺胃黏膜溃疡、出血

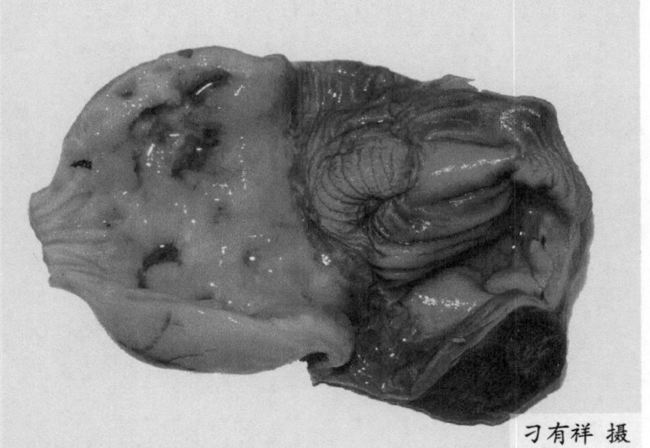

图1-1-167 腺胃肿大、增厚，腺胃黏膜溃疡

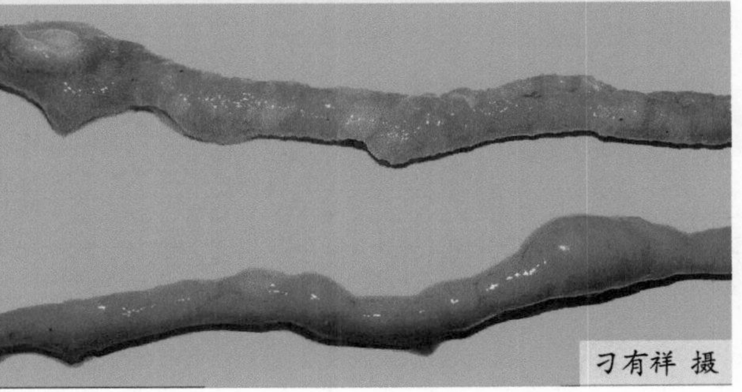

图1-1-168 肠黏膜表面大小不一的肿瘤

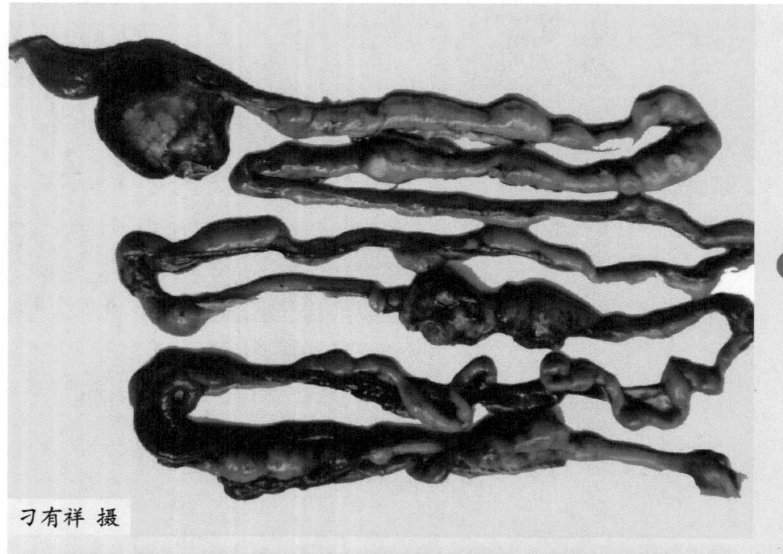

图1-1-169 肠道上分布大小不一的肿瘤

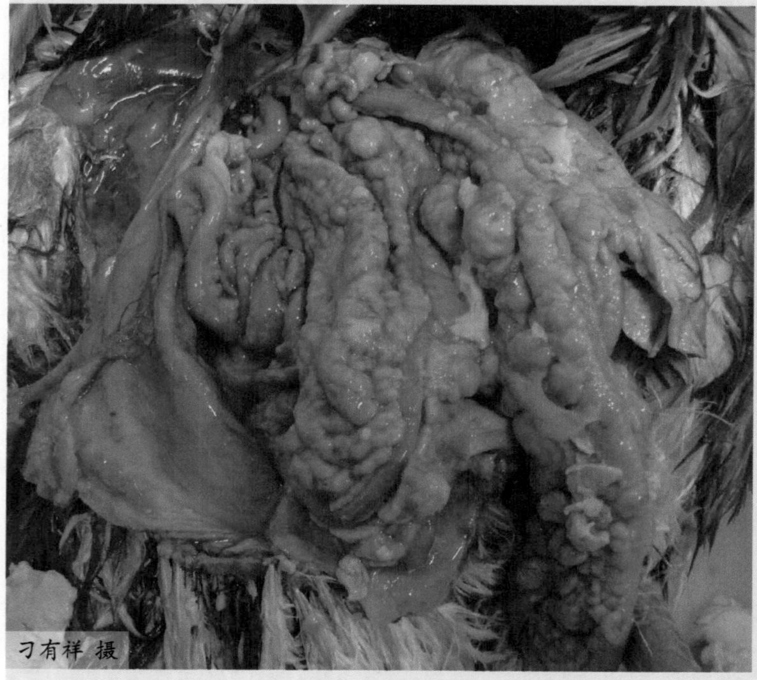

图1-1-170 肠系膜肿瘤

图1-1-171 胰脏肿瘤

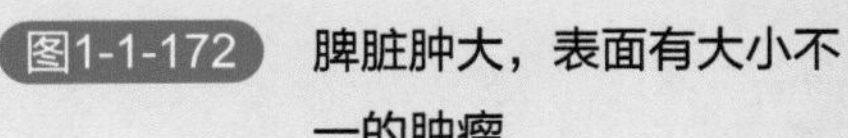

图1-1-172 脾脏肿大，表面有大小不一的肿瘤

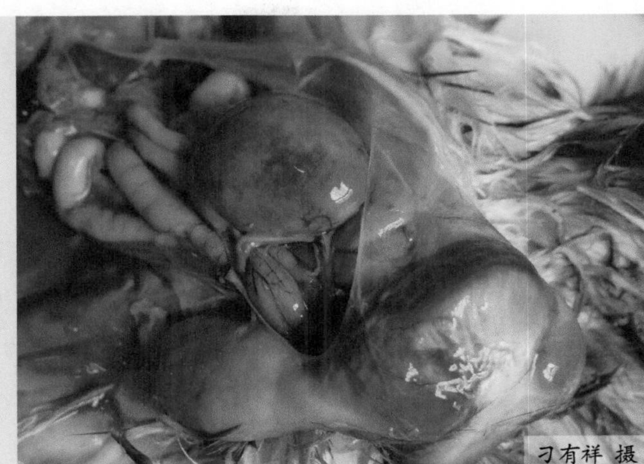

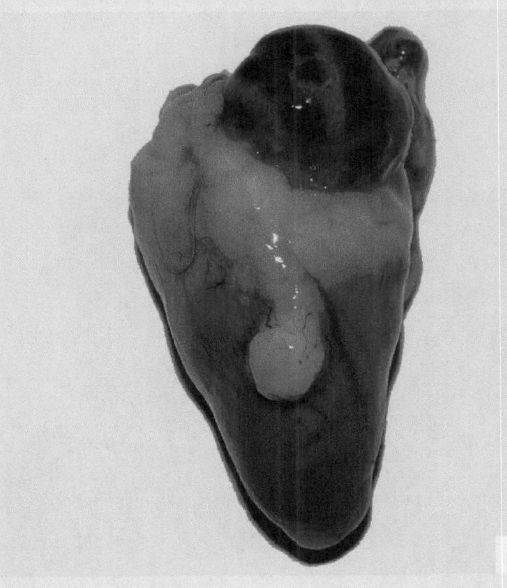

图1-1-173 心外膜上可见白色肿瘤，突出于心肌表面

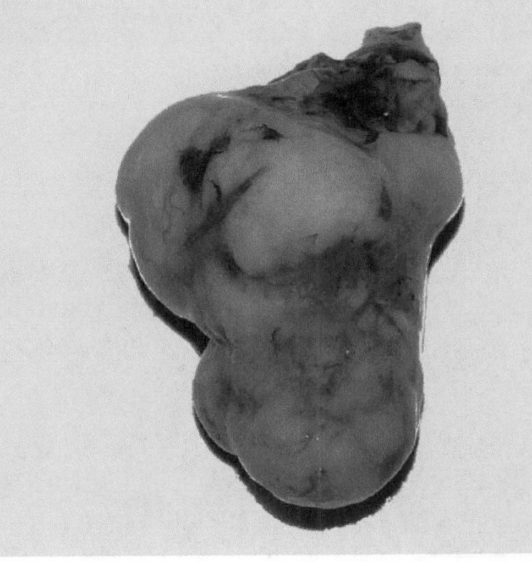

图1-1-174 心脏的白色肿瘤，心脏变形（一）

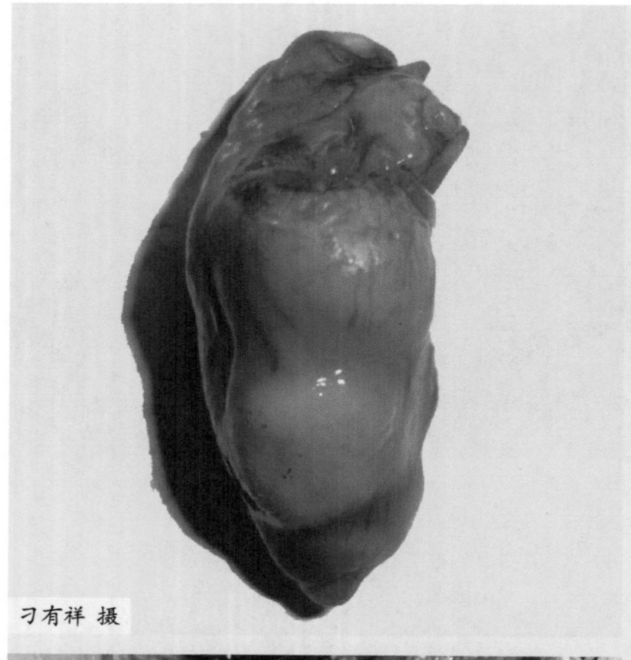

图1-1-175 心脏的白色肿瘤，心脏变形（二）

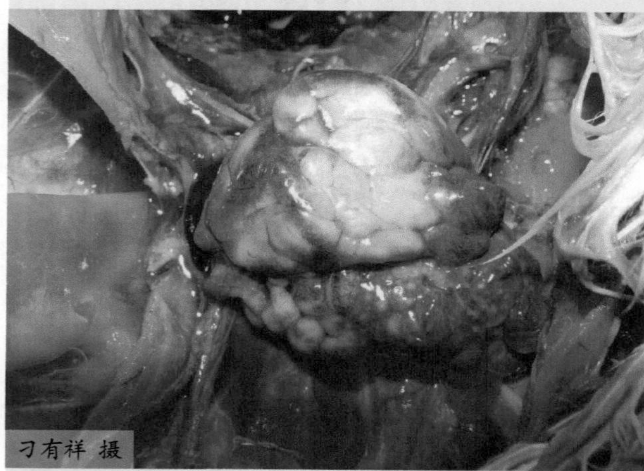

图1-1-176 卵巢肿瘤，呈菜花状（一）

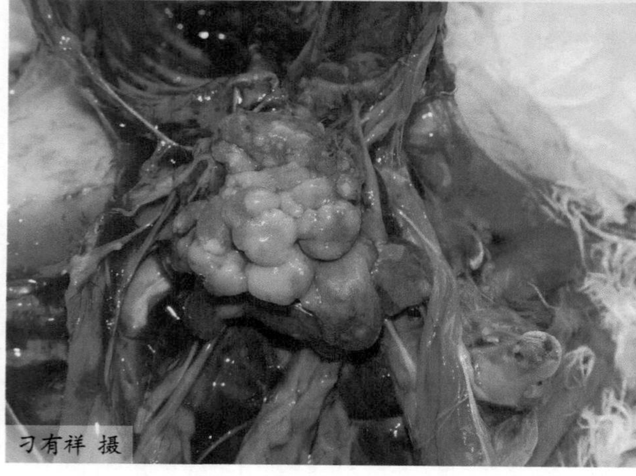

图1-1-177 卵巢肿瘤，呈菜花状（二）

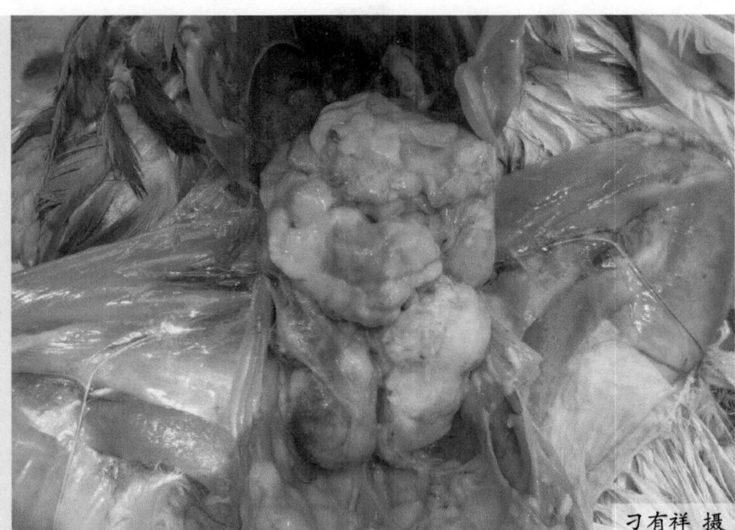

图1-1-178 卵巢肿瘤，呈菜花状（三）

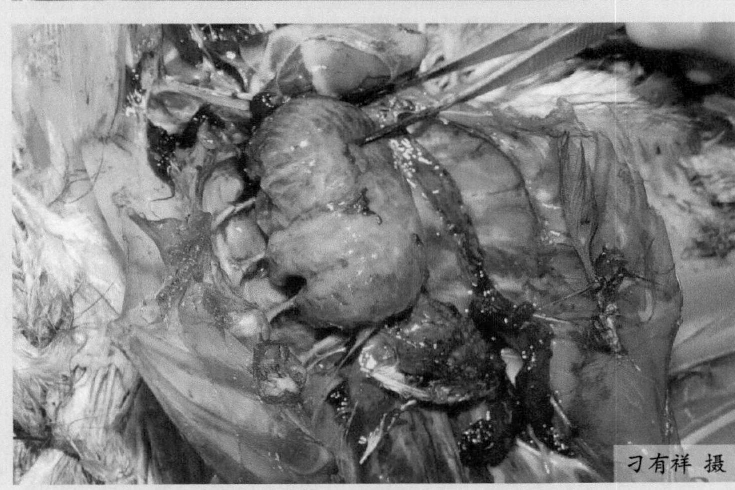

图1-1-179 肺脏肿瘤，肺脏实变

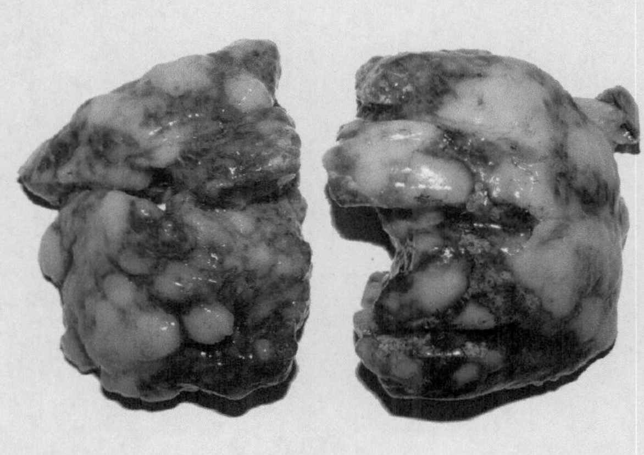

刁有祥 摄

图1-1-180 肺脏大小不一的肿瘤结节

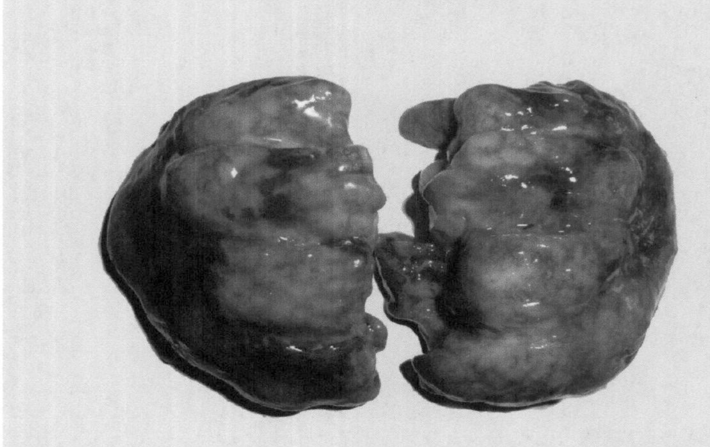

图1-1-181 肺脏肿瘤，肺脏发生实变

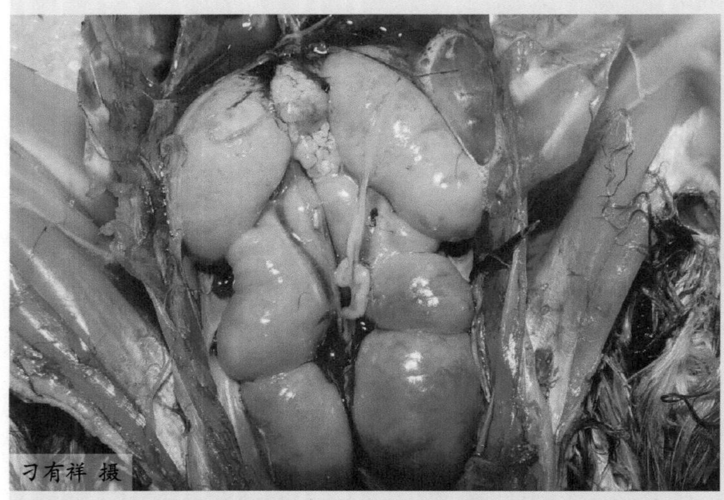

图1-1-182 肾脏肿瘤，肾脏肿大

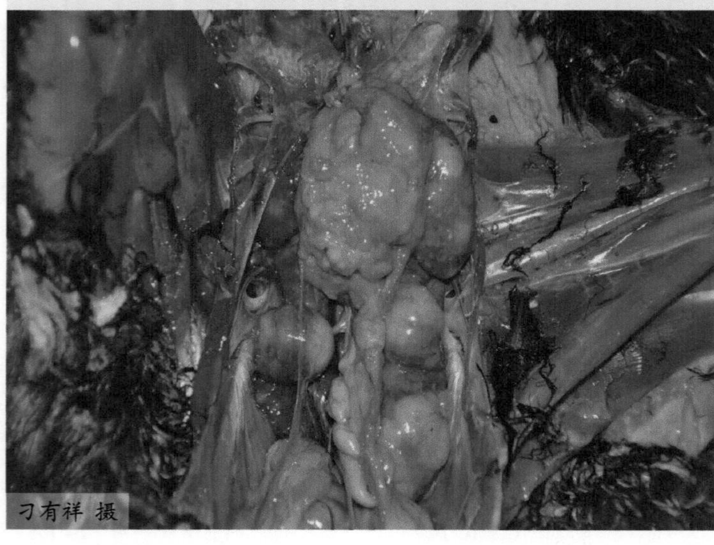

图1-1-183 肾脏肿大，表面有大小不一的肿瘤，卵巢肿胀呈菜花状

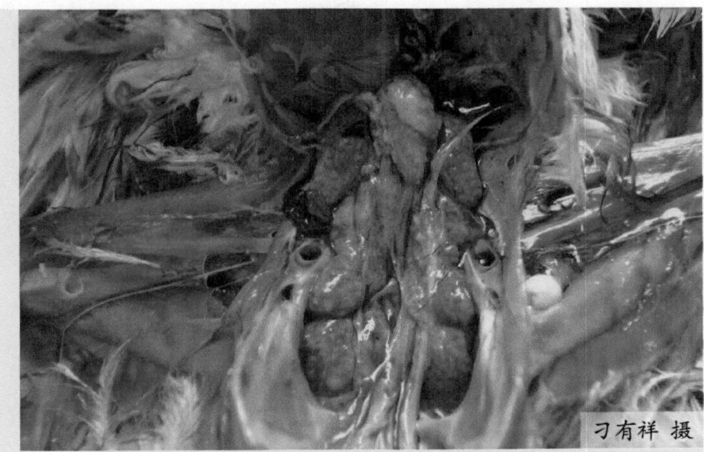

图1-1-184 肾脏肿大，表面有大小不一的肿瘤

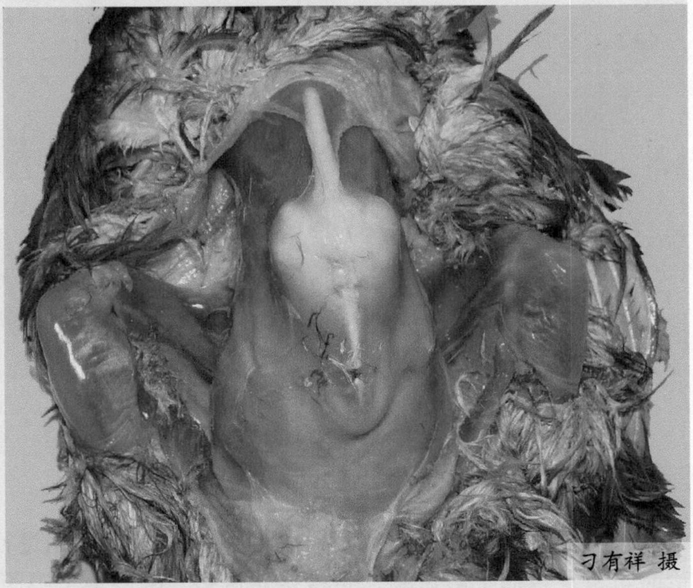

刁有祥 摄

图1-1-185 胸肌肿瘤（一）

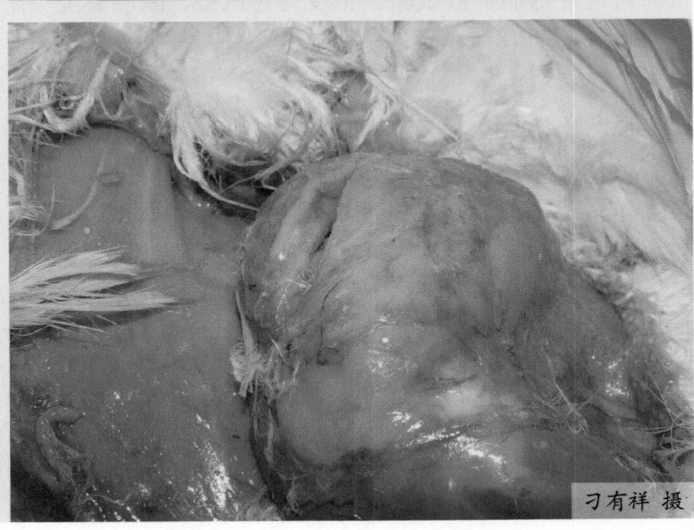

图1-1-186 胸肌肿瘤（二）

图1-1-187 坐骨神经肿大，粗细不均，银白色纹理消失［右侧为正常坐骨神经（箭头所指）］

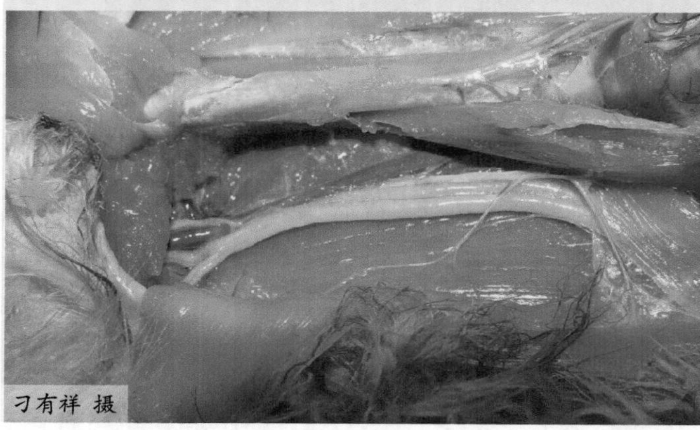

图1-1-188 坐骨神经肿大，粗细不均

【诊断】

根据病鸡的典型症状、流行特点及病理剖检变化进行综合分析，可作出初步诊断，确诊时可进行琼脂扩散试验、免疫荧光试验、酶联免疫吸附试验及病毒中和试验。

【预防】

1.搞好卫生消毒

（1）孵化器的消毒　在孵化前1周应对孵化器及附件进行消毒，蛋盘、水盘、盛蛋用具等先用热水洗净，再用含氯或含碘的消毒剂喷雾消毒，然后对孵化器及其附件用福尔马林熏蒸消毒。

种蛋先用高于蛋温的含氯或含碘的消毒剂水浸洗或喷雾，洗净的蛋放在蛋盘上。用根据蛋架大小制作的塑料罩罩上，20℃条件下按每立方米空间甲醛36毫升、水36毫升、高锰酸钾18克的量熏蒸消毒半小时，然后入孵。

（2）育雏期措施　育雏舍在进雏前应彻底清扫羽毛、皮屑、蜘蛛网等，然后对门窗、地面、顶棚等喷洒消毒剂，地面及墙壁喷2%火碱水，进雏前再用福尔马林熏蒸1次。饲养人员进育雏室要换工作服及鞋，饲喂雏鸡前应洗手消毒。非工作人员不要进入育雏室。

2.加强免疫预防

目前应用的主要是细胞结合疫苗（CVI988/Rispens）和冻干疫苗（HVT）。每只雏鸡头皮下接种稀释后的细胞结合疫苗或冻干疫苗0.2毫升，这两种疫苗在鸡场的保护率为80%～90%，一般在3周内产生免疫力，保护期在20周左右。

【治疗】

发病鸡无治疗价值，应及时淘汰。

5.禽白血病

禽白血病（Leukosis）是由一些具有共同特征的病毒引起的。由于这些病毒对鸡能引起许多具有传染性的良性和恶性肿瘤，因此常把它们列在一起，称为禽白血病/肉瘤群（Avian leukosis/Sarcoma group）。

【病原】

禽白血病/肉瘤群病毒（Avian leukosis/Sarcoma virus es，ALV）被列入禽C型致瘤病毒群，属反转录病毒科、肿瘤病毒亚科的病毒，在结构和形态上与其他动物的致瘤性RNA病毒相似。但它们在所含的核酸型、体积上和对脂溶剂与低pH值的敏感性上又都与黏液病毒相似，并含有共同的补体结合特异性抗原，同时在生物物理和生物化学特性上彼此不能区分。根据抗原结构、结合各病毒对遗传性质不同的鸡胚成纤维细胞的感染范围以及各个病毒之间的干扰现象，又将禽白血病/肉瘤群病毒分为A、B、C、D和E等亚群。J-亚型白血病病毒是1988年英国开普敦动物保健研究所Pynae及其同事首次从肉种鸡群中分离出的一种新型禽白血病病毒，将分离的毒株用血清学方法、病毒干扰试验，与主要引起蛋用型鸡白血病的A、B、C、D亚群和内源性E亚群比较后发现，分离的毒株完全不同于以往这些经典亚群，遂定名为J-亚型禽白血病病毒（ALV-J）。

ALV的多数毒株在11～12日龄鸡胚中生长良好，许多毒株在绒毛尿囊膜上产生外胚层增生性病灶。静脉接种于11～13日龄鸡胚时，40%～70%的鸡胚在孵化阶段死亡。火鸡、鹌鹑、珍珠鸡和鸭的胚胎也可被感染。ALV可在鸡胚成纤维细胞培养物中增殖，在接毒后培养7天，达到最高的病毒滴度。病毒对热不稳定，高温条件下很快失活，只有在–60℃以下时，才能存活数年并保持感染力。在pH5～9稳定，而在此范围外迅速失活。病毒囊膜含有许多脂质，因而脂溶性溶剂如乙醚可破坏其感染性，十二烷基磺酸钠可裂解病毒，释放出RNA和核心蛋白。

【流行特点】

鸡是该群病毒的自然宿主。病鸡和带毒鸡是该病的传染源，有病毒血症的母鸡产出的鸡蛋常带毒，孵出的雏鸡也带毒。这种先天性感染的雏鸡常有免疫耐受现象，它不产生抗肿瘤病毒抗体，长期带毒排毒，是重要的传染源。后天接触感染的雏鸡带毒排毒现象与接触感染时雏鸡的年龄有很大关系。雏鸡在2周龄以内感染这种病毒，发病率和感染率很高，残存母鸡产下的蛋带毒率也很高。4～8周龄雏鸡感染后发病率和死亡率大大降低，其产下的蛋不带毒。10周龄以上的鸡感染后不发病，产下的蛋也不带毒。外源ALV有两种传播途径，即垂直传播和水平传播。即垂直传播是主要的传播方式，在流行病学上很重要，决定了感染的延续性、持续性；水平传播则保证了传播得以维持，濒死鸡通过水平传播使得垂直传播有了充分的感染源。禽白血病病毒在雏鸡中广泛感染传播，而宿主鸡对病毒存在遗传抵抗性，即使感染，发病也较少。对商业鸡群调查表明，各地鸡感染率多在50%以上，但是发病率仅3%左右，个别群可达10%以上，感染鸡可成为病毒携带者、传播者。而鸡群发病死亡常在鸡只性成熟开产之后，剖检见多种器官肿瘤。此外，能引起免疫抑制的疾病如鸡传染性法氏囊病、鸡传染性贫血病、禽网状内皮组织增殖病等均能促进ALV的传播。

【症状】

（1）淋巴细胞性白血病　在临床上仅可见鸡冠苍白，皱缩，偶见发绀，食欲不振或废绝，下痢，消瘦或衰弱（图1-1-189），腹部常增大，羽毛有时被尿酸盐和胆色素污染。

（2）红细胞性白血病　本病分为增生型和贫血型两种类型。两型病鸡早期均表现倦怠，无力，鸡冠稍苍白，后期病鸡消瘦、下痢，有一个或多个羽毛囊出血。

（3）髓细胞性白血病　本病的自然病例很少见，其临床表现与成红细胞性白血病相似。

（4）J-亚型白血病　主要症状为食欲不振，病鸡高度消瘦，精神萎靡。腿骨跗关节往往有增粗的表现，有的胸部和肋骨异常隆起，只能爬行移动；极少数鸡瘫痪，双腿曲起。死亡率不高，一般在1%～3%，有时更高。感染的种鸡其均匀度不整齐，鸡只苍白，羽毛异常，后期死亡率明显增高，种公鸡感染本病后由于发育受到影响，导致受精率降低；种母鸡感染本病，产蛋下降，死亡率明显增高。

近年来常发生的血管瘤也是由J-亚型白血病病毒引起，临床特征表现为鸡只皮肤有多处血泡或出血斑，被鸡抓破后血液稀薄不凝固、流血过多而导致鸡只死亡（图1-1-190、

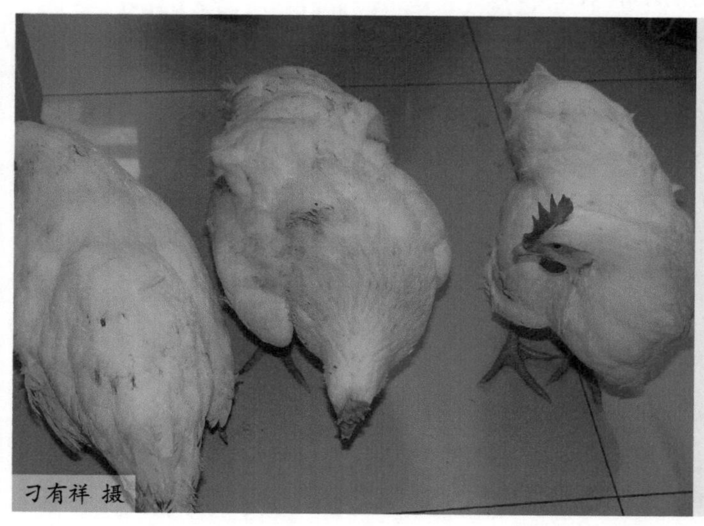

图1-1-189　白血病病鸡消瘦

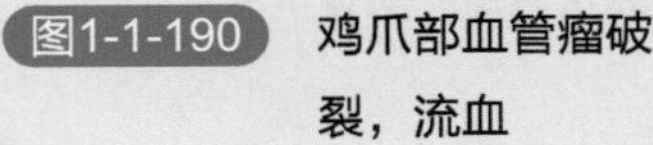
图1-1-190 鸡爪部血管瘤破裂，流血

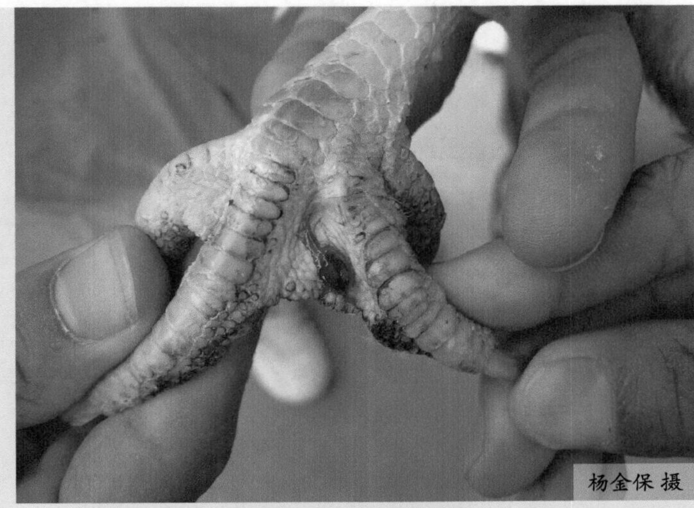

图1-1-191 鸡爪部血管瘤

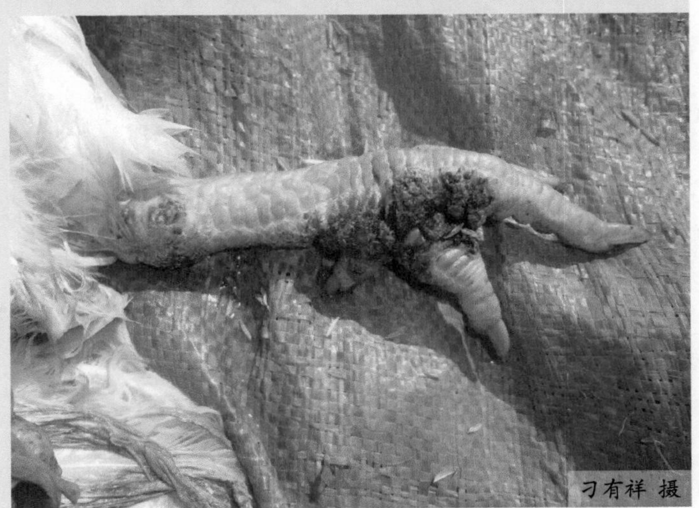

图1-1-191），部分鸡群发病率高达35%～40%，本病一经发病几乎无一幸免。鸡群产蛋率一般比正常鸡群低10%～15%。

【病理变化】

（1）淋巴细胞性白血病　病鸡消瘦（图1-1-192），肿瘤主要见于肝、脾、腺胃及法氏囊，也可侵害肾、肺、性腺、心脏等组织。肝脏可比正常增大数倍，色泽呈灰白色，质地脆弱（图1-1-193～图1-1-195）。脾脏的变化与肝脏相同，体积增大，呈灰棕色，表面和切面也有许多灰白色的肿瘤病灶（图1-1-196、图1-1-197）。肾脏体积增大，颜色变淡，有时也形成肿瘤结节，腺胃肿大如球状，胃壁增厚，黏膜糜烂、溃疡（图1-1-198、图1-1-199）。在输卵管及其他内脏器官也有大小不一的肿瘤结节（图1-1-200、图1-1-201）。

（2）红细胞性白血病　病鸡全身性贫血，血液稀薄呈血水样。鸡冠苍白，皮肤羽毛囊出血。

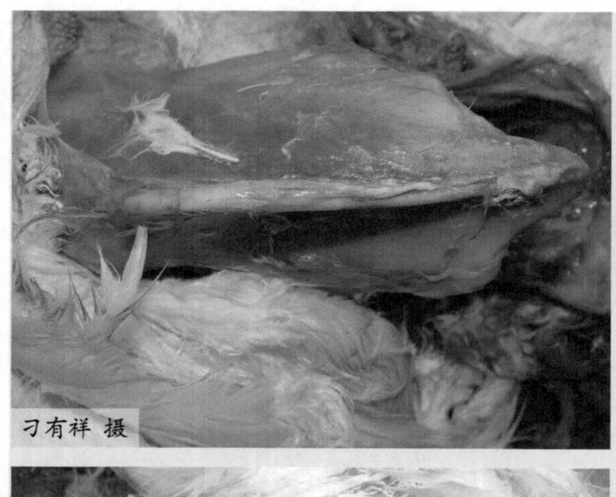

图1-1-192 病鸡消瘦，胸骨突出

图1-1-193 肝脏肿大，有弥漫性肿瘤（一）

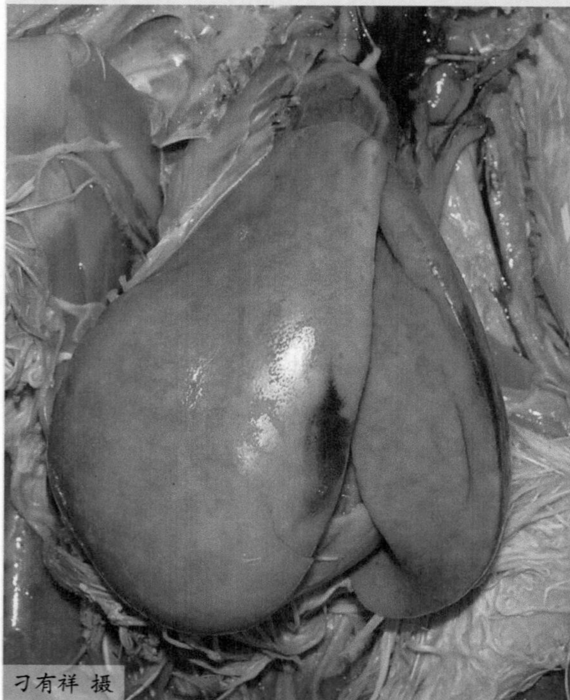

图1-1-194 肝脏肿大，有弥漫性肿瘤（二）

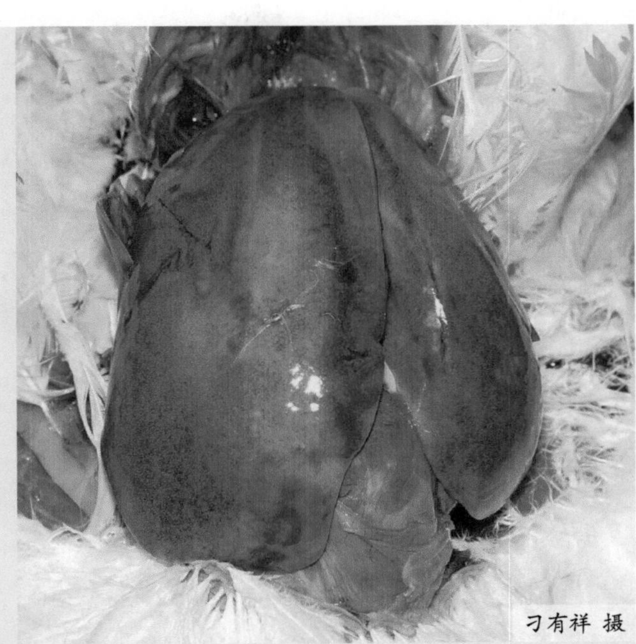

图1-1-195 肝脏肿大，有弥漫性肿瘤（三）

图1-1-196 脾脏肿大，右为健康鸡脾脏

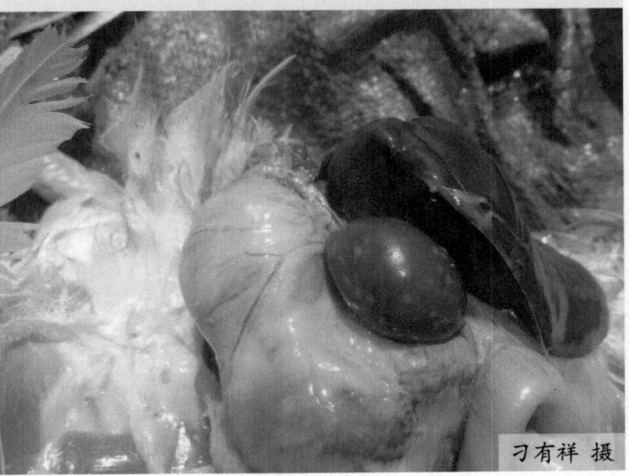

图1-1-197 脾脏肿大，有弥漫性肿瘤，腺胃肿大

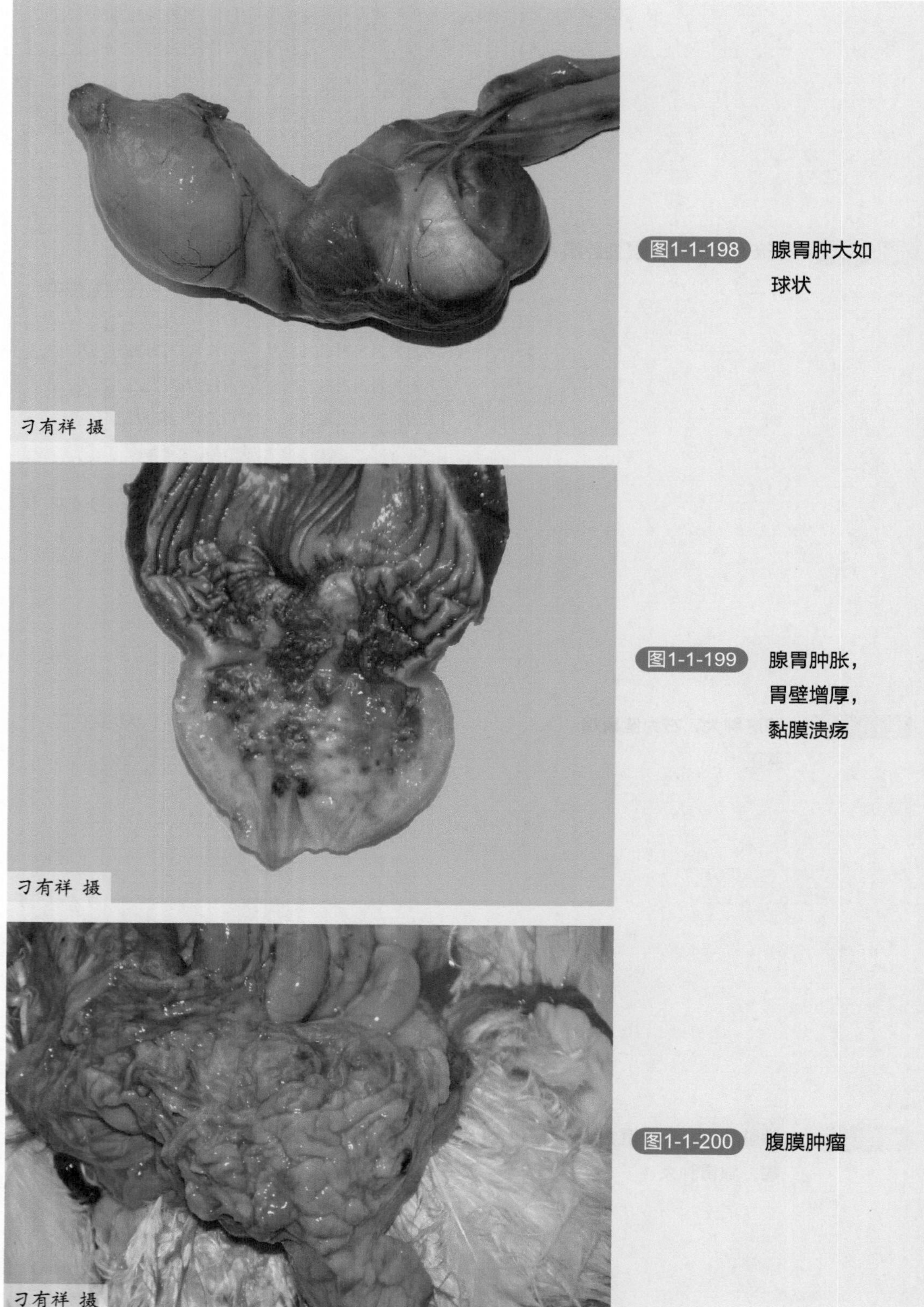

图1-1-198 腺胃肿大如球状

图1-1-199 腺胃肿胀，胃壁增厚，黏膜溃疡

图1-1-200 腹膜肿瘤

（3）髓细胞性白血病　剖检通常呈现贫血，各实质器官肿大，质地脆弱，在肝脏（偶然也在其他器官）出现灰白色、弥漫性肿瘤结节。骨髓常变坚实，呈灰红色或灰白色。

（4）J-亚型白血病　其特征性病变，在肋骨与肋软骨接合处、胸骨内侧、骨盆、下颌骨、颅骨等处有肿瘤形成（图1-1-202、图1-1-203）。在肝脏、脾、肾和其他器官均可能有肿瘤发生（图1-1-204、图1-1-205）。表现为血管瘤的鸡只肝、脾、肾肿大，内脏器官有大小不一的血管瘤，血管瘤破裂后，胸腔、腹腔内常充满血液（图1-1-206～图1-1-208）。

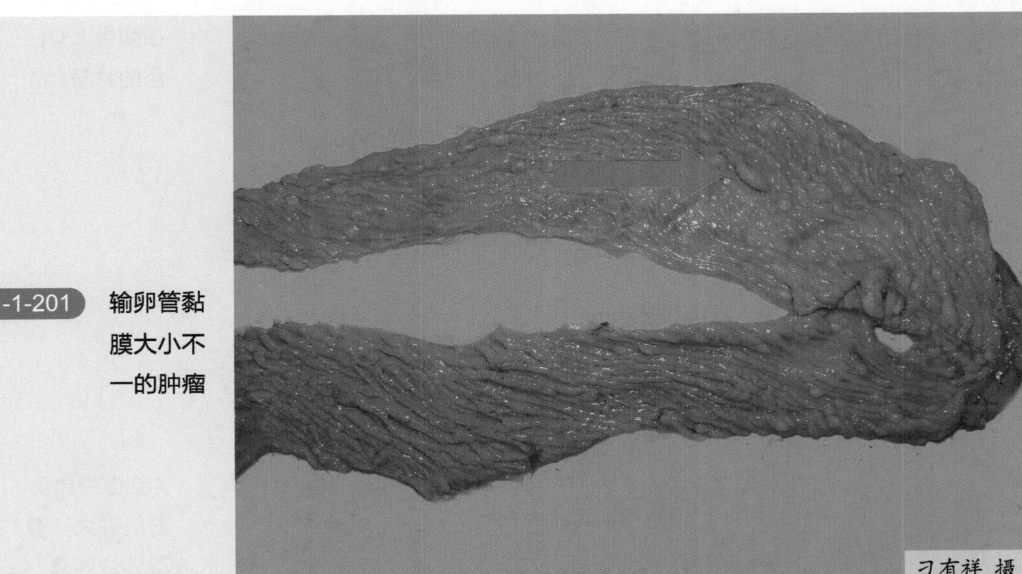

图1-1-201　输卵管黏膜大小不一的肿瘤

刁有祥 摄

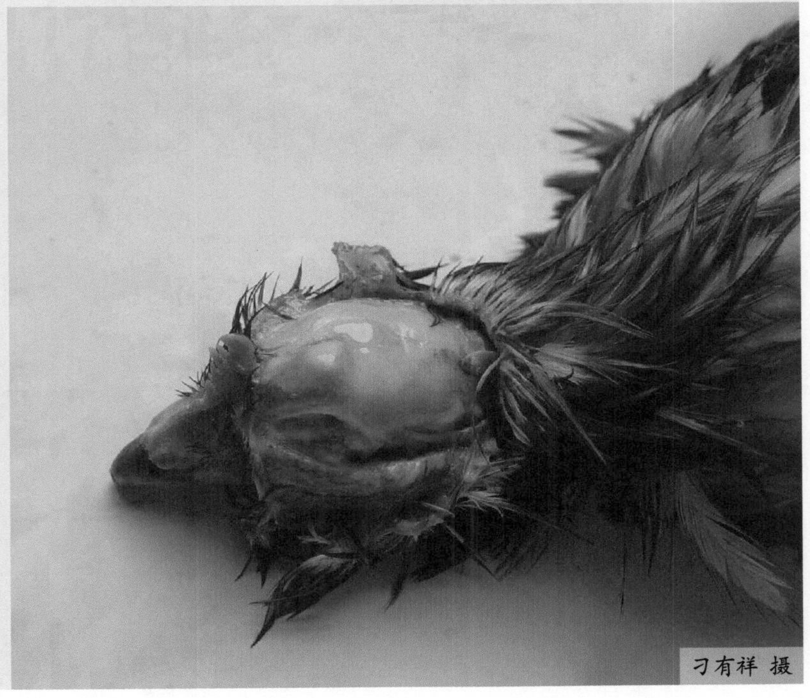

图1-1-202　J-亚型白血病，颅骨凸起

刁有祥 摄

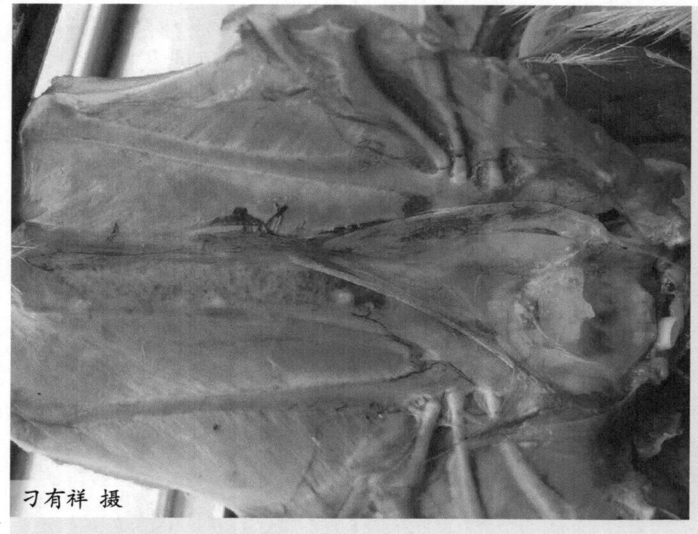

图1-1-203 J-亚型白血病，在胸骨上有白色的肿瘤

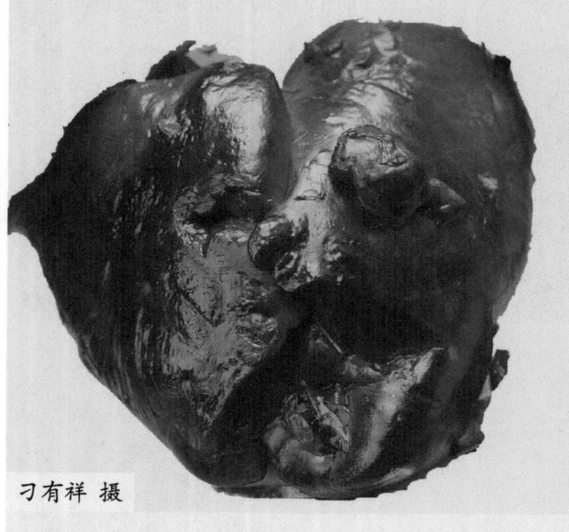

图1-1-204 J-亚型白血病，肝脏肿大，有弥漫性肿瘤

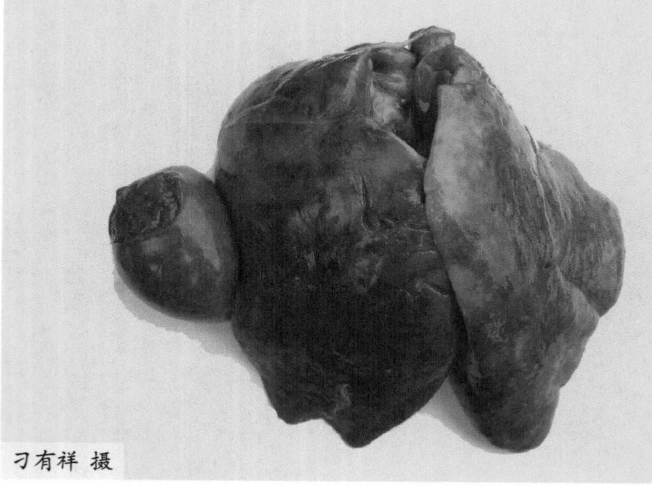

图1-1-205 J-亚型白血病，脾脏、肝脏肿大，有弥漫性肿瘤

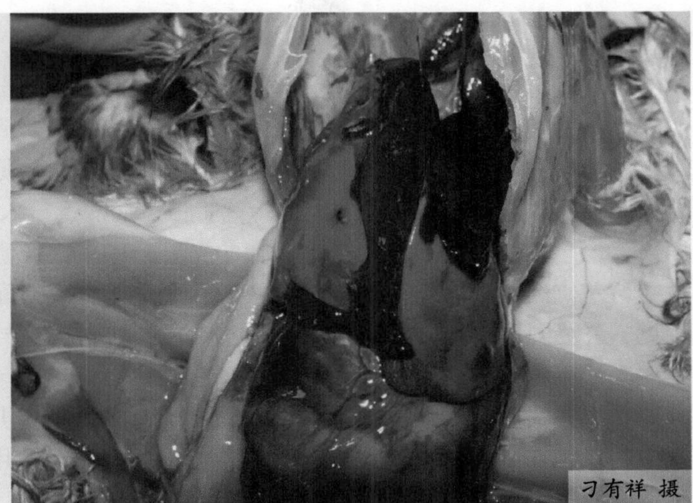

图1-1-206 J-亚型白血病，肝脏破裂，表面覆盖一层凝血块

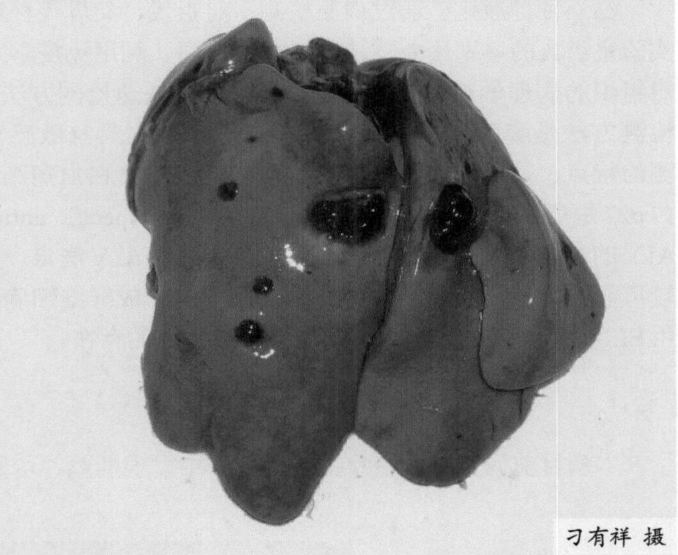

图1-1-207 J-亚型白血病，肝脏表面有大小不一的血管瘤

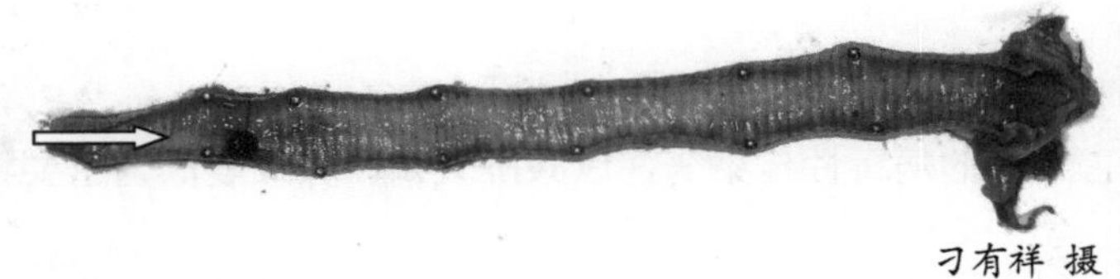

图1-1-208 J-亚型白血病，气管管腔的血管瘤

【诊断】

依据病史、症状、病理学和血液学检查，进行综合判断。实验室检查时，可进行病原分离及血清学检查，血清学检查时可进行酶联免疫吸附试验、补体结合试验、荧光抗体试验等。在实际工作中，要注意淋巴细胞性白血病与马立克病的鉴别诊断。

【预防】

（1）避免外源性ALV的垂直传播　ALV的传播方式分为垂直传播及水平传播，其中经卵垂直传播是ALV的主要传播方式。ALV的垂直传播导致先天感染鸡产生了免疫耐受并成为重要传染源，这也是ALV扩散迅速难以控制的最主要原因。母鸡在本病传播中起的作用更大，鸡胚的先天感染主要原因是母鸡将白血病病毒排入卵清或母鸡的泄殖腔中存在病毒。据报道已感染的公鸡显然不影响后代的先天感染率，经研究观察，ALV不在公鸡的生殖细胞中增殖。因此，公鸡仅是病毒携带者和通过接触或交配传染给其他的鸡，而人工授精则避免了公鸡同母鸡直接接触的机会，也减少了由种公鸡传播ALV的概率。

（2）避免外源性ALV的水平传播　首先，做好鸡舍孵化、育雏等环节的综合管理和消毒工作，并实行全进全出制，避免人为原因造成病原的机械传播；其次，生物制品生产过程中的生物安全问题也是ALV净化必须考虑的问题。选用质量良好、利用SPF鸡胚生产的活毒疫苗是ALV种群净化时的必需选择。

（3）种群净化　通过病原检测，对祖代、父母代种鸡进行净化是本病主要的防控措施。实验室经典的鉴别诊断方法包括病毒分离、利用免疫学方法检测特异性抗原（或抗体）、肿瘤组织的病理学观察、PCR等分子生物学快速检测方法。目前，最适用于种群净化筛选的检测方法是酶联免疫吸附试验（ELISA），它具有敏感性高、简便快捷、适用于高通量检测的特点，是监测鸡群的感染程度、建立无禽白血病鸡群必不可少的检测手段。核衣壳蛋白p27是所有亚群ALV的共同抗原（Group specific antigen，GSA），也是目前ELISA检测ALV的靶抗原，但p27蛋白不能区分内源性ALV病毒，使检测结果存在假阳性的可能，比较可靠的方法是将待检样品用原代SPF鸡胚成纤维细胞或DF-1继代细胞培养7～9天，再用ELISA检测细胞培养物中是否有p27蛋白的存在。

【治疗】

本病目前尚无有效治疗措施。鸡群中发现病鸡、可疑鸡应坚决淘汰，以消灭传染源。

6.禽传染性脑脊髓炎

禽传染性脑脊髓炎（Avian encephalomyelitis，AE），俗称流行性震颤，是一种主要侵害雏鸡的病毒性传染病，以共济失调和头颈震颤为主要特征。

【病原】

禽传染性脑脊髓炎病毒（Avian encephalomyelitis virus）属于小RNA病毒科、肠道病毒属（Enterovirus），病毒粒子具有六边形轮廓，无囊膜，直径24～32纳米。病毒的浮密度为1.31～1.33克/毫升，沉降系数为148S。病毒可抵抗氯仿、酸、胰酶、胃蛋白酶和DNA酶。在二价镁离子保护下可抵抗热效应，56℃经1小时稳定。

各病毒株对组织的趋向性及致病性虽有不同，但在物理、化学和血清学上都与原型

Van Roekel毒株无差异。禽传染性脑脊髓炎病毒各毒株大都为嗜肠性，但有些毒株是嗜神经性的，此种病毒株对鸡的致病性则较强。当家禽被感染后，病毒自粪便中排出，且可存活至少4周。

【流行特点】

自然感染见于鸡、雉、火鸡、鹌鹑、珍珠鸡等，鸡对本病最易感。各个日龄均可感染，但一般雏禽才有明显症状。此病具有很强的传染性，病毒通过肠道感染后，经粪便排毒，病毒在粪便中能存活相当长的时间。因此污染的饲料、饮水、垫草、孵化器和育雏设备都可能成为病毒传播的来源。本病以垂直传播为主，也能通过接触进行水平传播。产蛋鸡感染后，一般无明显临床症状，但在感染急性期可将病毒排入蛋中，这些蛋虽然大都能孵化出雏鸡，但雏鸡在出壳时或出生后数日内呈现症状。这些被感染的雏鸡粪便中含有大量病毒，可通过接触感染其他雏鸡，造成重大经济损失。本病流行无明显的季节性，一年四季均可发生，以冬春季节稍多。发病及死亡率因鸡群的易感鸡多少、病原的毒力高低、发病的日龄大小而有所不同。雏鸡发病率一般为40% ～ 60%，死亡率10% ～ 25%，甚至更高。

【症状】

病雏最初表现为迟钝，继而出现共济失调，表现为雏鸡不愿走动，走动时摇摆不定，或出现一侧或双侧腿麻痹不能站立（图1-1-209 ～图1-1-212）。部分存活鸡可见一侧或两侧眼的晶状体混浊或浅蓝色褪色，眼球增大及失明（图1-1-213、图1-1-214）。

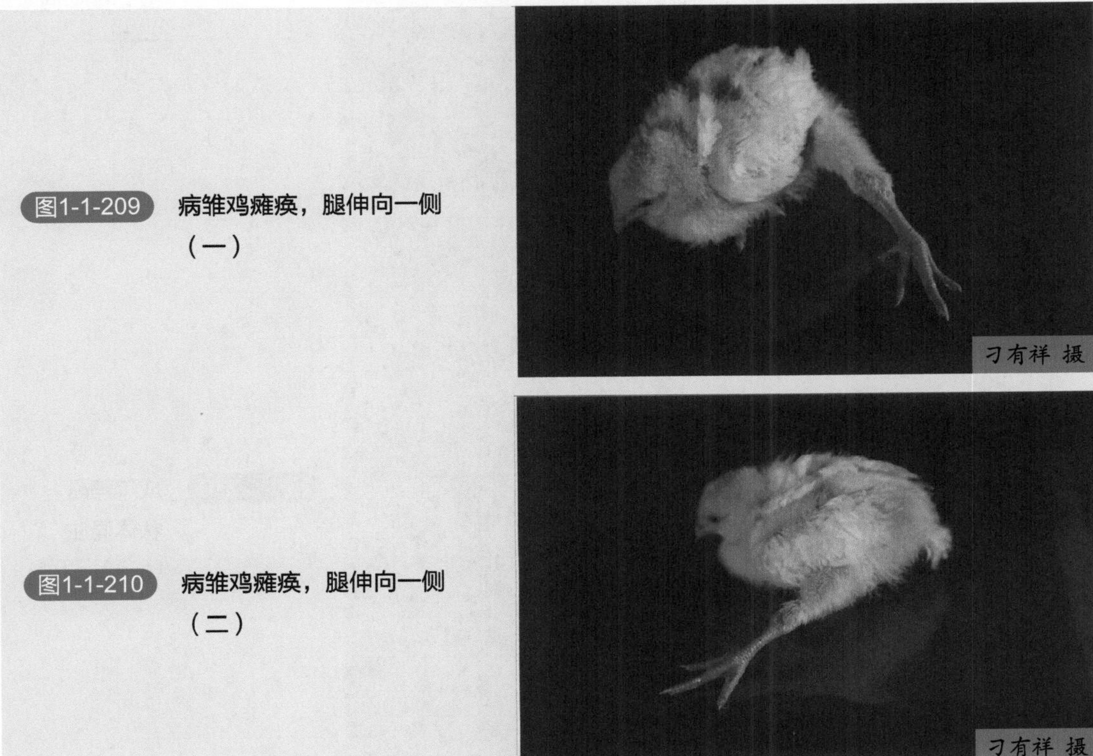

图1-1-209 病雏鸡瘫痪，腿伸向一侧（一）

图1-1-210 病雏鸡瘫痪，腿伸向一侧（二）

图1-1-211 病雏鸡瘫痪，腿伸向一侧或两侧

图1-1-212 病雏鸡双腿瘫痪不能站立，腿伸向一侧

图1-1-213 成年鸡晶状体混浊（一）

【病理变化】

病鸡唯一可见的肉眼变化是腺胃的肌层有细小的灰白区（图1-1-215），个别雏鸡可发现小脑水肿（图1-1-216）。组织学变化表现为非化脓性脑炎、脊髓背根神经炎、脑部血管有明显的管套现象。小脑分子层易发生神经元中央虎斑溶解，神经小胶质细胞弥漫性或结节性浸润。脊髓根中的神经元周围有时聚集大量淋巴细胞。此外尚有心肌、腺胃、肌胃肌层和胰脏淋巴小结的增生、聚集。

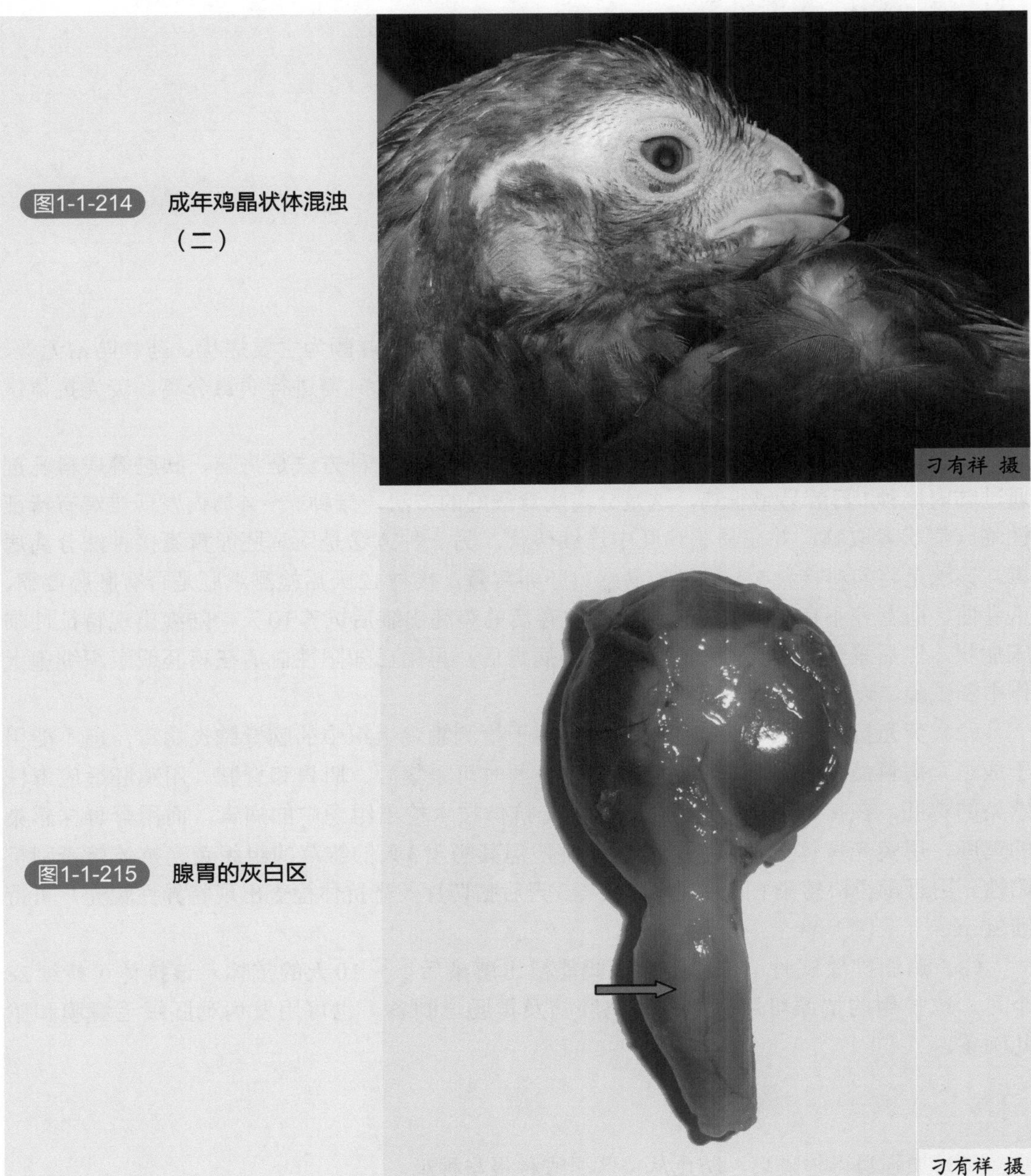

图1-1-214 成年鸡晶状体混浊（二）

图1-1-215 腺胃的灰白区

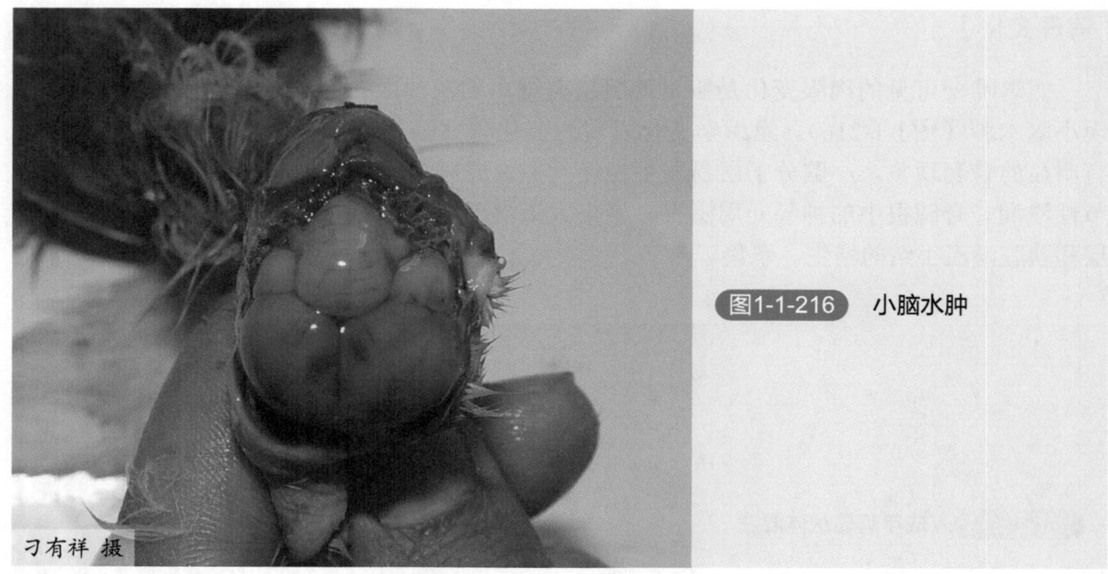

图1-1-216 小脑水肿

【诊断】

根据疾病仅发生于3周龄以下的雏鸡，以瘫痪和头颈震颤为主要症状、药物防治无效、种鸡曾出现一过性产蛋下降等，即可作出初步诊断。确诊时需进行病毒分离、荧光抗体试验、琼脂扩散试验及酶联免疫吸附试验。

（1）病毒的分离与鉴定　病毒分离的方法有两种。一种方法是将脑、胰脏等病料乳剂通过脑内接种1日龄易感雏鸡，这是分离病毒最好的方法，接种1～4周内发现雏鸡有特征性临床症状者取脑，并在易感鸡胚中连续传代。另一种方法是用鸡胚卵黄囊接种法分离病毒，该法是将病料接种5～6日龄易感鸡胚卵黄囊，接种12天后检测鸡胚是否有胚胎萎缩、爪卷曲、肌营养不良等特征性肉眼变化，存活的鸡胚出雏后饲养10天，陆续出现特征性临床症状，然后采集脑分离原代病毒。获得病毒后，再用已知阳性血清在鸡胚或组织细胞上作中和试验，以便与其他肠道病毒相区别。

（2）荧光抗体技术　荧光抗体技术可用于检测雏鸡组织中的脑脊髓炎病毒，但不能用于成鸡。病料最好采集脑、胰脏、腺胃，必要时可采集心、肌胃和脊髓。用鸡胚适应毒株感染的鸡胚，在接毒后3天即可用直接荧光抗体技术检出组织中的病毒，而用野毒株感染的鸡胚，用荧光抗体技术检查一般呈阴性，但其孵出3天的雏鸡的组织荧光抗体检查则呈阳性。用野毒经口感染1日龄雏鸡，接毒3天后脑切片荧光抗体检查出现特异性荧光，可持续30天。

（3）琼脂扩散试验　琼脂扩散试验能检出感染后4～10天的抗体，该抗体可持续28个月。琼扩用的抗原可用已知发病鸡胚脑及胃肠道制备，也可用发病鸡胚绒毛囊膜和胎儿制备。

【预防】

（1）加强消毒与隔离，防止从疫区引进种蛋与种鸡。

（2）免疫预防 目前有两类疫苗可供选择。

① 活毒疫苗：通过饮水法接种，这种疫苗可通过自然扩散感染，且具有一定的毒力，故小于8周龄、处于产蛋期的鸡群不能接种这种疫苗，以免引起发病，建议10周以上，但不能迟于开产前4周接种疫苗。另一种活毒疫苗常与鸡痘弱毒疫苗制成二联苗，一般于10周龄以上至开产前4周之间进行翼膜刺种。

② 灭活疫苗：适用于无脑脊髓炎病史的鸡群。可于种鸡开产前18～20周接种。

【治疗】

本病尚无有效的治疗方法。应将发病鸡群扑杀并作无害化处理，大群鸡投喂复合维生素B，可减少发病和死亡。

7. 传染性喉气管炎

传染性喉气管炎（Infectious laryngotracheitis，ILT）是由传染性喉气管炎病毒（Infectious laryngotracheitis virus，ILTV）引起的一种急性呼吸道传染病。本病的特征是呼吸困难、咳嗽和咳出含有血液的渗出物。本病传播快，对养鸡业危害较大。

【病原】

传染性喉气管炎病毒属疱疹病毒科（Herpetoviridae）、疱疹病毒属（Herpesvirus）的一个成员。病毒粒子呈球形，为二十面体立体对称，核衣壳由162个壳粒组成，在细胞内呈散在或结晶状排列。中心部分由DNA组成，外有一层含类脂的囊膜，完整的病毒粒子直径为195～250纳米。该病毒只有一个血清型，但有强毒株和弱毒株之分。病毒可在鸡胚绒毛尿囊膜上生长繁殖，使鸡胚在接种后2～12天死亡，胚体变小，绒毛尿囊膜增生和坏死，形成灰白色的斑块病灶。病毒易在鸡胚细胞培养上生长，引起核染色质变位和核仁变圆，胞浆融合，成为多核巨细胞，核内可见Cowdry氏A型包含体。病毒还可在鸡白细胞培养上生长，引起以出现多核巨细胞为特征的细胞病变。进入体内的病毒主要在喉气管中呈局限性增殖，亦可在三叉神经节细胞内长期潜伏。ILTV在呼吸道分泌物及鸡体内能持续存在数周以至数月。

病毒对脂溶剂、热以及各种消毒剂均敏感，对外界环境的抵抗力不强。乙醚处理24小时失去传染性；55℃经10～15分钟灭活，未经冷藏的鸡气管组织中的病毒37℃经44小时、绒毛尿囊膜中的病毒25℃经5小时均可被破坏；冻干或–60～–20℃下可长期保存毒力。常用的消毒药如3%来苏儿、3%甲醛或1%碱液1分钟可杀死。

【流行特点】

在自然条件下，本病主要侵害鸡，虽然各种年龄的鸡均可感染，但以成年鸡的症状最具特征性。病鸡及康复后的带毒鸡是主要传染源，经上呼吸道及眼传染。易感鸡群与接种了疫苗的鸡作较长时间的接触，也可感染发病。被呼吸器官及鼻腔排出的分泌物污染的垫草饲料、饮水和用具可成为传播媒介，人及野生动物的活动也可导致机械传播。

本病一年四季都能发生，但以冬春季节多见。鸡群拥挤、通风不良、饲养管理不善、维生素A缺乏、寄生虫感染等，均可促进本病的发生。此病在同群鸡传播速度快，群间传播速度较慢，常呈地方流行性。本病感染率高，但致死率较低。

【症状】

由于病毒的毒力、侵害部位不同，传染性喉气管炎在临床上可分为喉气管型和结膜型。

（1）喉气管型　由高度致病性病毒株引起，其特征是呼吸困难，抬头伸颈，并发出响亮的喘鸣声（图1-1-217），咳嗽或摇头时咳出血痰，血痰常附着于墙壁、水槽、食槽或鸡笼上（图1-1-218），个别鸡的嘴有血染。将鸡的喉头用手向上顶，令鸡张开口，可见喉头周围有泡沫状液体，喉头出血。若喉头被血液或纤维蛋白凝块堵塞，病鸡会窒息死亡。

（2）结膜型　由低致病性病毒株引起，其特征为眼结膜炎，眼结膜红肿，眼分泌物从浆液性到脓性（图1-1-219～图1-1-221），最后导致眼盲，眶下窦肿胀。产蛋鸡产蛋率下降，畸形蛋增多。

【病理变化】

（1）喉气管型　最具特征性的病变在喉头和气管。在喉和气管内有卡他性或卡他出血性渗出物，渗出物呈血凝块状堵塞喉和气管（图1-1-222～图1-1-224）；或在喉和气管内存

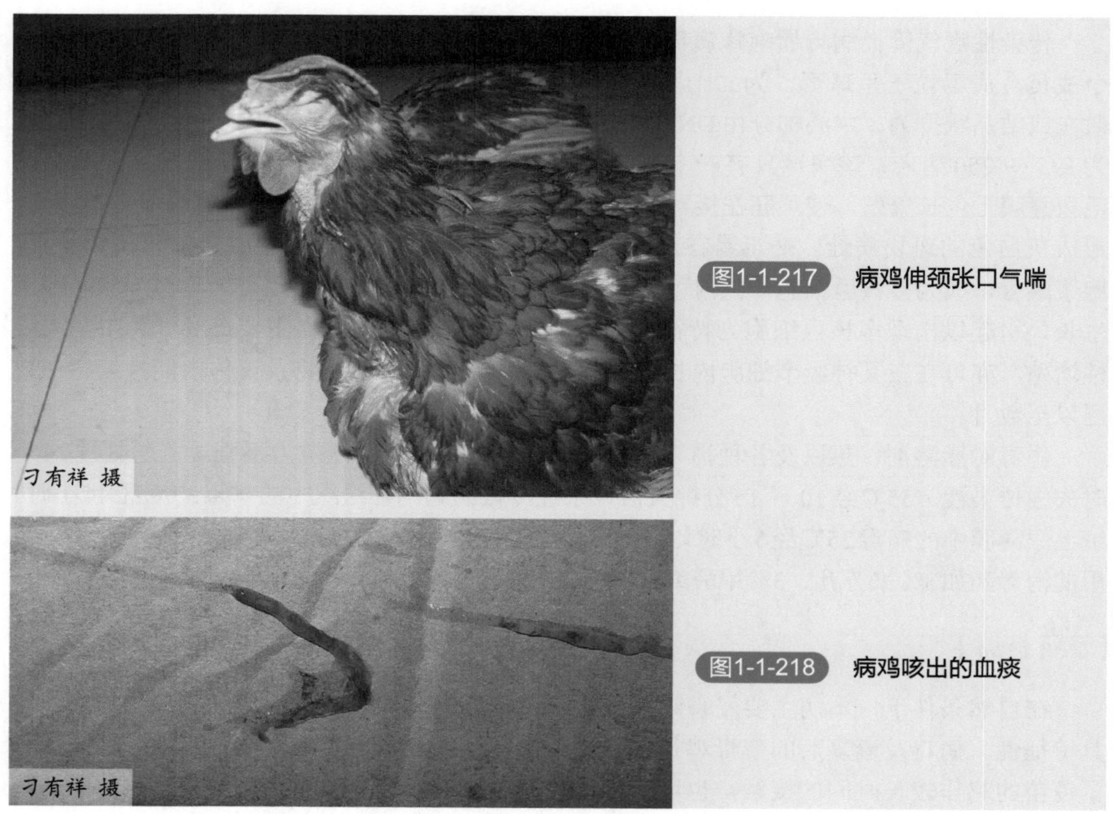

图1-1-217　病鸡伸颈张口气喘

图1-1-218　病鸡咳出的血痰

图1-1-219 病鸡眼肿胀，精神沉郁

刁有祥 摄

图1-1-220 病鸡流带泡沫的眼泪

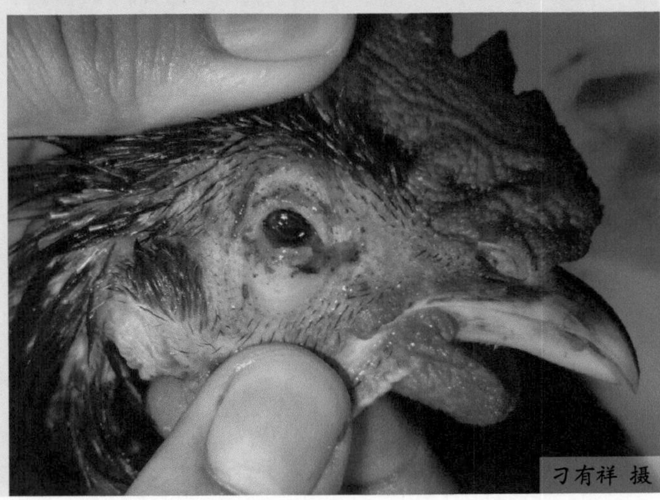

图1-1-221 病鸡流带黄白色脓性分泌物

有纤维素性的干酪样物质，呈灰黄色附着于喉头周围，很容易从黏膜剥脱，堵塞喉腔，特别是堵塞喉裂部（图1-1-225、图1-1-226）。干酪样物从黏膜脱落后，黏膜急剧充血，轻度增厚，散在点状或斑状出血，气管环出血。

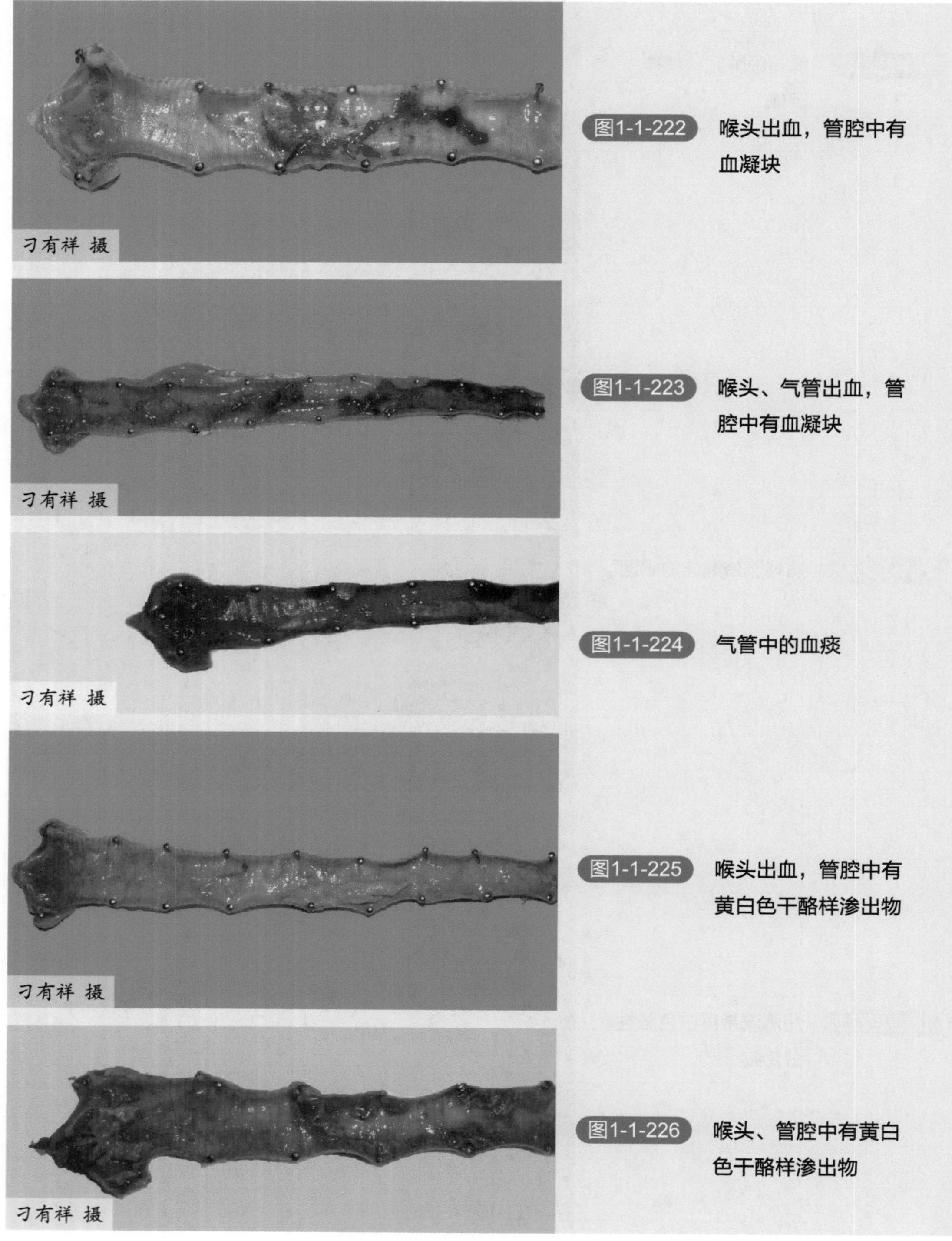

图1-1-222 喉头出血，管腔中有血凝块

图1-1-223 喉头、气管出血，管腔中有血凝块

图1-1-224 气管中的血痰

图1-1-225 喉头出血，管腔中有黄白色干酪样渗出物

图1-1-226 喉头、管腔中有黄白色干酪样渗出物

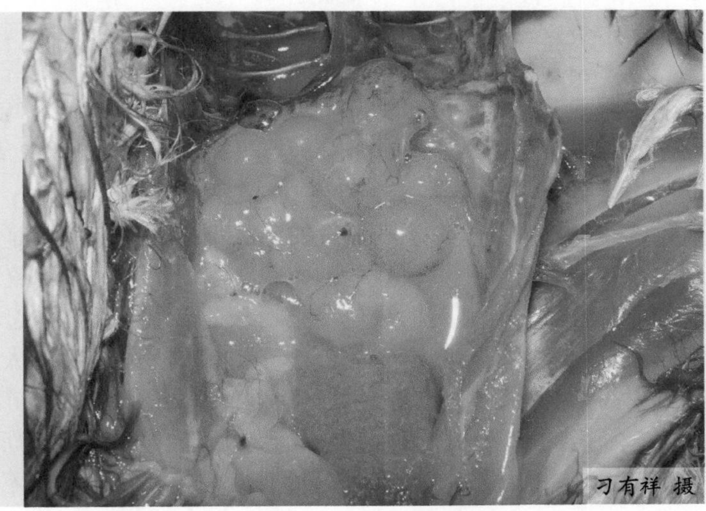

图1-1-227 卵泡变形、破裂

鼻腔和眶下窦黏膜也发生卡他性或纤维素性炎症。黏膜充血、肿胀，散布小点状出血。产蛋鸡卵巢异常，出现卵泡变软、变形、出血等（图1-1-227）。

（2）结膜型 结膜病变主要呈浆液性结膜炎，表现为结膜充血、水肿，有时有点状出血。有些病鸡的眼睑（特别是下眼睑）发生水肿，而有的则发生纤维素性结膜炎，角膜溃疡。

【诊断】

本病突然发生，传播快，成年鸡多发，发病率高，死亡率低。临床症状较为典型：张口呼吸，气喘，有干啰音，咳嗽时咳出带血的黏液；喉头及气管上部出血明显。根据上述症状及剖检变化可初步诊断为传染性喉气管炎，确诊需进行实验室检查。

（1）病毒分离培养 采取病鸡的气管渗出物和肺组织悬液，接种于9～12胚龄的鸡胚绒毛尿囊膜上，接种后4天，可看到鸡胚的绒毛尿囊上由传染性喉气管炎病毒导致的痘斑，痘斑的边缘混浊，针尖大到米粒大，中央坏死而凹陷，数量多少不一，鸡胚通常在接种后5～6天死亡。

（2）动物接种 采取病鸡的气管渗出物或组织悬液，或用有痘斑的绒毛囊乳剂，在易感鸡和免疫鸡的气管内接种，易感鸡于2～4天后发生传染性喉气管炎的典型症状，免疫鸡则不发病。此外用含病毒的材料涂擦易感鸡的泄殖腔黏膜，4～5天后涂擦处出现红肿等炎症反应。

（3）核内包含体 人工感染的易感鸡，经48小时潜伏期后，在气管和喉头的上皮细胞内可看到核内包含体；在绒毛尿囊膜、细胞培养物和发生结膜炎病例的结膜涂片中也可发现核内包含体。

【预防】

（1）坚持严格的隔离、消毒等防疫措施是防止本病流行的有效方法 对饲养用具及鸡舍定期消毒，提供鸡群适宜的生长环境、温度、湿度和饲养密度。满足鸡体营养需要，提供适宜的蛋白质、能量、维生素、矿物质、氨基酸，提高鸡体的免疫能力。由于带毒鸡是本病的主要传染源之一，故有易感性的鸡切不可和病愈鸡或来历不明的鸡接触。新购进的鸡必须用少量的易感鸡与其做接触感染试验，隔离观察2周，易感鸡不发病，证明不带毒，此时方可合群。

（2）免疫预防　在本病流行的地区可接种疫苗，目前使用的疫苗有两种。一种是弱毒苗，系在细胞培养上继代致弱的，或在鸡的毛囊中继代致弱的，或在自然感染的鸡只中分离的弱毒株。弱毒疫苗的最佳接种途径是点眼，但可引起轻度的结膜炎且可导致暂时的盲眼，如有继发感染，甚至可引起1%～2%的死亡。故有人用滴鼻和肌注法，但效果不如点眼好。另一种为强毒疫苗，只能作擦肛用，绝不能将疫苗接种到眼、鼻、口等部位，否则会引起疾病的暴发。擦肛后3～4天，泄殖腔会出现红肿反应，此时就能抵抗病毒的攻击。强毒疫苗免疫效果确实，但未确诊有此病的鸡场、地区不能用。一般首免可在4～5周龄时进行，12～14周龄时再接种1次。

【治疗】

发病鸡群可采取对症治疗的方法。

（1）此病如继发细菌感染，死亡率会大大增加，结膜炎的鸡可用红霉素眼药水点眼，用环丙沙星或强力霉素以0.01%饮水或拌料。

（2）0.2%氯化铵饮水，连用2～3天。

（3）中药治疗：中药喉症丸或六神丸对治疗喉气管炎效果也较好。每天2～3粒/只，每天1次，连用3天。

8.传染性支气管炎

传染性支气管炎（Infectious bronchitis）是鸡的一种急性、高度接触性呼吸道疾病，以咳嗽，喷嚏，雏鸡流鼻液，产蛋鸡产蛋量减少，呼吸道黏膜呈浆液性、卡他性炎症为特征。有的毒株则引起肾炎-肾病综合征。

【病原】

传染性支气管炎病毒（Infectious bronchitis virus）属于冠状病毒科（Coronaviridae）、冠状病毒属病毒。该病毒具有多形性，但多数呈圆形，大小80～120纳米。病毒有囊膜，表面有杆状纤突（图1-1-228），长约20纳米，在蔗糖溶液中的浮密度1.15～1.18克/毫升。传染性支气管炎病毒血清型较多。目前报道过的至少有27个不同的血清型，常见的有Massachussetts、Connecticat、Iowa97、Iowa609、Hotle、JMK、Clark333、SE17、Florida、Arkanass99和Australian“T”。不同血清型毒株的致病性、致死性及所致呼吸道症状都有差别。多数血清型的病毒可引起明显的呼吸道症状，而某些血清型的病毒引起明显的肾脏损害而不引起或只引起很轻微的呼吸道症状。

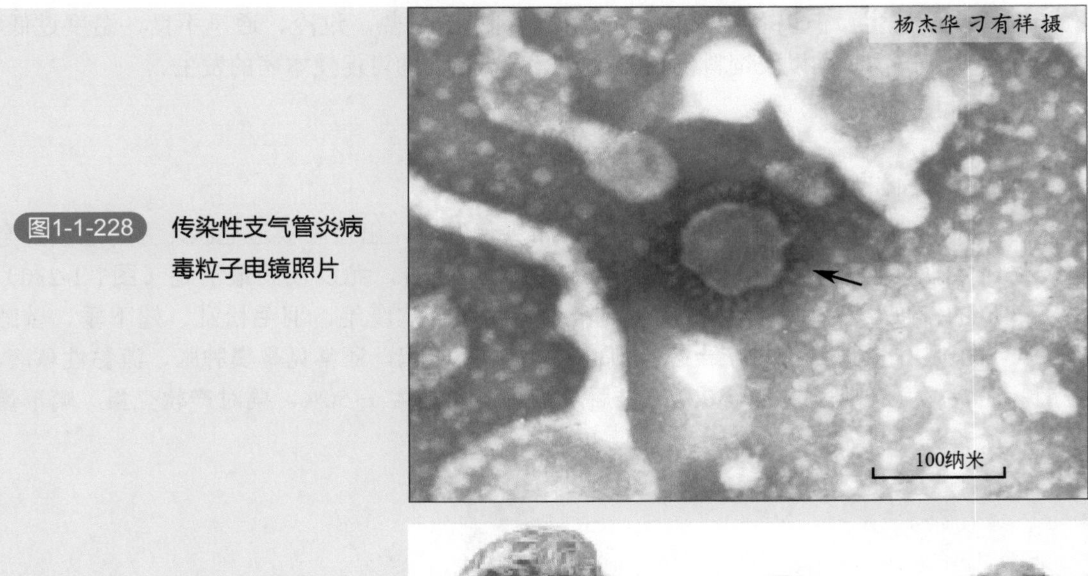

图1-1-228 传染性支气管炎病毒粒子电镜照片

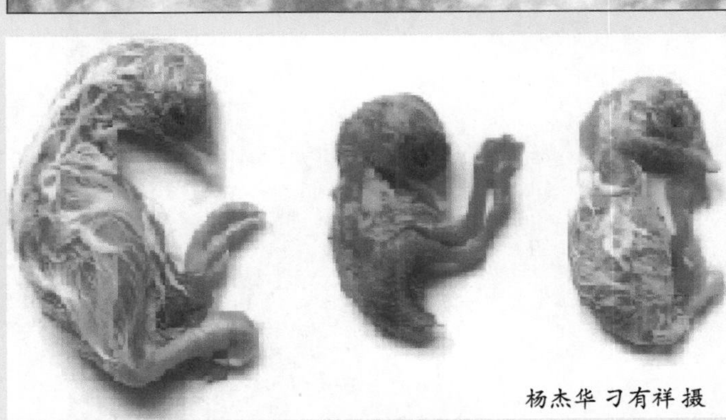

图1-1-229 接种病毒后形成的侏儒胚（中、右图）

病毒能在10～11胚龄的鸡胚中生长，自然病例病毒初次接种鸡胚，多数鸡胚能存活，少数生长迟缓。但随着继代次数的增加，对鸡胚的毒力增强，至第10代时，可在接种后的第10天引起80%的鸡胚死亡。特征性变化是胚体发育萎缩呈小丸形，羊膜增厚，紧贴胚体，卵黄囊缩小，尿囊液增多等（图1-1-229）。

大多数病毒株在56℃经15分钟失去活力，但对低温的抵抗力则很强，在–20℃时可存活7年。一般消毒剂，如1%来苏儿、1%石炭酸、0.1%高锰酸钾、1%福尔马林及70%酒精等均能在3～5分钟内将其杀死。病毒在室温中能耐受1% HCl（pH2）、1%石炭酸和1%NaOH（pH12）1小时，而在pH7.8时最为稳定。鸡新城疫病毒、传染喉气管炎病毒和禽痘病毒在室温中不能耐受pH2的酸性环境，这在病毒的鉴别上有一定意义。

【流行特点】

本病仅发生于鸡，其他家禽均不感染。各个日龄的鸡都可发病，但雏鸡最为严重，死亡率也高，一般以40日龄以内的鸡多发。本病主要经呼吸道传染，病毒从呼吸道排出，通过空气中飞沫传给易感鸡，也可通过被污染的饲料、饮水及饲养用具经消化道感染。本病一年四季均能发生，但以冬春季节多发。鸡群拥挤、过热、过冷、通风不良、温度过低、缺乏维生素和矿物质，以及饲料供应不足或配合不当，均可促使本病的发生。

【症状】

血清型不同，鸡感染后出现不同的症状。

（1）呼吸型　病鸡无明显的前驱症状，常突然发病，出现呼吸道症状，并迅速波及全群。幼雏表现为伸颈、张口呼吸、咳嗽，有“咕噜”音，尤以夜间最清楚（图1-1-230）。随着病情的发展，全身症状加剧，病鸡精神萎靡、食欲废绝、羽毛松乱、翅下垂、昏睡（图1-1-231）、怕冷，常拥挤在一起。2周龄以内的病雏鸡，还常见鼻窦肿胀、流黏性鼻液、流泪等症状，病鸡常甩头。产蛋鸡感染后产蛋量下降25%～50%，同时产软壳蛋、畸形蛋或砂壳蛋（图1-1-232）。

图1-1-230　雏鸡精神沉郁，张口气喘

图1-1-231　病鸡精神沉郁、嗜睡

（2）肾型　感染肾型支气管炎病毒后其典型症状分三个阶段。第1阶段是病鸡表现轻微呼吸道症状，鸡被感染后24～48小时气管发出啰音，打喷嚏及咳嗽，并持续1～4天，这些呼吸道症状一般很轻微，有时只有在晚上安静的时候才听得比较清楚，因此常被忽视。如果有并发感染，则呼吸道症状加重，鼻腔有黏性分泌物，时间延长。第2阶段是病鸡表面康复，呼吸道症状消失，鸡群没有可见的异常表现。第3阶段是受感染鸡群突然发病，并于2～3天内逐渐加剧，这个阶段病鸡精神沉郁，羽毛蓬松（图1-1-233），挤堆、厌食，排白色稀便，粪便中几乎全是尿酸盐（图1-1-234）；病鸡体重减少，胸肌发暗，腿胫部干瘪，肛门周围羽毛沾满水样白色粪便，死亡率约30%。死亡高峰见于感染后第10天，至感染后21天可停止死亡，部分不死鸡可逐渐康复，但增重缓慢。蛋雏鸡感染后，可引起输卵管及卵巢的损伤，这种鸡到了开产后，鸡冠和肉髯的发育正常（图1-1-235），鸡群的精神状态和采食量、粪便正常，但产蛋率不高，一般在40%～50%，甚至绝产（图1-1-236、图1-1-237）。

图1-1-232　产蛋鸡产蛋率下降，小蛋增多

图1-1-233　感染肾传支病鸡，精神沉郁、闭眼嗜睡

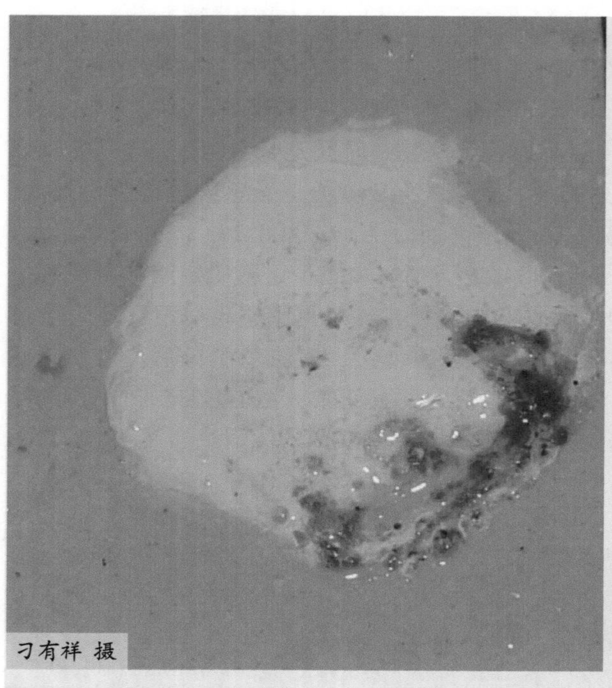

图1-1-234 感染肾传支病鸡排白色尿酸盐

图1-1-235 育雏或育成期感染传染性支气管炎的产蛋鸡，体型发育正常

图1-1-236 育雏或育成期感染传染性支气管炎的产蛋鸡，产蛋率低（一）

【病理变化】

（1）呼吸型 主要病变见于气管、支气管、鼻腔、肺等呼吸器官。表现为气管环出血，管腔中有黄色或黑黄色栓塞物（图1-1-238、图1-1-239）。幼雏鼻腔、鼻窦黏膜充血，鼻腔中有黏稠分泌物，肺脏水肿或出血（图1-1-240、图1-1-241）。产蛋鸡的卵泡变形，甚至破裂。

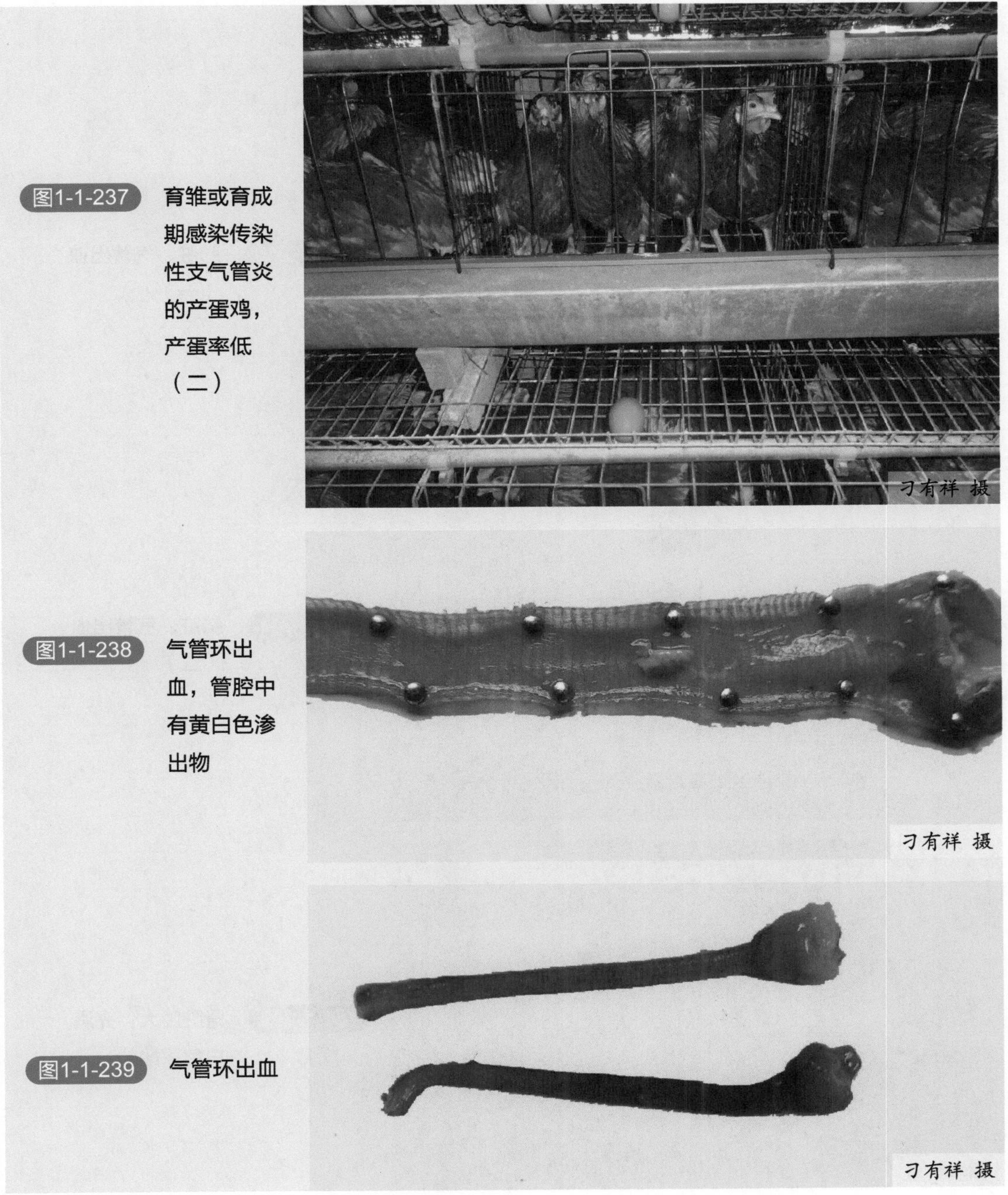

图1-1-237 育雏或育成期感染传染性支气管炎的产蛋鸡，产蛋率低（二）

刁有祥 摄

图1-1-238 气管环出血，管腔中有黄白色渗出物

刁有祥 摄

图1-1-239 气管环出血

刁有祥 摄

（2）肾型　肾型传染性支气管炎，可引起肾脏肿大，呈苍白色，肾小管充满尿酸盐结晶，外形呈白线网状，俗称“花斑肾”（图1-1-242、图1-1-243）。输尿管扩张，充满白色的尿酸盐（图1-1-244）。严重的病例在心包和腹腔脏器表面均可见白色的尿酸盐沉着。有时还可见法氏囊黏膜充血、出血，囊腔内积有黄色胶冻状物；肠黏膜呈卡他性炎变化，全身皮肤和肌肉发绀，肌肉失水。蛋雏鸡或育成鸡感染后，开产后的鸡卵泡发育正常（图1-1-245、图1-1-246），但输卵管不发育呈细线状，或表现为输卵管囊肿，粗细不一（图1-1-247～图1-1-249）。

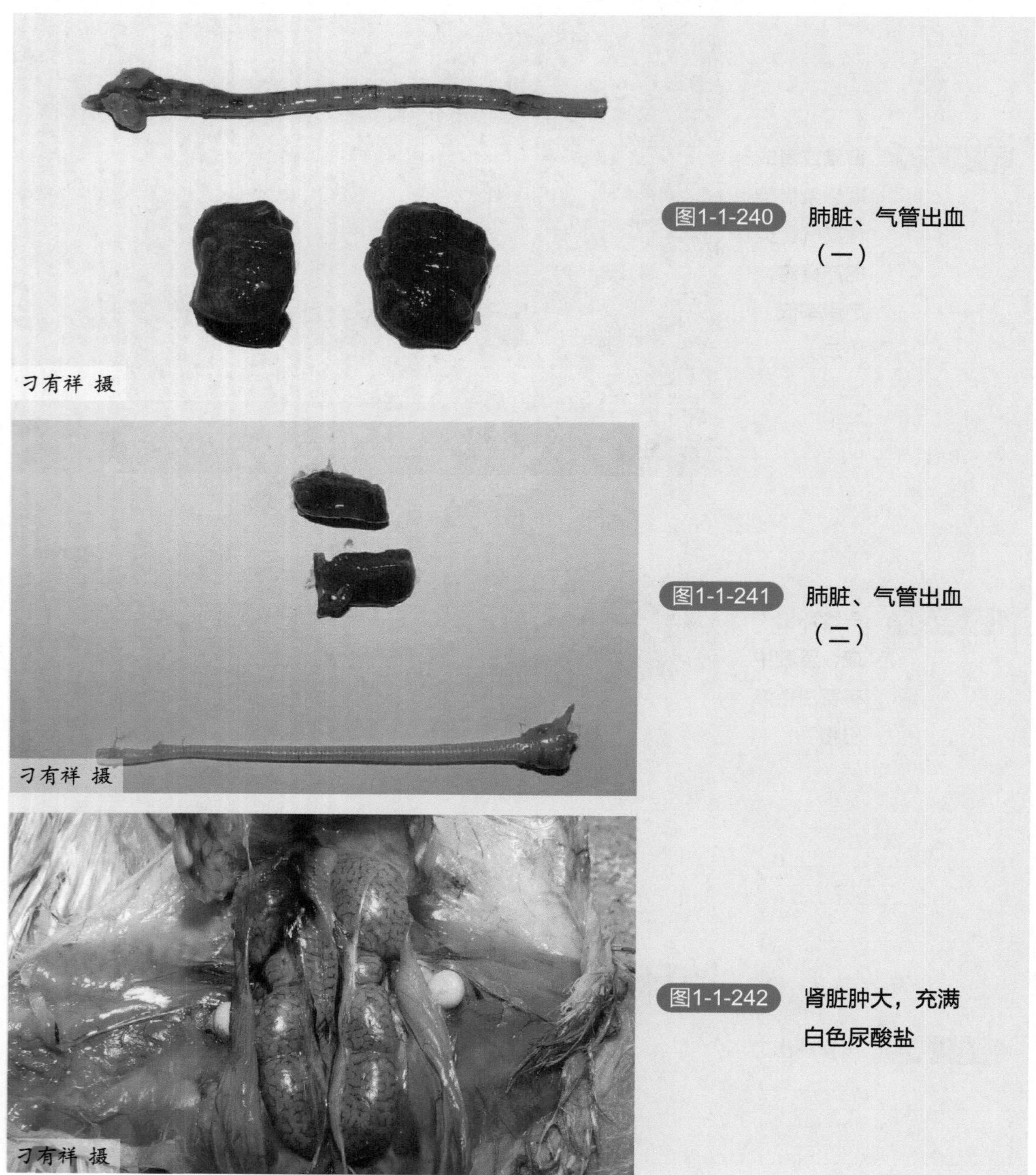

图1-1-240　肺脏、气管出血（一）

图1-1-241　肺脏、气管出血（二）

图1-1-242　肾脏肿大，充满白色尿酸盐

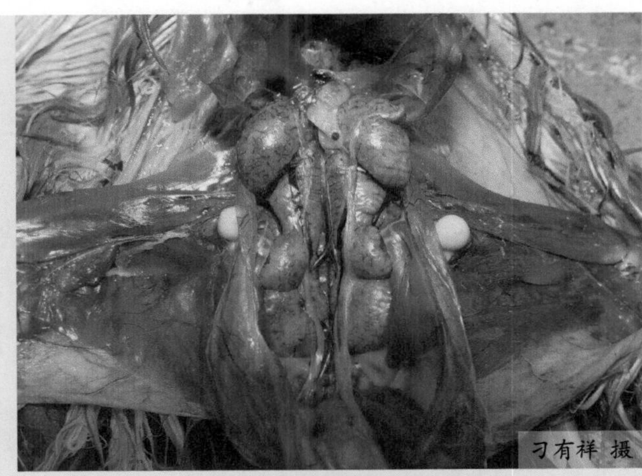

图1-1-243 肾脏肿大，有白色尿酸盐沉积

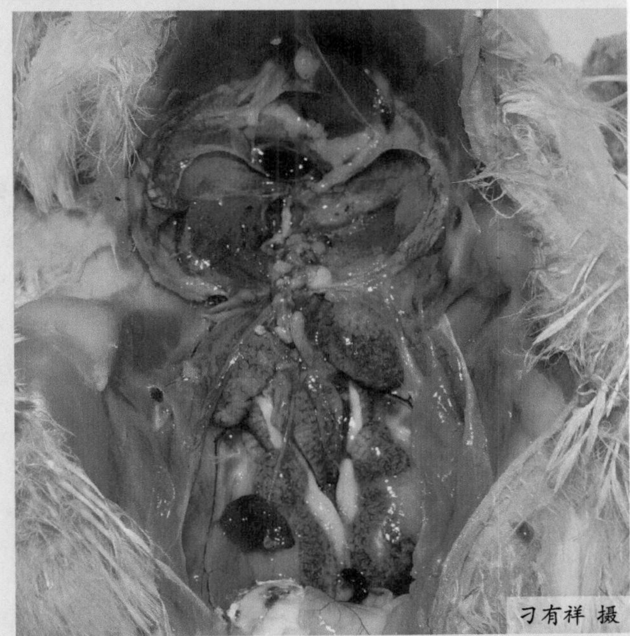

图1-1-244 肾脏肿大，输尿管中有白色尿酸盐

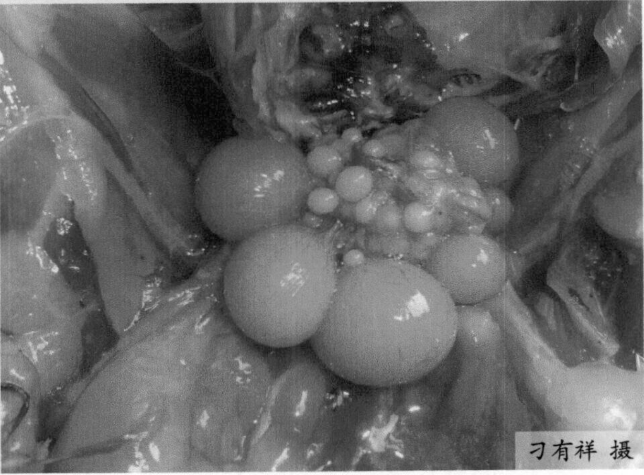

图1-1-245 卵泡发育正常

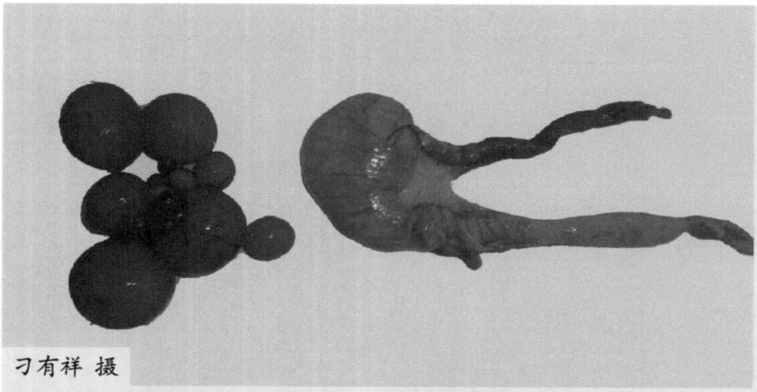

刁有祥 摄

图1-1-246 卵泡发育正常，输卵管囊肿

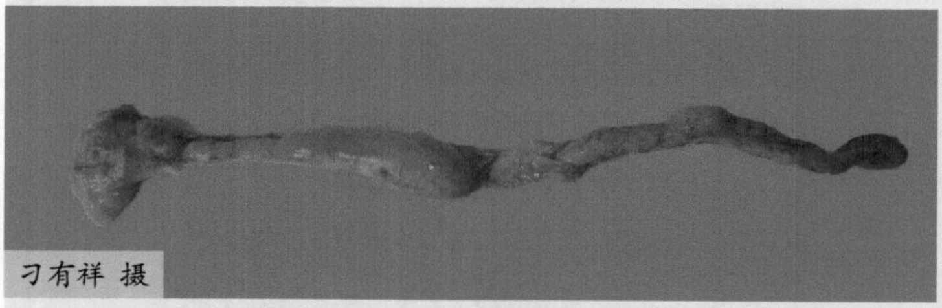

刁有祥 摄

图1-1-247 输卵管粗细不一

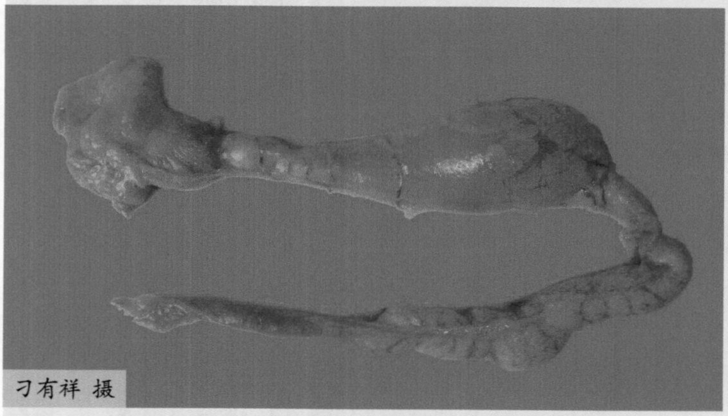

刁有祥 摄

图1-1-248 输卵管粗细不一，有囊肿

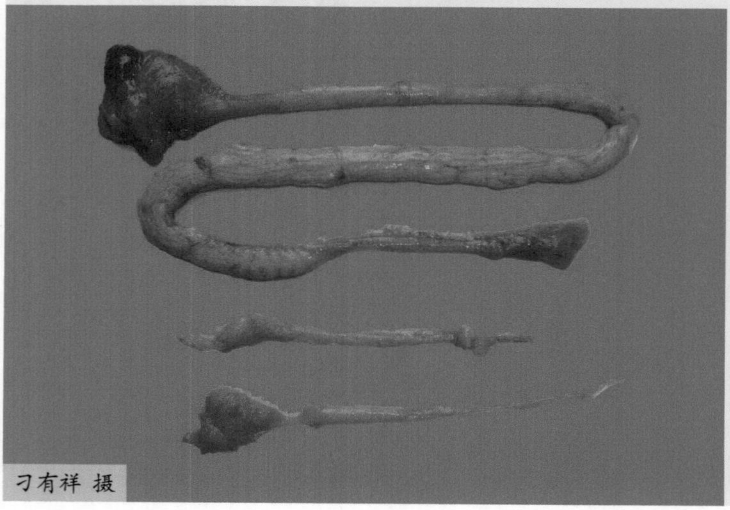

刁有祥 摄

图1-1-249 产蛋鸡输卵管呈细线状

传染性支气管炎病毒变异株，其特征性变化表现为胸深肌组织苍白，呈胶冻样水肿，胴体外观湿润，卵巢、输卵管黏膜充血，气管环充血、出血。

【诊断】

根据流行特点、症状和病理变化，可作出初步诊断。进一步确诊则有赖于病毒分离与鉴定及其他实验室诊断方法（如干扰试验、血清学试验等）。

（1）病毒的分离与鉴定　从感染鸡分离和鉴定病毒是诊断传染性支气管炎的重要方法，分离病毒常用的材料是气管、肺、肾脏等，上述材料研磨后离心取上清液，每毫升上清液中加入青霉素、链霉素各1万单位，4℃感作4小时后，接种于8～9胚龄鸡胚的尿囊腔内，37℃培养1周。如材料中含有传染性支气管炎病毒，则胚胎在注射后第3～5天死亡，勉强存活的则见鸡胚发育不全和萎缩。对鸡胚分离的病毒用鸡传染性支气管炎病毒抗血清进行中和试验和琼脂扩散试验以鉴定病毒。

（2）干扰试验　传染性支气管炎病毒于鸡胚内可干扰新城疫病毒B1株（即Ⅱ系苗）产生血凝素，利用传染性支气管炎对新城疫B1毒株的干扰现象作为传染性支气管炎的一种诊断方法，具有特异性强、敏感性高、操作简便等优点。

【预防】

（1）加强饲养管理，降低饲养密度　避免鸡群拥挤，注意环境因素，防止有害气体刺激呼吸道。合理配比饲料，防止维生素A缺乏以增强机体的抵抗力。

（2）适时接种疫苗　呼吸型传染性支气管炎，首免可在7～10日龄用传染性支气管炎H_{120}弱毒疫苗点眼或滴鼻；二免可于30日龄用传染性支气管炎H_{52}弱毒疫苗点眼或滴鼻；开产前用传染性支气管炎灭活油乳疫苗肌内注射，每只0.5毫升。

肾型传染性支气管炎，可于4～5日龄和20～30日龄用肾型传染性支气管炎弱毒苗进行免疫接种，或用灭活油乳疫苗于7～9日龄颈部皮下注射。

传染性支气管炎病毒变异株，可于20～30日龄、100～120日龄接种4/91弱毒疫苗或肌内注射灭活油乳疫苗。

【治疗】

饲料或饮水中添加强力霉素或环丙沙星等抗生素对防止继发感染具有一定的作用。对肾型传染性气管炎，发病后应降低饲料中蛋白的含量，用肾肿解毒药饮水，有一定的治疗作用。对变异传支使用阿莫西林可溶性粉饮水进行治疗。

9.病毒性关节炎

鸡病毒性关节炎（Avian viral arthritis）又名腱滑膜炎，是由呼肠孤病毒（Reovirus）引起的鸡的主要传染病。本病的特征是胫跗关节滑膜炎、腱鞘炎、腱鞘肿胀、腓肠肌破裂和心肌炎。

【病原】

本病的病原为呼肠孤病毒，属于呼肠孤病毒科（Reoviridae）、呼肠孤病毒属（Reovirus），双股RNA，由一个核心和一个衣壳构成。在感染细胞的胞浆内呈结晶状排列，具有直径约45纳米的芯髓和厚度为15纳米的被膜，整个病毒粒子的大小约75纳米。禽呼肠孤病毒不具有红细胞凝集性或红细胞吸附作用。禽呼肠孤病毒至少有八个血清型，我国已分离出多种毒株，病毒可经卵黄囊或绒毛尿囊膜接种鸡胚分离和培养。对热有耐受力，56℃能耐受22 ～ 24小时、60℃能耐受8 ～ 10小时、80℃ 1小时仍有抵抗力，37℃可耐受15 ～ 16周。半纯化病毒在60℃经5小时尚不能完全灭活，$MgCl_2$能增强病毒对热的稳定性，但浓度太大反而促进其灭活。对4.8%氯仿、0.1mol/L HCl均不敏感，0.5%胰蛋白酶也能影响其生长，对2%来苏儿、3%甲醛溶液均有抵抗力；在pH 3.0 ～ 9.0范围内保持稳定，但对2% ～ 3%氢氧化钠溶液、70%乙醇较敏感，可使其灭活。

【流行特点】

本病仅发生于鸡，1日龄雏鸡的易感性最高，随着日龄的增加，对本病的抵抗力逐渐增强，同时潜伏期也较长。病鸡和带毒鸡是主要传染源，病鸡由粪便排出大量病毒，通过鸡与鸡之间的直接或间接接触而传播。本病也可通过种蛋垂直传播。病毒在鸡体内可持续存活至少289天，因而鸡的带毒是一个严重问题。本病一年四季均可发生，以冬季较为多发，一般呈散发或地方性流行。自然感染发病多见于4 ～ 7周龄的鸡，也见于更大周龄的鸡，发病率5% ～ 10%，死亡率1% ～ 3%。

【症状】

多数患鸡呈隐性经过，急性感染时可出现跛行，部分鸡生长停滞；慢性病例跛行更明显，不能站立，双腿前伸（图1-1-250），甚至跗关节僵硬，不能活动（图1-1-251 ～图1-1-253），跗关节肿胀，按压有波动感（图1-1-254 ～图1-1-258）。有的患鸡关节炎症状虽不明显，但可见腓肠肌腱或趾屈肌腱部肿胀，有时还发现腓肠肌腱断裂，伴发皮下出血，患鸡呈典型的蹒跚步态。

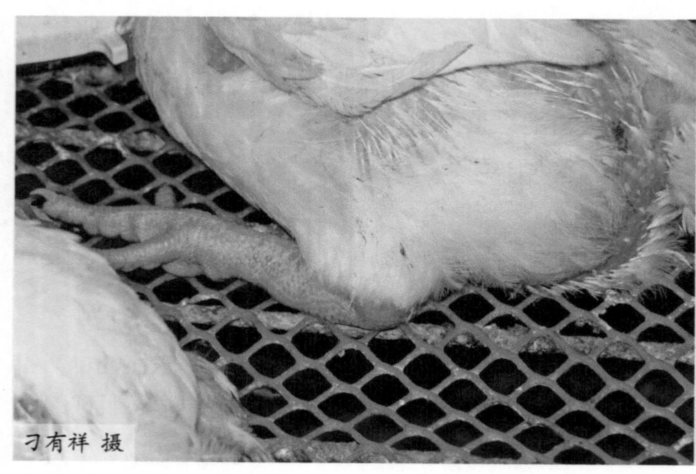

图1-1-250　病鸡瘫痪，双腿前伸

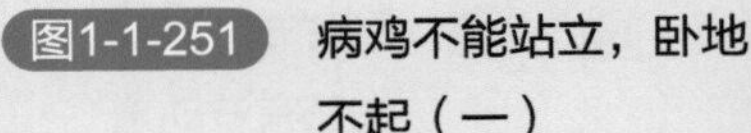

图1-1-251 病鸡不能站立，卧地不起（一）

图1-1-252 病鸡不能站立，卧地不起（二）

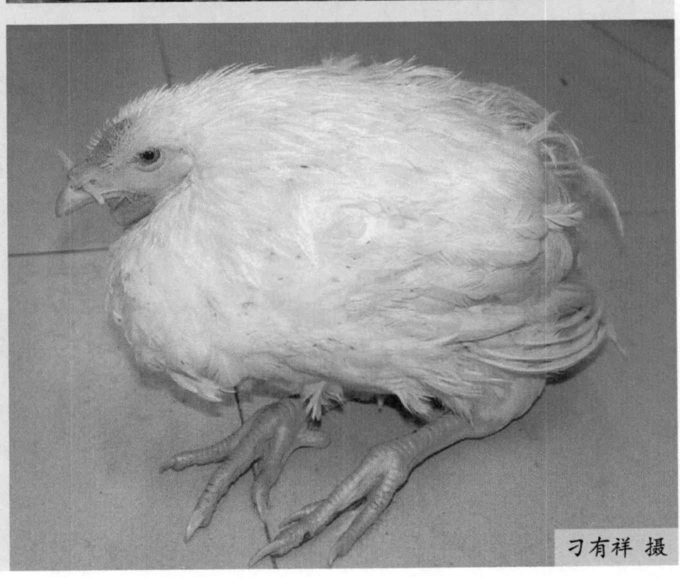

图1-1-253 病鸡不能站立，卧地不起（三）

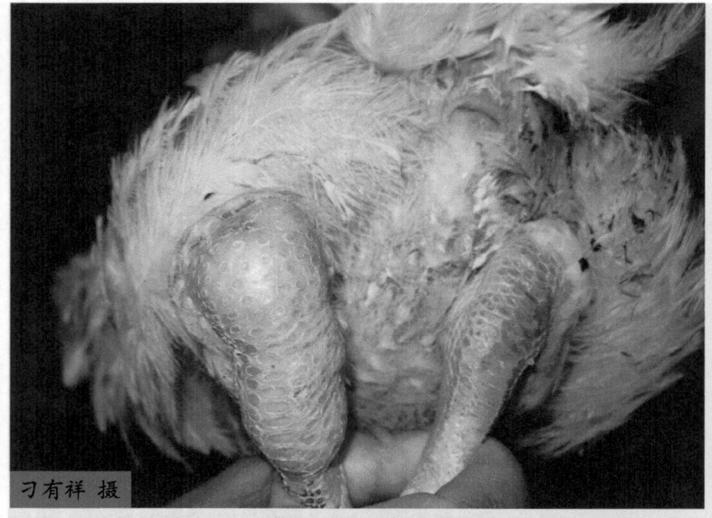

图1-1-254 跗关节肿胀，按压有波动感（一）

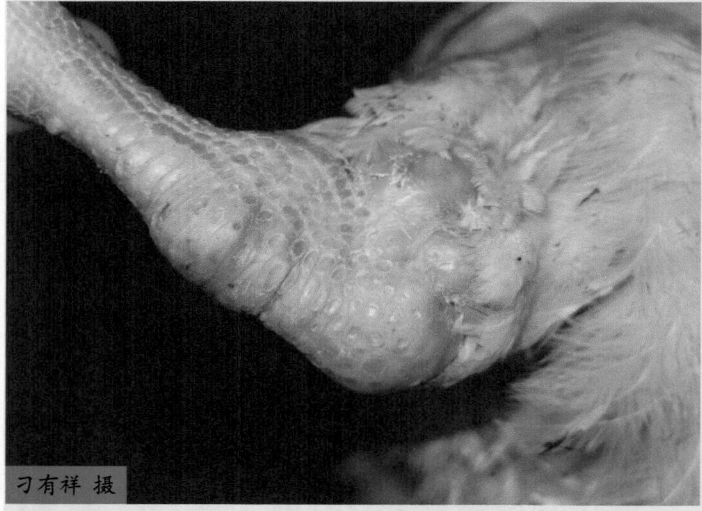

图1-1-255 跗关节肿胀，按压有波动感（二）

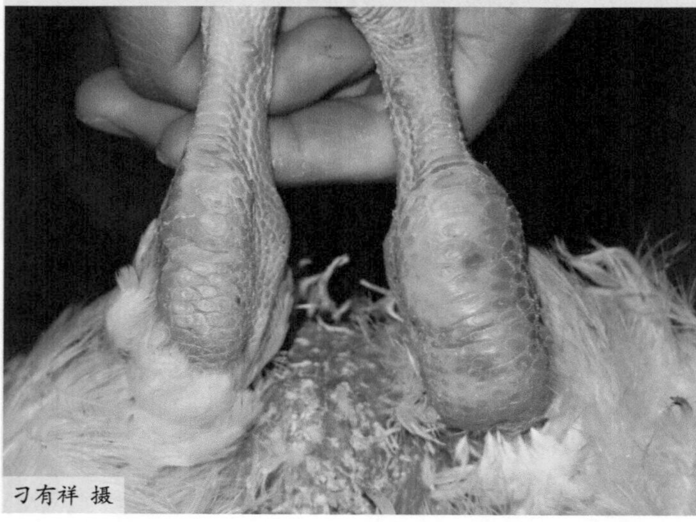

图1-1-256 跗关节肿胀，按压有波动感（三）

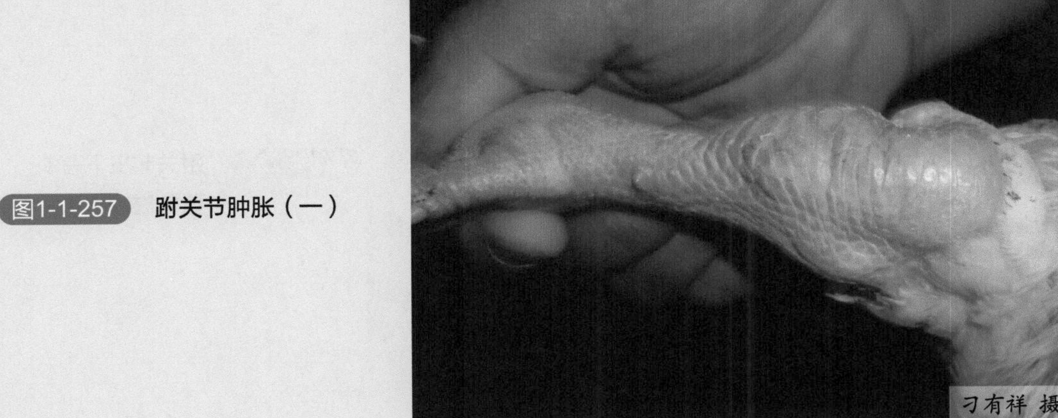

图1-1-257 跗关节肿胀（一）

图1-1-258 跗关节肿胀（二）

【病理变化】

跗关节部位皮下有淡黄色胶冻状水肿、出血（图1-1-259、图1-1-260）或黄白色纤维蛋白渗出（图1-1-261）。关节腔内常含有少量草黄色或血色渗出液，偶见较多的脓性渗出物（图1-1-262、图1-1-263）。感染早期，跗关节的腱鞘显著肿胀，出血，关节滑膜出血。当腱部的炎症转为慢性时，则见腱鞘硬化与粘连，关节软骨糜烂，肌腱断裂、出血（图1-1-264～图1-1-266），烂斑增大、融合并可延展到其下方的骨质，并伴发骨膜增厚。

【诊断】

根据本病的症状及病理变化可作出初步诊断，确诊需从关节水肿液、腱鞘等部位分离病毒及进行血清学诊断。

（1）病毒分离　禽呼肠孤病毒可在鸡胚细胞和VERO细胞上分离和生长。据报道，VERO细胞不适宜呼肠孤病毒野外材料的分离。经卵黄囊或绒毛膜接种后，病毒易在鸡胚中生长，初代病毒的分离最好应用鸡胚卵黄囊接种法。

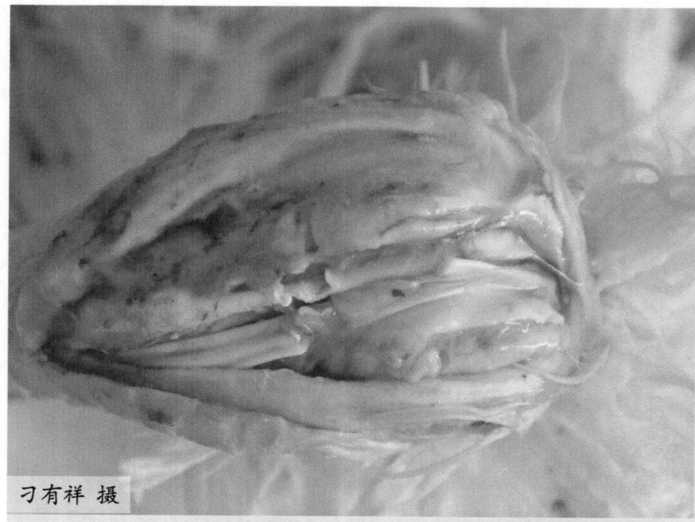

图1-1-259 跗关节皮下有淡黄色胶冻状水肿

图1-1-260 跗关节肿胀，皮下出血

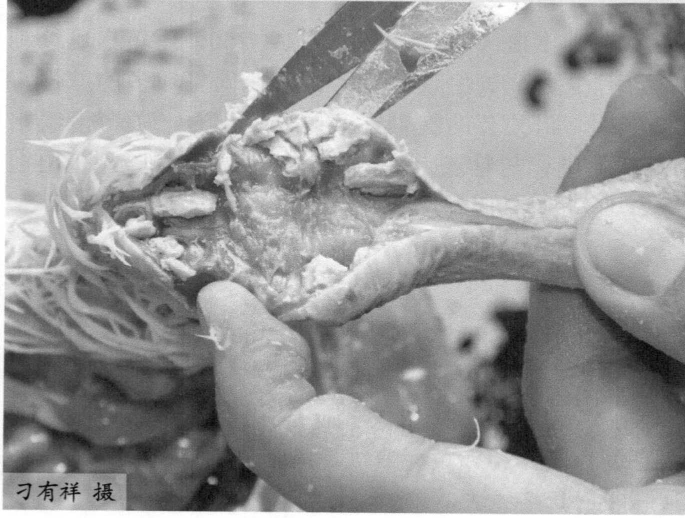

图1-1-261 跗关节皮下有黄白色纤维蛋白渗出

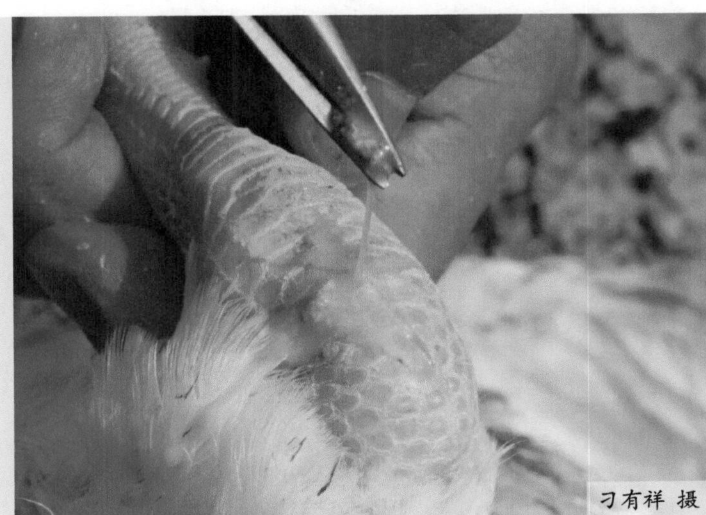

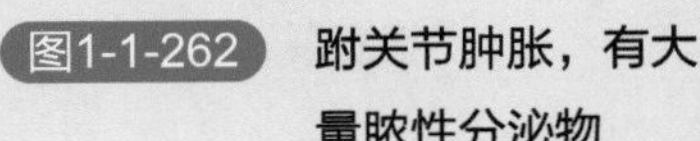
图1-1-262 跗关节肿胀，有大量脓性分泌物

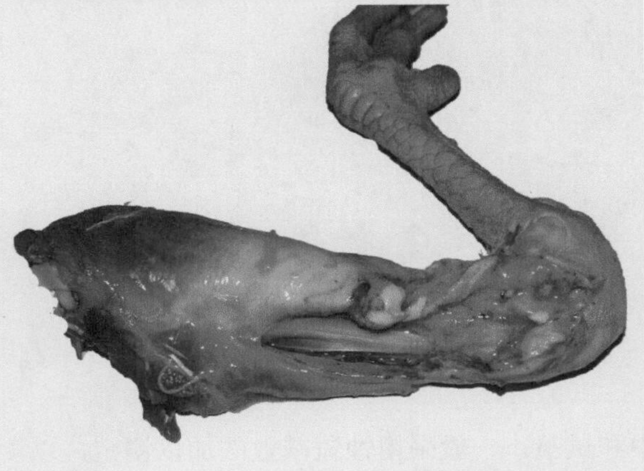

图1-1-263 跗关节肿胀，出血、有脓性分泌物

刁有祥 摄

图1-1-264 跗关节软骨糜烂，关节腔中有黄白色渗出物

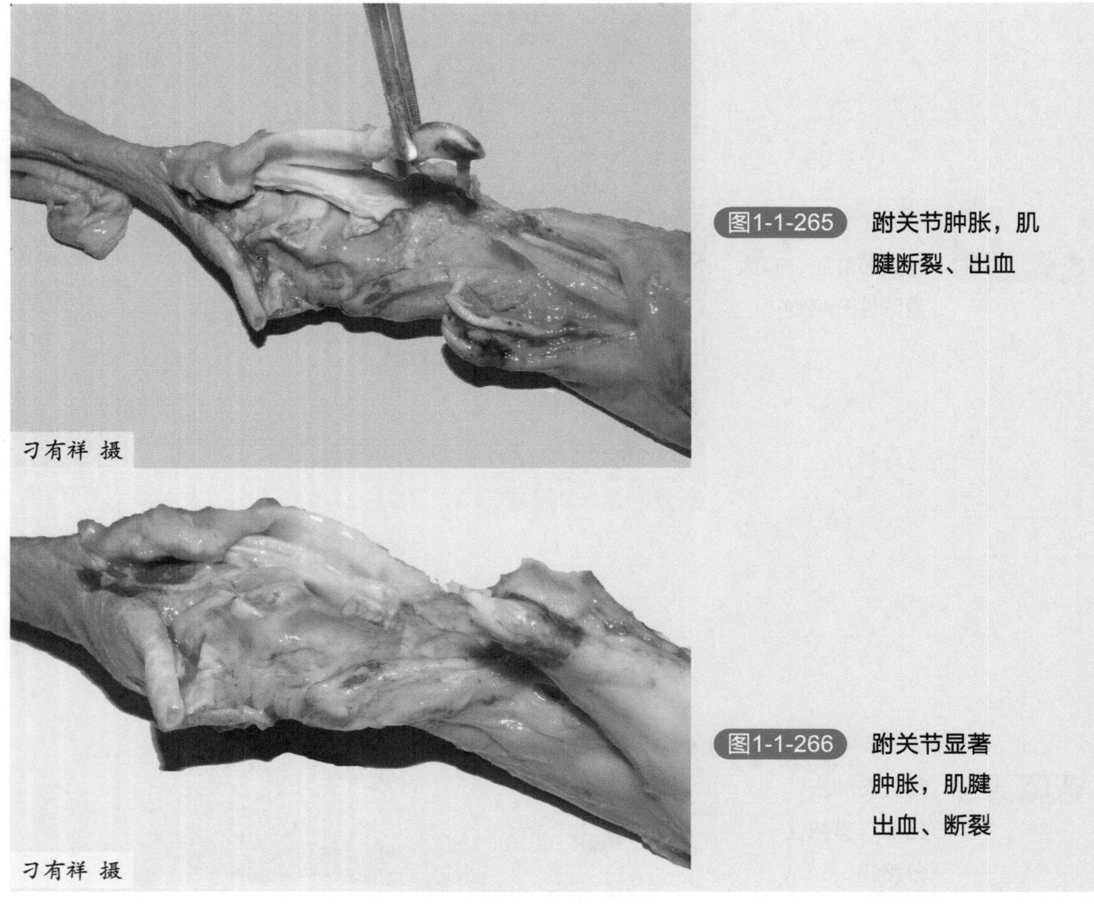

图1-1-265 跗关节肿胀，肌腱断裂、出血

图1-1-266 跗关节显著肿胀，肌腱出血、断裂

（2）中和试验 一般采用蚀斑减数法加以测定，以衡量病毒和不同稀释度血清的蚀斑减数，中和试验可用于病毒血清型的鉴定。

（3）琼脂扩散试验 禽呼肠孤病毒具有群特异性抗原，可用琼脂扩散法检测，血清中的沉淀抗体可在鸡受到感染后的17天检出。有关节病变的鸡抗体可能长期存在，但多数鸡在感染后的第4周内消失。自然感染的鸡群中85%～100%的鸡呈阳性反应，人工接种鸡的阳性率达100%。琼脂扩散试验多用于流行病学的调查，一般应每月进行1次，每次抽检样品为鸡群的1%。

【预防】

由于本病以水平和垂直两种方式传播，而且病毒分布广泛以及具有较高的抵抗力，因此防制本病有一定的难度。预防本病，主要依靠综合性防疫措施。鸡场应采用全进全出的饲养方式，不从有本病的鸡场引进雏鸡和种蛋。病种鸡应坚决淘汰。发病鸡群即使疫情已停止，也应全部淘汰，不作种用。对鸡舍彻底清洗并采用碱溶液、0.5%有机碘液彻底消毒，可杜绝病毒的水平传播。健康鸡群尤应警惕防止引进带毒鸡胚或污染病毒的疫苗。

免疫预防是控制该病的有效措施，目前国内外已有多种灭活或弱毒疫苗可供选择使用，接种时间的安排也不尽相同。禽呼肠孤病毒存在着多个血清型的差别，这在选择疫苗时必须考虑到。在未确定当地病毒的血清型之前，一般宜选择抗原性较广的疫苗，目前有的流行毒株用S1133疫苗不能有效防控。对于种鸡群，一般1～7日龄、4周龄时各接种1次弱毒疫苗，开产前接种1次灭活疫苗。对于肉鸡群，多在1日龄时接种1次弱毒疫苗。弱毒疫苗多经饮水免疫，灭活疫苗的接种则经肌内注射。同时应加强饲养管理，改善卫生条件，注意环境消毒。

【治疗】

本病目前尚无有效方法进行治疗，发病后可对症治疗。

10.减蛋综合征

鸡减蛋综合征（Egg drop syndrome-1976，EDS-76）是由Ⅲ群腺病毒（Fowl adenovirus）引起的一种病毒性传染病。其主要特征是产蛋量骤然下降、蛋壳异常、蛋体畸形、蛋质低劣。该病可使鸡群产蛋率下降10%～30%，破损率可达38%～40%，无壳蛋、软壳蛋达15%，给养鸡业造成严重的经济损失。该病于1976年首次发现，为了区别于其他导致产蛋量下降的疾病，特定名为减蛋综合征（EDS-76）。

【病原】

EDS-76病原是腺病毒属（Aviadenovirus）、禽腺病毒Ⅲ群的病毒。EDS-76病毒含红细胞凝集素，能凝集鸡、鸭、鹅的红细胞，故可用于血凝试验及血凝抑制试验，血凝抑制试验具有较高的特异性，可用于检测鸡的特异性抗体。而其他禽腺病毒，主要是凝集哺乳动物红细胞，这与EDS-76病毒不同。

EDS-76病毒有抗醚类的能力，在50℃条件下，对乙醚、氯仿不敏感。对不同范围的pH值性质稳定，即抗pH值范围较广，如在pH3～10的环境中能存活。加热到56℃可存活3小时，60℃加热30分钟丧失致病力，70℃加热20分钟则完全灭活。在室温条件下至少存活6个月以上，0.3%甲醛24小时、0.1%甲醛48小时可使病毒完全灭活。该病毒能在鸭肾细胞、鸭胚成纤维细胞、鸡胚肝细胞、鸡肾细胞和鹅胚成纤维细胞上生长，增殖良好。接种在7～10日龄鸭胚中生长良好，并可使鸭胚致死，其尿囊液具有很高的血凝滴度，接种5～7胚龄鸡胚卵黄囊，则胚体萎缩。在雏鸡肝细胞、鸡胚成纤维细胞、火鸡细胞上生长不良，在哺乳动物细胞中培养不能生长。

【流行特点】

EDS-76病毒的主要易感动物是鸡，其自然宿主是鸭或野鸭。鸭感染后虽不发病，但长期带毒，带毒率可达85%以上。据报道，在家鸭、家鹅、俄罗斯鹅和白鹭、加拿大鹅和凫、海鸥、猫头鹰、鹳、天鹅、北京鸭、珠鸡中存在EDS-76抗体。

不同品系的鸡对EDS-76病毒的易感性有差异，26～35周龄的所有品系的鸡都可感染，尤其是产褐壳蛋的肉用种鸡和种母鸡最易感，产白壳蛋的母鸡患病率较低。EDS-76病毒除可使不同品系的鸡和鸭感染外，鹅、雉鸡、珍珠鸡、火鸡和鹌鹑也可产生不同程度的抗体或排出病毒，鹌鹑只排出病毒但不产生抗体。

任何年龄的肉鸡、蛋鸡均可感染。幼龄鸡感染后不表现任何临床症状，血清中也查不出抗体，只有到开产以后，血清才转为阳性。病毒在内脏增殖及排泄，排泄量随年龄增大而下降。成年鸡组织中带毒大约3周，粪便中大约1周。EDS-76的流行特点是：病毒的毒力在性成熟前的鸡体内不表现出来，产蛋初期的应激反应致使病毒活化而使产蛋鸡罹病。6～8月龄母鸡处于发病高峰期。

EDS-76既可水平传播，又可垂直传播，被感染鸡可通过种蛋和种公鸡的精液传递。有人从鸡的输卵管、泄殖腔、粪便、咽黏膜、白细胞、肠内容物等分离到EDS-76病毒。可见，病毒可通过这些途径向外排毒，污染饲料、饮水、用具、种蛋后经水平传播使其他鸡感染。现场观察表明，水平传播较慢，并且不连续，通过一栋鸡舍大约需11周。病毒传播速度依赖于感染鸡的数目。一般认为EDS-76病毒侵入生殖系统后，导致卵子排出和蛋壳形成机能等发生紊乱，而使产蛋率下降，出现无壳、软壳蛋等各种异常蛋。

【症状】

EDS-76感染鸡群无明显临诊症状，通常是26～36周龄产蛋鸡突然出现群体性产蛋量下降，产蛋率比正常下降20%～30%，甚至达50%。与此同时，产出软壳蛋、薄壳蛋（图1-1-267、图1-1-268）、无壳蛋、小蛋，蛋体畸形，蛋壳表面粗糙，如白灰、灰黄粉样；褐壳蛋则色素消失、颜色变浅、蛋白水样、蛋黄色淡，或蛋白中混有血液、异物等。异常蛋可占产蛋的15%或以上，蛋的破损率增高。患鸡所产正常蛋受精率和孵化率一般不受影响。产蛋下降持续4～6周后又恢复到正常水平，持续时间可能与病毒传播速度有关，有些鸡群几周内可恢复正常，另一些鸡群经下降后有不同程度的恢复多数学者认为EDS-76病毒对蛋的生长无明显影响。患病鸡群的部分鸡，可能出现精神差、厌食、羽毛蓬松、贫血、腹泻等症状，但均不具有诊断价值。

【病理变化】

本病常缺乏明显的病理变化，其特征性病变是输卵管各段黏膜水肿（图1-1-269）、萎

图1-1-267 病鸡产软壳蛋、褪色蛋

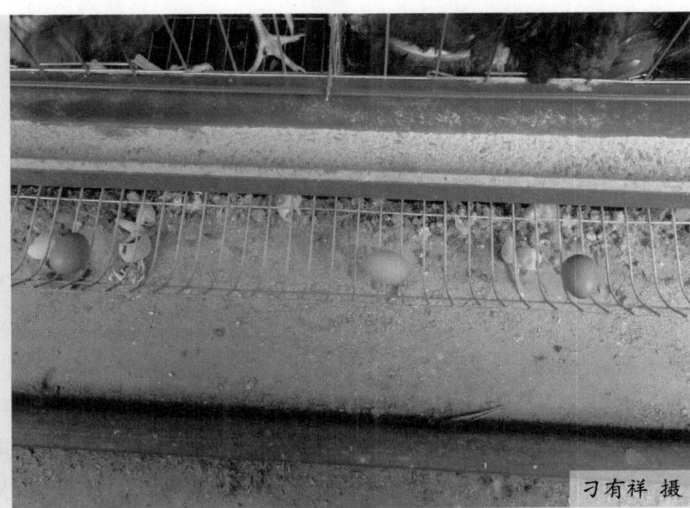

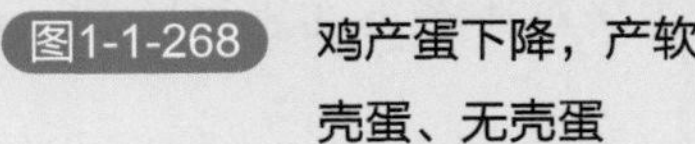
图1-1-268 鸡产蛋下降，产软壳蛋、无壳蛋

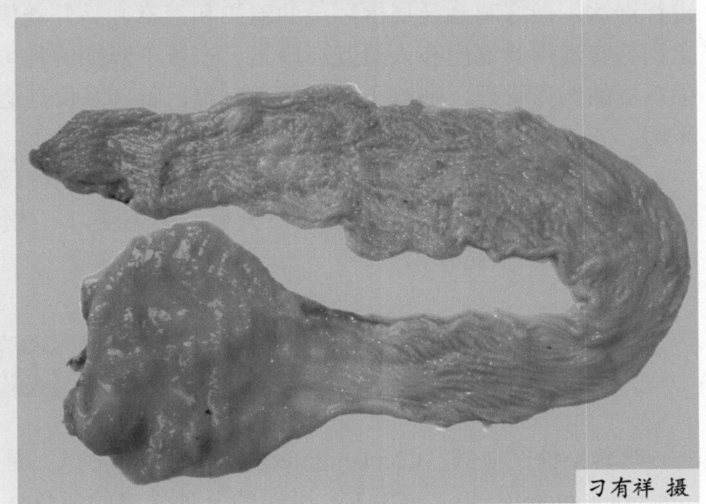

图1-1-269 输卵管黏膜水肿，有脓性分泌物

缩，病鸡的卵巢萎缩变小，或有出血，子宫黏膜发炎，肠道出现卡他性炎症。

【诊断】

多种因素可造成密集饲养的鸡群发生产蛋下降，因此，在诊断时应注意综合分析和判断。

EDS-76可根据发病特点、症状、病理变化、血清学及病原分离和鉴定等方面进行分析判定。

（1）症状和病理变化　在饲养管理正常的情况下，在产蛋鸡产蛋高峰时，突然发生不明原因的群体性产蛋下降，同时伴有畸形蛋、蛋质下降；剖检可见生殖道病变，临诊上也无特异的表现时，可怀疑为本病。

（2）病毒分离与鉴定　从患鸡的输卵管、变形卵泡、无壳软蛋、泄殖腔、鼻咽黏膜、肠内容物、粪便等采集病料，经过常规的灭菌处理后，接种于鸭肾或鸡肾细胞上，孵育数天后观察细胞病变及核内包含体，并用血凝及血凝抑制试验进行鉴定。接种5～10日胚龄鸭胚尿囊腔，可使鸭胚致死，尿囊液有高的凝集滴度。从EDS-76血清阳性鸡中，病毒分离率约为33%，从产蛋异常的鸡群中，分离率可达60%。

【防制】

本病尚无有效的治疗方法，只能从加强管理、免疫、淘汰病鸡等多方面进行防制。在发病时，如果有必要，也可喂给抗菌药物，以防继发感染。

（1）加强卫生管理　无EDS-76的清洁鸡场，一定要防止从疫场将本病带入。不要到疫区引种，因已证实本病可通过蛋垂直传播。原则上，如要引种则必须从无本病的鸡场引入，引入后并需隔离观察一定时间，虽然这一点执行起来很难，但是十分关键。

EDS-76污染鸡场要严格执行兽医卫生措施。本病除垂直传染外，也可水平传染，污染鸡场要想根除本病是较困难的，必须花大力气。为防止水平传播，场内鸡群应隔离，按时进行淘汰。做好鸡舍及周围环境的清扫和消毒，另外粪便进行合理处理是十分重要的。防止饲养管理用具混用和人员互相串走。产蛋下降期的种蛋和异常蛋坚决不要留作种用。加强鸡群的饲养管理，喂给平衡的配合日粮，特别是保证必需氨基酸、维生素和微量元素的平衡。

（2）免疫预防　免疫接种是本病主要的防制措施，18周龄后备母鸡，经肌内或皮下接种0.5毫升减蛋综合征灭活疫苗，15天后产生免疫力，抗体可维持12～16周，以后开始下降，40～50周后抗体消失。

11.鸡传染性贫血病

鸡传染性贫血病（Chicken infectious anemia，CIA）是由鸡传染性贫血病病毒（Chicken infectious anemia virus，CIAV）引起的一种雏鸡的亚急性传染病。其特征是再生障碍性贫血和全身淋巴组织萎缩。因此，传染性贫血病可继发病毒、细菌和真菌的感染。血清学调查表明，该病在世界上许多国家的鸡群中广泛存在。

【病原】

鸡贫血病病毒是圆环病毒科、指环病毒属的单股环状DNA病毒。病毒粒子呈球形或六角形颗粒，病毒衣壳由32个结构亚单位组成，表面可见10个三角形突起。病毒粒子的直径为19～24纳米，具有单股环状DNA，二十面体对称，在氯化铯中的浮密度为1.35～1.36克/毫升。

该病毒对乙醚和氯仿有抵抗力，pH3.0的酸作用3小时后仍然稳定。对热的抵抗力较强，70℃作用60分钟和80℃作用15分钟仍有活性，但80℃作用30分钟可使其部分失活，100℃作用15分钟使其完全失活。病毒对酚敏感，用5%酚处理5分钟即可使其失去感染性。但用10%的十二烷基硫酸钠37℃处理1小时，其感染性可稍增强。

鸡贫血病病毒可在鸡胚中复制，但不致死鸡胚。据Bülow报道，接种5日龄鸡胚，14

天后可收获滴度很高的病毒。但病毒不能在鸡胚的皮肤、肌肉、肝、脑等细胞培养物中增殖，也不能在鸡肾、胸腺、法氏囊、骨髓和淋巴细胞培养物中复制，但能在部分由马立克病或淋巴细胞性白血病淋巴瘤所建立的细胞系中增殖。

【流行特点】

实验感染鸡潜伏期约10天，死亡大多发生在感染后的14～18天，发病率高达100%，死亡率为5%。本病以垂直传播为主，也可因与病鸡、病毒污染的环境接触，或使用了被病毒污染的疫苗，特别是直接摄入了被病毒污染的饲料、饮水而发生水平传播。水平传播虽可以发生，但通常只产生抗体反应，而不引起发病。自然条件下只有鸡对本病易感，且表现明显的年龄抵抗力，主要发生在2～3周龄内的雏鸡，1～7日龄雏鸡最易感，其中以肉鸡尤其是公鸡更易感，随着鸡日龄的增长，其易感性、发病率和死亡率逐渐降低。人工接种以1日龄雏鸡最易感。至今尚未发现其他禽类对本病易感，火鸡和鸭对本病毒表现先天性抵抗力，实验感染的火鸡和鸭血清中也未发现相应的抗体存在。

【症状】

该病的主要临床特征是贫血，病鸡表现沉郁、衰竭、消瘦和体重减轻（图1-1-270～图1-1-272），鸡冠、肉髯苍白，皮肤苍白（图1-1-273、图1-1-274）。出现症状后2天，病鸡开始出现死亡，死亡高峰发生在症状出现后的5～6天，其后逐渐下降，再过5～6天恢复正常。濒死鸡可能有腹泻，有的全身出血或头颈部、翅膀皮下出血，时间稍长皮肤呈蓝紫色，所以该病也称为“蓝翅病”（图1-1-275～图1-1-277），腿、爪部皮肤也会出血（图1-1-278）。血稀如水（图1-1-279），血凝时间延长，血细胞比容值可下降到20%以下，严重者甚至可降到10%以下，红、白细胞数显著减少，可分别降到1×10^6个/毫米^{3}和5000个/毫米^{3}以下。

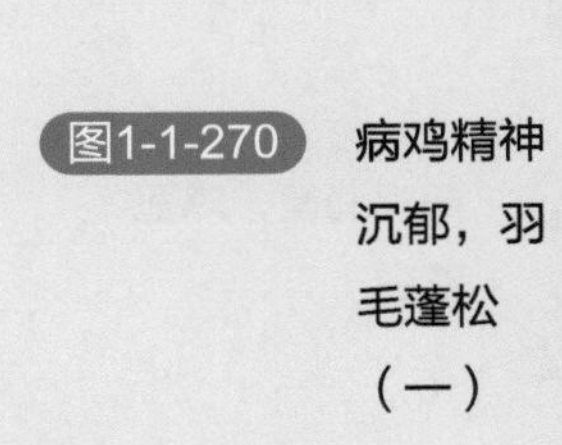

图1-1-270 病鸡精神沉郁，羽毛蓬松（一）

图1-1-271 病鸡精神沉郁，羽毛蓬松（二）

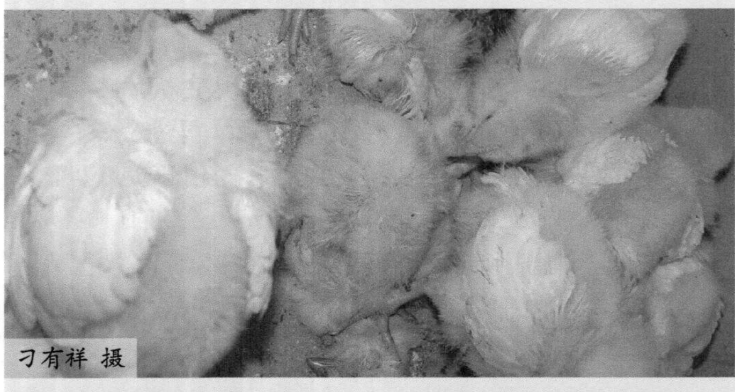

图1-1-272 病鸡精神沉郁

图1-1-273 病鸡消瘦，鸡冠苍白

图1-1-274 病鸡贫血，皮肤苍白

图1-1-275 翅膀发生坏疽性皮炎，皮肤出血

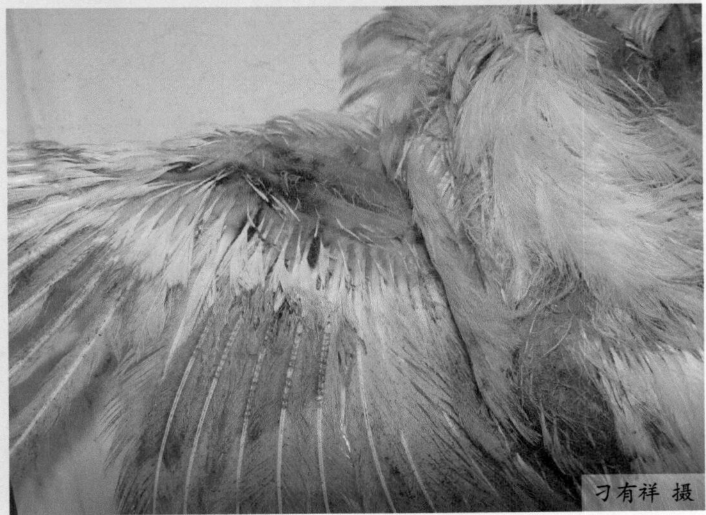

图1-1-276 翅部皮肤出血

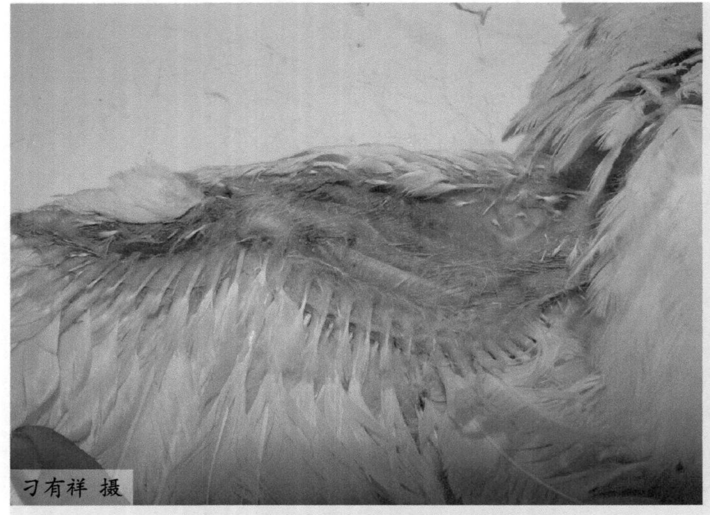

图1-1-277 翅部皮肤呈蓝紫色

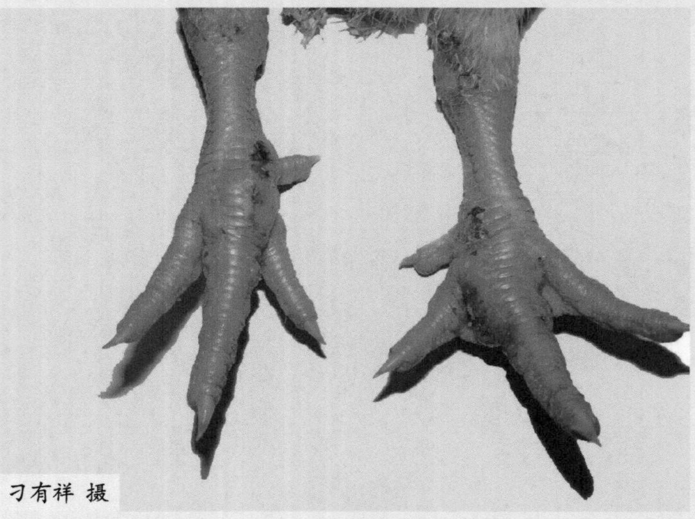

图1-1-278 腿、爪皮肤出血

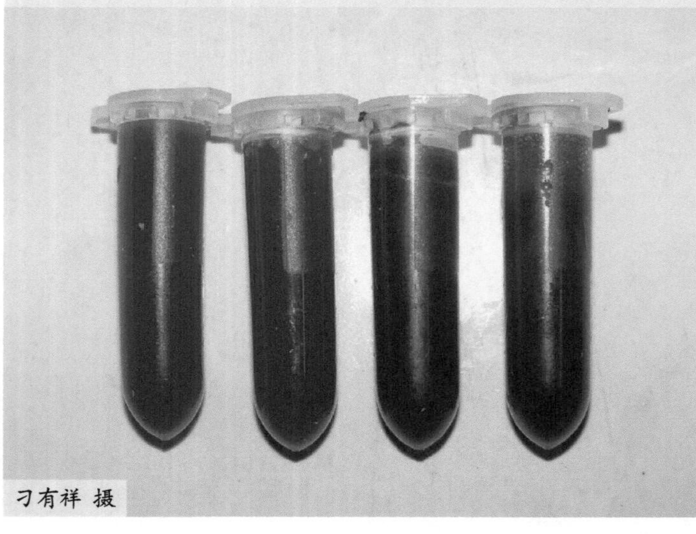

图1-1-279 病鸡贫血，血液稀薄（右侧两管为正常鸡血液）

【病理变化】

主要表现为骨髓萎缩，呈黄白色（图1-1-280、图1-1-281），胸腺和法氏囊显著萎缩（图1-1-282、图1-1-283），心脏变圆，脾、肝、肾肿大、褪色，有时肝脏黄染，颜色深浅不一，呈斑驳状（图1-1-284、图1-1-285）。骨骼肌和腺胃固有层黏膜出血（图1-1-286～图1-1-288），严重贫血者可见肌胃黏膜糜烂或溃疡，十二指肠弥漫性出血（图1-1-289～图1-1-291）。

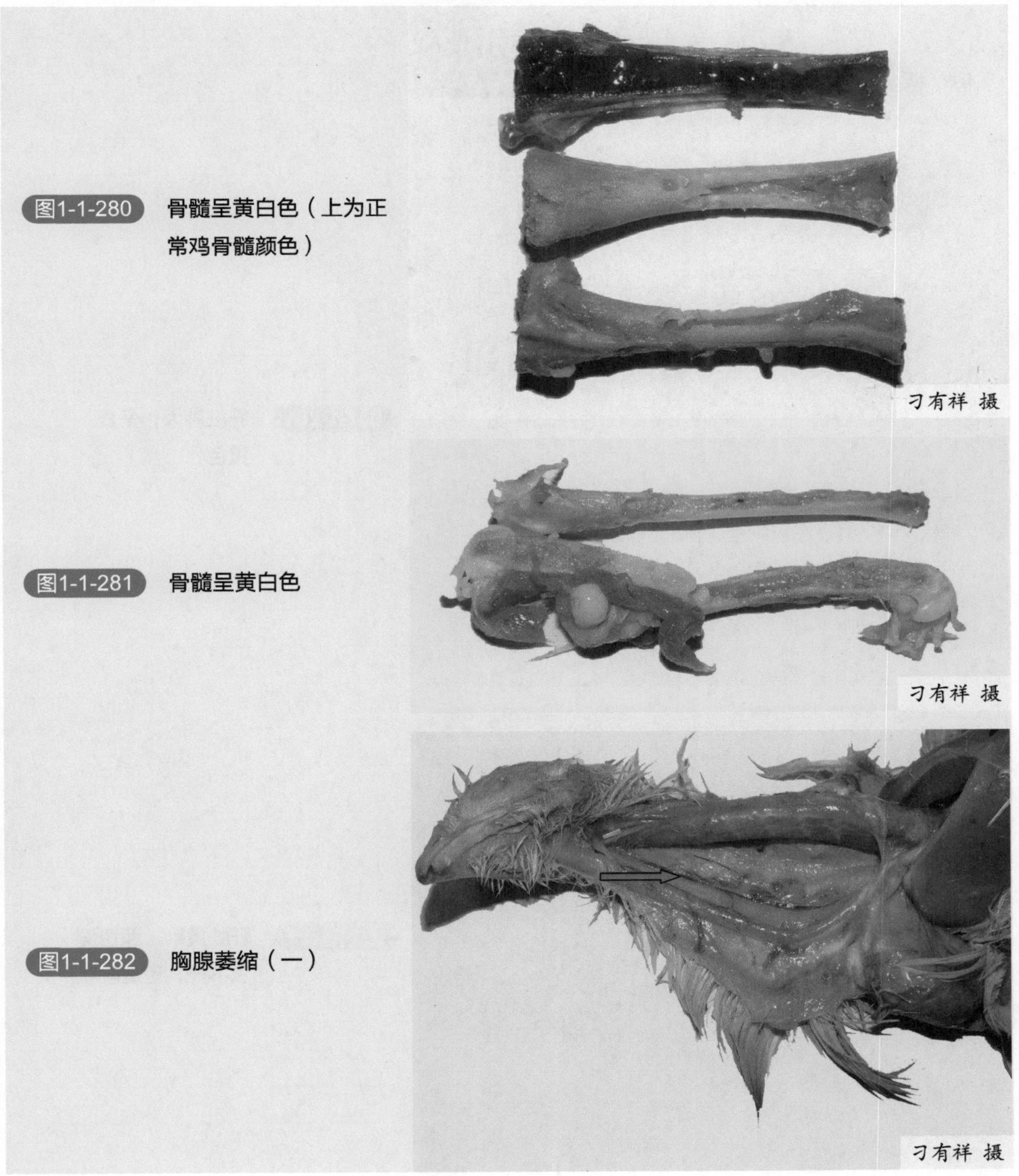

图1-1-280 骨髓呈黄白色（上为正常鸡骨髓颜色）

刁有祥 摄

图1-1-281 骨髓呈黄白色

刁有祥 摄

图1-1-282 胸腺萎缩（一）

刁有祥 摄

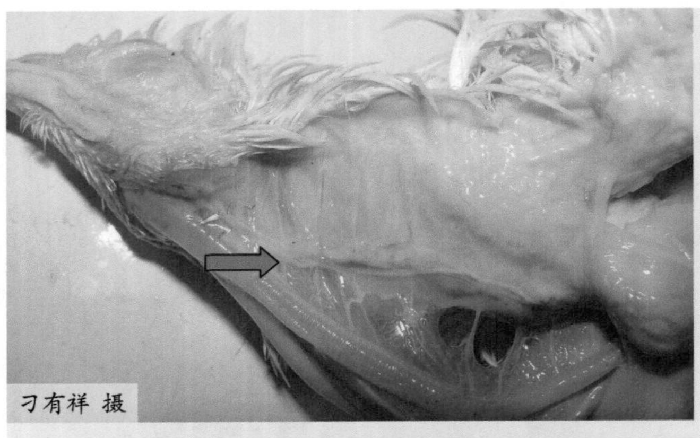

图1-1-283 胸腺萎缩（二）

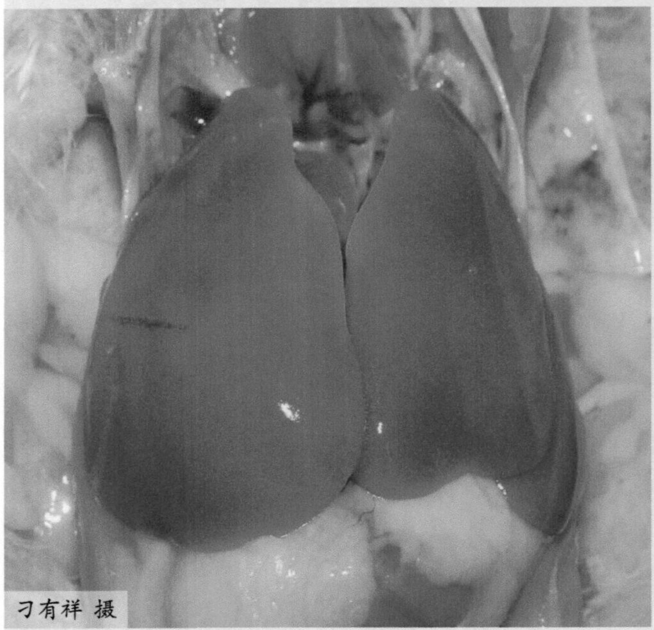

图1-1-284 肝脏肿大，呈浅黄色

图1-1-285 肝脏黄染，颜色深浅不一，呈斑驳状

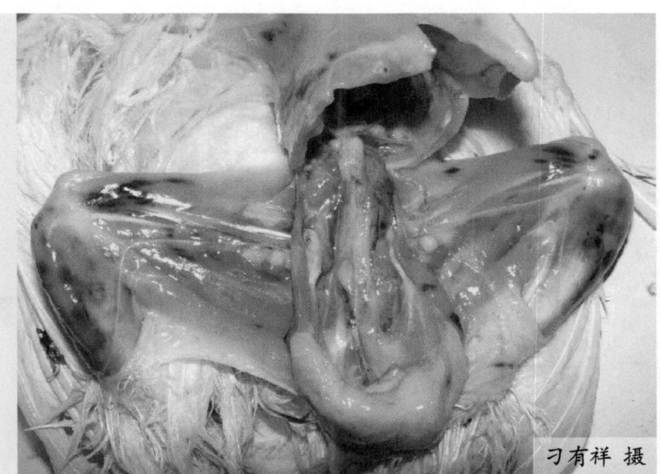

图1-1-286 腿肌严重出血

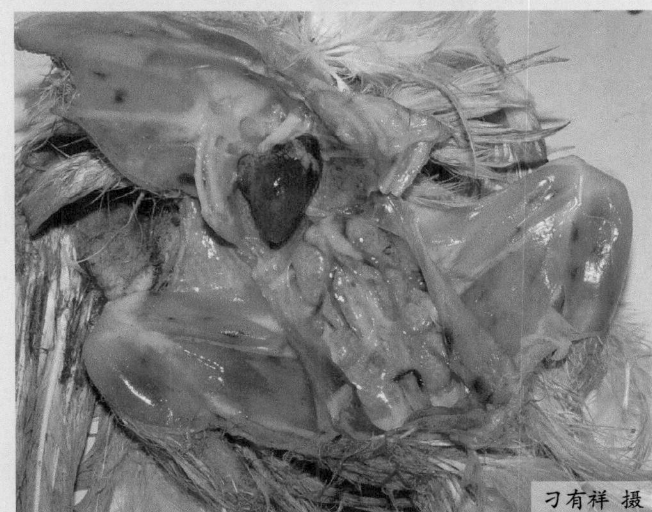

图1-1-287 心脏出血，腿肌出血，肾脏苍白

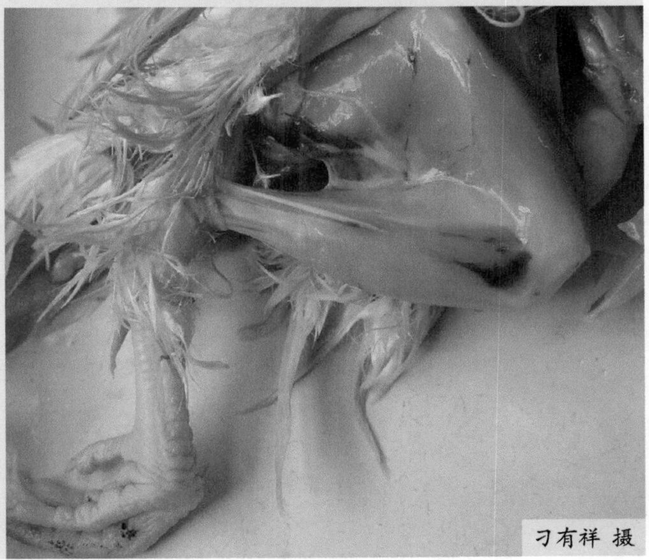

图1-1-288 腿肌苍白、出血

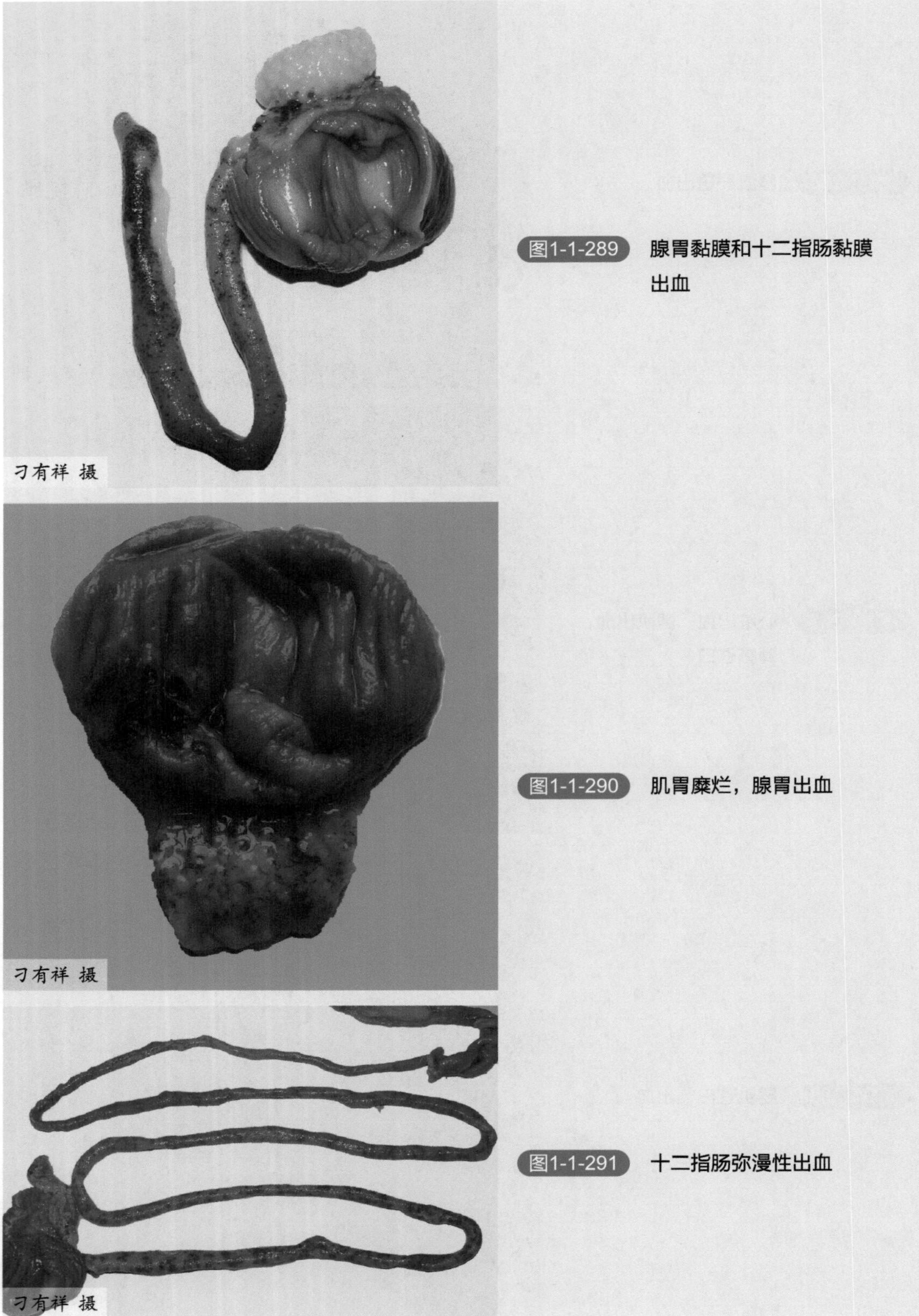

图1-1-289 腺胃黏膜和十二指肠黏膜出血

图1-1-290 肌胃糜烂，腺胃出血

图1-1-291 十二指肠弥漫性出血

【诊断】

血细胞的比容值显著降低和骨髓变成黄白色是该病最突出的特征，所以根据症状及剖检变化即可作出初步诊断。确诊需进行实验室检查。

病毒的分离与鉴定

（1）细胞培养　分离病毒时，通常以肝脏为分离材料，加PBS（pH7.4）制成20%匀浆，冻融3次，低速离心后取上清液70℃处理5分钟，再用10%氯仿室温处理15分钟，经450纳米滤膜过滤，然后接种于细胞培养物，观察细胞病变。

（2）鸡胚接种　选用5～10日龄鸡胚，经绒毛尿囊膜、卵黄囊或尿囊膜途径接种，10～14天后毒价最高。病毒对鸡胚不产生致病作用，鸡胚可正常发育，但孵出后鸡14～15日龄发生贫血症状并死亡。

（3）免疫荧光抗体试验　将感染病毒的MDCC-MSB1细胞4000转/分离心10分钟，以PBS悬浮细胞后，涂片、干燥，以丙酮室温固定10分钟，以抗贫血病病毒鸡血清进行直接或间接荧光染色。若细胞核内出现微细的颗粒状荧光或球形包涵体，则表明存在贫血病病毒。

【防制】

禁止引进感染CIAV的种蛋，防止过早暴露于CIAV环境中，切断传染源及传播途径，做好传染性法氏囊病、马立克病等免疫抑制病的预防接种工作，降低机体对CIAV的易感性。本病的主要危害是引起免疫抑制，导致其他疾病的混合感染或继发感染，因此，在发病后用抗生素预防继发感染，在一定程度上可降低损失。

4周龄时免疫接种，以防止通过种蛋传播病毒，用减毒的活疫苗通过肌肉、皮下或翅膀对种鸡进行接种，有良好的免疫保护效果。如果后备种鸡群血清学呈阳性，则不宜进行接种。目前有两种免疫方法：一是Bulow和witt用鸡胚生产的有毒力的活疫苗，通过饮水免疫；二是用通过母代接种减毒的CIAV疫苗对12～16周的种鸡饮水免疫，4周后能产生坚强的免疫力，并能维持到60～65周。本病目前尚无特异的治疗方法，对发病鸡群可用广谱抗生素控制细菌继发感染。

12. 禽网状内皮组织增殖病

禽网状内皮组织增殖病（Reticuloendotheliosis，RE）是指由逆转录病毒科禽类C型逆转录病毒中的网状内皮组织增殖病病毒（Reticuloendotheliosis virus，REV）引起的鸡、鸭、火鸡和其他禽类的一群病理综合征。这群病理综合征包括急性网状细胞肿瘤形成、生长抑制综合征、淋巴组织和其他组织的慢性肿瘤形成。

【病原】

REV属于逆转录病毒科、禽类C型逆转录病毒的RNA病毒，它在免疫学、形态学和结构上都不同于禽白血病和肉瘤群的逆转录病毒。REV呈球形，有壳粒和囊膜，病毒颗粒直径约100纳米，表面突起长约6纳米，直径约10纳米，在蔗糖密度梯度中病毒粒子的密度为1.16 ～ 1.18克/毫升，氯化铯浮密度为1.20 ～ 1.22克/毫升。REV可被脂溶剂如乙醚、5%氯仿和消毒剂破坏，不耐酸（pH3.0）。表面糖蛋白可被蛋白水解酶部分破坏。对紫外线有相当的抵抗力。从感染REV鸡的组织或细胞培养物液体中可以获得不含宿主细胞的REV，它可以在-70℃长期保存而不降低活性，在4℃下病毒比较稳定，在37℃下20分钟后传染力丧失50%，1小时后丧失99%。感染的细胞加入二甲基亚砜后REV可以在–196℃下长期保存，$MgCl_2$对病毒没有保护作用。

【流行特点】

REV感染的自然宿主有鸡、火鸡、鸭、鹅和日本鹌鹑，其中鸡和火鸡发病最常见。鸡在接种意外污染REV的疫苗后也能发病。REV感染鸡胚或低日龄鸡，特别是新孵出的雏鸡，引起严重的免疫抑制或免疫耐受。而大日龄鸡免疫机能完善，感染后不出现或出现一过性病毒血症。

REV可以通过直接或间接传播。另外昆虫在REV的传播中也起了一定的作用，人、器械等也可以机械性地传播该病，这样就给本病的控制带来困难。

REV的垂直传播在鸡、火鸡和鸭都已有报道，而且雌雄鸡在传播中都有重要作用。已从母鸡生殖道、公鸡的精液及火鸡、鸡、鸭胚中分离到该病毒，通常传播率很低。另外污染REV的商业禽用疫苗也是导致其传播的一个重要因素。给鸡接种REV污染的马立克病疫苗、禽痘疫苗、鸡新城疫疫苗，亦可引起人工传播。

【症状及病理变化】

RE包括急性网状细胞肿瘤形成、矮小病综合征、淋巴组织和其他组织的慢性肿瘤形成。

（1）急性网状细胞肿瘤形成　主要由不完全复制的REV-T株引起，潜伏期最短3天，通常鸡在接种后6 ～ 21天出现死亡，很少有特征性临床表现，但新出雏鸡或雏火鸡接种后死亡率可达到100%。

鸡感染REV后的剖检变化表现为肝脏、脾脏肿大（图1-1-292），有时有局灶性灰白色肿瘤结节或呈弥漫性肿大，胰脏、心脏、肌肉、小肠、肾脏及性腺有时也可见肿瘤；偶尔引起火鸡、鸡的外周神经肿大；法氏囊常见萎缩。

（2）矮小病综合征　又称生长抑制综合征或僵鸡综合征，是由完全复制型REV毒株引起的几种非肿瘤疾病的总称。患鸡发育受阻，体格瘦小（图1-1-293、图1-1-294），其中羽毛发育异常是其明显特征。患鸡的翼羽初级、次级飞羽变化更为明显。羽毛粘到局部的毛干上，羽干和羽支变细，透明感明显增强，邻近的羽刺脱落变稀。

病理学变化可见胸腺、法氏囊发育不全或萎缩，腺胃炎（图1-1-295）、肠炎、肝脾肿大，呈局灶性坏死；外周神经发生水肿。

（3）慢性肿瘤形成　包括鸡法氏囊型淋巴瘤、非法氏囊型淋巴瘤、火鸡淋巴瘤和其他淋巴瘤。

图1-1-292 鸡肝脏、脾脏肿大，肝脏有弥漫性肿瘤

图1-1-293 病鸡精神沉郁，消瘦（一）

图1-1-294 病鸡精神沉郁，消瘦（二）

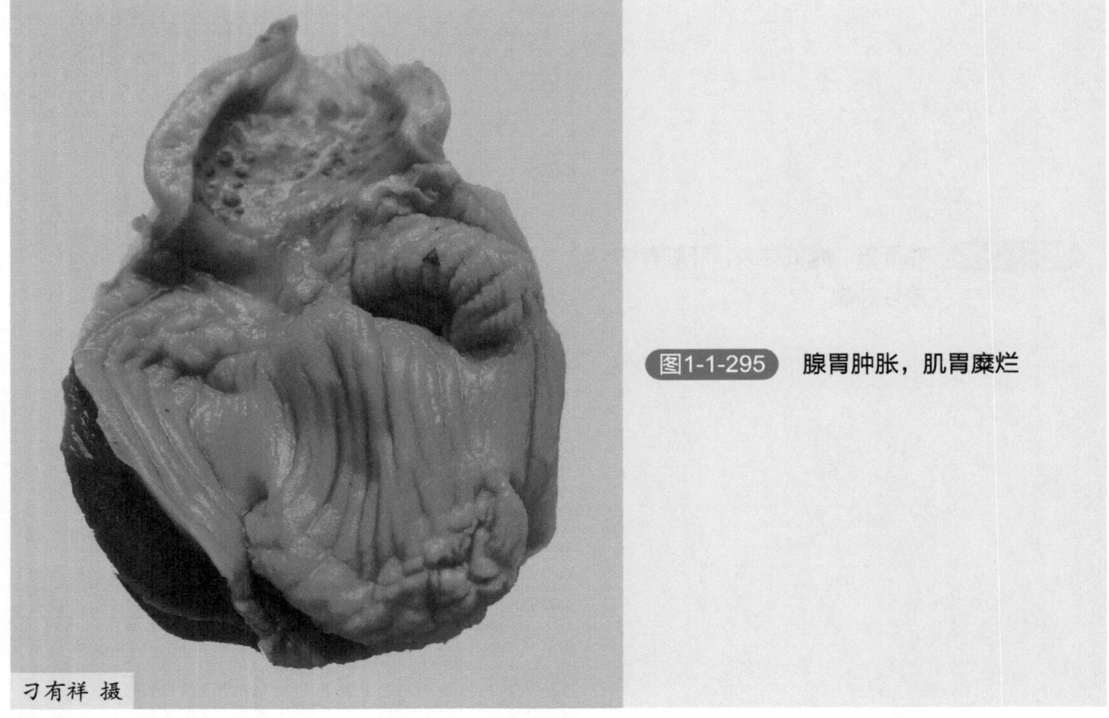

图1-1-295 腺胃肿胀，肌胃糜烂

【诊断】

RE的诊断须在典型病理变化的基础上，结合检测REV或其抗体进行。

（1）病毒分离鉴定 RE病毒血症往往是一过性的，而且毒价相当低，但胚胎感染或发生免疫抑制时毒价则很高。可从不同的病变组织中分离到REV，也可从血液中获得，血液中的白细胞、淋巴细胞是分离病毒的较好材料。将病料接种于鸡胚成纤维细胞，盲传7代，观察细胞病变，或用免疫荧光抗体试验、免疫过氧化物斑点试验测定培养物或血液中的REV。

（2）抗体的检测 除检测病毒或其抗原外，检测鸡血清或蛋黄中的抗体也可作为诊断方法。琼脂凝胶沉淀反应、直接或间接荧光抗体试验、ELISA、病毒中和试验等均可检出血清或卵黄中的抗体，而与血清比较，用卵黄则更为简便。

【防制】

目前RE的治疗方法尚无报道。关于RE的免疫防制，Baxter-Gabbard等利用RE阳性鸡肝脏、脾脏匀浆经差速和蔗糖梯度离心后浓缩制备的抗原和鸡胚成纤维细胞繁殖的REV-T株病毒经蔗糖梯度离心浓缩制备的抗原免疫雏鸡后，12天时以强毒力毒株（REV-T）攻击能提供100%的保护；而经十二烷基硫酸钠裂解的浓缩抗原提供87%的保护。但是现今RE疫苗研究仅停留在实验室研究阶段，尚无商业化生产推广应用。另外，Bagust等指出REV母源抗体阳性鸡能明显抑制REV的感染，为REV的防制提供了理论依据。而现阶段RE的防制主要采取及时检测REV抗体，并及时淘汰血清学阳性鸡。

13.鸡痘

鸡痘（Fowl pox）是家禽和鸟类的一种缓慢扩散的、接触性传染病。病的特征是在无毛或少毛的皮肤上有痘疹，或在口腔、咽喉部黏膜上形成纤维素性坏死性假膜。在大型鸡场易造成流行，可使鸡增重缓慢、消瘦；产蛋鸡受感染时，产蛋量暂时下降。若并发其他传染病、寄生虫病和卫生条件或营养不良时，可引起大批死亡，尤其对雏鸡可造成更严重的损失。

【病原】

禽痘病毒（Avipoxvirus）属于痘病毒科（Poxviridae）、禽痘病毒属（Avipoxvirus），这个属的代表种为鸡痘病毒。禽痘病毒科各属成员的形态一致，在感染真皮上皮和胚绒毛尿囊膜外胚层中，成熟的病毒呈砖形或卵圆形，大小250纳米×354纳米。病毒可在感染细胞的胞浆中增殖并形成包涵体（Bollinger氏体）。

鸡痘病毒能在10～12胚龄的鸡胚成纤维细胞上生长繁殖，并产生特异性病变，细胞先变圆，继之变性和坏死。用鸡胚绒毛尿囊膜复制病毒，在接种痘病毒后的第6天，在鸡胚绒毛尿囊膜上形成一种致密的局灶性或弥漫性的痘斑，灰白色，坚实，厚约5毫米，中央为一灰死区。某些鸡胚适应毒可引起全胚绒毛尿囊膜形成弥漫性痘斑。

病毒大量存在于病禽的皮肤和黏膜病灶中，病毒对外界自然因素抵抗力相当强，上皮细胞屑片和痘结节中的病毒可抗干燥数年之久，阳光照射数周仍可保持活力，–15℃下保存多年仍有致病性。病毒对乙醚有抵抗力，在1%的酚或1 ∶ 1000福尔马林中可存活9天，1%氢氧化钾溶液可使其灭活。50℃经30分钟或60℃经8分钟可使其灭活。

【流行特点】

本病主要发生于鸡和火鸡，鸽有时也可发生，鸭、鹅的易感性低。各种年龄、性别和品种的鸡都能感染，但以雏鸡和中雏最常发病，雏鸡死亡多。本病一年四季都能发生，秋冬两季最易流行，一般在秋季和冬初发生皮肤型鸡痘较多，在冬季则以黏膜型（白喉型）鸡痘为多。病鸡脱落和破散的痘痂，是散布病毒的主要形式。它主要通过皮肤或黏膜的伤口感染，不能经健康皮肤感染，亦不能经口感染。库蚊、疟蚊和按蚊等吸血昆虫在传播本病中起着重要的作用。蚊虫吸吮过病灶部的血液之后即带毒，带毒的时间可长达10～30天，其间易感染的鸡经带毒的蚊虫刺吮后而传染，这是夏秋季节流行鸡痘的主要传播途径。打架、啄毛、交配等造成外伤，鸡群过分拥挤、通风不良、鸡舍阴暗潮湿、体外寄生虫、营养不良、缺乏维生素及饲养管理太差等，均可促使本病发生和加剧病情。如有传染性鼻炎、慢性呼吸道病等并发感染，可造成大批死亡。

【症状】

鸡痘的潜伏期4～50天，根据病鸡的症状和病变，可以分为皮肤型、黏膜型和混合型三种病型，偶有败血症。

（1）皮肤型　皮肤型鸡痘的特征是在身体无或毛稀少的部分，特别是在鸡冠（图1-1-296、图1-1-297）、肉髯、眼睑、喙角（图1-1-298），亦可于泄殖腔的周围、翼下、头部、胸腹部及腿等处（图1-1-299～图1-1-305），形成一种灰白色的小结节，渐次成为带红色的小丘疹，很快增大如绿豆大痘疹，呈黄色或灰黄色，凹凸不平，呈干硬结节，有时和邻近的痘疹互相融合，形成干燥、粗糙呈棕褐色的大的疣状结节，突出皮肤表面。痂皮可以存留3～4周之久，以后逐渐脱落，留下一个平滑的灰白色疤痕。轻的病鸡也可能没有可见疤痕。皮肤型鸡痘一般比较轻微，没有全身性的症状。但在严重病鸡中，尤以幼雏表现出精神萎靡、食欲消失、体重减轻等症状，甚至死亡。产蛋鸡则产蛋量显著减少或完全停产。

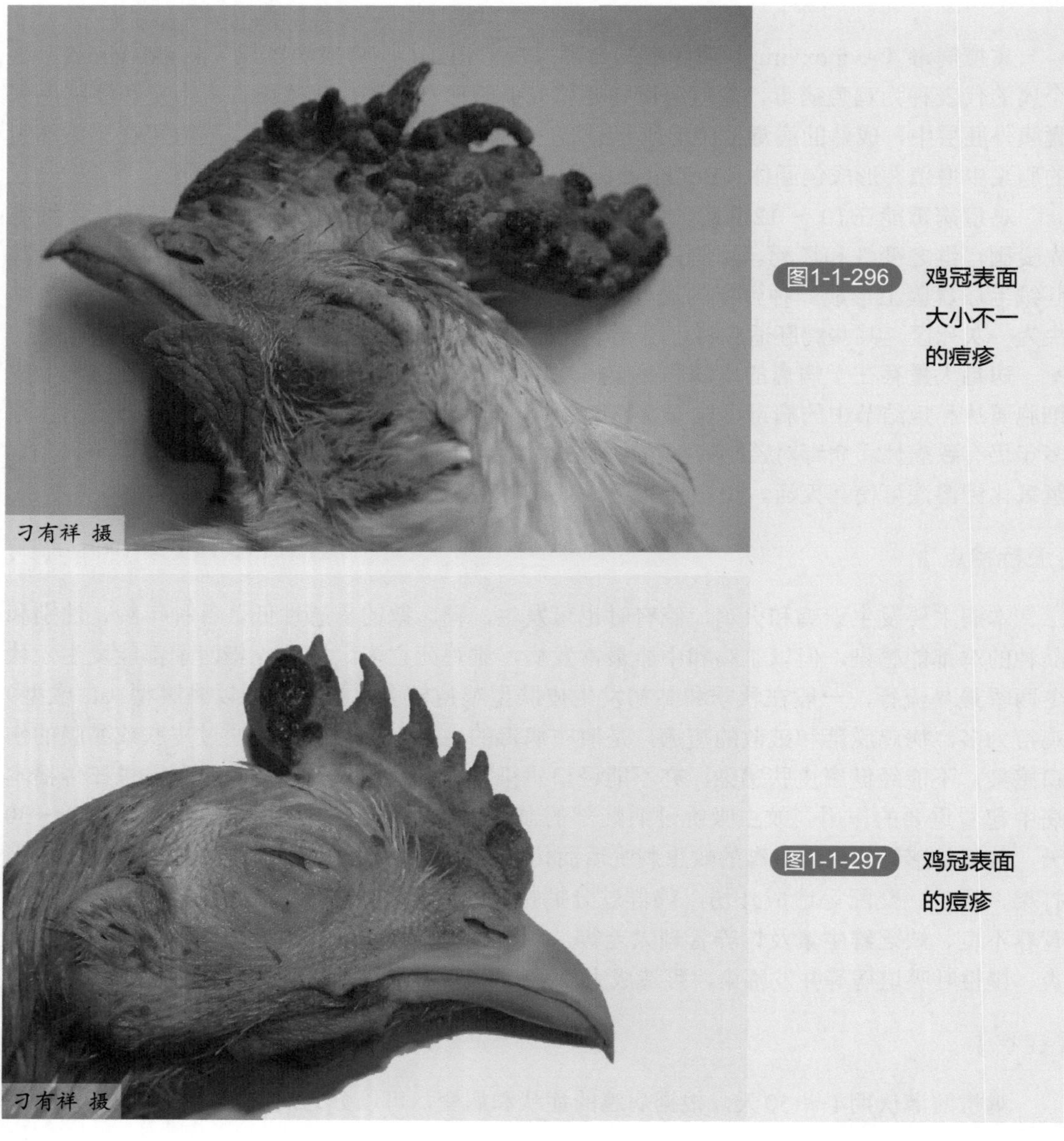

图1-1-296　鸡冠表面大小不一的痘疹

图1-1-297　鸡冠表面的痘疹

图1-1-298 鸡嘴角的痘疹

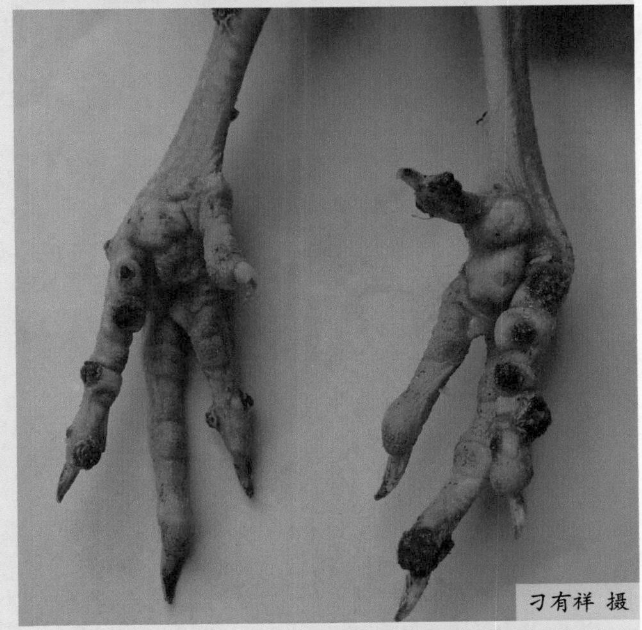

图1-1-299 爪部皮肤大小不一的痘疹（一）

图1-1-300 爪部皮肤大小不一的痘疹（二）

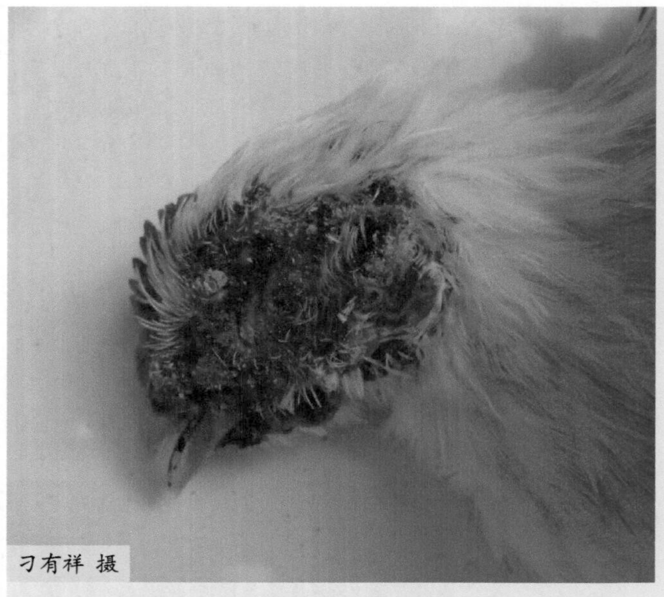

图1-1-301 头部皮肤大小不一的痘疹

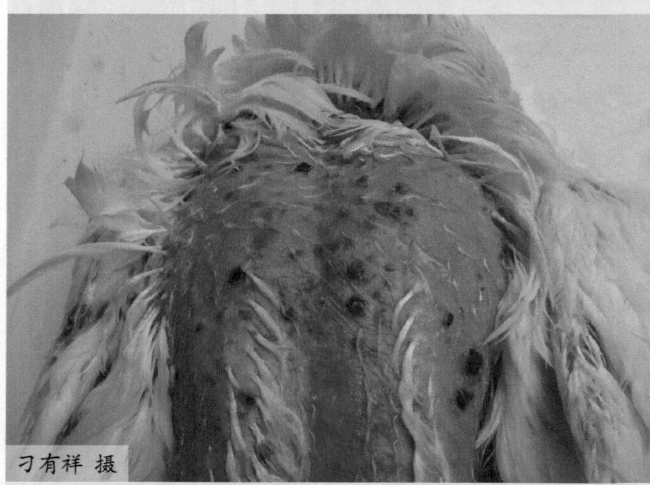

图1-1-302 胸腹部皮肤上的大小不一的痘疹

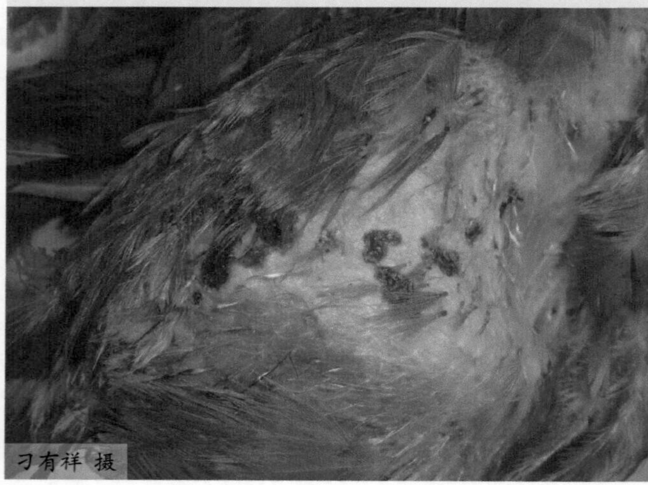

图1-1-303 胸背部皮肤上的痘疹

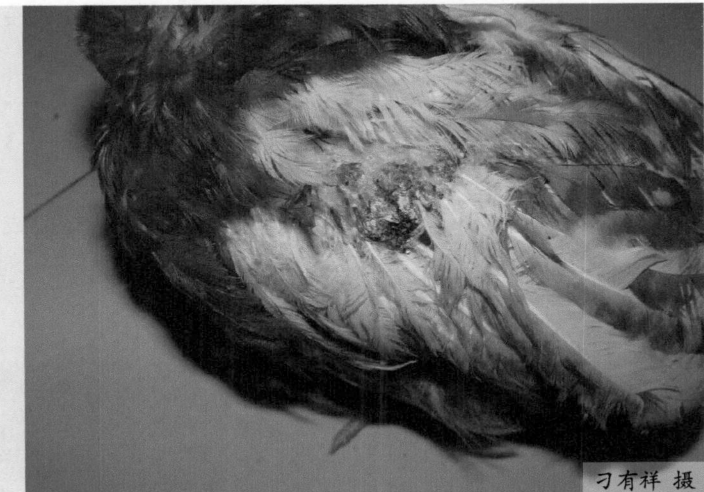

图1-1-304 翅膀皮肤上的痘疹

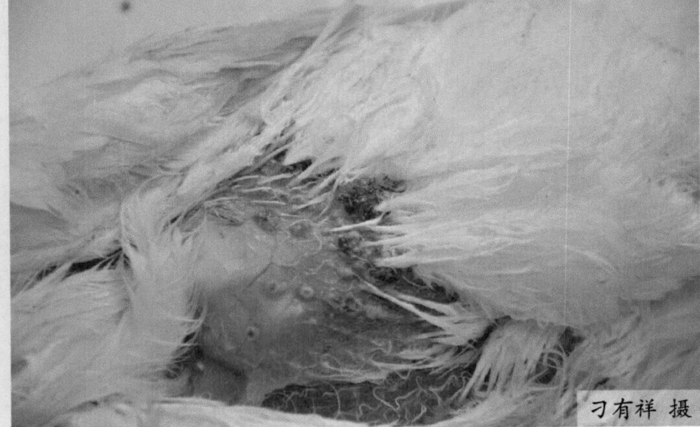

图1-1-305 腿部皮肤上的痘疹

（2）黏膜型（白喉型） 此型鸡痘的病变主要在口腔、咽喉和眼等处的黏膜表面。初为鼻炎症状，2～3天后先在黏膜上生成一种黄白色的小结节，稍突出于黏膜表面，以后小结节逐渐增大并互相融合在一起，形成一层黄白色干酪样的假膜，覆盖在黏膜上面。这层假膜是由坏死的黏膜组织和炎性渗出物质凝固而形成，很像人的“白喉”，故称白喉型鸡痘或鸡白喉。如果用镊子撕去假膜，则露出红色的溃疡面。随着病的发展，假膜逐渐扩大和增厚，阻塞在口腔和咽喉部位，使病鸡尤其幼雏鸡呼吸和吞咽障碍，严重时嘴无法闭合。病鸡往往作张口呼吸，发出“嘎嘎”的声音（图1-1-306、图1-1-307）。病鸡由于采食困难，体重迅速减轻，精神萎靡，最后窒息死亡。此型鸡痘多发生于小鸡和中鸡，死亡率高，小鸡死亡可达50%。有些严重病鸡，鼻和眼部也受到侵害，产生所谓眼鼻型的鸡痘。先是眼结膜发炎，眼和鼻孔中流出水样分泌物，以后变成淡黄色浓稠的脓液。时间稍长者，由于眶下窦有炎性渗出物蓄积，因而病鸡的眼部肿胀，结膜充满脓性或纤维素性渗出物，可以挤出一种干酪样的凝固物质，甚至引起角膜炎而失明（图1-1-308～图1-1-311）。

（3）混合型　本型是指皮肤和口腔黏膜同时发生病变，病情严重，死亡率高（图1-1-312）。

（4）败血型　在发病鸡群中，个别鸡无明显的痘疹，只是表现为下痢、消瘦、精神沉郁，逐渐衰竭而死，病鸡有时也表现为急性死亡（图1-1-313），这就是败血型鸡痘的特征。

鸡痘的发病率高低不一，由少数到全群都可能发病，死亡率也不相同，这与病毒的强弱、饲养管理条件、是否及时采取防制措施有关。一般成年鸡死亡率低，中雏死亡约5%，幼雏可达10%以上，特别是鸡群拥挤、卫生条件差、饲料不足时，或者是混合型病例时，可达50%的死亡率。

图1-1-306　黏膜型鸡痘，病鸡呼吸困难

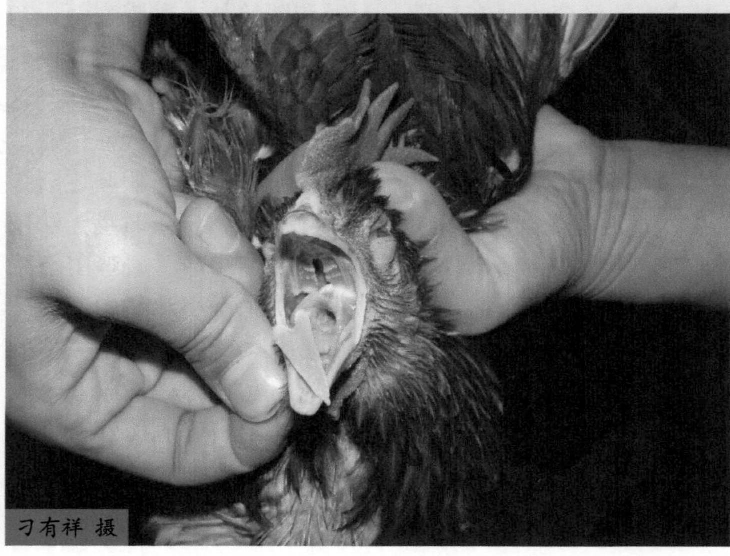

图1-1-307　黏膜型鸡痘，喉头有黄白色渗出物

图1-1-308 黏膜型鸡痘，眼肿胀

图1-1-309 黏膜型鸡痘，眶下窦肿胀、蓄脓

图1-1-310 黏膜型鸡痘，上下眼睑粘合在一起，眶下窦肿胀

图1-1-311 黏膜型鸡痘，上下眼睑粘合在一起，眼肿胀、蓄脓

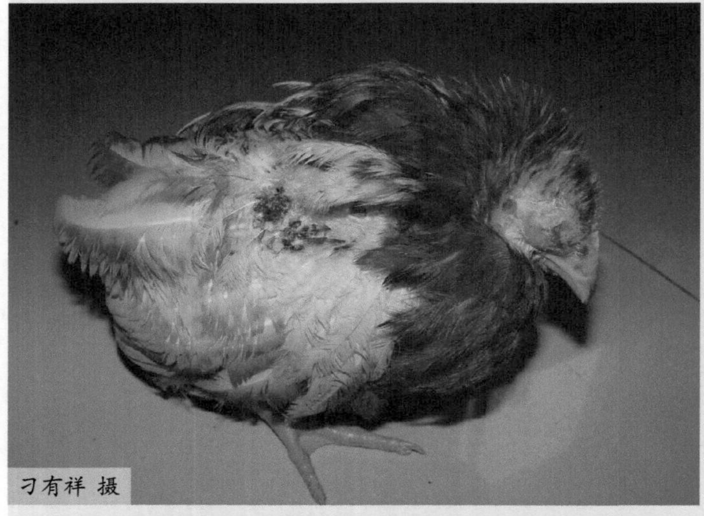

图1-1-312 混合型鸡痘，眼肿胀，翅膀皮肤有痘疹

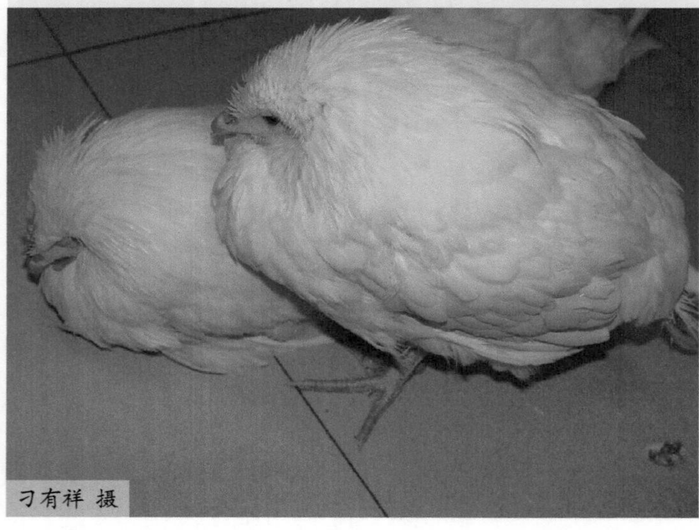

图1-1-313 败血型鸡痘，鸡精神沉郁、消瘦，头颈部羽毛蓬松

【病理变化】

（1）皮肤型　特征性病变是局灶性表皮和其下层的毛囊上皮增生，形成结节。结节起初表现湿润，后变为干燥，外观呈圆形或不规则形，皮肤变得粗糙，呈灰色或暗棕色。结节干燥前切开切面出血、湿润，结节结痂后易脱落，出现瘢痕，严重者皮肤溃烂，呈紫红色（图1-1-314）。

（2）黏膜型　其病变出现在口腔、鼻、咽、喉、眼或气管黏膜上。黏膜表面稍微隆起白色结节，以后迅速增大，并常融合成黄色、奶酪样坏死的伪白喉或白喉样膜，将其剥去可见出血糜烂（图1-1-315～图1-1-319），炎症蔓延可引起眶下窦肿胀和食管发炎。痘病毒可侵害内脏器官，在内脏器官形成溃疡、痘斑（图1-1-320～图1-1-327）。

（3）败血型　其剖检变化表现为病鸡消瘦（图1-1-328、图1-1-329）、内脏器官萎缩、

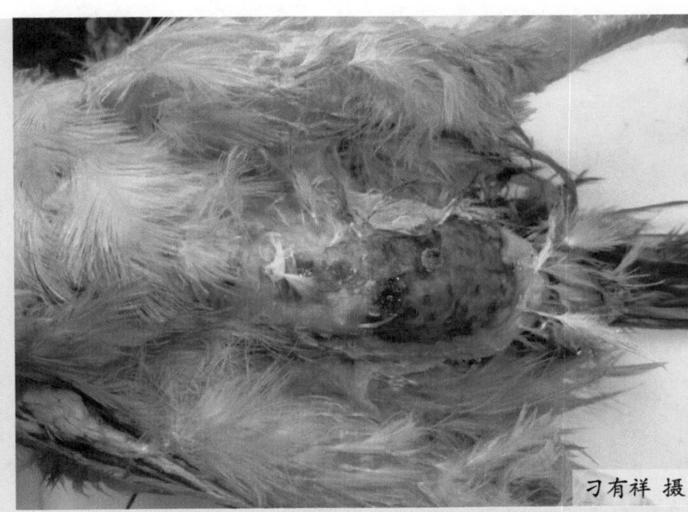

图1-1-314　皮肤溃烂，呈紫红色

图1-1-315　黏膜型鸡痘，口腔黏膜有黄白色渗出物

肠黏膜脱落，若继发引起网状内皮细胞增殖症病毒感染，则可见腺胃肿大（图1-1-330），肌胃角质膜糜烂、增厚。组织学变化表现为上皮增生和细胞肿大，光镜下可见到特征性的嗜酸性A型胞浆内包含体。

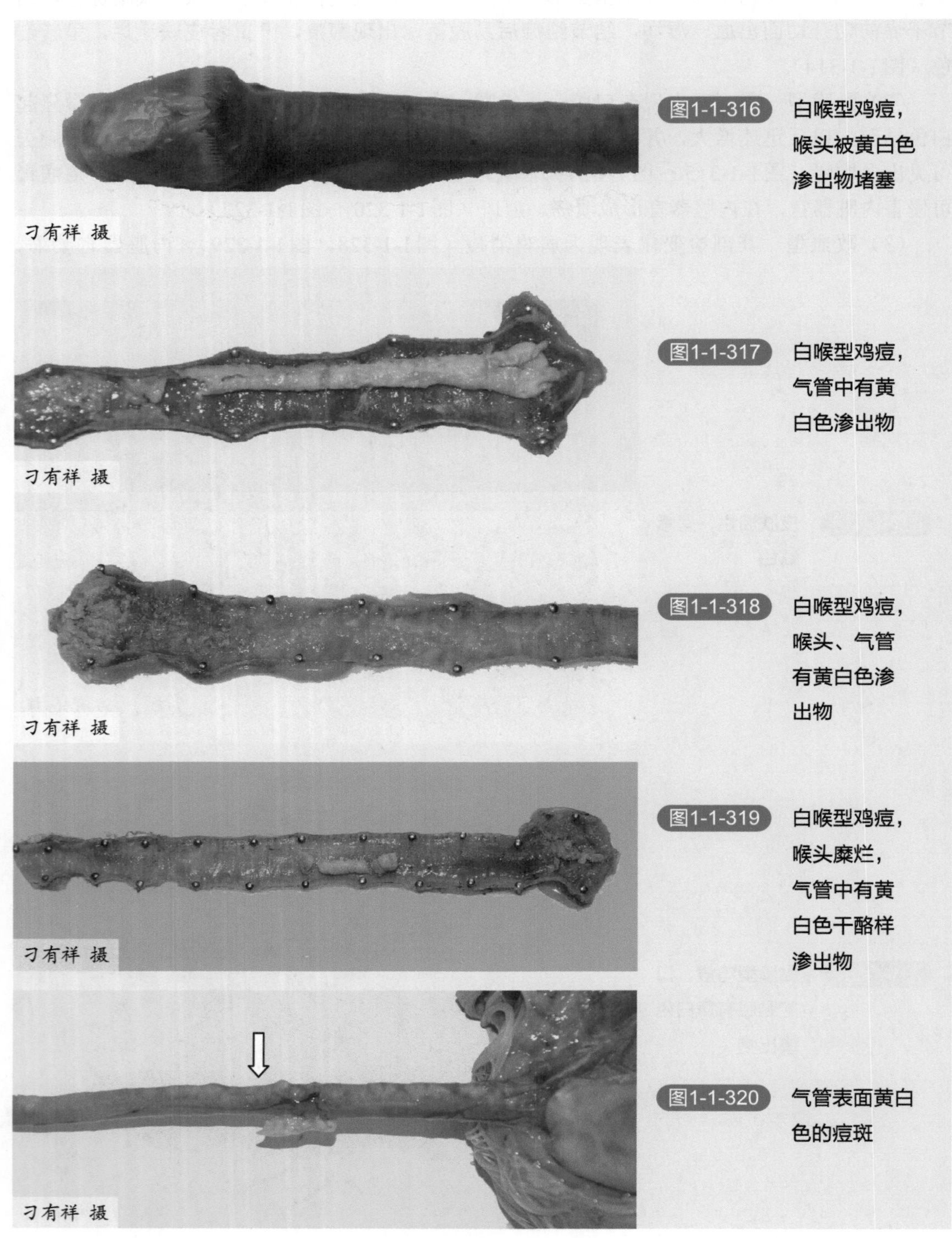

图1-1-316 白喉型鸡痘，喉头被黄白色渗出物堵塞

图1-1-317 白喉型鸡痘，气管中有黄白色渗出物

图1-1-318 白喉型鸡痘，喉头、气管有黄白色渗出物

图1-1-319 白喉型鸡痘，喉头糜烂，气管中有黄白色干酪样渗出物

图1-1-320 气管表面黄白色的痘斑

图1-1-321 舌黏膜表面形成的痘斑、溃疡

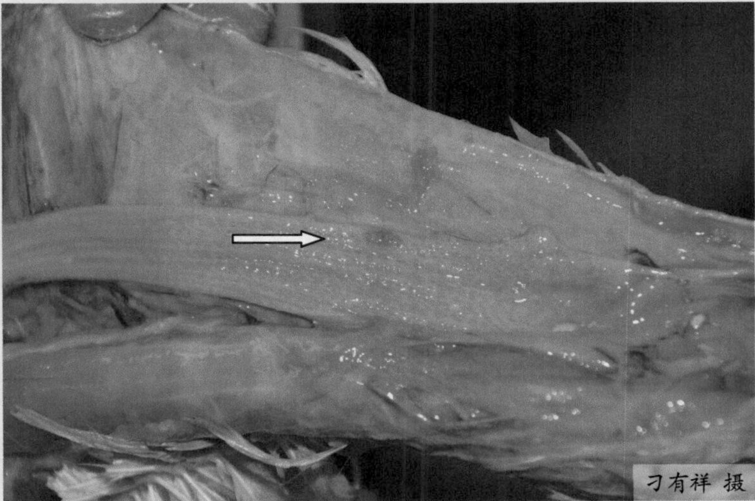

图1-1-322 食道黏膜表面的溃疡（一）

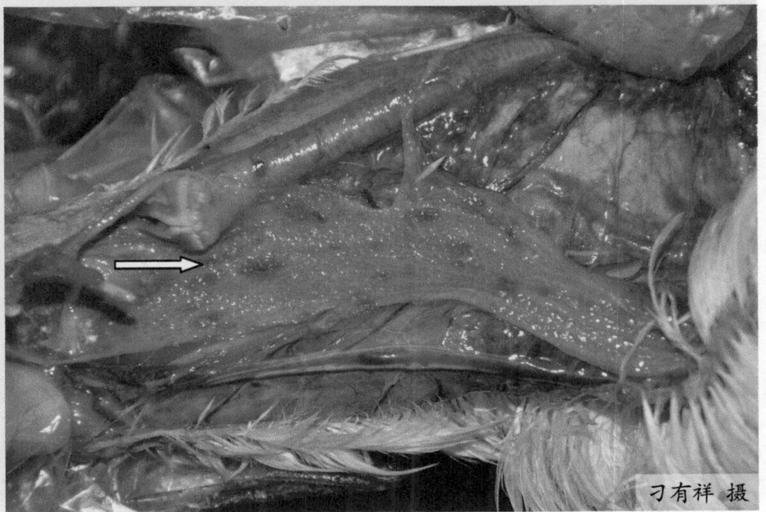

图1-1-323 食道黏膜表面的溃疡（二）

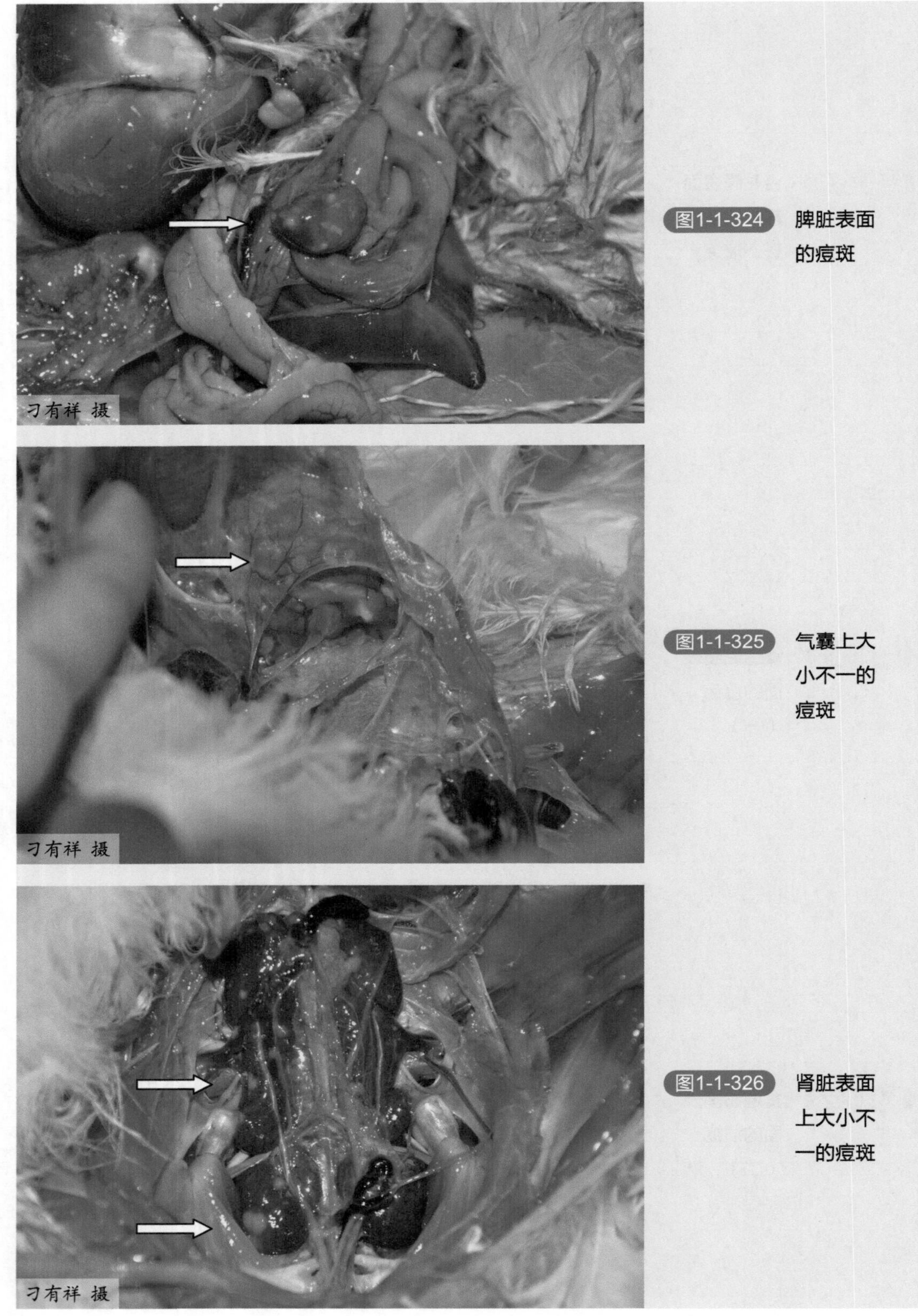

图1-1-324 脾脏表面的痘斑

图1-1-325 气囊上大小不一的痘斑

图1-1-326 肾脏表面上大小不一的痘斑

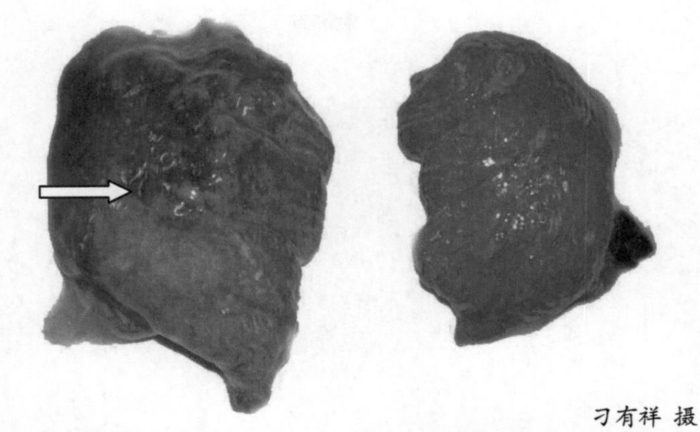

图1-1-327　肺脏黄白色的痘斑

图1-1-328　病鸡消瘦

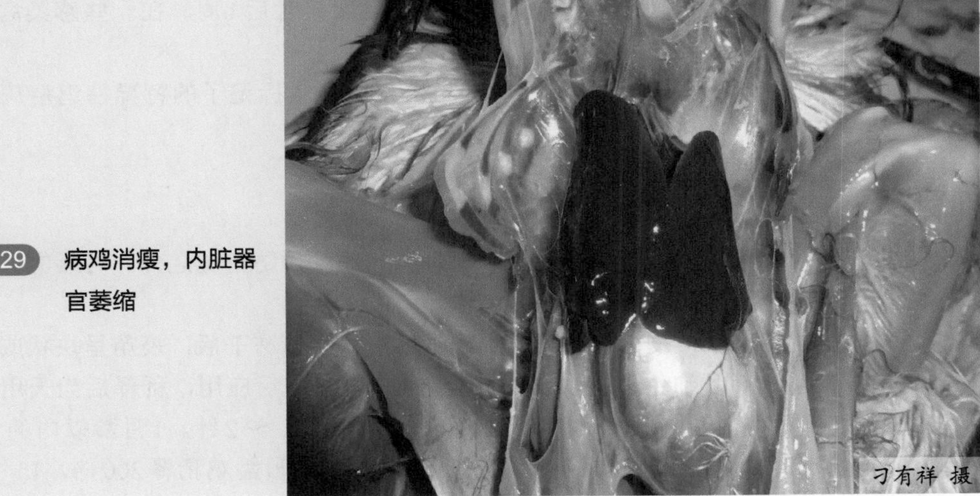

图1-1-329　病鸡消瘦，内脏器官萎缩

图1-1-330 病鸡消瘦，内脏器官萎缩，腺胃肿大

【诊断】

根据发病情况，病鸡的冠、肉髯和其他无毛部分的结痂病灶，以及口腔和咽喉部的白喉样假膜就可作出初步诊断。确诊则有赖于实验室检查。

（1）组织学检查　制备病变组织的涂片，作瑞氏染色，进行包含体检查。感染组织的超薄切片进行复染后，用电镜观察病毒粒子和包含体。

（2）病毒的分离与鉴定

① 鸡胚接种：以0.1毫升皮肤或白喉病灶制备的悬液接种9～12日龄鸡胚的绒毛尿囊膜，37℃孵化5～7天后检查有无痘斑。

② 易感鸡接种：将病变组织上清液作鸡冠划痕或刺种。如为痘病毒，接种3～4天可见到接种部位或毛囊有明显的痘肿。

（3）血清学试验

① 被动血凝试验：用荧光碳处理部分纯化的禽痘病毒抗原，包被鞣化的马或绵羊红细胞后，通过被动血凝试验可以检查抗禽痘病毒抗体。接种后1周，在一些感染禽的血清中可检查出血凝抗体，该抗体可维持达15周。

② 荧光抗体技术：是通过感染细胞与异硫氰荧光素标记了的特异性鸡痘病毒抗体作用，观察胞浆中的荧光。

【预防】

鸡痘的预防，除了加强鸡群的卫生、管理等一般性预防措施之外，可靠的办法是接种疫苗。目前应用的疫苗有3种。

（1）鸡痘鹌鹑化弱毒疫苗　按实含组织量（液体疫苗冻干后，疫苗呈块状或粉状，有一定的质量）用50%甘油生理盐水或生理盐水稀释100倍后应用，稀释后当天用完。用消毒过的钢笔尖蘸取疫苗，在鸡翅内侧无血管处皮下刺种1～2针。1月龄以内的雏鸡1针，1月龄以上的鸡刺2针；或按鸡只年龄稀释疫苗，1～15日龄鸡稀释200倍，15～16日龄鸡稀释100倍，2～4月龄鸡稀释50倍，每鸡刺种1针。刺种后3～4天，刺种部位微现红肿、水泡及结痂，2～3周痂块脱落，免疫期5个月。此种疫苗较下面两种好，但导致雏鸡反应严重。

（2）鸡痘蛋白筋胶弱毒疫苗（鸡痘原） 用生理盐水将疫苗稀释50倍，2月龄以上的每只鸡肌内注射1毫升，2月龄以下的注射0.2～0.5毫升。接种后14天产生免疫力，免疫期5个月。

（3）鸡痘蛋白筋胶弱毒疫苗（鸽痘原） 用生理盐水稀释10倍，用小毛刷（毛笔剪去1/3亦可蘸取）涂在拔去羽毛的腿外侧毛囊内，2～3周产生免疫力，免疫期3～4个月。

凡刺种或毛囊法接种的鸡，应于接种后7～10天进行抽查，检查局部是否结痂或毛囊是否肿胀。如局部有反应，表示疫苗接种成功，如无这些变化应予补种。

【治疗】

（1）目前尚无特效治疗药物，主要采用对症疗法，以减轻病鸡的症状和防止并发症。皮肤上的痘痂一般不作治疗，必要时可用清洁镊子小心剥离，伤口涂碘酒或紫药水。对白喉型鸡痘，应用镊子剥掉口腔黏膜的假膜，用1%高锰酸钾洗后，再用碘甘油或鱼肝油涂擦。病鸡眼部如果发生肿胀，眼球尚未发生损坏，可将眼部蓄积的干酪样物排出，然后用2%硼酸溶液冲洗干净，再滴入5%蛋白银溶液。剥下的假膜、痘痂或干酪样物都应烧掉，严禁乱丢，以防散毒。

发生鸡痘后也可紧急接种新城疫Ⅳ系疫苗，以干扰鸡痘病毒的复制，达到控制鸡痘的目的。

（2）发生鸡痘后，由于痘斑的形成造成皮肤外伤，这时易继发引起葡萄球菌感染，而出现大批死亡。所以，大群鸡应使用广谱抗生素如0.01%环丙沙星或恩诺沙星或0.01%氟甲砜霉素拌料或饮水，连用4～5天。同时改善鸡群的饲养管理，在饲料中增加维生素A或含胡萝卜素丰富的饲料，有利于促进组织和黏膜的再生，促进采食，提高机体的抗病能力。

14. Ⅰ群腺病毒感染

Ⅰ群腺病毒感染是由Ⅰ群腺病毒引起的以心包积水-肝炎综合征（Hydropericardium hepatitis syndrome）和包涵体肝炎（Inclusion body hepatitis）为特征的疾病。

【病原】

腺病毒分为Ⅰ、Ⅱ、Ⅲ三个亚群，Ⅰ群可引起包涵体肝炎和心包积水综合征；Ⅱ群可引起火鸡出血性肠炎和鸡脾脏肿大；Ⅲ群可引起产蛋下降综合征。Ⅰ群禽腺病毒呈球形，病毒粒子大小为70～90纳米，无囊膜，病毒衣壳由252个壳粒组成，顶点壳粒分布在二十面体的十二个顶点上，由五邻体蛋白（penton）构成。与顶点相连的纤维突起是纤突蛋白，不同血清型的纤突蛋白大小和数目有所不同，240个非顶点壳粒构成二十面体表面每个三角形的边，主要含有的是六邻体蛋白（hexon）。纤突蛋白具有血清特异性，含有种属特异性抗原表位。目前，已经鉴定的Ⅰ群腺病毒有A、B、C、D、E5个种、12个血清型，引起心包积水-肝炎综合征的病原主要为Ⅰ群腺病毒的血清4型，血清10型也能引起，其余血清型均能引起包涵体肝炎。

Ⅰ群禽腺病毒的基因组为线状、双股DNA。DNA的分子量可达3×10^4，占整个病毒粒子11.3%～13.5%，其余部分为蛋白。在氯化铯中的浮密度为1.32～1.37克/米^3。

病毒可在鸡胚、鸡肾细胞、鸡胚肾细胞、鸡胚肝细胞、鸡胚肺细胞及鸭胚成纤维细胞培养物内增殖，在鸡肾细胞上生长时可形成蚀斑。病毒感染细胞时，首先通过其纤维突起吸附在细胞膜上，进入细胞浆内后，衣壳解体，释放出病毒DNA；DNA进入细胞核内，复制病毒DNA，而病毒结构蛋白则由胞浆运回细胞核内参与子代病毒的装配。当宿主细胞崩解时，释放出子代病毒。

病毒可以耐受60℃下加热30分钟，50℃下加热1小时。但是，于60℃下加热1小时、80℃下加热10分钟和100℃下加热5分钟可以灭活该病毒。用一般灭活腺病毒的氯仿（5%）和乙醚（10%）处理可以消除该病毒的感染力。

（1）心包积水-肝炎综合征　心包积水-肝炎综合征（HHS）是由禽腺病毒（Fowl adenovirus，FAV）引起的一种新型传染病。典型症状是3～5周龄肉鸡突然死亡，并伴随有心包积水和肝炎，因此而得名。本病也称为"安哥拉病"（Angara disease）。

HHS最早报道于1988年。Jaffery 和Khawaja等分别在巴基斯坦和印度发现了一种引起3～7周龄肉鸡高死亡率（70%）的新病。病变特征是心包内蓄积有草黄色水样或果冻状物，并伴有肝脏肿大、质脆色淡，核内有嗜酸性或嗜碱性包涵体，肾充血。其后许多国家均先后报道了这种症状与包涵体肝炎相似却又伴有严重心包积水的"新"综合征，为区别于"经典型"IBH，而被称为传染性心包积水（HPS）、心包积水综合征、心包积水-肝损伤综合征或心包积水-肝炎综合征（HHS）。该病主要危害肉鸡，死亡率可高达70%以上；蛋鸡群感染后的死亡率通常较低。

【流行特点】

HHS目前已经成为全球肉鸡生产中的一个严重问题。在3～6周龄肉仔鸡群中常呈暴发流行，也可发生于蛋鸡、麻鸡或种鸡，无性别差异。一般认为，各种品系肉鸡对本病都易感，但也有人认为哈伯德肉鸡最为易感，其次是印第安河和罗曼系。自然或经口感染的潜伏期为7～15天，但用病鸡肝匀浆经腹腔接种时，潜伏期只有2～5天。快速生长的肉鸡最为易感，发病后3～4天就出现死亡高峰，并持续5～7天后才开始下降，死亡率为15%～60%。尽管包涵体肝炎也发生于肉仔鸡，但只有表现HHS时才具有高致死率的特征（10%～70%）。饲料中黄曲霉毒素的含量超过20毫克/千克时常会导致IBH或HPS的大量发生，引起3～5周龄肉仔鸡的大批死亡。此时除心包积水外，肝损伤更为明显。

HHS的病原具有高致病性，可经机械方式和被带毒粪便污染的器具而在鸡群间、鸡场间迅速传播。在同一鸡群内该病毒主要是通过粪-口途径水平传播的。虽然给肉鸡接种自然感染鸽的肝脏抽提物可复制本病，但自然情况下野禽在传播本病中的作用仍有待确定。在0.09米^2/只、0.07米^2/只或0.065米^2/只的饲养密度条件下，使健康鸡与病鸡密切接触，也可感染。有研究表明在受污染的垫料上饲养肉鸡和蛋鸡，结果肉鸡因HHS的死亡率高于蛋鸡，这可能与肉鸡高生长速率相关的一些因素有关。Toro等的实验发现，垂直传播时，要成功诱发该病，需要腺病毒与鸡传染性贫血病毒联合作用。

【症状】

心包积水-肝炎综合征主要发生于3～5周龄的肉用仔鸡，也可见于种鸡和蛋鸡，其特征为无明显先兆而突然倒地，两脚划空，数分钟内死亡（图1-1-331）。发病鸡群多于3周龄开始出现死亡，3～5周龄达到死亡高峰，高峰期持续4～8天，5～6周龄时死亡减少，整个病程为8～15天。死亡率为20%～75%，最高可达80%。

【病理变化】

病变见于病鸡的心、肝、肾和肺。死亡鸡90%以上有明显的心包积水，积水可多达20毫升，颜色淡黄而澄清，心包呈水囊状（图1-1-332、图1-1-333），积液中的蛋白质含

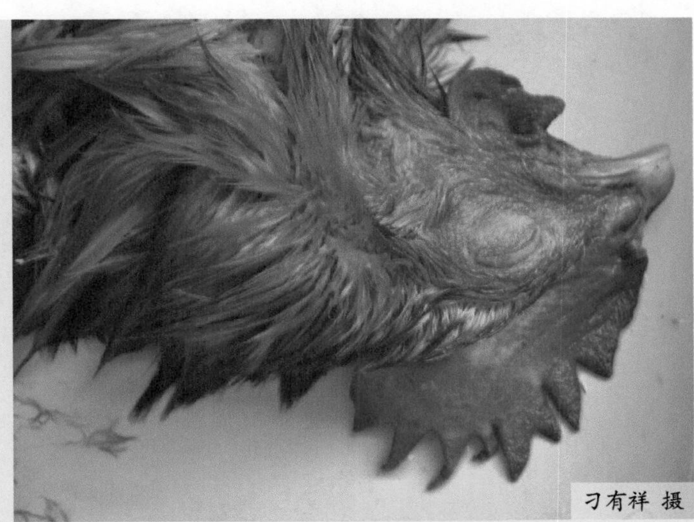

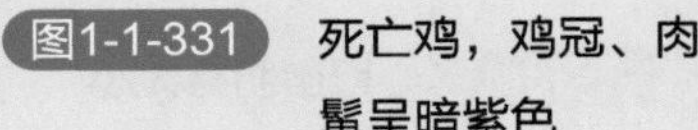
图1-1-331 死亡鸡，鸡冠、肉髯呈暗紫色

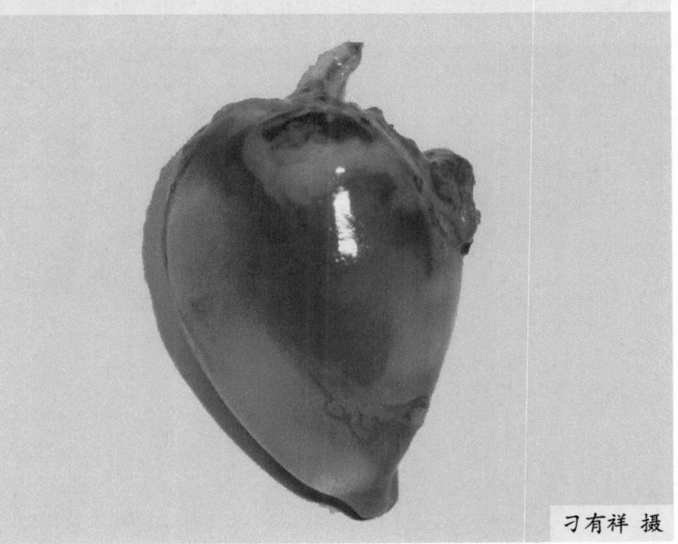

图1-1-332 心包腔充满大量淡黄色液体（一）

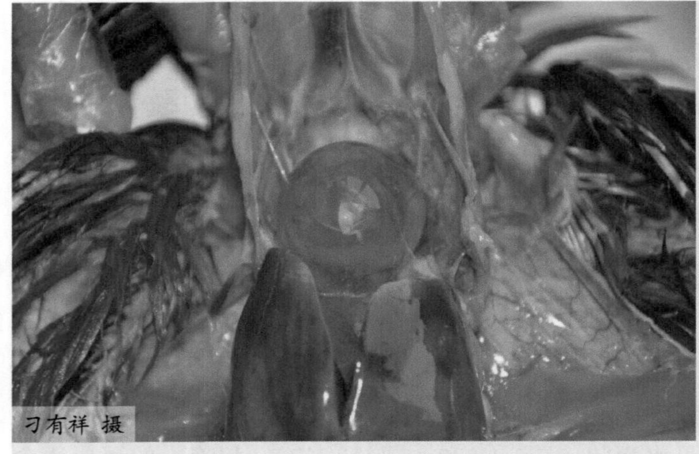

图1-1-333 心包腔充满大量淡黄色液体（二）

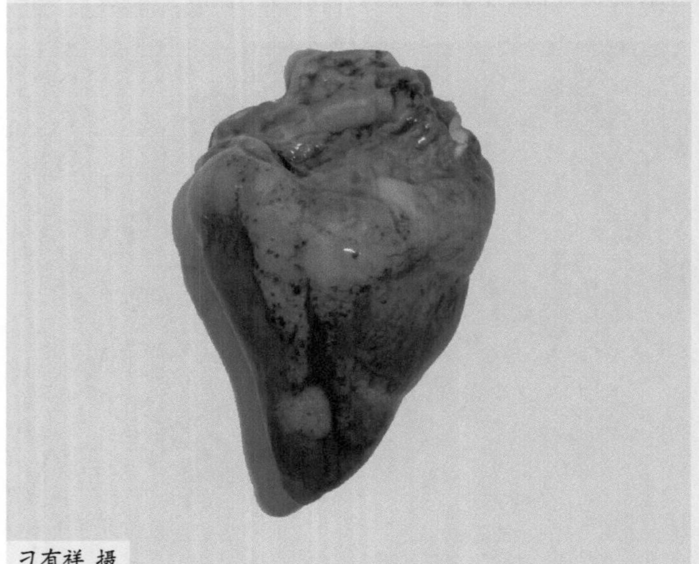

图1-1-334 心冠脂肪有大小不一的出血点

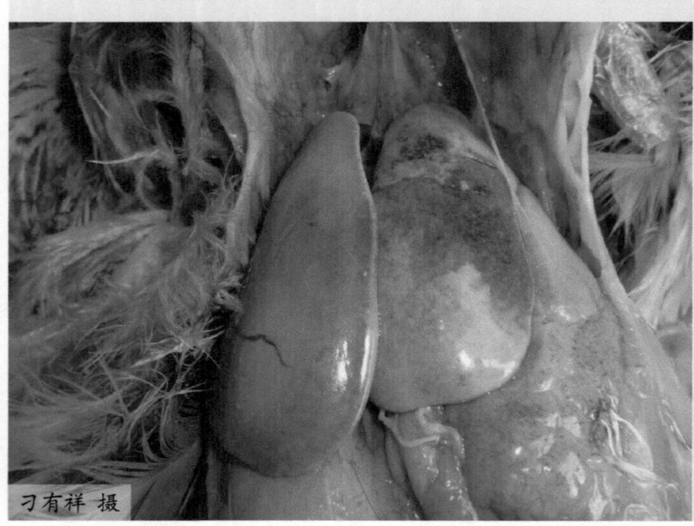

图1-1-335 肝脏肿大，呈土黄色，肝脏表面有出血

量为0.8 ～ 1.5毫克/100毫升。心脏畸形、松弛柔软，心肌纤维水肿，细胞间见单核细胞浸润。肝脏肿大，质脆且充血，外观呈浅黄至深黄色，并有坏死灶（图1-1-334 ～图1-1-337），肝细胞可见有较大的嗜碱性核内包涵体，脾脏肿大（图1-1-338）。肾脏苍白，肿大易碎（图1-1-339），表面有突起的小管，肾小管上皮细胞变性。气管环出血，肺脏出血和水肿（图1-1-340、图1-1-341）。有20% ～ 30%的死亡鸡皮下脂肪变黄。胸腺肿大（图1-1-342）、出血，腺胃出血，肌胃糜烂（图1-1-343），肠黏膜弥漫性出血（图1-1-344），骨髓颜色变浅（图1-1-345）。

白细胞数、红细胞数、血红蛋白量和血细胞压积显著低于正常值，发病鸡呈明显的贫血状态。

【诊断】

根据本病特征性的病理变化如心包积水或肝细胞发现嗜碱性包涵体，可做出初步诊断，确诊需进行实验室诊断。

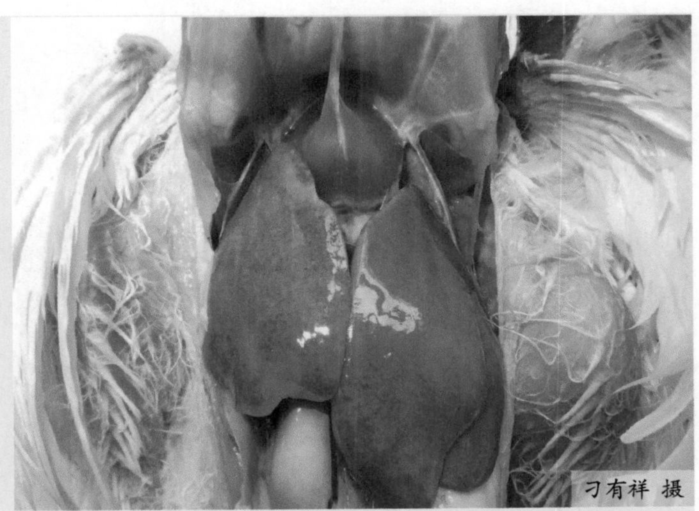

图1-1-336　心包积液，肝脏肿大呈土黄色

刁有祥 摄

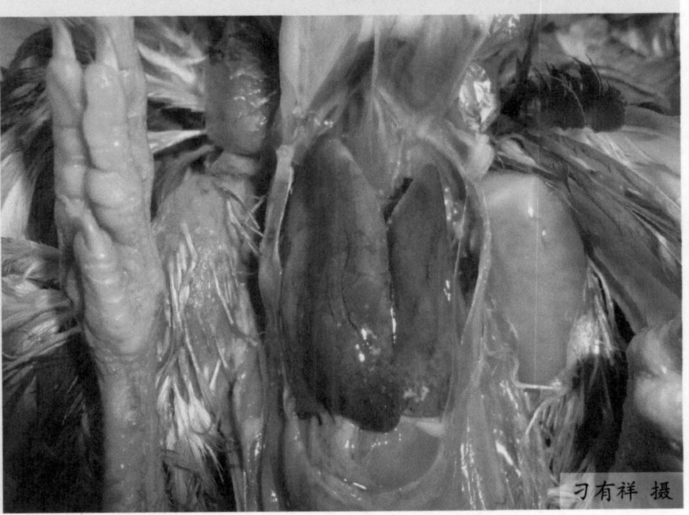

图1-1-337　心包积液，肝脏肿大呈土黄色，表面有黄白色坏色病灶

刁有祥 摄

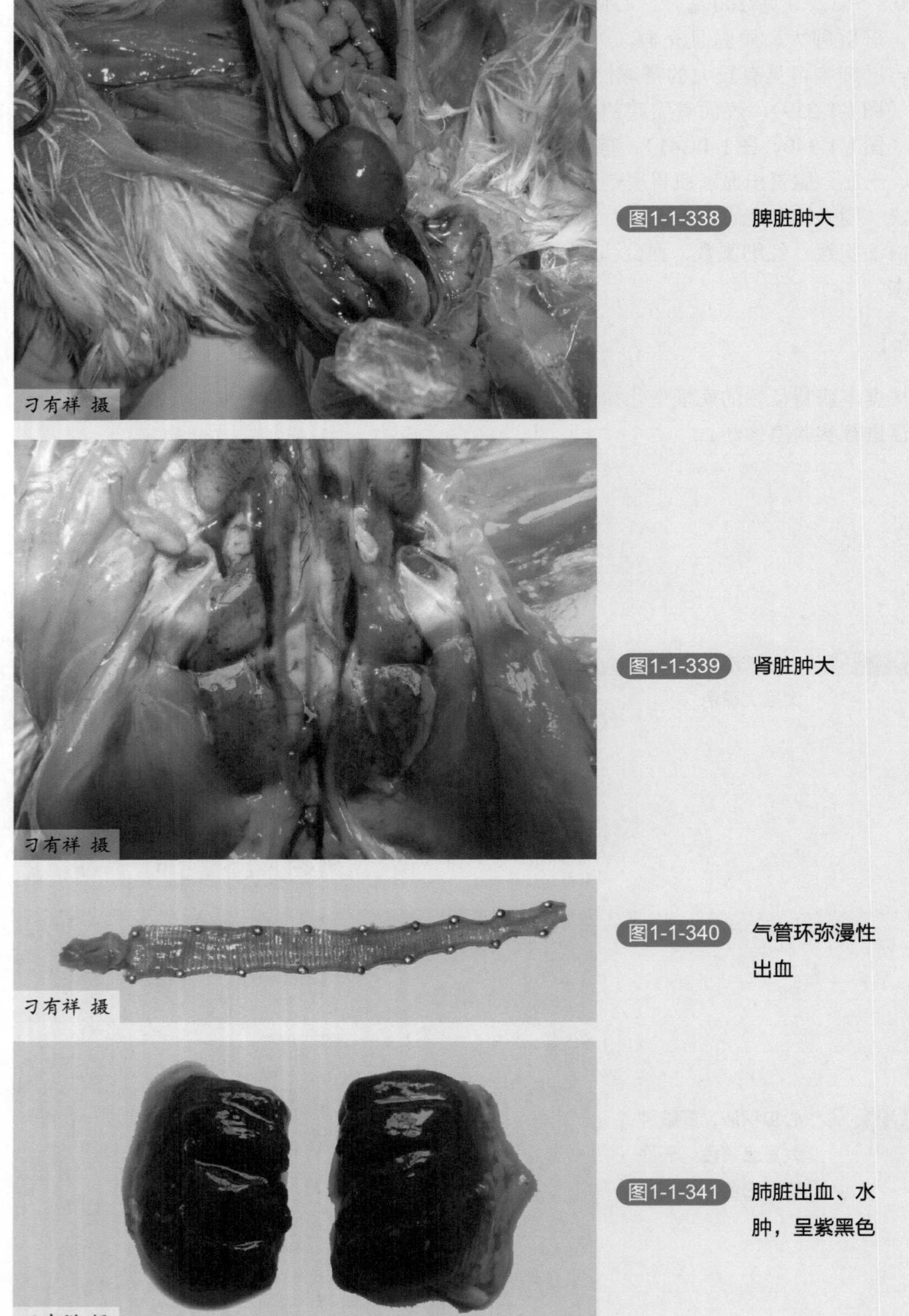

图1-1-338 脾脏肿大

图1-1-339 肾脏肿大

图1-1-340 气管环弥漫性出血

图1-1-341 肺脏出血、水肿，呈紫黑色

图1-1-342 胸腺肿大

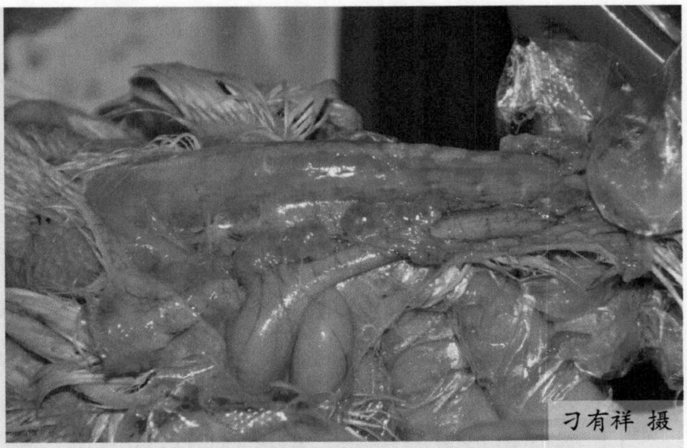

刁有祥 摄

图1-1-343 腺胃与肌胃交界处出血，肌胃糜烂

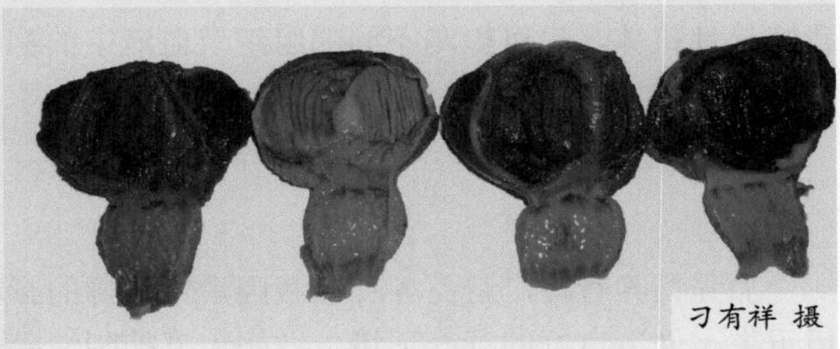

刁有祥 摄

图1-1-344 肠黏膜弥漫性出血

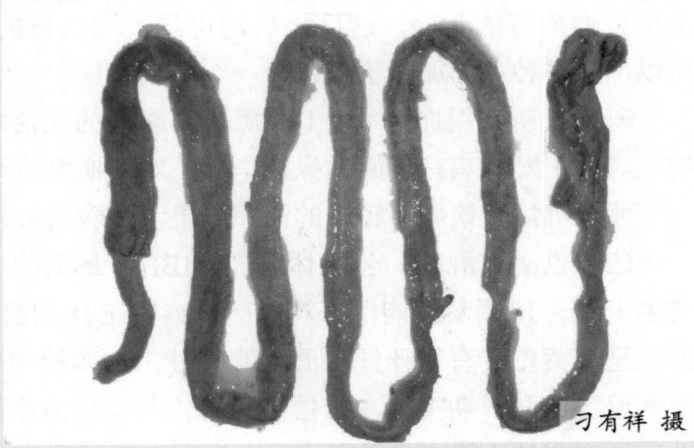

刁有祥 摄

图1-1-345 骨髓呈浅黄色

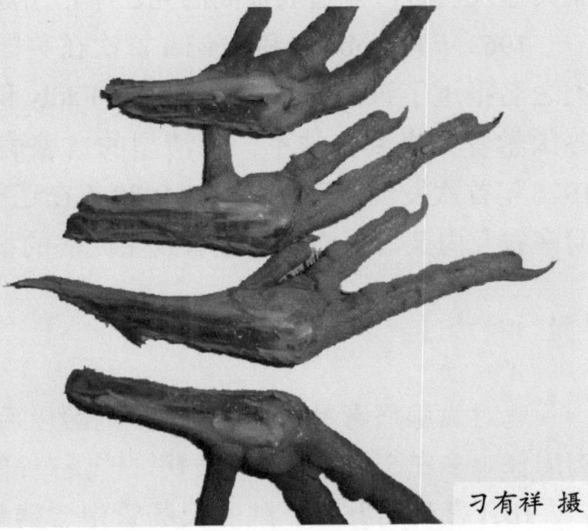

刁有祥 摄

① 病毒分离鉴定　病毒在肝脏、胰腺及肠管中的含量最高，病鸡的肝脏是分离病毒最好的材料。取肝脏研磨后，用生理盐水制成1 ∶ 10的组织悬液，反复冻融3次后，3000转/分离心30分钟，取最上层水相加入青霉素、链霉素各10000国际单位/毫升，置于4℃冰箱感作4小时后即可作为肝乳剂上清液接种物。经卵黄或绒毛尿囊膜途径接种9 ～ 11胚龄的鸡胚，37℃培养36小时，鸡胚表现为死胚、发育迟缓、胎儿卷曲、肝炎、脾脏肿大、胚胎充血、肾脏尿酸盐沉积及肝细胞内出现嗜碱性或嗜酸性核内包涵体。

② 分子生物学诊断技术　根据Ⅰ群禽腺病毒*hexon*基因的保守序列设计引物，扩增特异性片段，建立PCR、荧光定量PCR、环介导等温扩增、地高辛标记探针检测方法，用于该病的诊断，上述方法特异、敏感，操作简便、快速。

③ 酶联免疫吸附试验　根据检测目的不同，酶联免疫吸附试验既可用于检测群禽腺病毒特异性抗体，也可检测不同的组织及血液中的群特异性抗原，能检测出感染的肝组织中少于100 TCID/克的病毒。

【防治】

加强饲养管理，避免各种应激因素对鸡群的影响，注意鸡舍的温度、湿度、通风及环境卫生，创造良好的饲养环境。做好免疫抑制性疾病的防控，特别是传染性法氏囊病、传染性贫血病等的防控，这些疾病均可导致腺病毒的继发感染。本病可通过种鸡垂直感染，所以，引进种鸡应加强检疫。

研究表明，用血清4型Ⅰ群腺病毒制备的灭活疫苗对预防该病有较好的作用，在实验室中对人工发病鸡有良好的保护作用，对其他血清型的病毒感染也有交叉保护作用。

卵黄抗体对该病有较好的治疗效果，发病后每只注射0.5 ～ 1.0毫升。

（2）包涵体肝炎　包涵体肝炎（IBH）是鸡的一种由禽腺病毒引起的急性传染病，多发生于3 ～ 10周龄的肉用仔鸡，产蛋鸡多在18周龄后发生。其特征是突然发病死亡，肝脏肿大呈浅黄色，有坏死灶，肝细胞变性，并有核内包涵体。感染腺病毒的种鸡和蛋鸡卵巢发育迟缓，开产期推迟，产蛋量下降，种蛋出雏率降低，雏鸡死亡增加。当并发或继发感染其他疾病时，能造成很高的死亡率，引起严重的经济损失。

1963年Helmboldt和Frazier首次在美国发现本病。1970年加拿大的Howell以包涵体肝炎之名报道了该病。1973年美国的Fadly和Winterfield确定该病病原体为禽腺病毒。其后，各国学者分离到多株不同血清型的禽腺病毒，目前本病已呈世界性分布。我国台湾省在1976年首次发现本病，其后，1988年在辽宁、湖南及江苏省，1990年在吉林省，1991年在河南省及内蒙古自治区相继有发生此病的报道。

【流行特点】

鸡对禽腺病毒易感，特别是3周龄以后，由于母源抗体逐渐消失，使易感性开始增高。肉用仔鸡多在5 ～ 7周龄时发病，产蛋鸡群多在18周龄以后，特别是在开产后散发性发病。

IBH患鸡的肝脏、胰腺及肠管中含病毒价最高，因此感染鸡群，无论有无临床症状，其粪便都是带毒的。

自然感染时，病毒可通过消化道、呼吸道及眼结膜感染。产蛋鸡发病时，可通过输卵管使病毒感染鸡蛋，发生母鸡-蛋-雏鸡的垂直传染。人工感染时，可通过鼻腔内或气管内接种的方式感染。一般认为，本病水平传播的速度较慢，可延至数周。

当通过自然途径或直接接触感染时，很多分离物都不能引起临床疾病的发生，但当以非肠道途径注射感染时则表现出致病性，因此接种途径对禽腺病毒致病性的产生非常重要，同时也说明很多禽腺病毒是潜在的病原，需要在其他因子的协同下才能致病。

诱发本病发生、发展以及病情加重的因素较多，如与传染性法氏囊病病毒、细小病毒、鸡传染性贫血病病毒、马立克病病毒、支原体（MG、MS）及大肠杆菌等发生混合感染时，可促进和加重本病的流行，往往造成全群覆灭。另外，饲料成分的突然改变、饲养密度增加、鸡舍内温度变化过大及药物使用不当等因素，也能促进本病的发生与发展，甚至可使无症状带病毒鸡发生显性传染。

【症状】

本病多发生于5～7周龄的肉用鸡。发病初期，病鸡多无先兆而突然死亡，并于3～5天内达到死亡高峰，持续3～5天，此时日死亡率0.5%～1.0%，再经过3～5天死亡逐渐减少或日渐好转。本病从突然暴发到最后平息，历时2周左右。全期发病率可达20%左右，有时高达100%，死亡率可达10%。

在流行期可观察到部分患鸡的典型症状，如精神沉郁，食欲减退或完全停食，羽毛无光泽，鸡冠、肉髯苍白（图1-1-346、图1-1-347），多数病鸡排出黄白色粪水分离样稀便，临死前双腿呈划水状，死后角弓反张（图1-1-348、图1-1-349），病程2～3天。症状轻者经2～3天后，可逐渐康复。当鸡群中发生IBH时，整个鸡群的喧叫声有明显减弱的现象。

产蛋鸡群，多呈隐性感染，但也有散发的显性病例，个别鸡消瘦、体重减轻，总体饲料利用率下降，产蛋量可减少10%左右。

鸡群中若有混合感染，可延长发病周期，加重病情，鸡群的死亡率可超过30%。

图1-1-346 病鸡精神沉郁

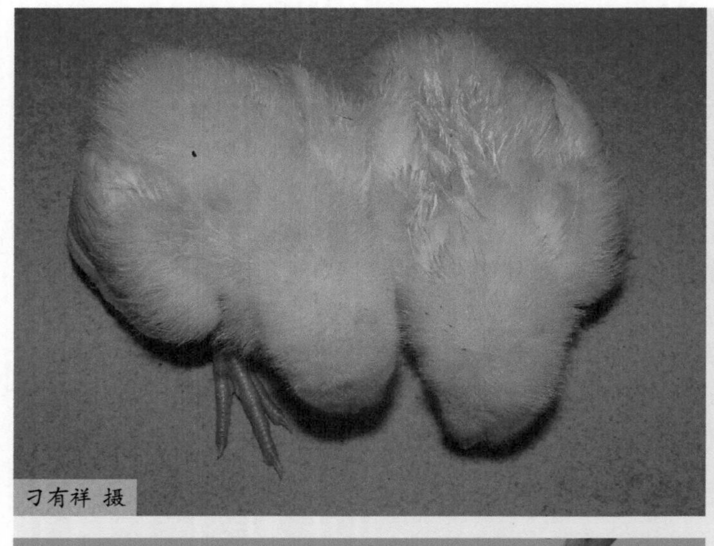

图1-1-347 病鸡精神沉郁，羽毛蓬松

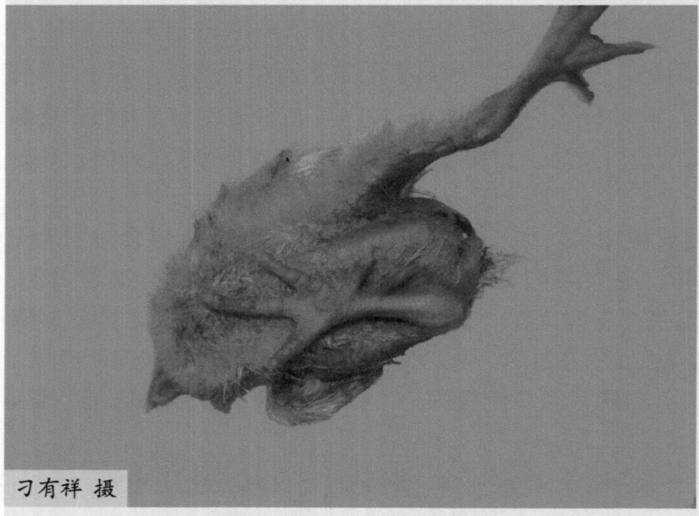

图1-1-348 病鸡临死前双腿呈划水状

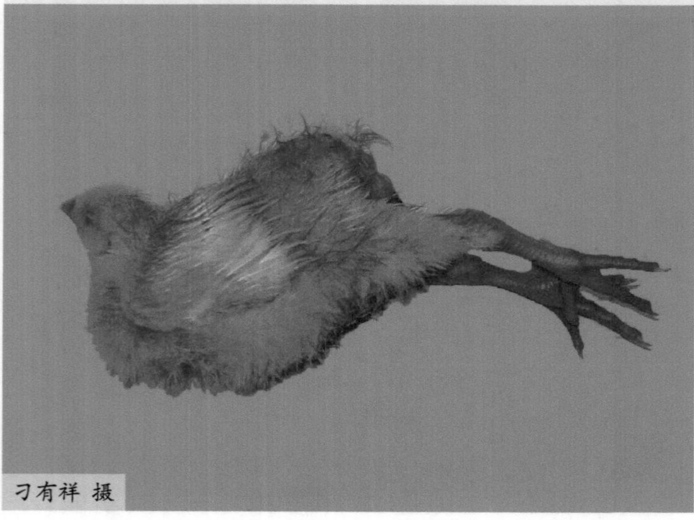

图1-1-349 病鸡死后头颈后仰，角弓反张

【病理变化】

急性死亡的典型病例胴体较为丰满，发育良好。特征性的病理变化见于肝脏，即肝脏肿大、边缘钝厚、质地松脆，呈淡褐色或灰黄色，表面有大小不等的出血点和黄白色点状或斑块状的坏死灶（图1-1-350～图1-1-352）。病程稍长者肝脏萎缩、肝周炎。无症状病鸡的肝脏也比正常鸡的大，色泽发黄。肺脏出血，呈紫红色或紫黑色（图1-1-353）。此外，管状骨骨髓颜色变淡，呈淡粉红色或发黄；胴体贫血，胸腿肌肉、皮下组织、心脏及肠道浆膜有出血点（图1-1-354）；脾脏肿大，有斑点出血（图1-1-355）；肾脏轻度肿胀，色泽变淡（图1-1-356）；法氏囊和胸腺明显萎缩。

本病特征性的病理组织学变化是肝细胞内出现核内包涵体（图1-1-357），包括嗜碱性核内包涵体和嗜酸性核内包涵体。用HE染色后，嗜酸性核内包涵体被染成带膜的红色组织状物，而嗜碱性核内包涵体则被染成均匀的淡紫色，其形状为椭圆形颗粒和块状。

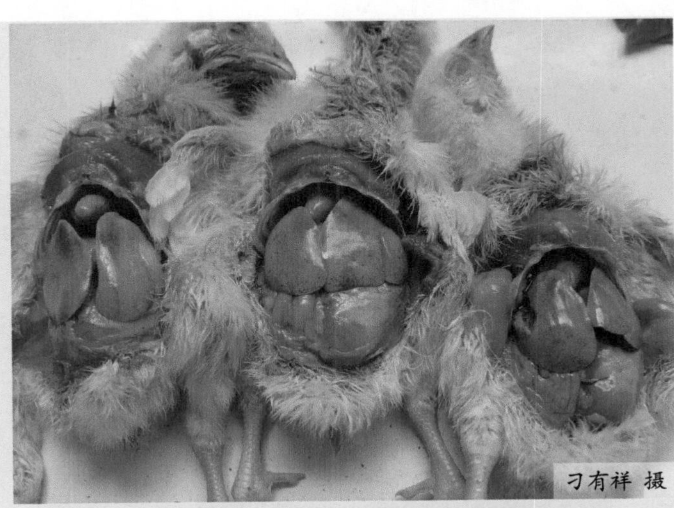

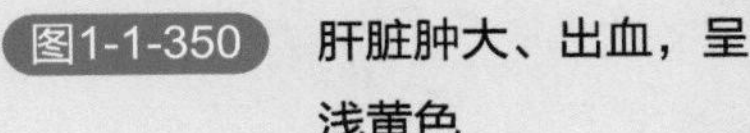
图1-1-350 肝脏肿大、出血，呈浅黄色

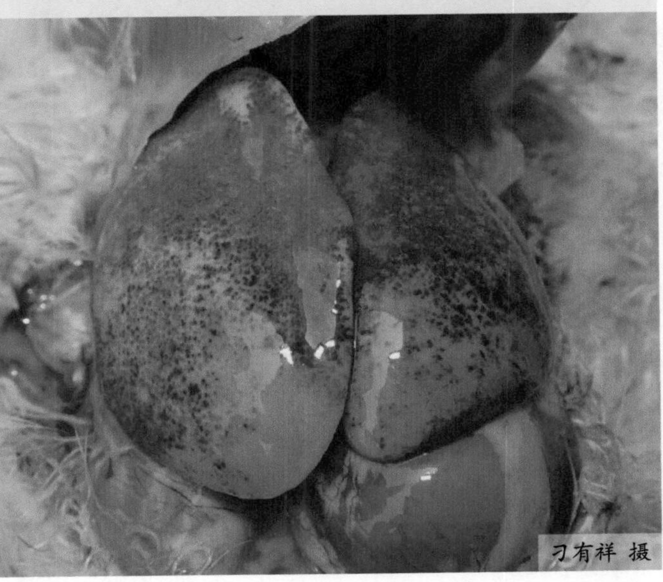

图1-1-351 肝脏肿大、出血，呈花斑状

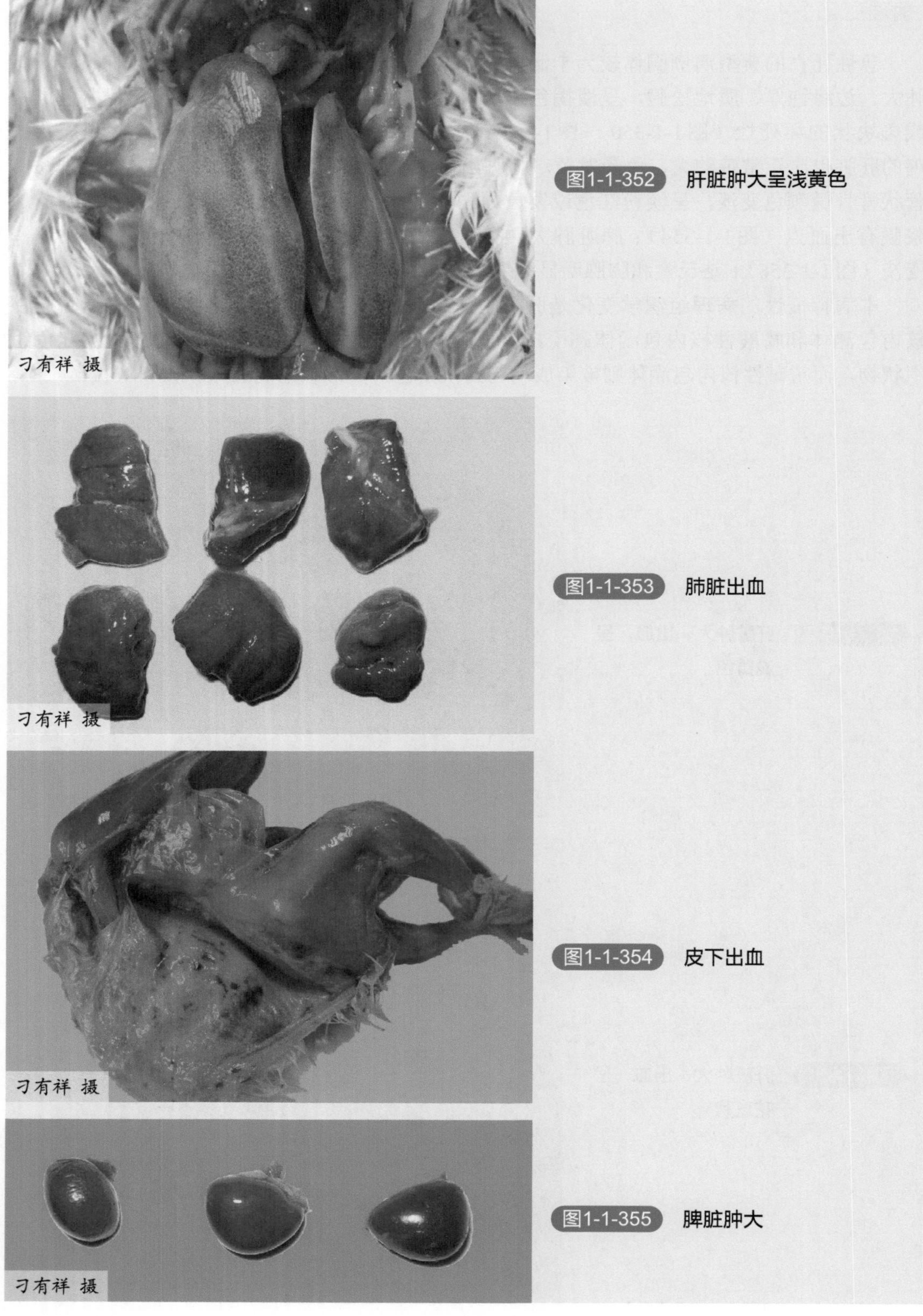

图1-1-352 肝脏肿大呈浅黄色

图1-1-353 肺脏出血

图1-1-354 皮下出血

图1-1-355 脾脏肿大

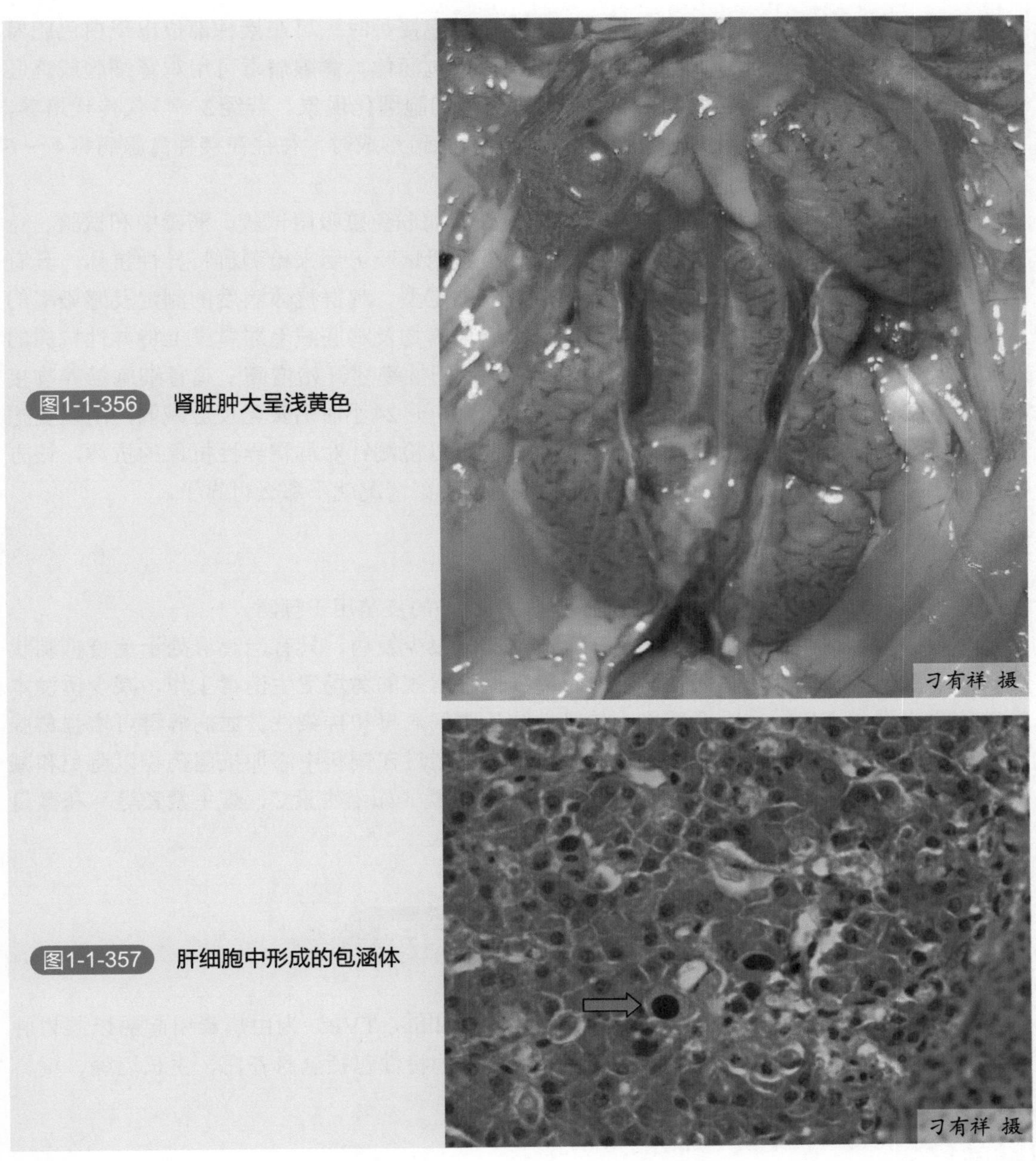

图1-1-356 肾脏肿大呈浅黄色

图1-1-357 肝细胞中形成的包涵体

【诊断】

从本病典型的流行病学特点、临床表现及病理变化，特别是肝细胞内发现有核内包涵体，即可作出初步诊断。确诊必须进行病毒的分离鉴定和血清学检验。

① 病毒的分离与鉴定　分离病毒的最好材料是病鸡的肝脏。方法有鸡胚接种法、细胞培养法和通过1日龄雏鸡复制包涵体肝炎。病料经常规处理后，取卵黄囊内或绒毛尿囊膜途径接种于9～12日龄的SPF鸡胚或无母源抗体鸡胚。经2～7天，鸡胚死亡，可见胚体发育不良，蜷缩，全身充血或出血，胚胎肝脏有黄色坏死灶，在其肝细胞、胰腺细胞及消

化道上皮细胞内检出嗜碱性核内包涵体。绒毛尿囊膜接种时，可在接种部位出现白色肥厚的病变，在膜的外胚叶和内胚叶细胞内也出现核内包涵体。禽腺病毒可用鸡肾细胞或鸡胚肾细胞进行培养，接种病毒材料后2～6天可出现细胞圆化现象。若经2～3代传代培养，可提高病毒的分离率。当用鸡肾细胞培养物检查其蚀斑形成时，往往在接种禽腺病毒4～6天后可观察到红色蚀斑。

② 血清学诊断方法　常用的血清学诊断方法有酶联免疫吸附试验、病毒中和试验、免疫荧光抗体技术和双向免疫扩散试验。酶联免疫吸附试验可用来检测群特异性抗体，具有廉价和敏感的特点。病毒中和试验主要用于病毒的定型、鸡群抗体滴度的测定及感染率的检测等。荧光抗体技术用于检验病鸡肝脏、细胞培养物及鸡胚绒毛尿囊膜上特异性抗原的存在。患鸡或感染鸡胚的肝脏，经感染1～6天后阳性率才开始增高；鸡肾细胞培养物接种病毒10～12小时后，即出现特异性荧光反应，16～24小时后荧光反应减弱，所以要把握住荧光抗体法的检查时间。双向免疫扩散试验可以检测针对群特异性抗原的抗体，该方法对自然感染的病例很敏感，但用来检查SPF鸡的感染情况就不那么可靠了。

【预防】

该病病原的血清型较多，因此目前尚无效果良好的疫苗用于预防。

禽腺病毒广泛存在于鸡群中，但在一般情况下很少发病，只有当鸡群处于免疫抑制状态时才表现出临床症状。本病在防治上首先要做好常规的禽场卫生消毒工作，减少诱发本病的应激因素和避免发生混合感染。传染性法氏囊病病毒和传染性贫血病病毒可增强禽腺病毒的致病性，因此要控制这两种病的发生。还可通过在饲料中添加抗菌药物以避免和减少其他病原菌感染。同时，在饲料中添加多种维生素（如维生素C、维生素K等）和微量元素也有助于增强鸡的抗病能力。

15. 传染性腺胃炎

鸡传染性腺胃炎（Transmissible viral proventriculitis，TVP）为由病毒引起的以腺胃肿大、肌胃糜烂为特征的一种传染性疾病。该病的其他特性包括全身苍白、生长迟缓、饲料转化率低、消化不良、粪便中可见未消化的饲料。

【病原】

在腺胃炎中发现的可传染性病毒的分类还未确定，目前已分离的病毒包括呼肠孤病毒、网状内皮组织增生症病毒、传支病毒、腺病毒。超薄切片中，细胞核内排布着明显螺旋状病毒（病毒粒子平均大小为68.9纳米）。在核酸裂解的细胞中，病毒与散在浓缩的细胞染色质结合在一起，并常出现在细胞胞浆空泡区。

【流行特点】

该病可发生于不同品种的蛋鸡和肉仔鸡，其中以蛋用雏鸡和育成鸡发病较多、较为严重。该病流行广，发病地区鸡的发病率可达100%，一般为7.6% ～ 28%；死亡率可达3% ～ 95%，一般为30% ～ 50%；发病最早约为21日龄，25 ～ 50日龄为发病高峰期，80日龄左右的鸡较少发生该病。病程10 ～ 15天，死亡高峰在发病后5 ～ 8天。该病病原可能垂直传播，在同一鸡场同一批鸡均可发生。日粮中所含的生物胺、霉菌毒素能促进该病的发生。

【症状】

病鸡表现为呆立、缩颈，采食下降，精神不振，采食量仅为正常采食量的1/3 ～ 1/2，平均体重仅达标准体重的1/2 ～ 2/3（图1-1-358 ～图1-1-361）。

病初表现精神沉郁，缩头垂尾，耷翅或羽毛蓬乱不整，采食饮水急剧减少。流泪肿眼，严重者导致失明。排白色或绿色稀粪、咳嗽、张口呼吸，有啰音，有的甩头欲甩出鼻腔和口中黏液。少数鸡可发生跛行，鸡群体重严重下降，可比正常体重下降50%，发病中后期，病鸡极度消瘦，皮肤苍白（图1-1-362），最后因衰竭而死亡。

图1-1-358 病鸡精神沉郁，消瘦（一）

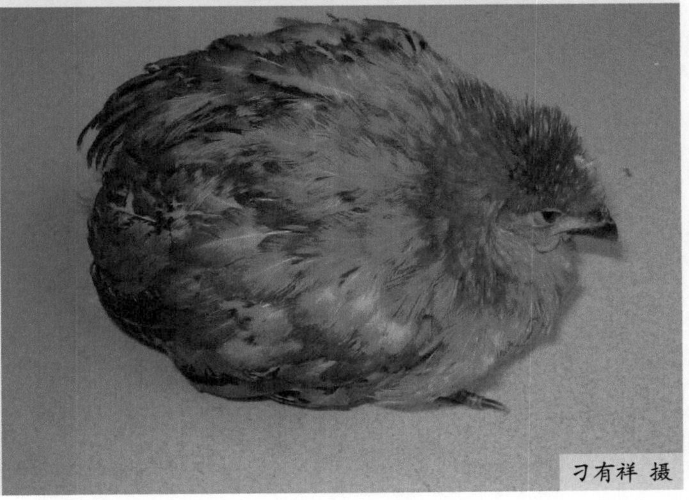

图1-1-359 病鸡精神沉郁，消瘦（二）

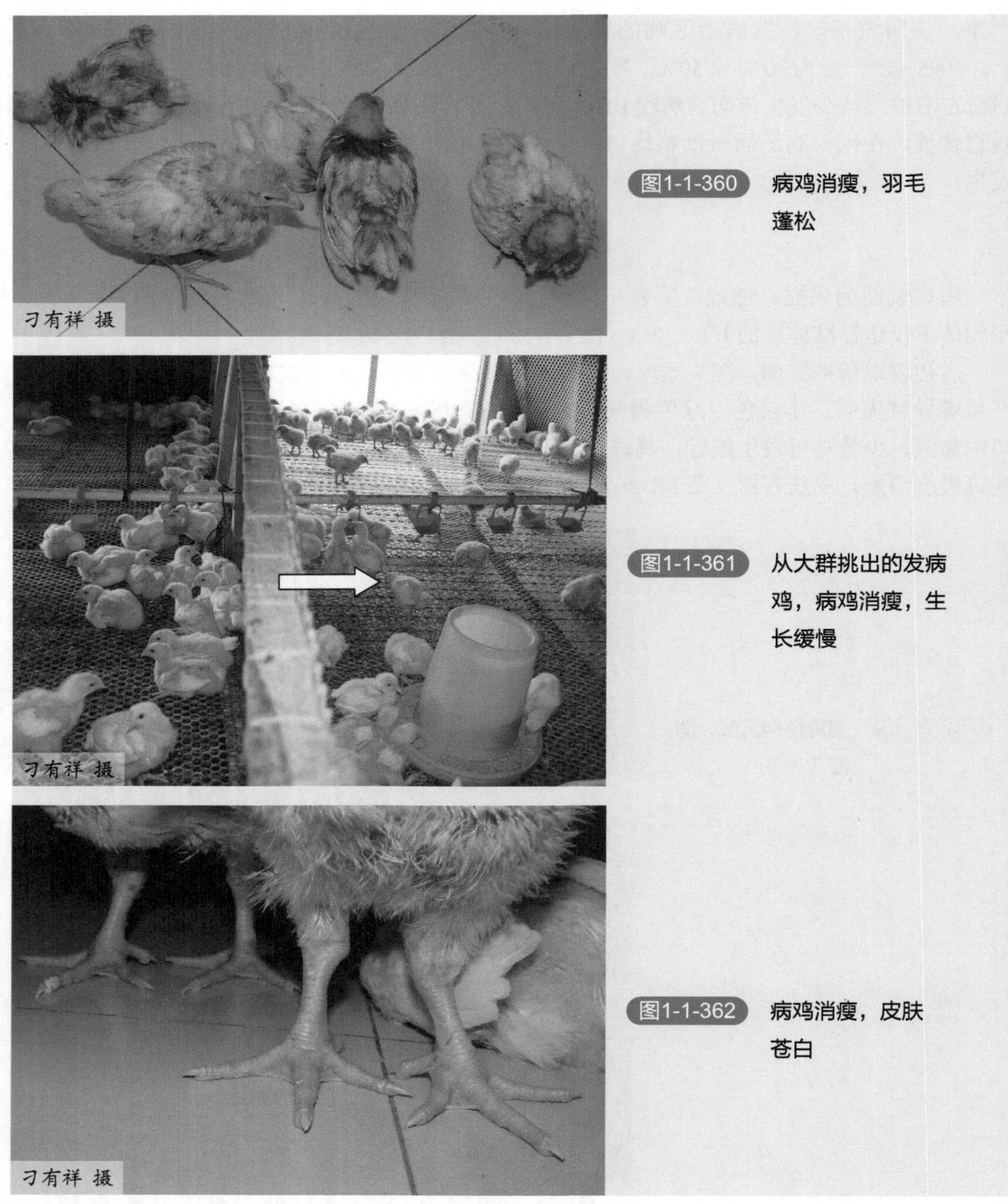

图1-1-360 病鸡消瘦，羽毛蓬松

图1-1-361 从大群挑出的发病鸡，病鸡消瘦，生长缓慢

图1-1-362 病鸡消瘦，皮肤苍白

【病理变化】

病鸡呈现消瘦，肌肉苍白（图1-1-363）。腺胃肿大如球，呈白色，胃壁肿胀、出血（图1-1-364 ～图1-1-366）。腺胃、肌胃连接处呈不同程度的糜烂、溃疡（图1-1-367），肌胃角质膜有凝固性坏死灶或坏死斑，糜烂（图1-1-368 ～图1-1-371），肠黏膜出血（图1-1-372）。骨骼脆，易折断（图1-1-373），胸腺出血、萎缩，法氏囊萎缩（图1-1-374）。

图1-1-363 病鸡消瘦，肌肉苍白

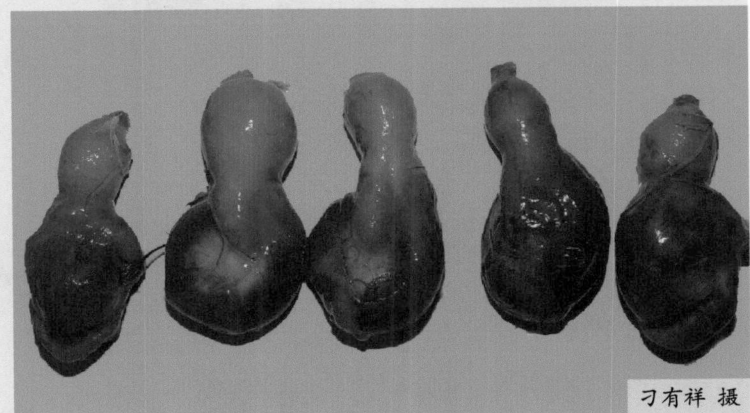

图1-1-364 腺胃肿大如球状（一）

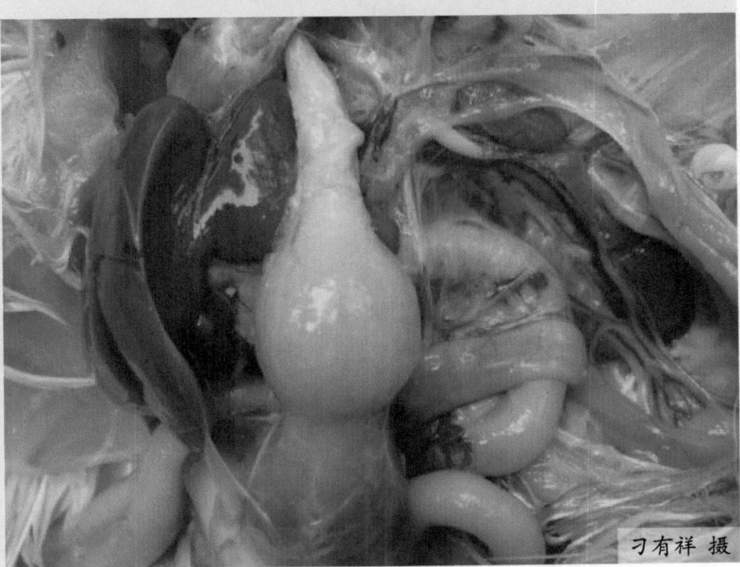

图1-1-365 腺胃肿大如球状（二）

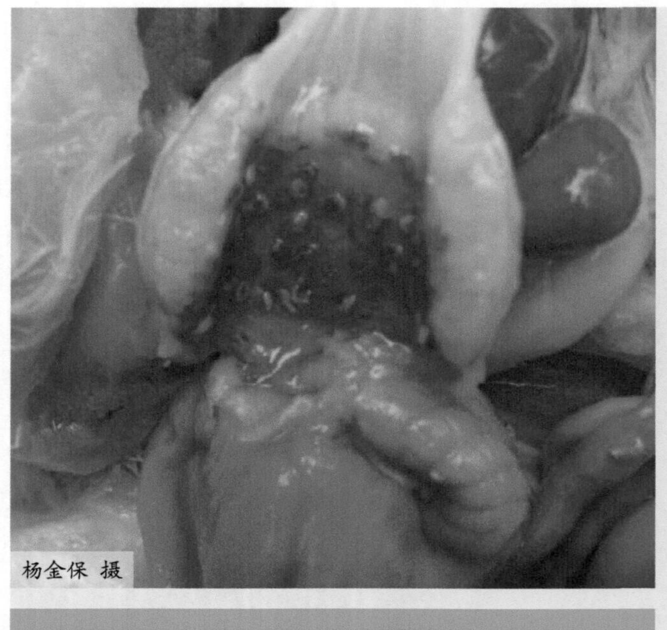

图1-1-366 腺胃肿大，胃壁增厚，黏膜出血

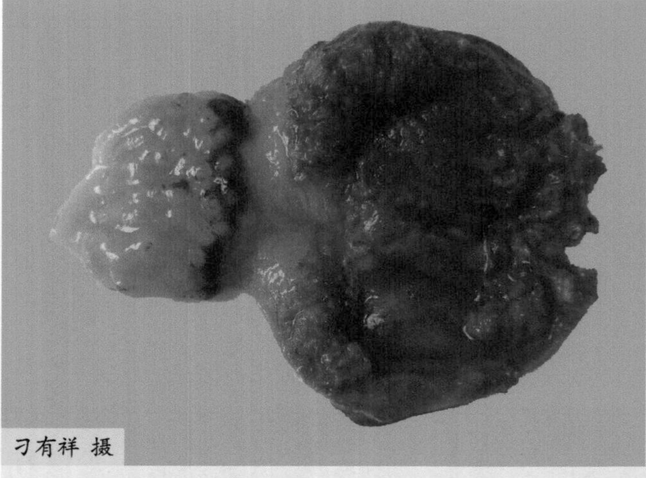

图1-1-367 腺胃与肌胃交界处有出血、糜烂

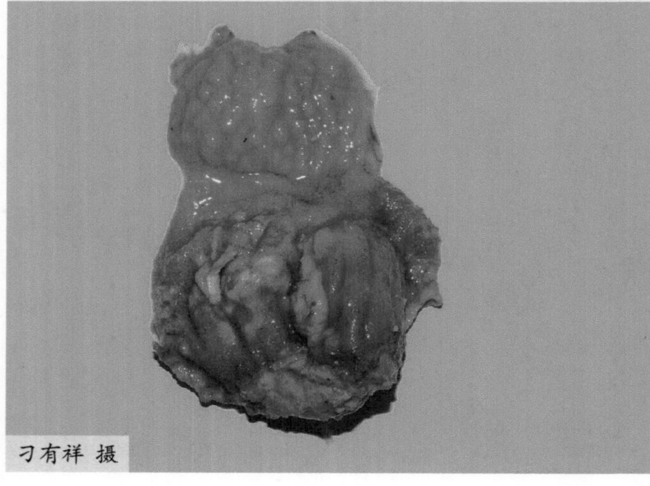

图1-1-368 肌胃角质膜糜烂（一）

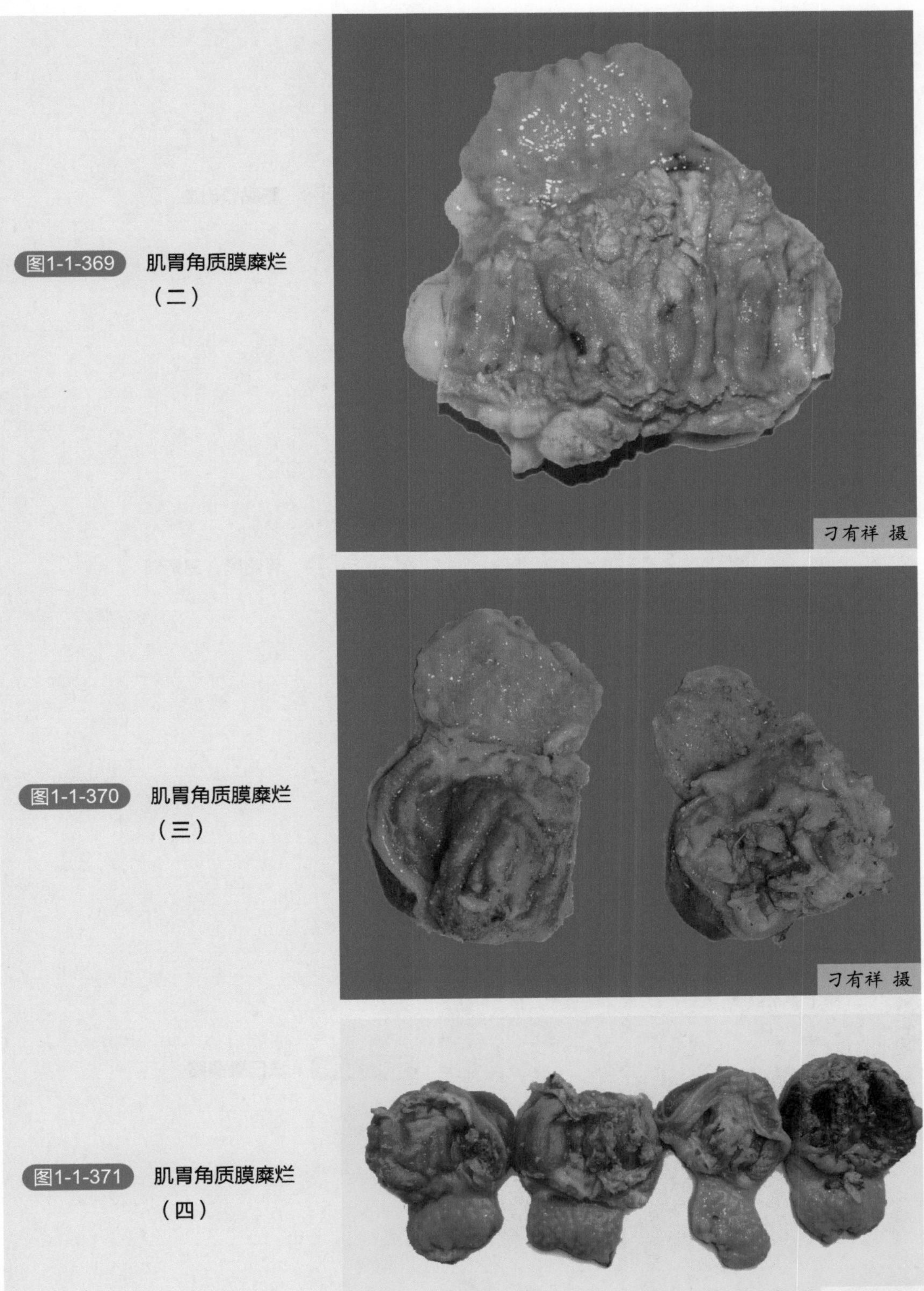

图1-1-369 肌胃角质膜糜烂（二）

图1-1-370 肌胃角质膜糜烂（三）

图1-1-371 肌胃角质膜糜烂（四）

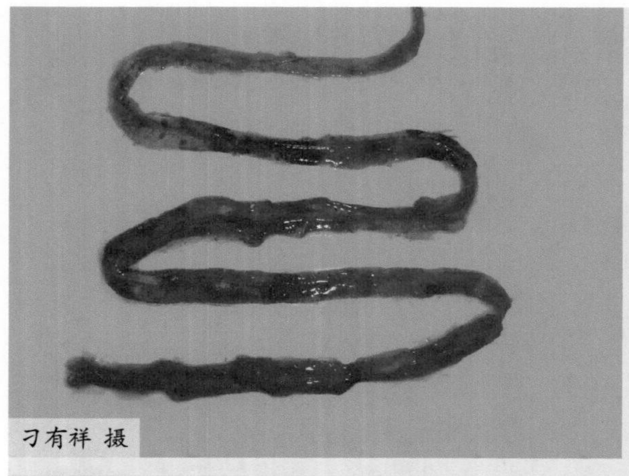

图1-1-372 肠黏膜出血

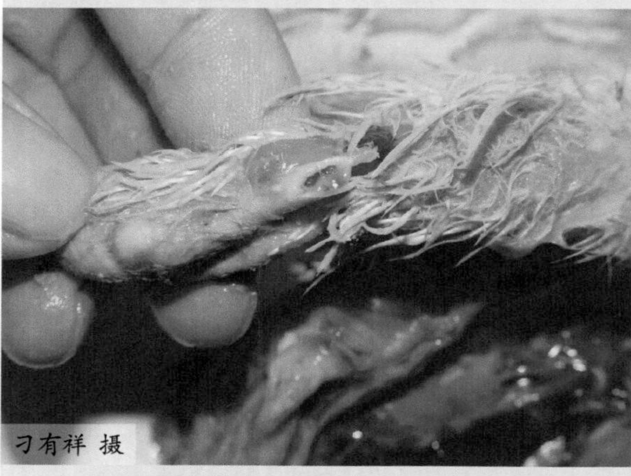

图1-1-373 骨骼脆，易折断

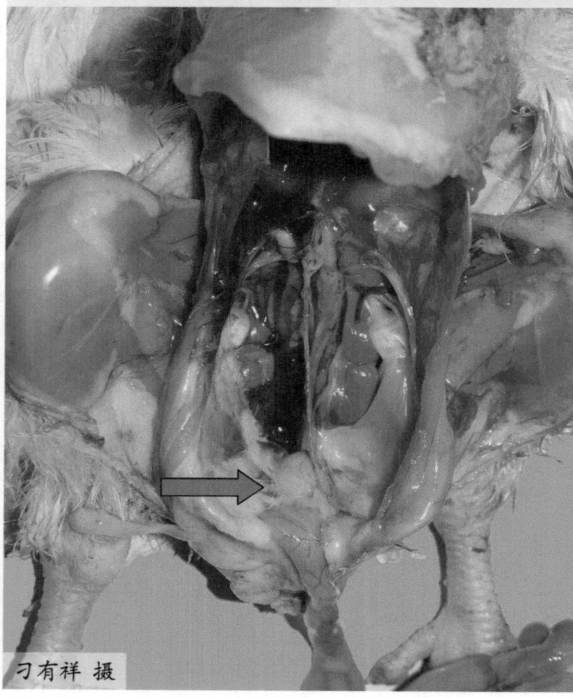

图1-1-374 法氏囊萎缩

【诊断】

除了应用透射电镜外，还不能对病毒粒子分离和鉴定，可根据肉眼病变和光学显微病变进行初诊，只有发现病变组织内有大小为62～69纳米的螺旋状病毒子才能确诊。

【预防】

（1）严格执行卫生和消毒措施，强化饲养管理，减少应激因素。

（2）控制日粮中各种霉菌、真菌及其毒素对鸡群造成的各种危害，防止饲料霉变。

【治疗】

（1）在饮水中添加维生素B_1、阿莫西林，以促进胃肠蠕动，防止继发感染。

（2）使用具有健胃作用的中药拌料或饮水。

16. 肉鸡低血糖-尖峰死亡综合征

肉鸡低血糖-尖峰死亡综合征（Hypoglycemia spiking mortality syndrome of broiler，HSMS）是一种主要侵害肉仔鸡的疾病。10～18日龄为发病高峰期，有报道称42日龄的商品代肉鸡也发生本病。临床表现为突然出现的高死亡率，至少持续3～5天，同时伴有低血糖症。病鸡头部震颤、运动失调、昏迷、失明、死亡。有些病鸡可以自然恢复，但常会出现生长发育不良、矮小和气囊炎。HSMS最早报道于1986年，发生在美国的Delmarva半岛地区。1991年报道了41个自然发病鸡群和3个实验感染鸡群。之后，该病向美国东南部地区发展。目前在加拿大、欧洲、马来西亚和南非均有本病发生。自1998年以来，我国华北地区多次发生肉鸡突发性高致死性疾病，现已证实是HSMS。

【病原】

目前尚未确定本病病原，从临床分析可能是由多种致病因素共同作用引起发病。常见的传染性因素如沙粒病毒样颗粒子、冠状病毒、轮状病毒、细小病毒、圆环病毒、腺病毒、呼肠孤病毒均可引发肠道病变，而损害肠道的吸收功能，出现下痢腹泻。常见的一些肠道性致病菌如沙门菌、大肠杆菌、坏死杆菌、产气荚膜梭菌都可以导致下痢腹泻而影响消化吸收。寄生虫（如小肠球虫）感染，球虫在肠黏膜上大量生长繁殖，导致肠壁黏膜增厚，严重脱落出血等病变，使饲料不能消化吸收，同时对水分、盐分的吸收也明显减少，随粪便排出体外。球虫在肠黏膜细胞里快速繁殖，耗氧量增大导致小肠黏膜组织产生大量乳酸，使肉鸡肠道pH值降低，肠道内有益菌减少，有害菌在此条件下最适宜生长，大量生长繁殖，球虫与有害菌相互协同作用，导致肉鸡消化不良，肠道吸收出现障碍，电解质吸收减少并大量丢失，大量的肠黏膜细胞迅速被破坏，出现生理消化障碍。

各种应激因素均可促进该病的发生。温度或高或低、饲养密度大、湿度太高或太低、饲料突然更换、噪声过大、长途运输、抓放、不合理用药、不合理免疫、分群、打雷闪电、饮水不卫生、孵化中出现停电等均可造成肉鸡生理机能改变，特别是造成肠黏膜损伤，黏膜上皮细胞变性、坏死等，引起肉鸡发病。

【流行特点】

本病主要侵害肉仔鸡、后备肉种鸡和来航鸡，无论是地面平养还是网上养殖的肉鸡均有发病。7～42日龄都可能发病，其中以8～18日龄为发病高峰期。在养殖比较集中的乡村鸡场或饲养大棚，HSMS发病率相当高，可达25%～30%，死亡率5%～10%。发育良好的公鸡发病率高，相同饲养条件下肉鸡公雏发病率约为母雏的3倍。本病在同一鸡场可以反复发作。日粮相关因素如成分、霉菌毒素与本病无关，饲养管理不当，如过冷、过热、通风不良、噪声、免疫等应激因素容易诱发本病。鸡场内的昆虫、老鼠可能是病原的携带者，成为疾病的传播媒介。

【症状】

发病初期，鸡群无明显变化，采食、饮水、精神都正常，随着疾病的发展，患鸡出现食欲减退，大声尖叫，转圈，歪斜，头部震颤，共济失调，肢外展，最后出现瘫痪，昏迷直至死亡（图1-1-375、图1-1-376）。饲养管理好的快速生长的肉公鸡最常受侵害，相同饲养条件下肉鸡公雏发病率约为母雏的3倍。发病早期的鸡下痢明显，排白色稀便（图1-1-377），晚期常因排便不畅使米汤样粪便留于泄殖腔，部分病鸡未出现明显的苍白色下痢，但解剖时可见泄殖腔内储留大量米汤样粪便。一般发病后第3天到第4天为死亡高峰，以后逐渐减少，但可持续4天。鸡群中常有个别鸡转成僵鸡，生长缓慢，头部有震颤症状。在急性临床症状消失后常出现跛行。

【病理变化】

解剖病死鸡可见，肝脏稍肿大，颜色白黄，弥漫有针尖大小、白色坏死点（图1-1-378）。胸腺萎缩。胰腺萎缩、苍白，有散在坏死点（图1-1-379）。法氏囊出血并存在散在的坏死点。肠道淋巴集结萎缩，直肠和盲肠内积液，有个别鸡十二指肠黏膜出血。泄殖腔内积有大量米汤样白色液体。少数病鸡肾脏肿大，呈花斑状，输尿管内有尿酸盐沉积（图1-1-380）。病鸡常见脱水，血液稀薄，颜色发淡，凝固时间延长，而健康鸡血浆为金黄色。死亡鸡的肌胃糜烂（图1-1-381），心脏多成收缩状态（图1-1-382），肺脏出血（图1-1-383）。

组织学病变：肝脏出现弥散性坏死灶，病灶中心肝细胞坏死，肝胆管上皮细胞溶解；胰腺细胞坏死、淡染；小肠黏膜固有层出现肥大细胞、纤维细胞和巨噬细胞浸润；十二指肠黏膜上皮不完整；法氏囊髓质严重排空，残留的淋巴细胞坏死，胸腺皮质和脾白髓排空；肠道相关淋巴组织滤泡大小正常，但中心呈纤维素性坏死；肾小管上皮肿胀、脱落，管腔内充满尿酸盐颗粒。

【诊断】

血糖测定：在正常情况下，机体糖的分解代谢与合成代谢保持动态平衡。鸡翼静脉采

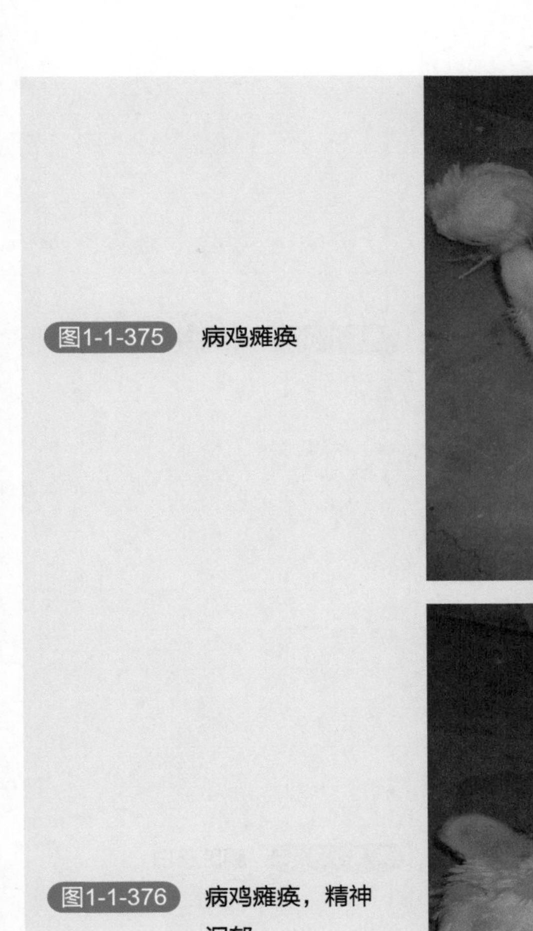

图1-1-375 病鸡瘫痪

图1-1-376 病鸡瘫痪，精神沉郁

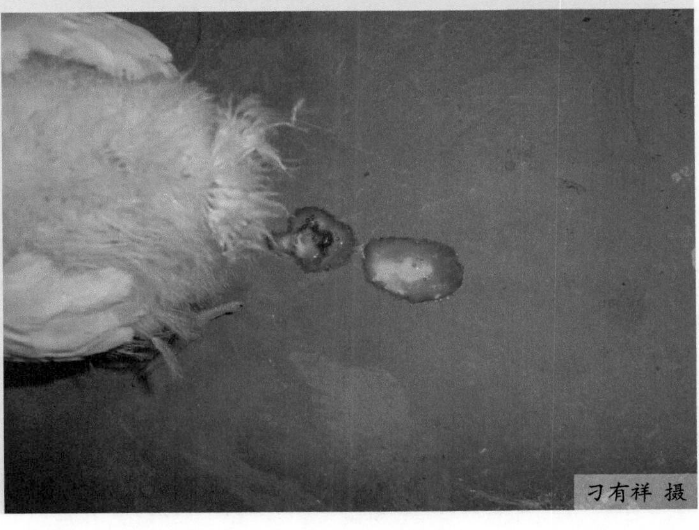

图1-1-377 病鸡排白色稀便

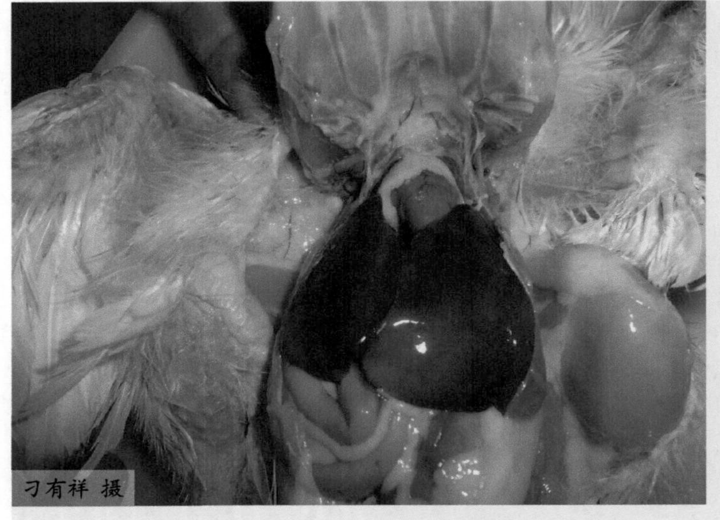

图1-1-378 肝脏肿大

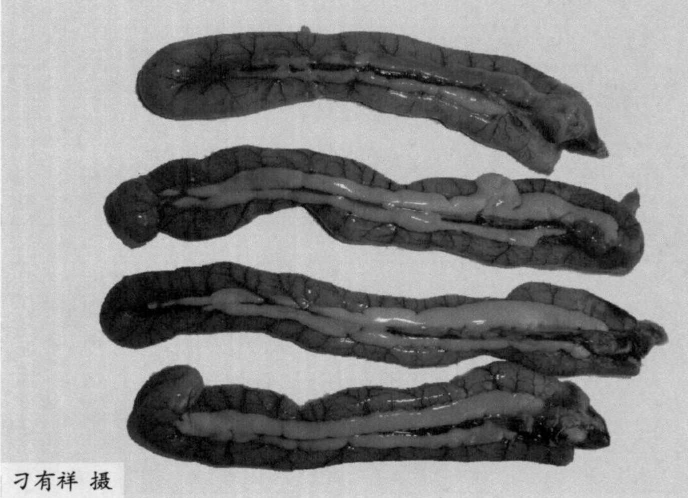

图1-1-379 胰脏苍白、液化

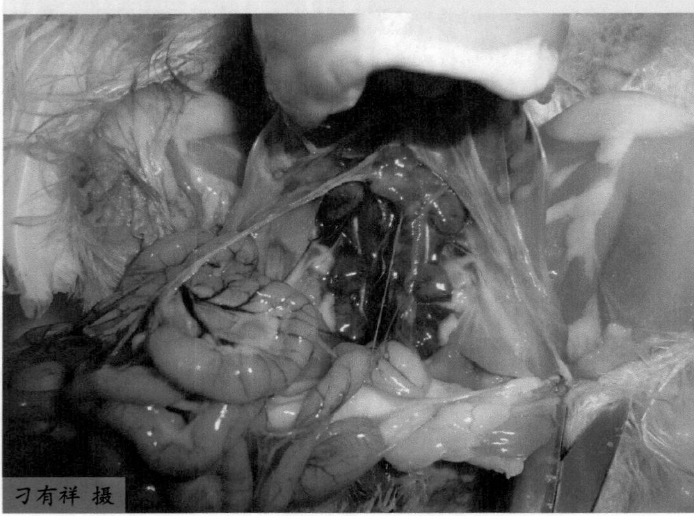

图1-1-380 肾脏肿胀

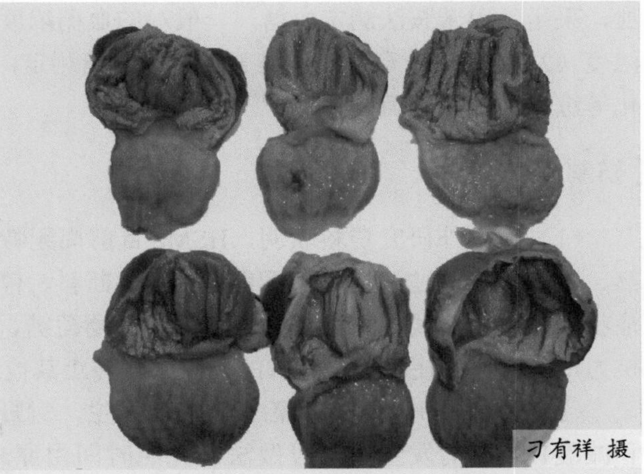

图1-1-381　肌胃糜烂

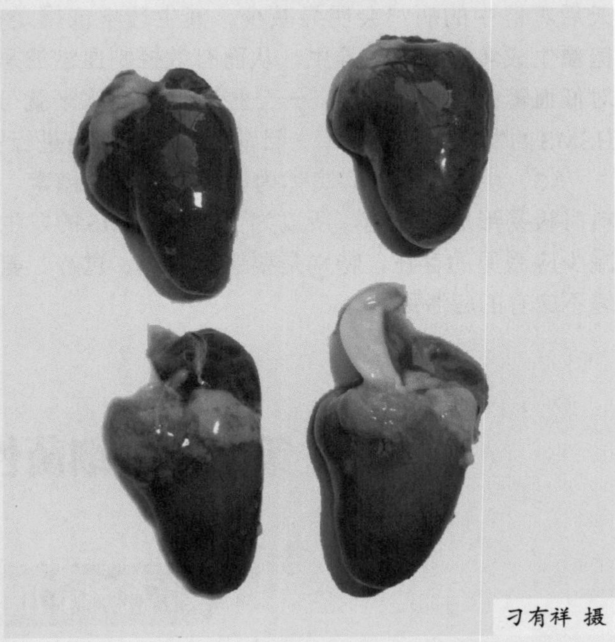

刁有祥 摄

图1-1-382　心脏呈收缩状态，心冠脂肪出血

刁有祥 摄

图1-1-383　肺脏出血

刁有祥 摄

血，采用邻甲苯胺法测定血糖，一般鸡的血糖浓度为20～80毫克/分升，与正常鸡只血糖浓度（220毫克/分升）差异显著。通过血糖测定，结合流行病学调查、临床症状、病理变化等综合分析，可确诊此病。

【防制】

（1）国内外研究资料表明，HSMS目前尚无特异性治疗方法，只有采取减少应激（过热、过冷、氨气过浓、通风不良、噪声、断料、停水）和加强糖原分解等辅助性手段减缓症状。在生产实践中可在鸡群饮水中添加葡萄糖、电解多维及免疫增强剂等以增强机体抵抗力，同时也要使用一些有效的抗生素来防止其他细菌继发感染。

（2）通过控制光照来防治HSMS的发生，对野外和实验感染的鸡，限制光照均可预防和减缓HSMS的发生，一般做法是光照时间由原来的23小时减少到16～18小时，2～3天后鸡群中的病鸡会明显减少。其生理学依据是在黑暗条件下的鸡可释放褪黑激素，使糖原生成转变为糖原异生，从而有效控制血糖的恶性下降。由于HSMS的一系列症状都是对低血糖的反应，因此，一旦控制了血糖水平就可能阻断HSMS的发生、发展，从而降低HSMS的发病率和死亡率。目前尚未以活疫苗进行实验性尝试。

（3）由于HSMS病鸡体内既缺乏胰高血糖素，又缺少糖原，因此，在受应激或强制停料时极易形成低血糖，所以为了减轻HSMS的发生和损害，必须要加强饲养管理，杜绝或减少应激原的存在，特别是要避免过热、过冷、氨气过浓、通风不良、噪声、断料、停水等不应有的应激原。

第二节　细菌性传染病

17.沙门菌病

禽沙门菌病（Avian salmonellosis）是指由沙门菌属的细菌引起的禽类急性或慢性疾病。依病原体的抗原结构不同可分为由鸡白痢沙门菌所引起的鸡白痢；由鸡伤寒沙门菌所引起的禽伤寒，由其他有鞭毛能运动的沙门菌所引起的禽副伤寒。

（1）鸡白痢　鸡白痢（Pullosis）是由鸡白痢沙门菌（Salmonella pullorum）引起的鸡的传染病，主要侵害雏鸡，在出壳后2周内发病率与死亡率最高，以白痢、衰竭和败血症过程为特征，常导致大批死亡。成年鸡感染后多取慢性经过或不显症状，病变主要局限于卵巢、卵泡、输卵管和睾丸。

【病原】

鸡白痢沙门菌为两端稍圆的细长杆菌，大小（0.3～0.5）微米×（1～2.5）微米，革兰氏阴性，菌体单个存在，极少形成链状，涂片中偶见长丝状和较大细菌，在S.S琼脂培养基上形成黑色金属光泽的小菌落（图1-2-1）。无鞭毛，不能运动，无荚膜，不形成芽孢，为兼性厌氧菌。在普通琼脂上，菌落分散、光滑、闪光、透明、隆起，而形态不一，以圆形到多角形。在麦康凯培养基上生长良好，24小时后呈细小、透明、圆整和光滑菌落，培养基不变色。在液体培养基中，其生长呈均匀混浊形态，且能分解葡萄糖、甘露醇、木胶糖等产酸产气或产酸不产气，不分解乳糖、蔗糖等。能还原硝酸盐，不能利用枸橼酸盐，吲哚阴性，少数菌株产生H_2S，氧化酶阴性，接触酶阳性。M.R试验阳性，V-P试验阴性。

本菌的抗原结构属于沙门菌属亚Ⅰ属的D血清群。有三种O抗原，无H抗原。

鸡白痢沙门菌在适当的环境下可生存数年。在污染的鸡舍土壤内其毒力至少可保持14个月，夏季土壤内为20～35天，冬季土壤内为128～184天。在鸡舍内污染的木头上，在–2～33℃、31%～37%湿度条件下，可存活10～35天。对热的抵抗力不强，70℃经20分钟死亡，0.005%高锰酸钾、0.3%来苏儿、0.2%福尔马林和3%石炭酸溶液经15～20分钟可失活。在尸体中可存活3个月以上，在干燥的粪便及分泌物中可存活4年之久。

【流行特点】

鸡白痢主要流行于2～3周龄的雏鸡与雏火鸡。不同品种鸡的易感性有明显差异，轻型鸡（如来航鸡）较重型鸡的阳性率低。褐羽产褐壳蛋的鸡易感性最高，白羽产白壳蛋的鸡抵抗力稍强，雏鸡感染恢复后或成鸡感染后能长期带菌，带菌鸡产出的受精卵约有1/3被本菌污染，卵黄中含有大量的病菌，不但可以传给后代雏鸡，发生垂直传播，而且可以污染孵化器，造成更为广泛的污染。

鸡白痢的传染方式主要是通过消化道感染。病鸡排出的粪便中含有多量病菌，饲料、饮水和用具被污染后，是传播的重要因素。患白痢公鸡的睾丸和精液中都含有病菌，可以通过交配进行传播。当饲养管理条件差、雏鸡拥挤、通风不良、温度过高或过低、饲料质

图1-2-1 鸡白痢沙门菌菌落

刁有祥 摄

量差，以及发生其他疫病时都可以成为鸡白痢的诱因。

病鸡和带菌鸡是本病的主要传染来源，一年四季均可发生。该病所造成的损失与种鸡场对此病的净化程度、鸡群饲养管理水平以及防治措施是否适当有着密切关系。此外，鸡白痢在发生特点上还有一些新的变化，即青年鸡也可以发生，所造成的损失比雏鸡和成年鸡大，这一点已逐渐被人们所重视。

【症状】

不同日龄的鸡发生鸡白痢时，其症状表现出较大差别，但雏鸡与雏火鸡所表现的症状基本一致。2 ～ 3周龄死亡率最高，4周龄时死亡迅速减少。

① 雏鸡　雏鸡在5 ～ 6日龄时开始发病，病鸡精神沉郁，低头缩颈，羽毛蓬松，食欲下降（图1-2-2、图1-2-3）。由于体温升高、怕冷、寒战，病雏常扎堆挤在一起，闭眼嗜睡。突出的表现是下痢，排出灰白色稀便，泄殖腔周围羽毛常被粪便所污染（图1-2-4）。有的急性病鸡出现呼吸困难，气喘，伸颈张口呼吸。病雏生长缓慢，消瘦，脐孔愈合不良，其周围皮肤易发生溃烂，腹部膨大（图1-2-5）。有时可见膝关节发炎肿大，行走不便、跛

图1-2-2　病鸡精神沉郁，羽毛蓬松

图1-2-3　病鸡精神沉郁，低头缩颈，羽毛蓬松

行或伏地不动（图1-2-6）。

② 育成鸡　多发生于40～80日龄的鸡，本病发生突然，鸡群中不断出现精神、食欲差的鸡和下痢的鸡，常突然死亡。

③ 成年鸡　成年鸡群不表现急性感染的特征，感染可在鸡群内传播很长时间，但不出现明显的症状。通常可观察到不同程度的产蛋率、受精率和孵化率下降。

图1-2-4　病鸡排白色稀便，肛门被黏稠粪便糊住

刁有祥 摄

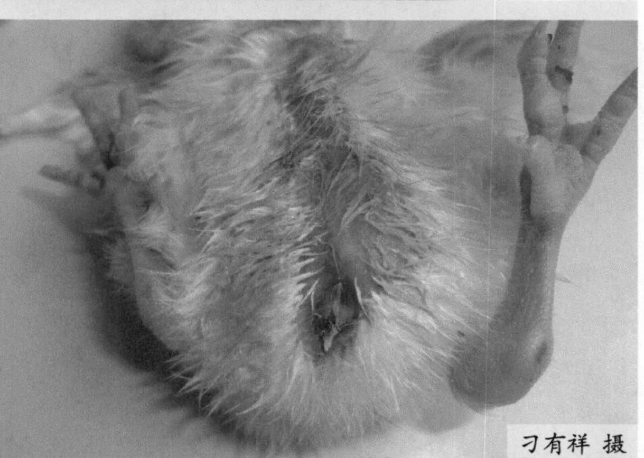

图1-2-5　雏鸡脐炎，脐孔愈合不良，皮肤发生溃烂

刁有祥 摄

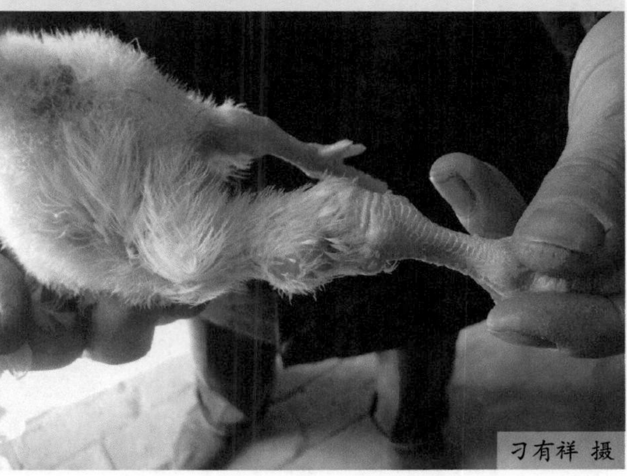

图1-2-6　跗关节肿胀，有大小不一的脓泡

刁有祥 摄

【病理变化】

① 雏鸡　病死鸡脱水，眼睛凹陷，脚趾干枯；肝肿大，可见大小不等数量不一的坏死点（图1-2-7），有时有条纹状出血，胆囊扩张，脾脏肿大（图1-2-8）；脐炎，卵黄吸收不良（图1-2-9、图1-2-10）；数日龄幼雏可能有出血性肺炎变化，病程稍长者可见肺脏有黄白色的坏死或灰白色结节（图1-2-11～图1-2-13）；心包膜增厚，心脏上可见黄白色坏死或结节（图1-2-14），略突出于表面；肝肿大脆弱；肾暗红色充血或苍白色贫血；肌胃上有黄白色的结节（图1-2-15～图1-2-17）。肠道呈卡他性炎症，胰脏、肠道表面有大小不一的肉芽肿（图1-2-18、图1-2-19）。盲肠膨大，内有黄白色干酪样物质（图1-2-20）。肾脏肿大、淤血，输尿管中有尿酸盐沉积。

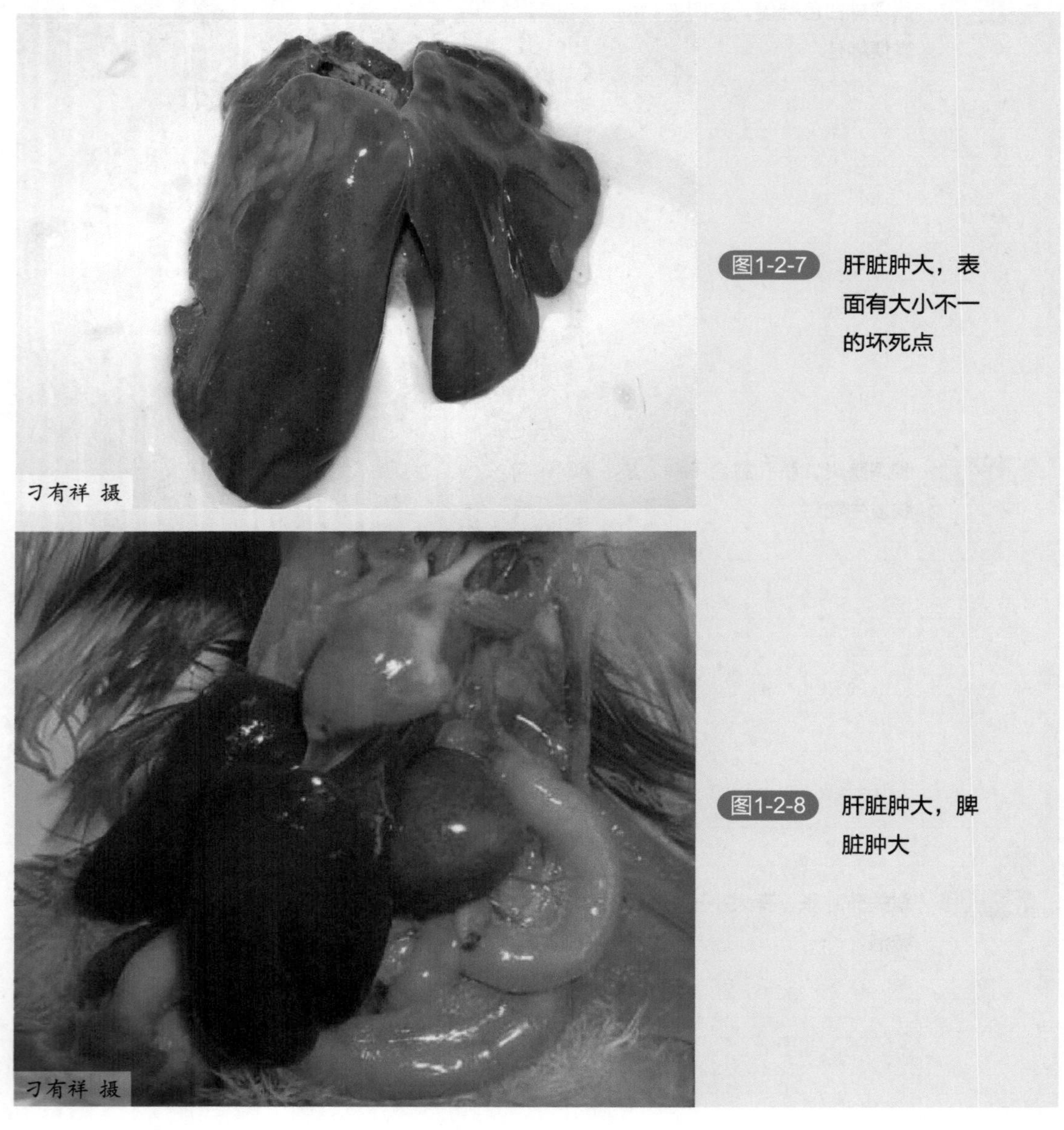

图1-2-7　肝脏肿大，表面有大小不一的坏死点

图1-2-8　肝脏肿大，脾脏肿大

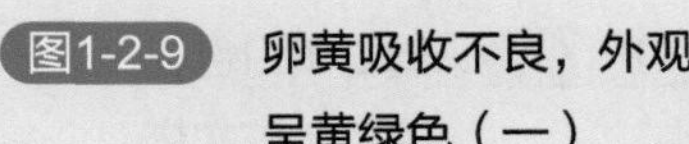

图1-2-9 卵黄吸收不良，外观呈黄绿色（一）

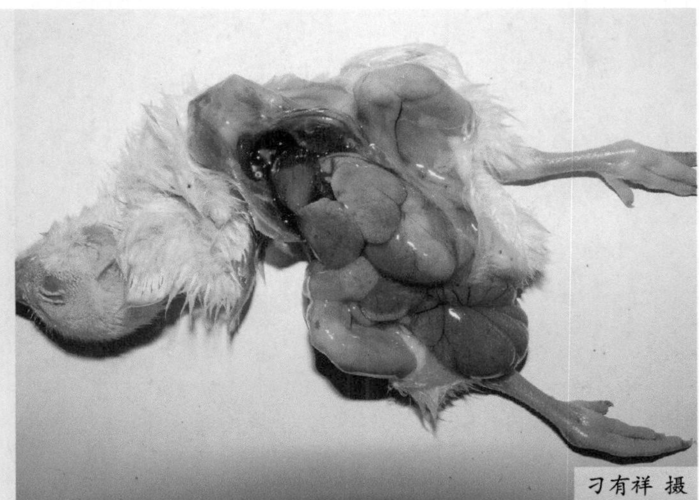

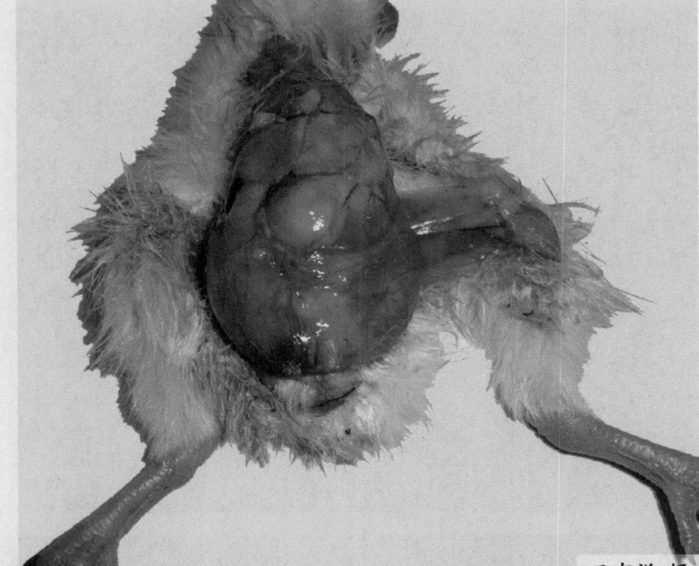

图1-2-10 卵黄吸收不良，外观呈黄绿色（二）

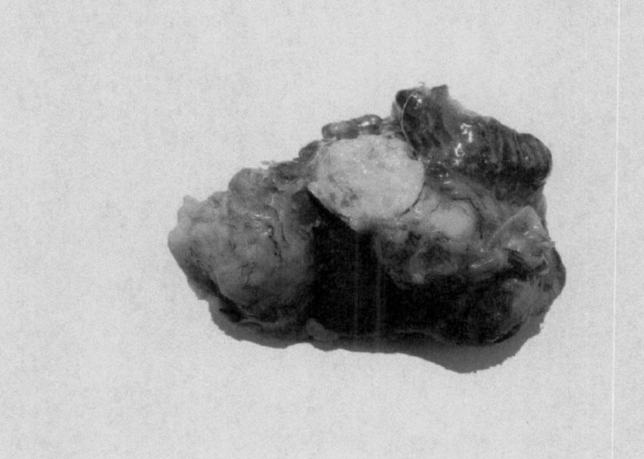

图1-2-11 病鸡肺脏黄白色结节

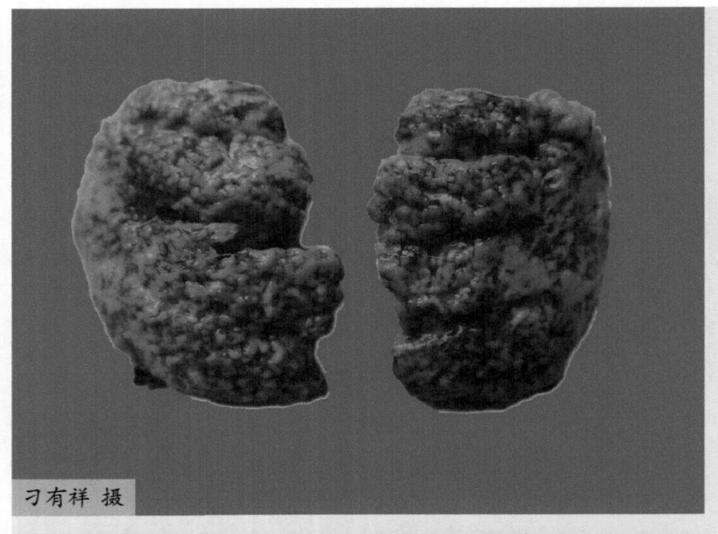

图1-2-12 肺脏黄白色坏死，肺脏实变（一）

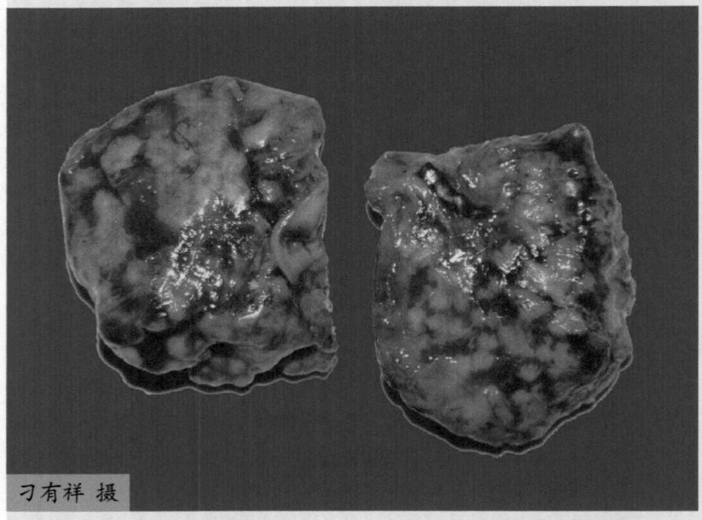

图1-2-13 肺脏黄白色坏死，肺脏实变（二）

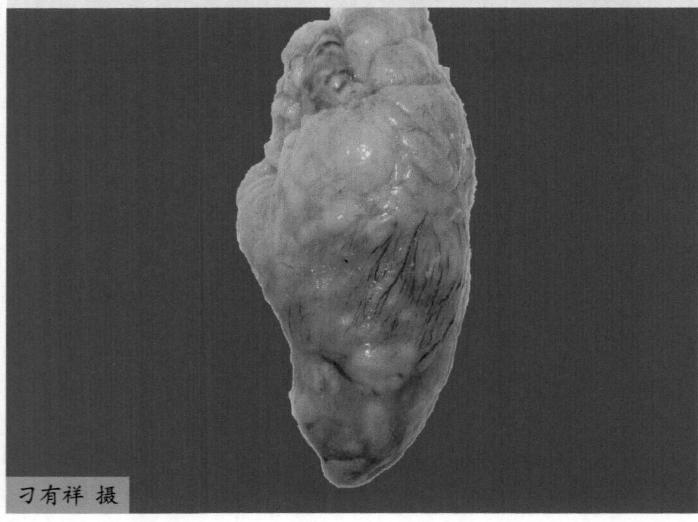

图1-2-14 心脏表面大小不一的黄白色结节

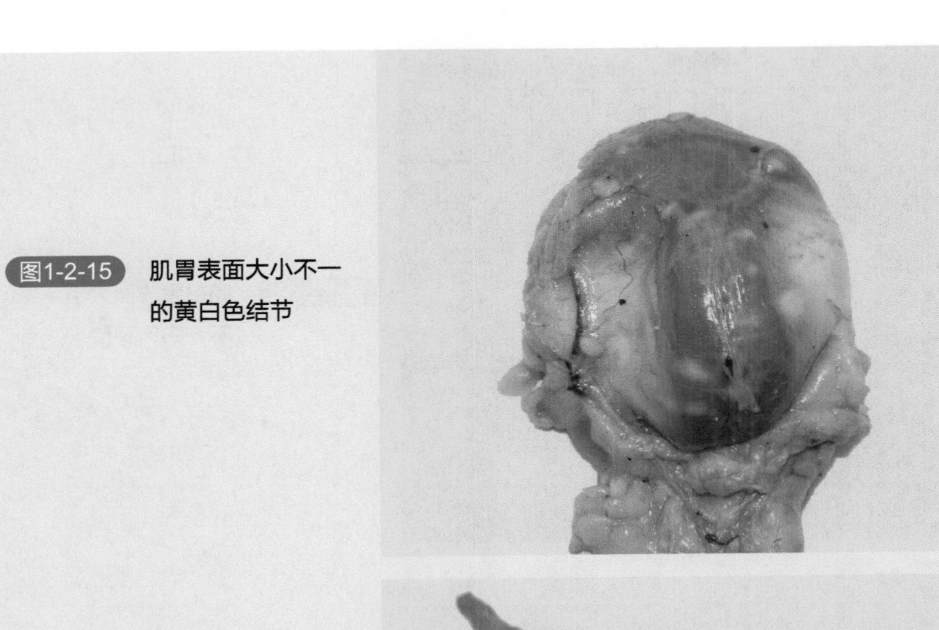

图1-2-15 肌胃表面大小不一的黄白色结节

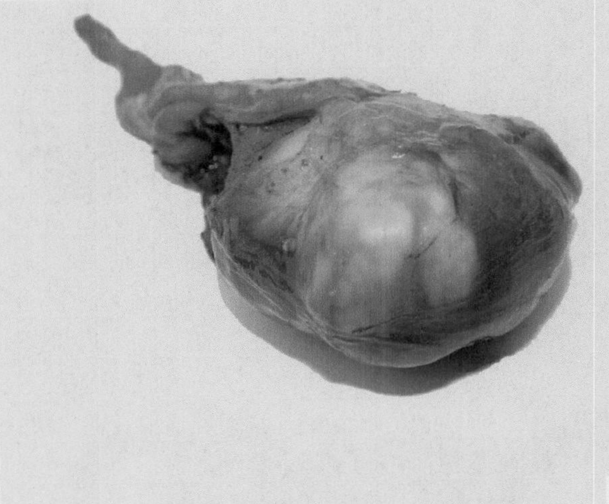

图1-2-16 肌胃黄白色结节（一）

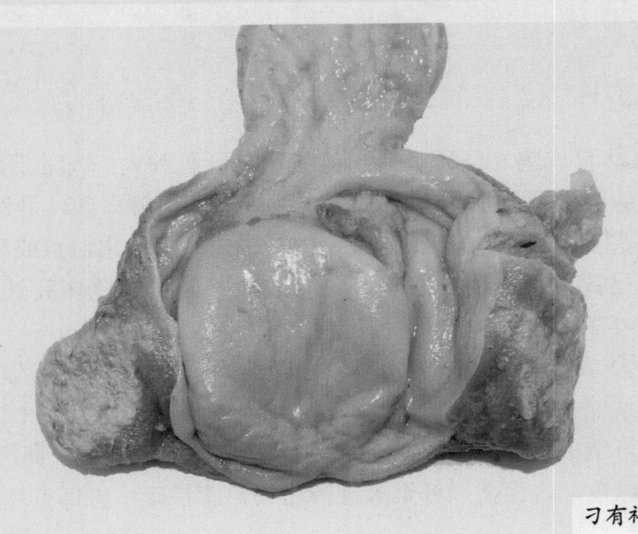

图1-2-17 肌胃黄白色结节（二）

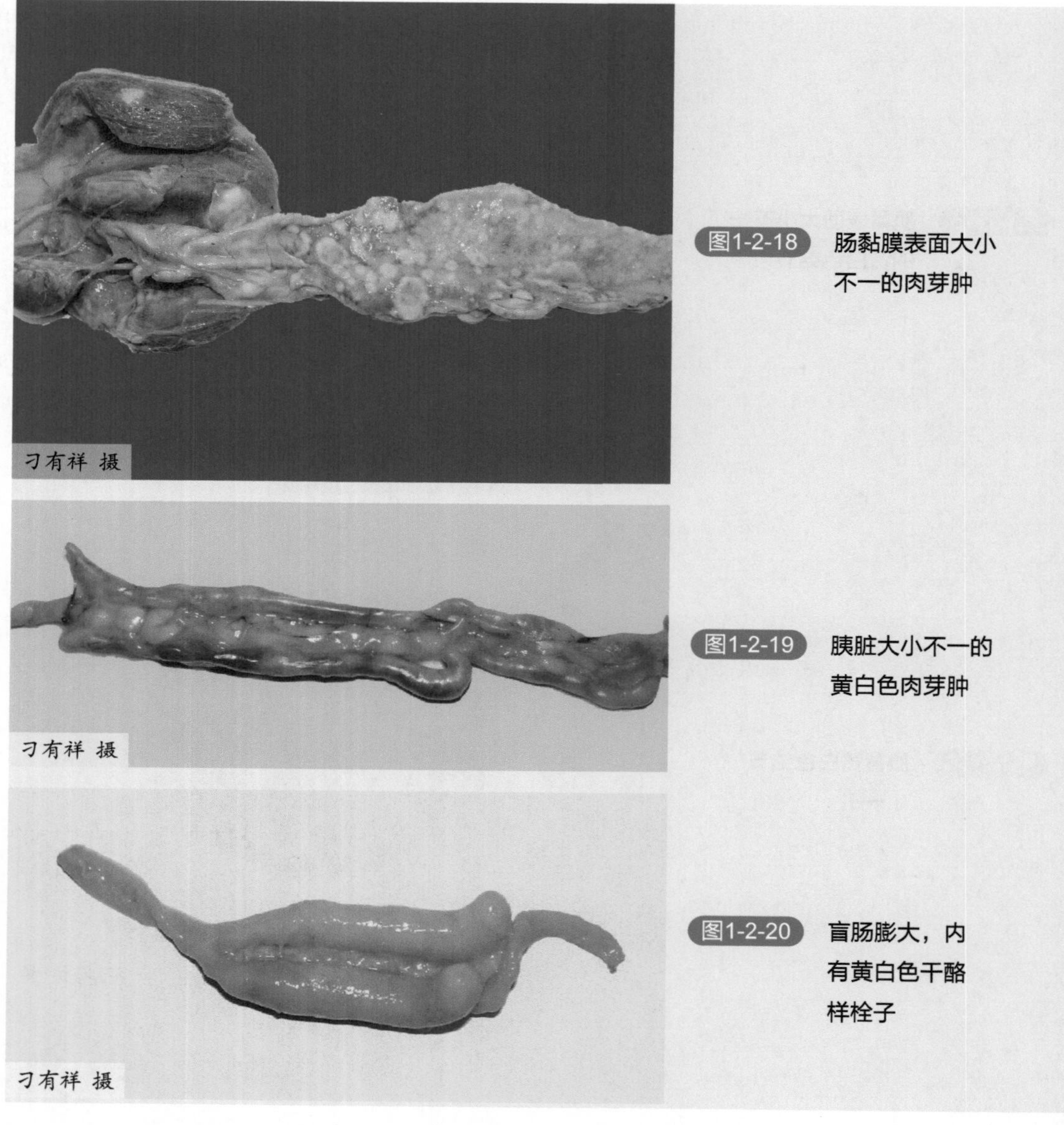

图1-2-18 肠黏膜表面大小不一的肉芽肿

图1-2-19 胰脏大小不一的黄白色肉芽肿

图1-2-20 盲肠膨大，内有黄白色干酪样栓子

② 育成鸡　病死鸡突出的变化是肝脏肿大，有的肝脏较正常肝脏大数倍。打开腹腔，整个腹腔被肝脏所覆盖。肝脏质地极脆，一触即破，肝脏表面常覆盖大量凝血块（图1-2-21～图1-2-23）。被膜下可看到散在或较密集的出血点或坏死点。脾脏肿大。心包增厚，心包膜呈黄色不透明。心肌可见有数量不一的黄色坏死灶，整个心脏几乎被坏死组织代替（图1-2-24）；肠道呈卡他性炎症。

③ 成年鸡　成年鸡常为慢性带菌鸡，主要变化在卵巢，卵巢皱缩不整，有的卵巢尚未发育或略有发育，输卵管细小，卵泡变形、变色（图1-2-25）。由于卵巢和输卵管功能失调，可造成输卵管阻塞或使卵泡落入腹腔形成包囊，卵泡破裂形成卵黄性腹膜炎，肝肿大呈黄绿色，表面覆以纤维素性渗出物，脾易碎，内部有坏死灶，肾肿大呈实质变性。

图1-2-21 腹腔充满大量血凝块

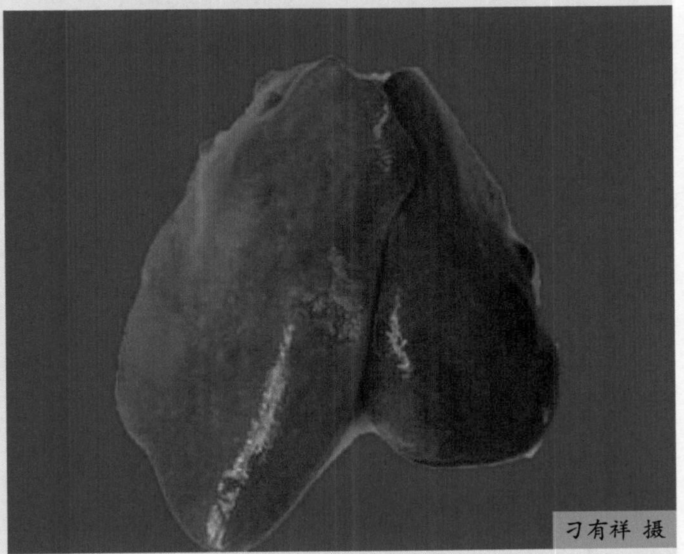

图1-2-22 肝脏质地软，一触即破，被膜下有散在或较密集的出血点或坏死点

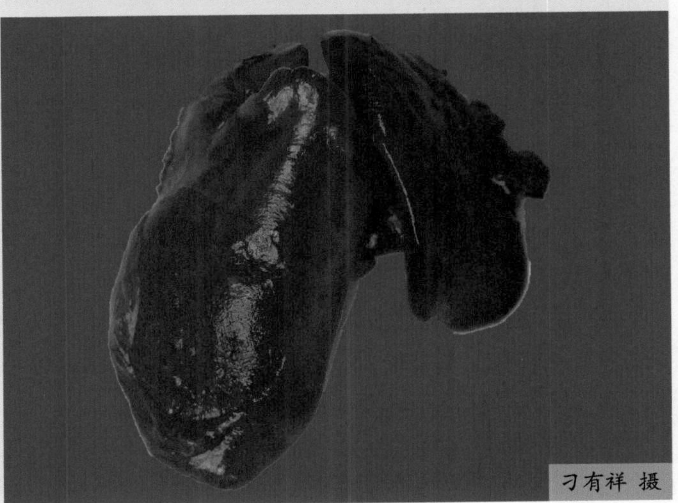

图1-2-23 肝脏肿大，质地软，一触即破

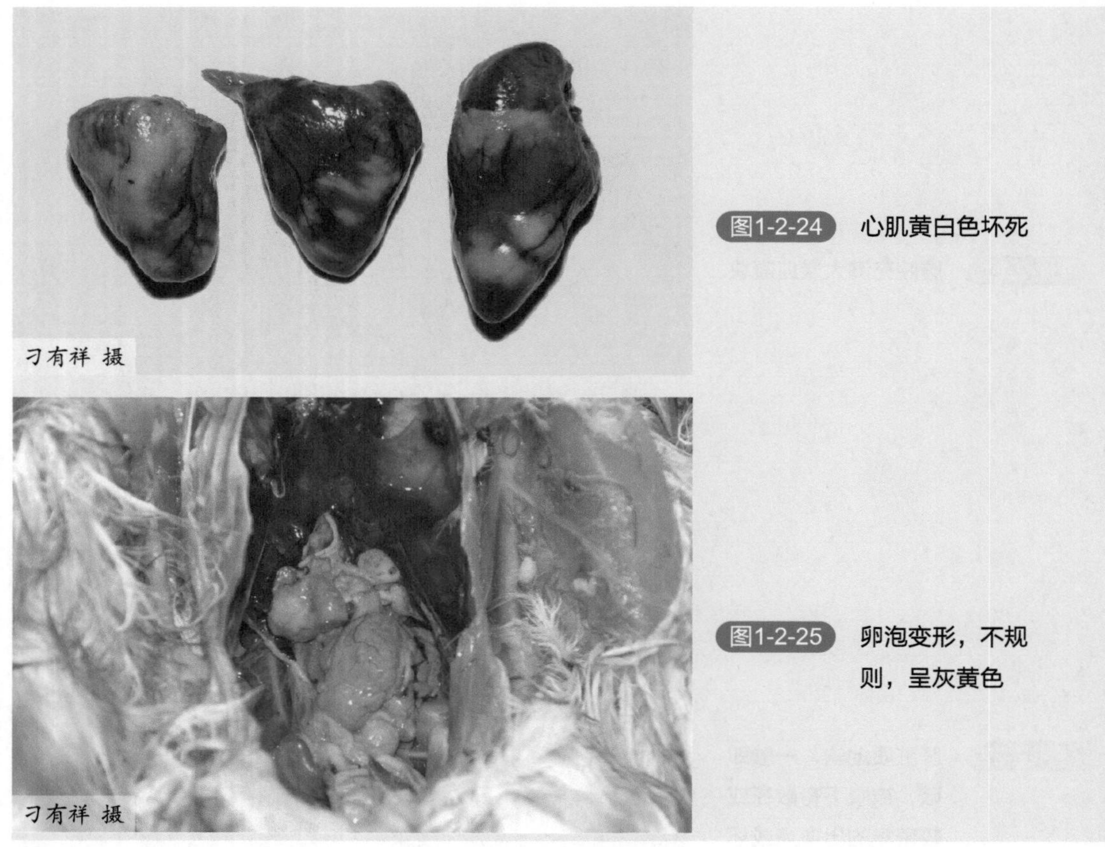

图1-2-24 心肌黄白色坏死

图1-2-25 卵泡变形，不规则，呈灰黄色

【诊断】

根据本病的流行特点、症状及剖检病变综合分析可作出初步诊断。本病的确诊依赖于病菌的分离培养鉴定。可应用凝集反应进行诊断。

【预防】

本病应从多个方面采取综合性的预防措施。

① 检疫净化鸡群　鸡白痢沙门菌主要通过种蛋传递。因此种鸡应严格消除带菌者，可通过血清学试验检出阳性反应者。

原种祖代鸡在13周龄进行第1次普检，鸡群产蛋率达到10%时进行第2次普检，以后每隔2～3周抽检1次，直到连续2次检出率低于0.1%时，改为6个月抽检1次；公鸡每个月普检1次，要淘汰所有阳性鸡。

父母代鸡是在13周龄进行第1次抽检，在开产前要普检1次；鸡群产蛋率达到10%时进行第2次抽检，检出率低于0.2%时为合格，以后每隔3个月抽检1次；公鸡每个月普检1次.要淘汰所有抗体阳性鸡。

② 严格消毒　孵化场要对种蛋、孵化器和其他用具进行严格消毒。

③ 加强雏鸡的饲养管理　在养鸡生产中，育雏始终是关键，以最大限度地减少鸡白痢

沙门菌经污染的饲料传入鸡群的可能性。

④ 及时投药预防 在鸡白痢沙门菌流行的地区，雏鸡出壳后可饮用2% ～ 5%乳糖或5%的红糖水，效果较好，或在饲料中添加抗生素。

【治疗】

① 抗生素 新霉素、安普霉素等拌料或饮水，有较好的治疗效果。

② 喹诺酮类 环丙沙量按0.01%饮水，连用4 ～ 5天。

（2）禽伤寒 禽伤寒（Fowl typhoid）是家禽的一种败血性疾病，呈急性或慢性经过。主要发生于鸡、火鸡，特殊条件下可感染鸭、雉鸡、孔雀、珍珠鸡等其他禽类。

【病原】

鸡伤寒沙门菌属于肠杆菌科沙门菌属的细菌，是一种较短而粗的杆状菌，大小约（1.0 ～ 2.0）微米×1.5微米，常单独散在或成对出现。在普通琼脂上的菌落较小、灰色、湿润、圆形、边缘完整。

【流行特点】

本病最初发生于鸡，在鸡、火鸡、珍珠鸡及鹌鹑等中都发现有自然暴发。虽然禽伤寒主要引起成年鸡发病，但也有许多关于雏鸡发生此病的报道。受感染的禽只不仅通过水平传播将病原传给其他禽只，而且还可经卵传给下一代。饲养员、饲料商、购鸡者及参观者也是本病的传播者。

【症状】

禽伤寒虽然较常见于成年鸡，但也可通过种蛋传播，在雏鸡中暴发。在雏鸡中见到的症状与鸡白痢相似。病雏体弱，发育不良，虚弱嗜睡，无食欲，泄殖腔周围粘有白色物，肺出现病灶时，有呼吸困难或打咯声。

【病理变化】

最急性病例无剖检病变或甚轻微。幼鸡多发生肝、脾和肾的红肿，亚急性和慢性病例则肝肿大并呈铜绿色，有粟粒大灰白色或浅黄色坏死灶（图1-2-26）。胆囊肿大并充满胆汁，脾肿大1 ～ 2倍，常有粟粒大小的坏死灶。心包积水，有纤维素性渗出物，病程长时则与心外膜粘连，心肌有凸出的黄白色坏死灶（图1-2-27）。肾肿大充血，肌胃角质膜易剥离，肠道外观贫血，肠黏膜有溃疡，以十二指肠较严重，胰腺有结节（图1-2-28）。卵黄囊变形，卵黄膜充血，呈灰黄或浅棕色，有时黑绿色，卵黄破裂后易引起卵黄性腹膜炎而死亡。输卵管内有大量的卵白和卵黄物质。睾丸肿胀并有大小不等的坏死灶。

【诊断】

鸡群的病史、症状和病变能为本病提供重要的诊断线索，但是要做出确切诊断，必须进行细菌的分离鉴定、生化试验和血清学检查的方法。

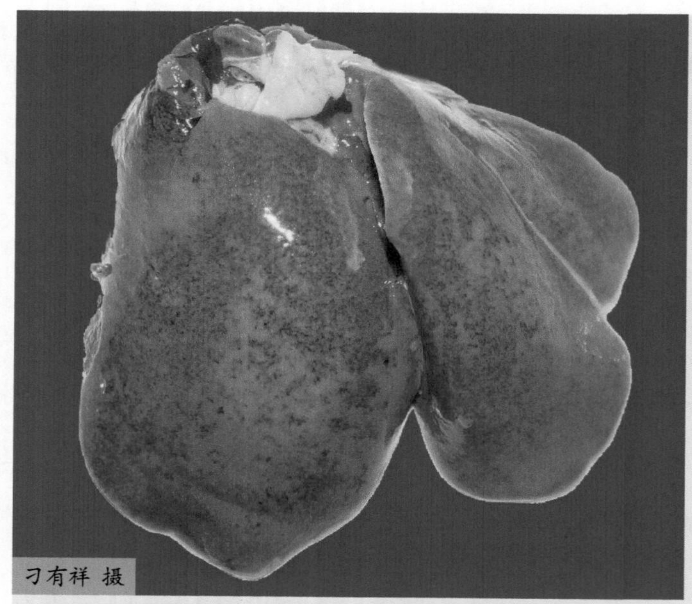

图1-2-26 肝肿大呈铜绿色，有米粒大黄白色坏死点

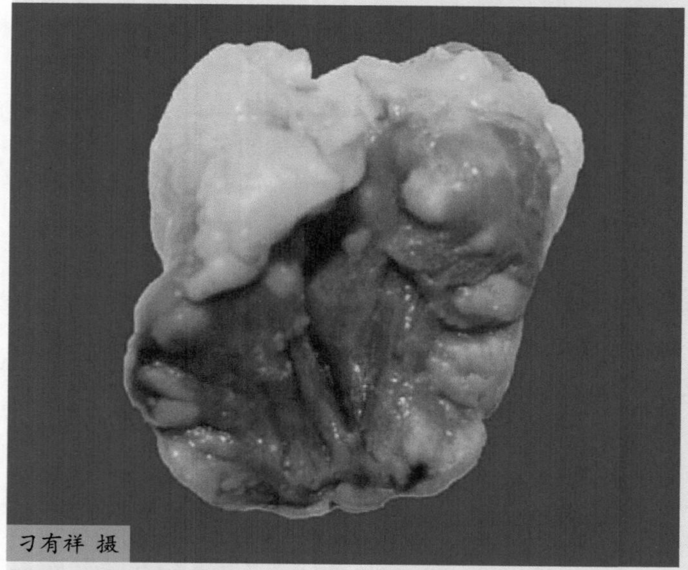

图1-2-27 心肌黄白色肉芽肿

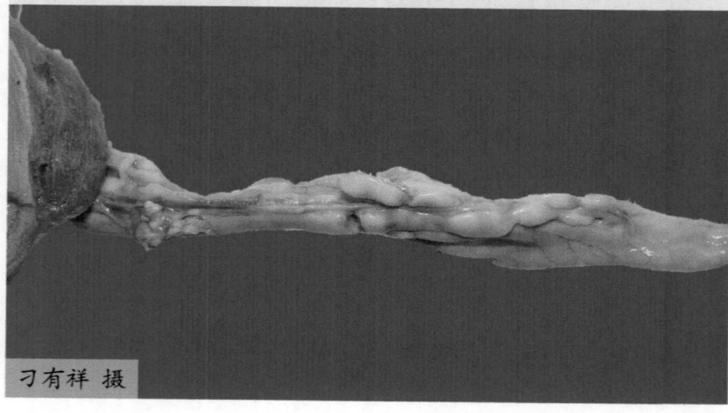

图1-2-28 胰脏黄白色肉芽肿

【预防】

① 免疫预防 许多研究者对灭活苗与致弱活苗进行了评估，但鸡伤寒免疫工作开展得较少。

② 管理措施 为了有效地预防禽伤寒，应广泛实施管理制度，以防止鸡伤寒沙门菌及其他病原菌传入鸡群。

a. 雏鸡应引自无鸡白痢和禽伤寒的鸡场。

b. 雏鸡应该置于能够清理和消毒的环境中，以消灭上批鸡群残留的沙门菌。

c. 雏鸡饲料应最大限度地减少鸡伤寒沙门菌和其他沙门菌的污染。

d. 必须最大限度地减少外源沙门菌的传入，防止飞禽、鼠、兔、昆虫及其他动物如狗和猫进入禽舍。

e. 各种用水要符合卫生标准。

f. 对鞋帽、衣服、养禽设备、运输车、盛蛋框等要严格消毒。

g. 对死禽必须严格处理，最好采用焚烧或深埋。

【治疗】

同鸡白痢。

（3）禽副伤寒 禽副伤寒（Avian Paratyphoid）不是由单一病原菌引起的疫病，而是沙门菌属中除鸡白痢和鸡伤寒沙门菌之外的众多血清型所引起的禽沙门菌病，统称为禽副伤寒。

【病原】

副伤寒沙门菌群中流行较多和危害较大的有10个血清型，它们都是革兰氏阴性、无芽孢、无荚膜的杆菌。大小一般为（0.4～0.6）微米×（1～3）微米，有周身鞭毛，能运动，但有时可见到不运动的变种。

【流行特点】

家禽中以鸡、火鸡等易感性最强，特别是幼禽。由于禽副伤寒沙门菌群分布广泛，因此该病传播非常迅速，主要的传播方式有经蛋垂直传播和经接触水平传播。

【症状】

急性暴发时，在孵化器内或孵出后的几天内即发生死亡，且不见症状。一般发病和死亡多在10～25日龄，各种幼禽表现精神沉郁，呆立，垂头，闭目，两翅下垂，羽毛松乱，食欲减少或消失，饮水量增加，呈水样腹泻，粪便附着于肛门附近，眼流泪，严重的引起失明，有时沙门菌侵犯关节引起关节炎。

【病理变化】

雏鸡急性死亡时病变不明显，病程稍长时可见消瘦，脱水，卵黄凝固，肝、脾瘀血并伴有条纹状出血或有针尖大灰白色坏死点（图1-2-29），胆囊扩张并充满胆汁，肾脏瘀血，心包炎，心包积液呈黄色，含有纤维素性渗出物。小肠有出血性炎症，盲肠膨大，内含有黄白色干酪样物质。成年鸡发生副伤寒时，肝、脾、肾肿胀充血，出血性或坏死性肠炎，心包炎及腹膜炎，输卵管坏死性或增生性病变及卵巢坏死性病变。慢性时病鸡消瘦，肠黏膜有坏死性溃疡呈糠麸样，肝、脾及肾肿大，心脏有坏死性小结节（图1-2-30）。

【诊断】

根据发病症状、病理变化及流行病学即可初步诊断，进一步确诊需要细菌的分离鉴定和血清学试验。禽副伤寒的发病症状和病理变化与鸡白痢、鸡伤寒很相似，不易区别。发生关节炎时要注意与病毒性或葡萄球菌性关节炎相区别。

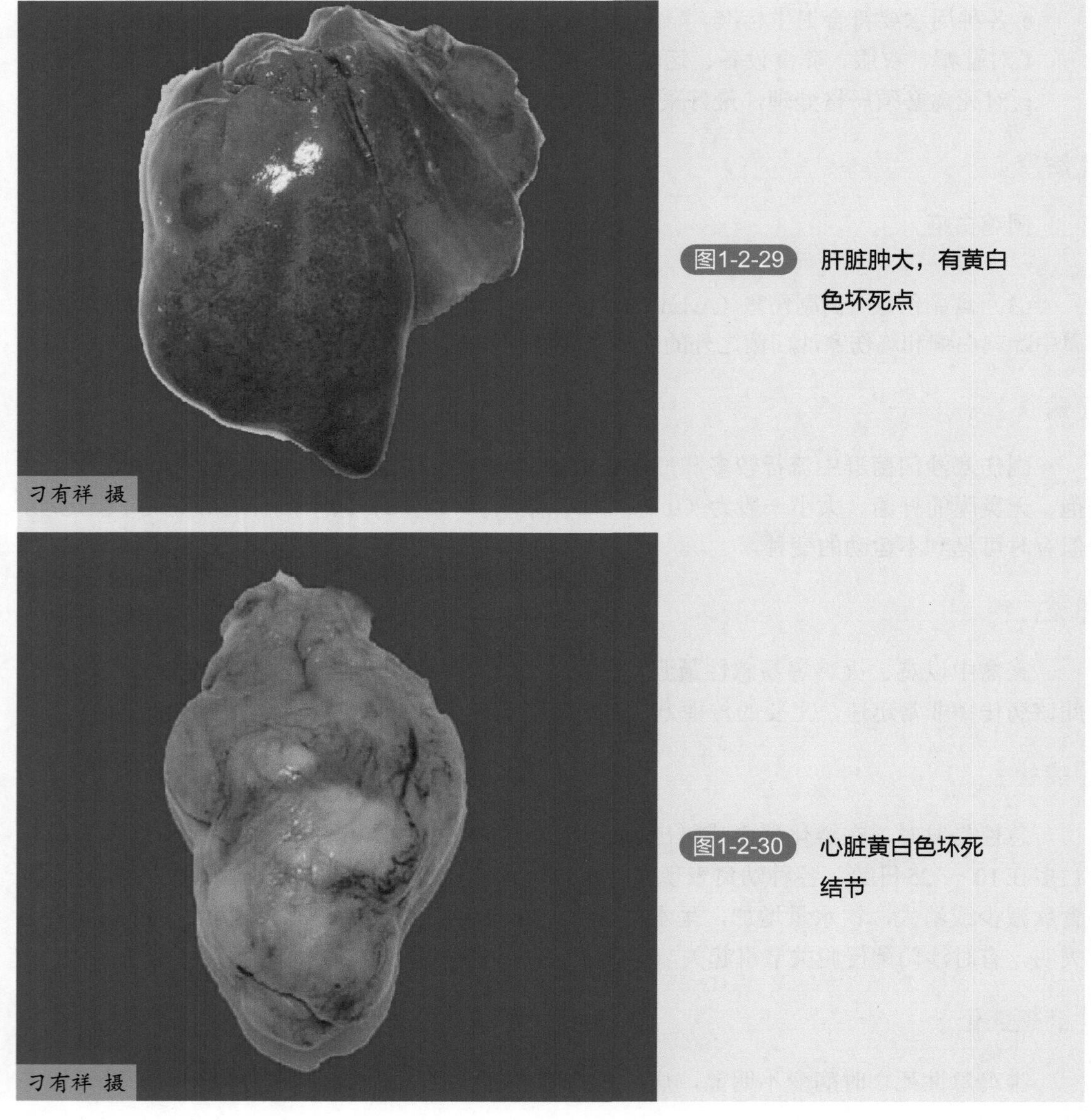

图1-2-29 肝脏肿大，有黄白色坏死点

图1-2-30 心脏黄白色坏死结节

【预防】

① 免疫预防 禽副伤寒的传染源和菌型较多，用免疫法来控制和消灭该病是很困难的，必须采取综合防制措施。国外有应用死菌或活菌苗预防禽副伤寒的报道，但仅在个别禽场应用。

② 管理措施 禽副伤寒的预防与控制，应重视孵化室与鸡群的卫生管理。

a.种蛋的卫生管理：种蛋应随时收集，蛋壳表面有污染时不能用作种蛋，收集种蛋人员的服装和手应消毒，装蛋用具应清洁和消毒。保存时蛋与蛋之间要尽量避免接触，以防止污染。种蛋的储存温度以10～15℃为宜，储存时间最长不超过7天。种蛋孵化前应进行消毒，消毒以甲醛蒸气熏蒸较好。熏蒸时每立方米需要高锰酸钾21.5克和40%甲醛43毫升，熏蒸时的温度需在21℃以上，密闭熏蒸的时间需要在20分钟以上，最好有电扇，保证气体循环。一般不采用消毒药物对种蛋浸泡消毒。

b.育雏期间的卫生管理：为了防止在育雏期间发生副伤寒，进入鸡舍的人员需穿经消毒的衣服鞋帽，任何动物都不准入内。料槽、水槽、饲料和饮水等都应防止被粪便污染，地面用3%～4%福尔马林消毒有一定的效果。死亡的雏鸡应送往实验室进行细菌学检查，以查明有无沙门菌存在。

c.种鸡群的卫生管理：种鸡舍的建筑需能防止任何动物接近种鸡舍，饲料和饮水也必须无沙门菌污染，定期检查垫料是否有沙门菌存在。严格执行上述程序，才能消除种鸡被沙门菌感染的危险。

【治疗】

对禽副伤寒有治疗作用的药物及使用方法与鸡白痢相同。

18.禽霍乱

禽霍乱（Fowl cholera）又称为禽出血性败血病、禽巴氏杆菌，是鸭、鹅、鸡和火鸡的一种急性败血性传染病。临床上分为急性型和慢性型两种，急性型表现为败血症，发病率和致死率都很高；慢性型表现为肉髯水肿、关节炎，病死率都比较低。

【病原】

多杀性巴氏杆菌（*Pasteurella multocida*），是一种革兰氏阴性、无鞭毛、不运动、无芽孢的小球杆菌，单个或成对存在，偶尔可形成链状或丝状，大小为（0.2～0.4）微米×（0.6～2.5）微米。具有橘红色荧光菌落的菌体有荚膜，蓝色荧光菌落的菌体无荚膜。在组织、血液和新分离培养物中的菌体用姬姆萨、瑞氏和美蓝染色，可见菌体呈两极染色（图1-2-31、图1-2-32）。

多杀性巴氏杆菌的最适生长温度为37℃，最适pH值为7.2～7.8，在含0.1%血红素的马丁琼脂培养基上，37℃培养18～22小时，菌落呈圆形（直径2～3毫米）、光滑、隆起、半透明、似奶油状，邻近的菌落互相融合，彼此无界限。从慢性病例中分离到的有些菌株或在长期继代的菌株中的菌落较小（直径1～2毫米），光滑、微隆或扁平、半透明、奶油状，菌落之间有清楚的界限。多杀性巴氏杆菌可在肉浸汤中生长，当在培养基中加入蛋白胨、酪蛋白水解物或鸡血清时可促进其生长。含5%禽血清的葡萄糖淀粉琼脂是分离和培养多杀性巴氏杆菌的最佳培养基。

本菌抵抗力不强。在干燥的空气中2～3天死亡，60℃经20分钟、75℃经5～10分钟可被杀死。在血液内保持毒力6～10天，冷水中能保持生活力达2周，于禽舍内可存活1个月。本菌易自溶，在无菌蒸馏水和生理盐水中迅速死亡。3%石炭酸1分钟，1 ∶ 5000升汞、0.5%～1%的氢氧化钠、漂白粉、2%的来苏儿、福尔马林等几分钟，可使本菌失去活力。

【流行特点】

各种家禽包括鸡、鸭、鹅和火鸡对多杀性巴氏杆菌都有易感性。本病常散发或呈地方性流行。鸡群多散发，产蛋鸡最易感，16周龄以下的鸡具有较强的抵强力，即使发生禽霍乱也常与其他病症合并发生。

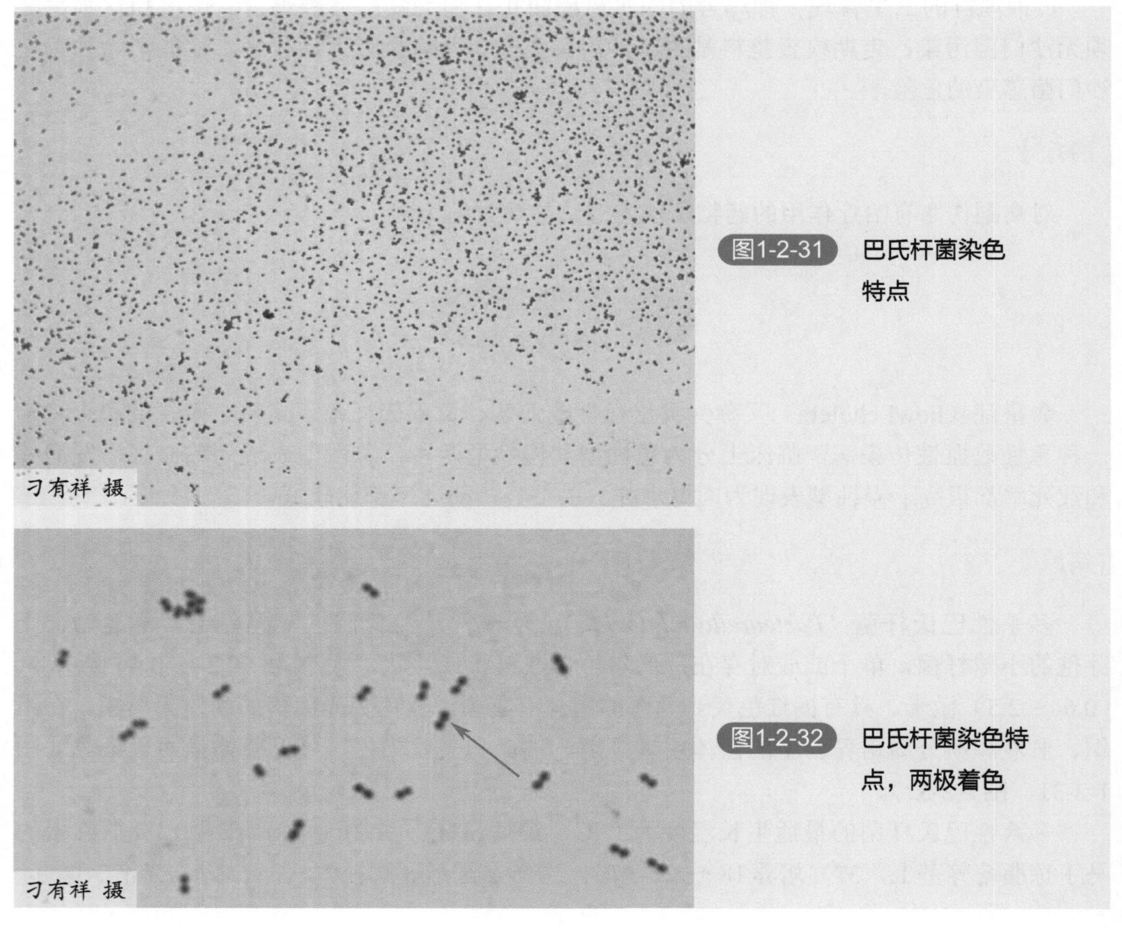

图1-2-31 巴氏杆菌染色特点

图1-2-32 巴氏杆菌染色特点，两极着色

本病的主要传染源是病禽和带菌的家禽。带菌的家禽外表无异常表现，但经常排出病菌污染周围环境、用具、饲料和饮水，构成重要的传播因素，尤其是混养在健康禽群中更容易引起流行。病禽的排泄物污染饲料、饮水，通过消化道感染健康家禽；或由于病禽的咳嗽、鼻腔分泌物排出病菌，通过飞沫经呼吸道而传染。含有病菌的尘土，通过清扫、风吹而漂浮于空气中，家禽吸入后即引起传染。犬、野鸟，甚至人都能成为机械带菌者。此外，一些昆虫如蝇类、蜱、鸡螨也是传播本病的媒介。另外，鸡群的饲养管理不良、内寄生虫病、营养缺乏、长途运输、天气突变、阴冷潮湿、禽群拥挤、通风不良、营养缺乏等因素，均可促使本病的发生和流行。本病一年四季均可发生，但以夏秋季节多发，有的地区以春、秋两季发病较多。

【症状】

由于家禽的抵抗力和病菌的致病力强弱不同，在疾病流行时家禽所表现的症状亦有差异。一般根据其临床症状分为最急性型、急性型和慢性型三种病型。

（1）最急性型　常发生于该病的流行初期，特别是成年高产蛋鸡易发生。该型生前不见任何临床症状，晚间一切正常，次日发现鸡死于舍内。有时见病鸡精神沉郁，倒地挣扎，拍翅抽搐，迅速死亡。

（2）急性型　此型在流行过程中占较大比例，发病急，死亡快，有的鸡在死前数小时方出现症状。病鸡表现精神沉郁，羽毛蓬松，缩颈闭目，头缩在翅下，不愿走动，离群呆立。病鸡体温升高达43～44℃，少食或不食，饮水减少。呼吸困难，鸡冠及肉髯发紫（图1-2-33、图1-2-34），有的病鸡肉髯肿胀，有热痛感。口、鼻分泌物增加，常自口中流出浆液性或黏液性液体，挂于嘴角。病鸡腹泻，排黄白色或绿色稀便，产蛋鸡停止产蛋，最后发生衰竭、昏迷而死亡（图1-2-35、图1-2-36）。

（3）慢性型　一般发生于流行后期或本病常发地区，有的是由毒力较弱的菌株感染所致，有的则是由急性病例耐过而转成慢性。病鸡精神、食欲时好时坏，多表现局部感染，如一侧或两侧肉髯肿大，翅或腿关节肿胀、疼痛，脚趾麻痹，因而发生跛行；病鸡鼻孔常有黏性分泌物流出，鼻窦肿大，喉头积有分泌物而影响呼吸。病鸡经常腹泻，消瘦，精神委顿，鸡冠苍白。本病的病程可拖至1个月以上。

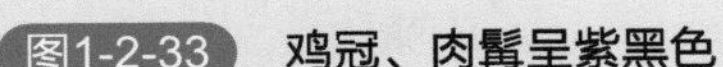
图1-2-33　鸡冠、肉髯呈紫黑色

刁有祥 摄

图1-2-34 病鸡鸡冠呈紫黑色

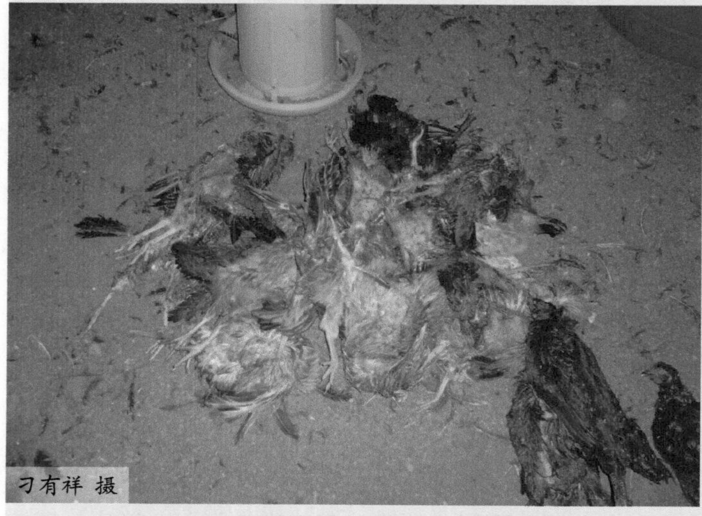

图1-2-35 因禽霍乱死亡的麻鸡

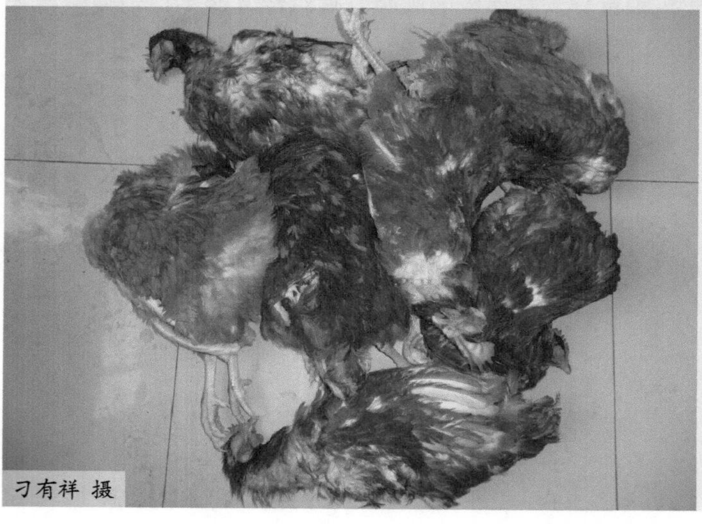

图1-2-36 因禽霍乱死亡的蛋鸡

【病理变化】

（1）最急性型 常见不到明显的变化，或仅表现为心外膜散布针尖大点状出血，肝脏有细小的坏死灶。

（2）急性型 其特征性变化在肝脏，表现为肝脏体积稍肿大，呈棕色或黄棕色，质地脆弱，在被膜下和肝实质中有弥漫性、数量较多、密集的灰白色或黄白色针尖大至针头大的坏死点（图1-2-37、图1-2-38）。脾脏肿大，质地柔软（图1-2-39、图1-2-40）。气管出血（图1-2-41），肺脏高度瘀血和水肿，偶尔见实变区（图1-2-42）。心脏扩张，心包积液，心脏积有血凝块，心肌质地变软。心冠脂肪有针尖大小的出血点，心外膜有出血点或块状出血（图1-2-43），这种出血点也常见于病鸡的腹膜、皮下组织及腹部脂肪，小肠特别是十二指肠呈急性卡他性炎症或急性出血性炎症，肠管扩张，浆膜散布小出血点（图1-2-44），透过肠浆膜见全段肠管呈紫红色。肠内容物为血样，黏膜高度充血与出血。

（3）慢性型 以呼吸道症状为主时，其内脏特征性病变是纤维素性坏死性肺炎。肺炎为大叶性，一般两侧同时受害。肺组织由于高度瘀血与出血，变为暗紫色（图1-2-45）。肺炎灶经常出现于背侧，病变范围大小不等，严重时可使大半肺组织实变，呈暗红色，局部胸膜上常有纤维素凝块附着。切面干硬，由于肺实质存在坏死灶，故切面呈灰白色的花纹状结构。侵害关节的病例，常见足与翅各关节呈现慢性纤维素性或化脓性纤维素性关节炎。关节肿大、变形，关节腔内含有纤维素性或化脓性凝块。母鸡发生慢性霍乱时，炎症可波及卵巢引起卵泡坏死、变形或脱落于腹腔内。肝脏大多数仍见有小坏死点。

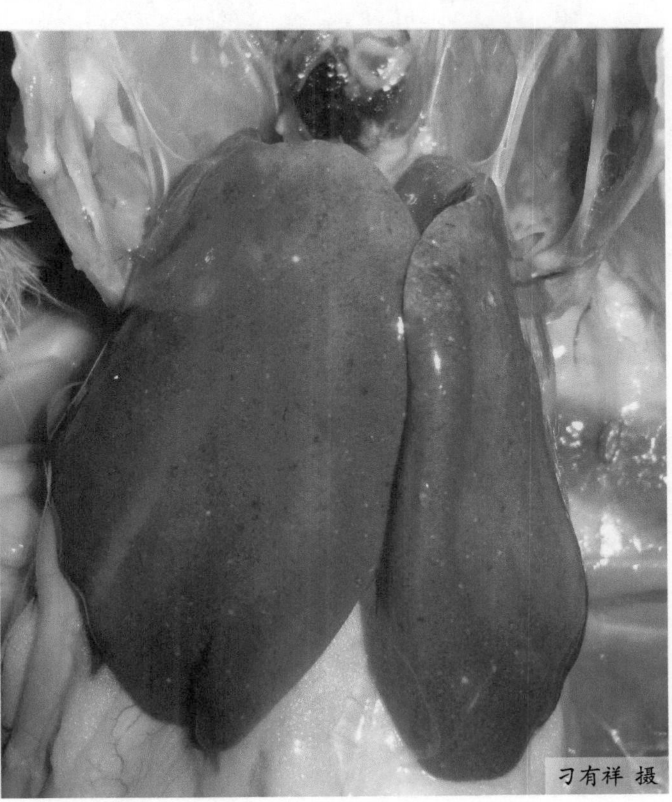

图1-2-37 肝脏表面有弥漫性的大小不一的黄白色坏死点

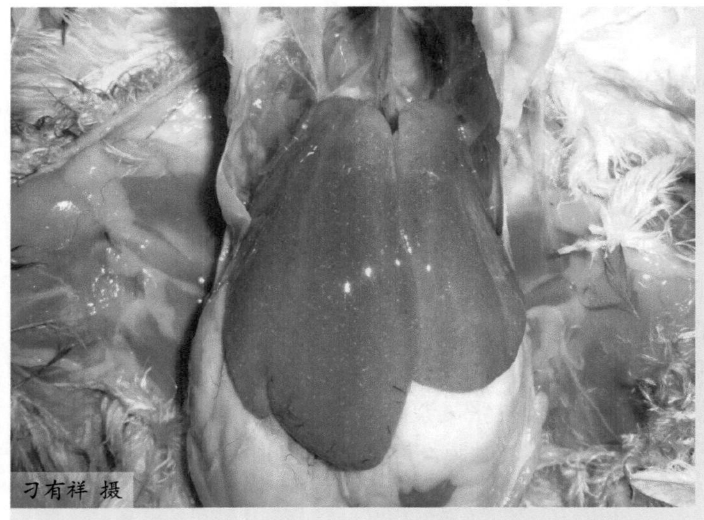

图1-2-38 肝脏肿大，心包积液，肝脏表面有弥漫性的大小不一的黄白色坏死点

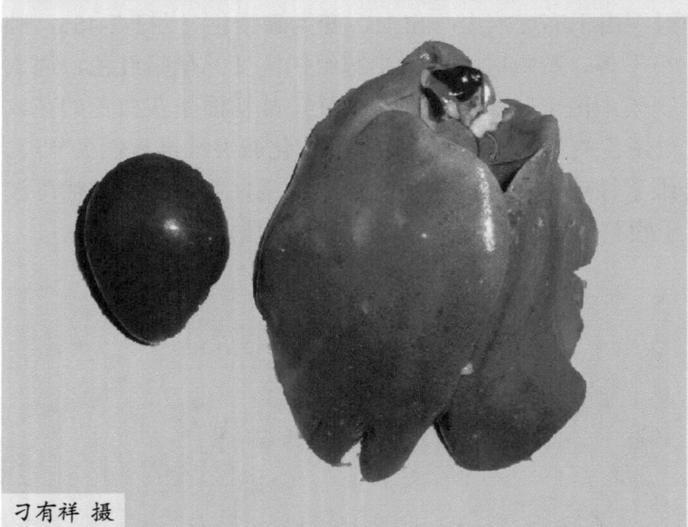

图1-2-39 肝脏、脾脏肿大，肝脏表面有弥漫性的大小不一的黄白色坏死点

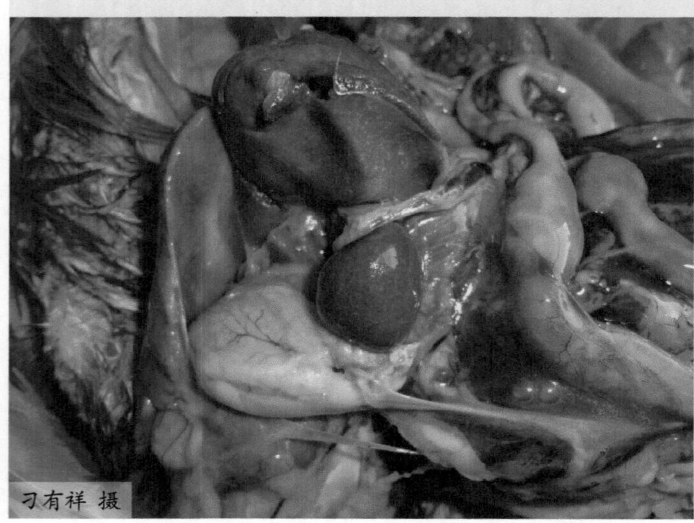

图1-2-40 肝脏、脾脏肿大，脾脏呈紫黑色

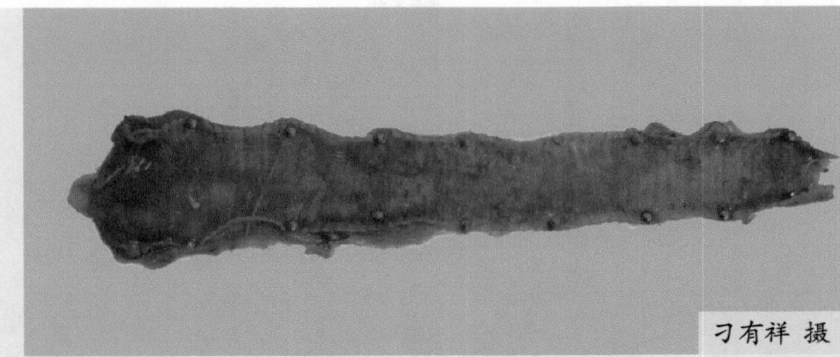

图1-2-41 气管出血

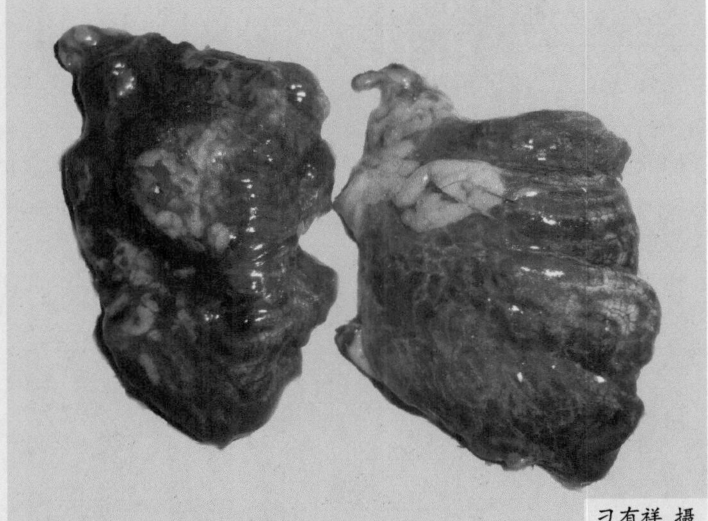

图1-2-42 肺脏出血

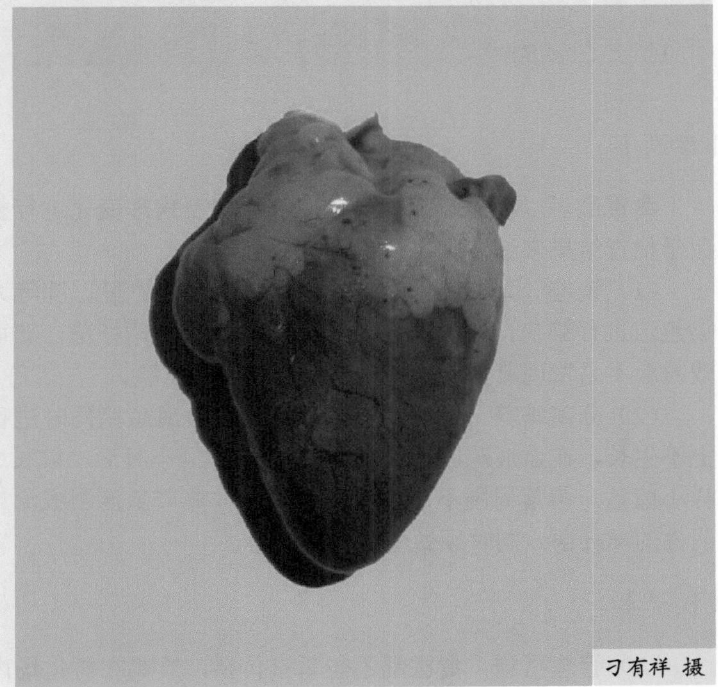

图1-2-43 心冠脂肪有大小不一的出血点

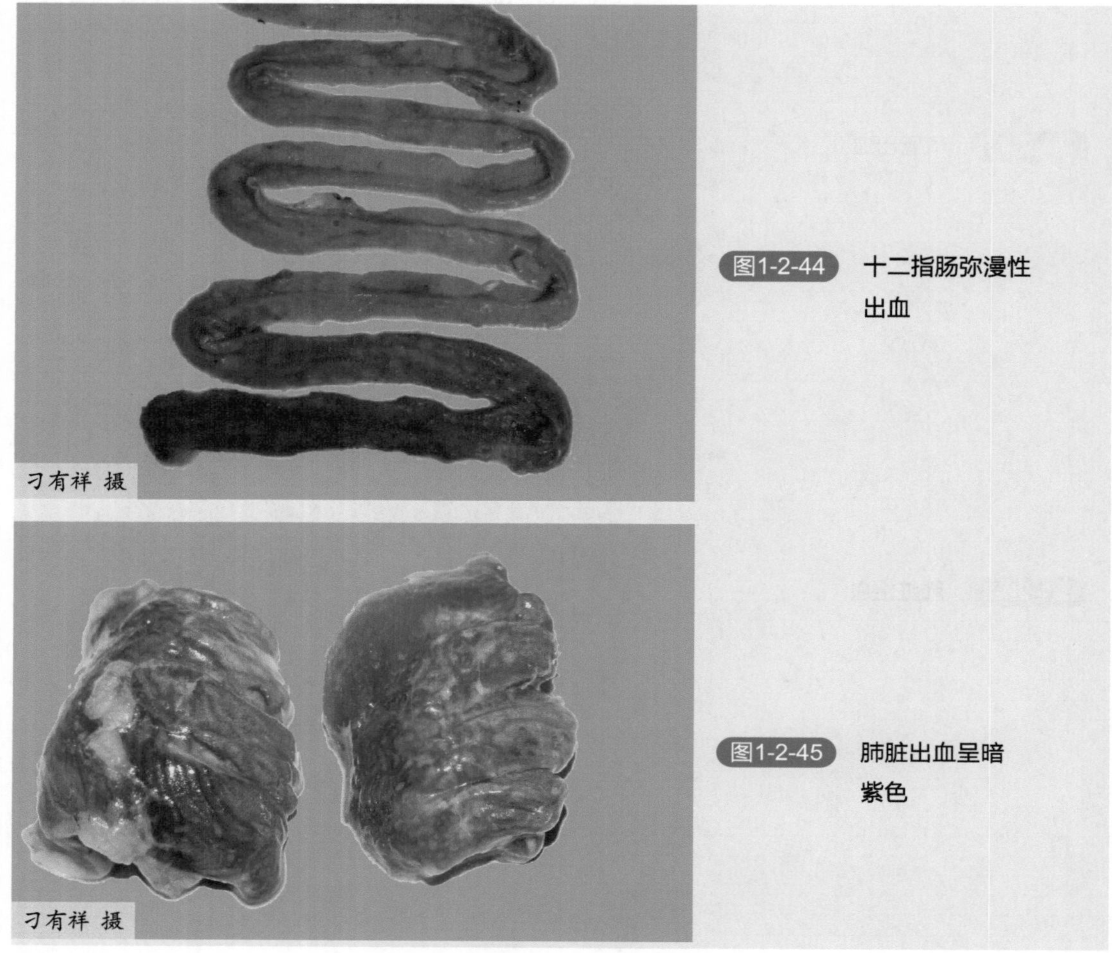

图1-2-44 十二指肠弥漫性出血

图1-2-45 肺脏出血呈暗紫色

【诊断】

禽霍乱可以根据流行病学、发病症状及病理变化进行初步诊断，但要确诊还要结合细菌学检查结果来综合判定。

（1）镜检 采取新鲜病料（渗出液、心血、肝、脾等）制成涂片，以碱性美蓝或瑞氏染色液进行染色，如发现典型的两极着色深的球杆菌，即可初步确诊。但在慢性病例或腐败材料不易发现典型菌，须进行培养和动物试验。

（2）分离培养 最好用血液琼脂和麦康凯琼脂同时进行分离培养。此菌在麦康凯琼脂上不生长，在血液琼脂上生长良好，培养24小时后，可长成淡灰白色、圆形、湿润、露珠样小菌落，菌落周围不溶血。此时可钩取典型菌落制成涂片，进行染色检查，应为革兰氏阴性的球杆菌。同时须做生化反应实验。

【预防】

（1）管理措施 禽霍乱不能垂直传播，雏鸡在孵化场内没有感染的可能性。健康禽的发病是在鸡进入鸡舍之后，由于接触病禽或其污染物而感染。因此，杜绝多杀性巴氏杆菌进入禽舍，对防制禽霍乱十分重要。新引进的后备禽群应放在一个与老禽群完全隔离的环境中饲养。老禽群被淘汰后，禽舍需经彻底的清洗消毒，然后才可以引进新禽饲养。避免底细不清、来源不同的禽群混合饲养。尽可能地防止饲料、饮水或用具被污染。谢绝参观，非禽舍人员不得进入禽舍或场区，饲养员进入鸡舍时应更换衣服、鞋帽，并消毒。防止其他动物如猪、狗、猫、野鸟进入禽舍或接近禽群。一旦禽群发生禽霍乱，要及时采取药物治疗和疫苗接种措施，以减少损失。

（2）免疫预防　采用免疫原性好的强毒菌株（5 ∶ A）培养物，经福尔马林灭活制成。国内常用的有蜂胶灭活苗、灭活油乳剂苗和氢氧化铝胶苗，前两者优于后者。主要用于2个月以上的鸡，肌注1毫升/只，免疫期可达半年，但有时会出现注射局部形成坏死灶，影响肉质和生产性能。首免40～50日龄，二免110～120日龄。

【治疗】

（1）抗生素　氟苯尼考或强力霉素饮水，连用3～4天；或阿莫西林饮水，连用4～5天。

（2）喹诺酮类药物　环丙沙星0.01%饮水，连用4～5天。

19.大肠杆菌病

禽大肠杆菌病（*Avian colibacillosis*）是由某些致病性血清型大肠杆菌引起的禽类不同类型疾病的总称。其特征是引起心包炎、肝周炎、气囊炎、腹膜炎、输卵管炎、滑膜炎、大肠杆菌性肉芽肿、败血症等病变。

【病原】

本病的病原为肠道杆菌科（Enterobacteriaceae）、埃希氏菌属（Escherichia）的大肠埃希氏杆菌（*Escherichia coli*），简称大肠杆菌。本菌为两端钝圆的中等大杆菌，宽约0.6微米，长2～3微米，有时近似球形。单独散在，不形成长链条。多数菌株有5～8根鞭毛，运动活泼。周身有菌毛，一般还具有可见的荚膜。对普通碱性染料着色良好，有时两端着色较深，革兰氏阴性（图1-2-46）。

本菌需氧或兼性厌氧。对营养要求不严格，在普通培养基上均能良好生长，最适pH为7.2～7.4，最适温度为37℃，但能在15～45℃的范围内生长。在普通琼脂上培养18～24小时，形成凸起、光滑、湿润、乳白色、边缘整齐或不太整齐的中等偏大菌落。在伊红美蓝琼脂上产生紫黑色金属光泽的菌落。在麦康凯琼脂培养基上形成粉红色菌落（图1-2-47）。在普通肉汤中，呈均匀混浊生长，极少见形成菌膜，当长期培养后，可发现管底有黏性沉淀，培养物常有特殊的粪臭味。

大肠杆菌具有中等抵抗力。60℃加热30分钟可被杀死。在室温下可生存1～2个月，在土壤和水中可达数月之久。对氯十分敏感，所以可用漂白粉作饮水消毒。5%石炭酸、3%

来苏儿等5分钟内可将其杀死。对氟甲砜霉素、新霉素、金霉素、奇放线菌素、头孢类药物等敏感。但本菌易产生耐药性，所以临床治疗时，应先进行抗生素敏感试验，选择适当的药物治疗，以提高疗效。

【流行特点】

大肠杆菌是健康家禽肠道中的常在菌，所以大肠杆菌病是一种条件性疾病。在卫生条件好的禽场，本病造成的损失很小，但在卫生条件差、通风不良、饲养管理不善的禽场，可造成严重的经济损失。肠道中的大肠杆菌随粪便排出体外，污染周围环境、垫料、饲料、水源和空气。当家禽的抵抗力降低时，就会侵害机体引起大肠杆菌病。大肠杆菌可因粪便污染蛋壳或感染卵巢、输卵管而侵入蛋内，带菌蛋孵出的雏禽为隐性感染，在某些应激或损伤的作用下发生显性感染，并以水平传播方式感染健康雏禽。消化道、呼吸道是常见的感染门户，交配也可造成传染，环境不卫生、通风不良、湿度过低或过高、过冷、过热或温差大、饲养密度过大、油脂变质、饲料霉变等都能促进本病的发生。球虫病在本病的发生上具有重要意义，因为球虫破坏肠黏膜上皮细胞，使肠黏膜的完整性受到破坏，大肠杆

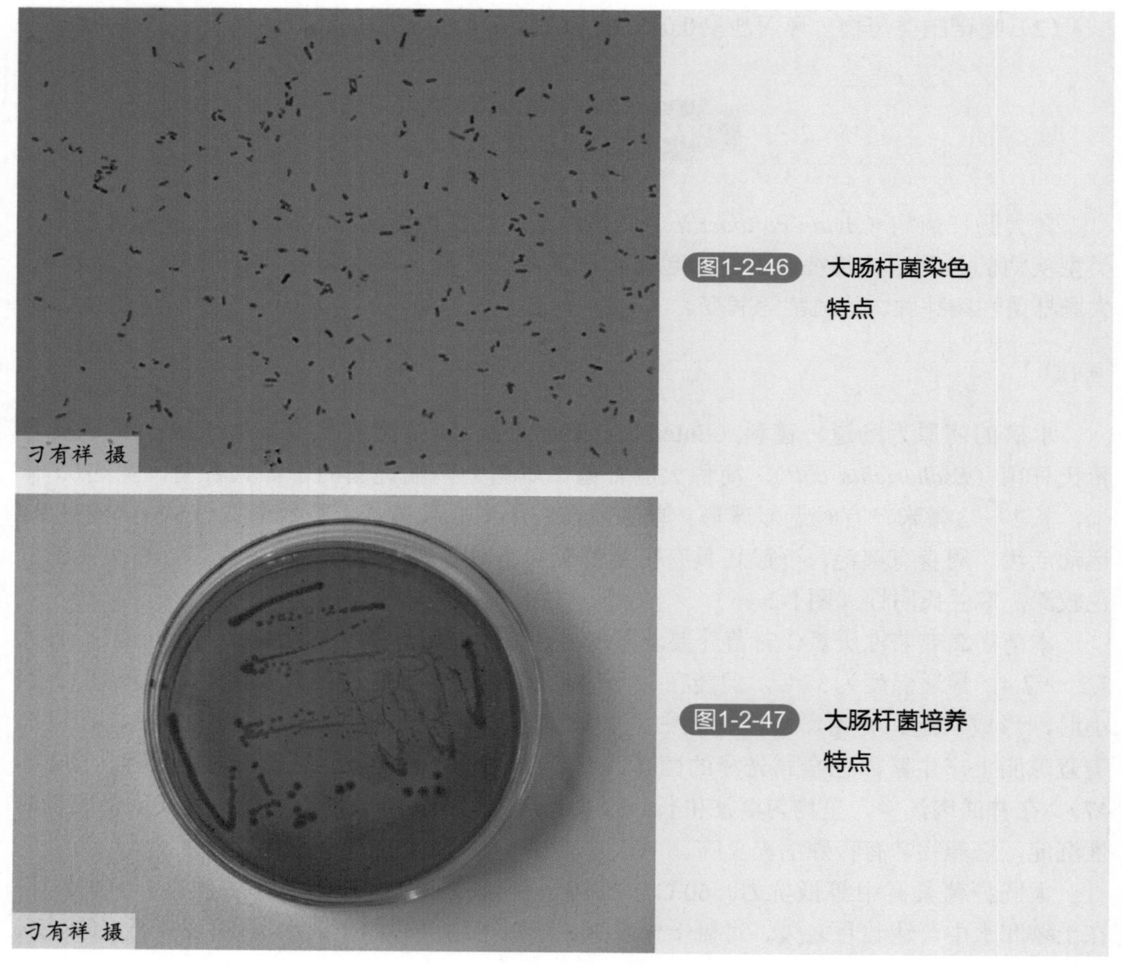

图1-2-46 大肠杆菌染色特点

图1-2-47 大肠杆菌培养特点

菌极易通过受损的肠黏膜侵入毛细血管，进入血液循环分布到全身，而引起大肠杆菌病。本病一年四季均可发生，但以冬、夏季节多发，肉用仔鸡最易感染，蛋鸡有一定的抵抗力。

此外，本病常继发或并发慢性呼吸道病、禽霍乱、传染性支气管炎、禽流感、新城疫等疾病，而且在发病上具有相互促进作用。如继发或并发感染，则死亡率升高。

【症状】

由于大肠杆菌侵害的部位不同，在临床上表现的症状也不一样。但共同症状表现为精神沉郁、食欲下降、羽毛粗乱、消瘦（图1-2-48、图1-2-49）。侵害呼吸道后会出现呼吸困难，黏膜发绀。侵害消化道后会出现腹泻，排绿色或黄绿色稀便。侵害关节后表现为跗关节或指关节肿大，在关节的附近有大小不一的水泡或脓疱，病鸡跛行（图1-2-50）。侵害眼时，眼前房积脓，有黄白色的渗出物（图1-2-51、图1-2-52）。侵害大脑时，出现神经症状，表现为头颈震颤、弓角反张，呈阵发性（图1-2-53～图1-2-55）。皮炎型大肠杆菌病表现为在皮肤的表面有黄白色的结痂或出血（图1-2-56）。

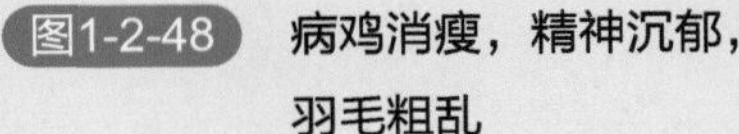
图1-2-48 病鸡消瘦，精神沉郁，羽毛粗乱

图1-2-49 病鸡精神沉郁，羽毛粗乱

图1-2-50 跗关节肿胀

图1-2-51 病鸡眼肿胀

图1-2-52 病鸡眼肿胀，流黄白色脓性分泌物

图1-2-53 脑炎型大肠杆菌病，病鸡精神沉郁，眼肿胀

图1-2-54 脑炎型大肠杆菌病，病鸡头颈歪斜

图1-2-55 脑炎型大肠杆菌病，病鸡眼肿胀，头颈歪斜

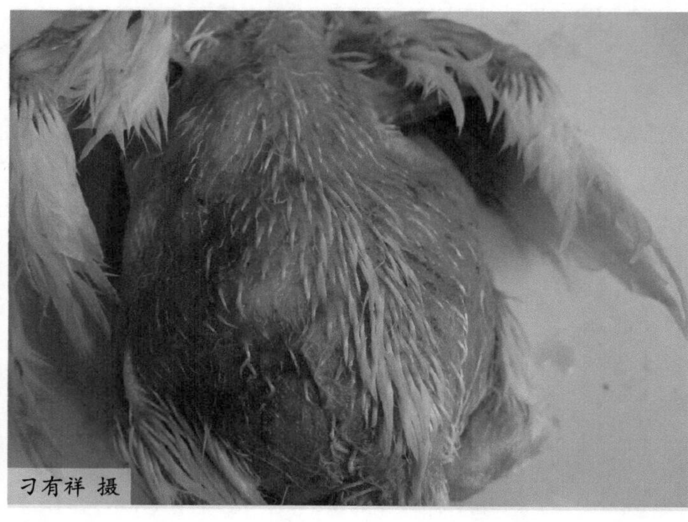

图1-2-56 病鸡皮肤出血、结痂

【病理变化】

因大肠杆菌侵害的部位不同，有不同的病理变化。

（1）大肠杆菌败血症　病鸡突然死亡，皮肤、肌肉瘀血，呈紫黑色。肝脏肿大，呈紫红色或铜绿色，肝脏表面散布白色小坏死灶。肠黏膜弥漫性充血、出血，整个肠管呈紫色。心脏体积增大，心肌变薄，心包腔充满大量淡黄色液体。肾脏体积肿大，呈紫红色。肺脏出血、水肿。

（2）肝周炎　肝脏肿大，肝脏表面有一层黄白色的纤维蛋白附着（图1-2-57、图1-2-58）。肝脏变形，质地变硬，表面有许多大小不一的坏死点。脾脏肿大，呈紫红色。严重者肝脏渗出的纤维蛋白与胸壁、心脏、胃肠道粘连（图1-2-59）。

（3）气囊炎　多侵害胸气囊。表现为气囊混浊，气囊壁增厚、不透明，气囊内有黏稠的黄色干酪样分泌物（图1-2-60～图1-2-62）。

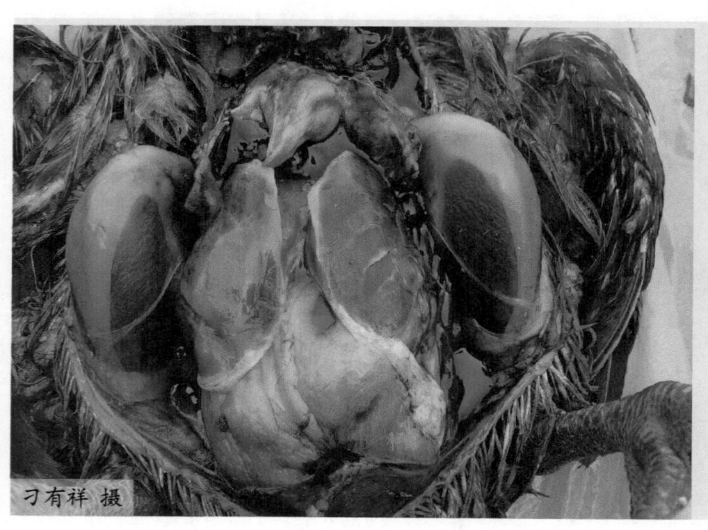

图1-2-57 肝脏表面有黄白色纤维蛋白渗出（一）

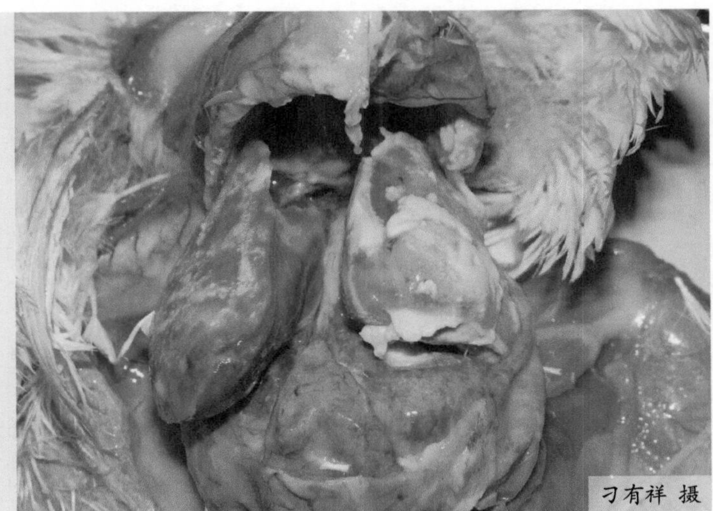

图1-2-58 肝脏表面有黄白色纤维蛋白渗出（二）

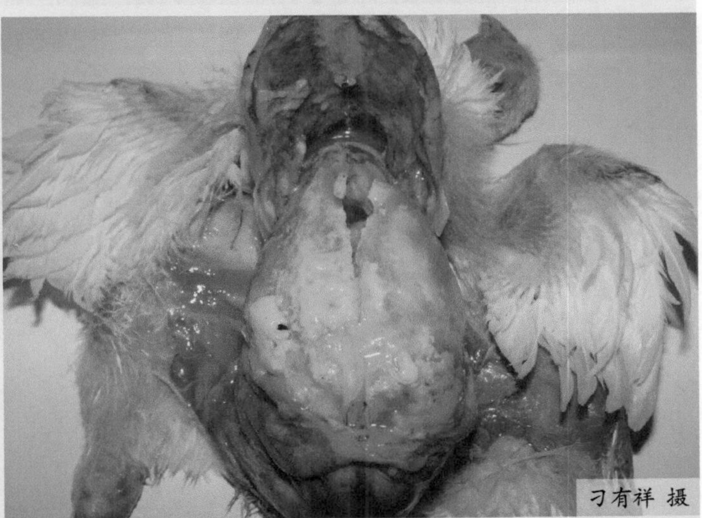

图1-2-59 肝脏表面附着黄白色的纤维蛋白与心脏、胸壁粘连

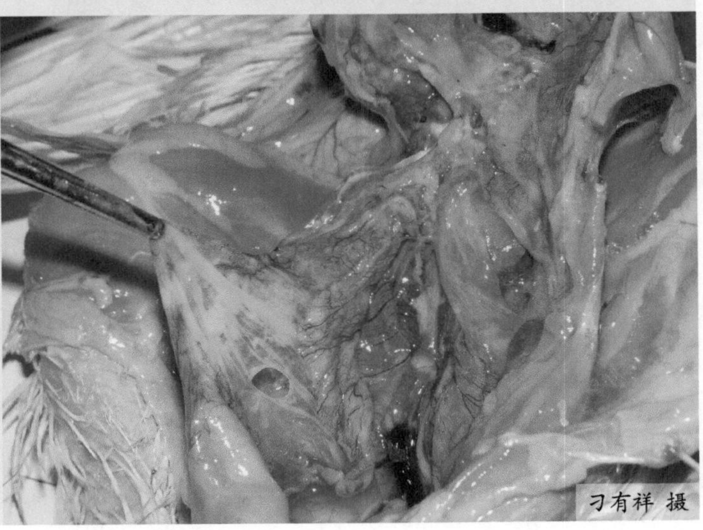

图1-2-60 气囊增厚不透明，有黄色渗出物（一）

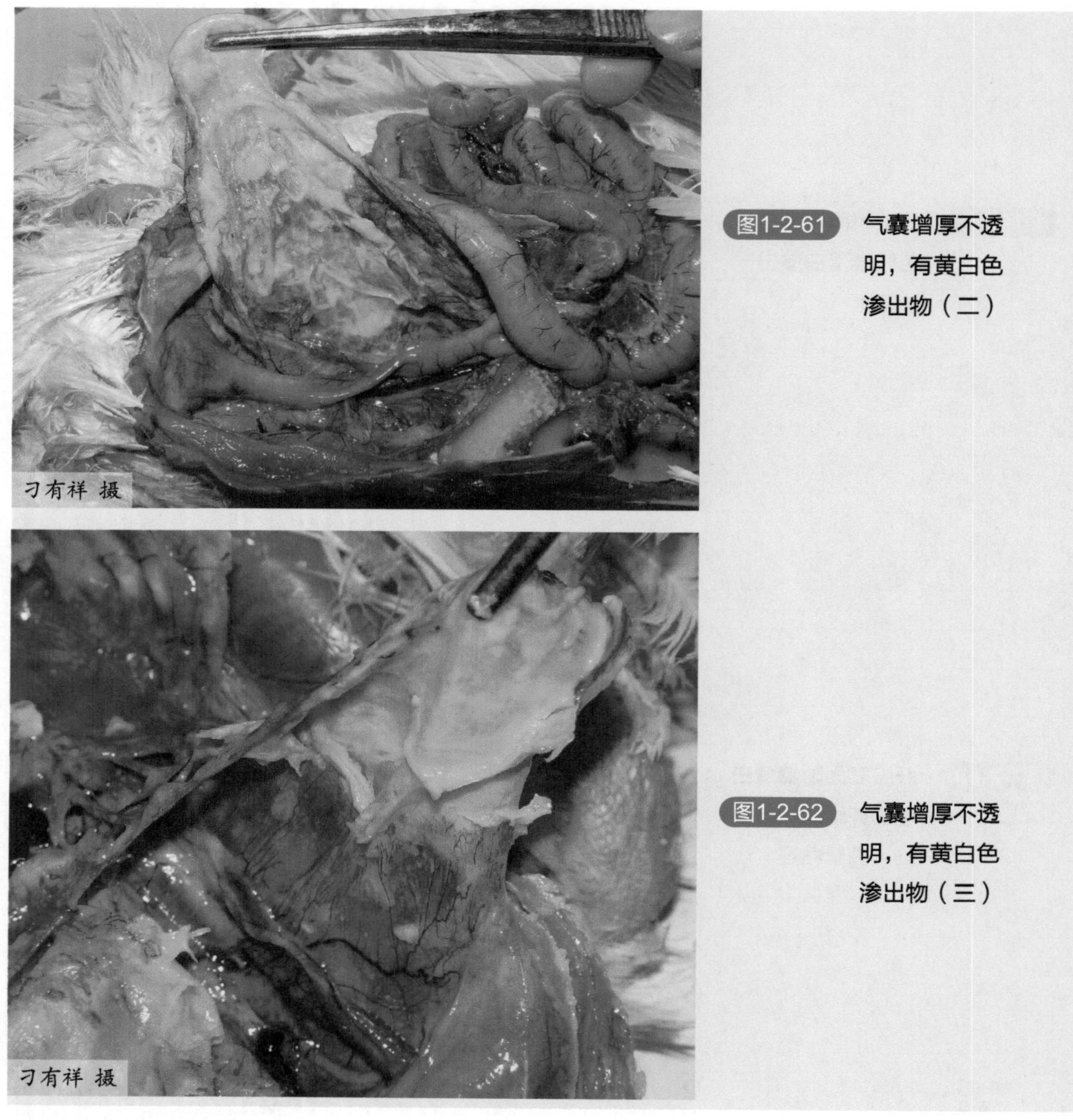

图1-2-61 气囊增厚不透明，有黄白色渗出物（二）

图1-2-62 气囊增厚不透明，有黄白色渗出物（三）

（4）纤维素性心包炎　表现为心包膜混浊、增厚，心包腔中有脓性分泌物，心包膜及心外膜上有纤维蛋白附着，呈白色。严重者心包膜与心外膜粘连（图1-2-63、图1-2-64）。

（5）关节炎　多见于跗关节和指关节，表现为关节肿大，关节腔中有纤维蛋白渗出或有混浊的关节液（图1-2-65）。

（6）全眼球炎　单侧或双侧眼肿胀，有干酪样渗出物，眼结膜潮红，严重者失明（图1-2-66）。

（7）输卵管炎　产蛋鸡感染大肠杆菌时，常发生输卵管炎，其特征是输卵管高度扩张，内有异形蛋样渗出物，表面不光滑，切面呈轮层状，输卵管膜充血、增厚（图1-2-67、图1-2-68）。幼龄鸡也会发生输卵管炎，管腔中有柱状的渗出物（图1-2-69、图1-2-70）。

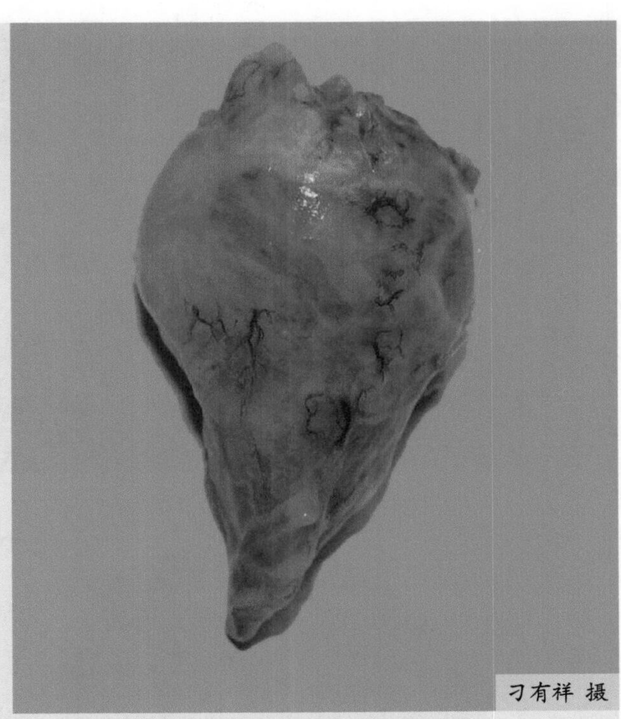

图1-2-63 心外膜有黄白色纤维蛋白渗出

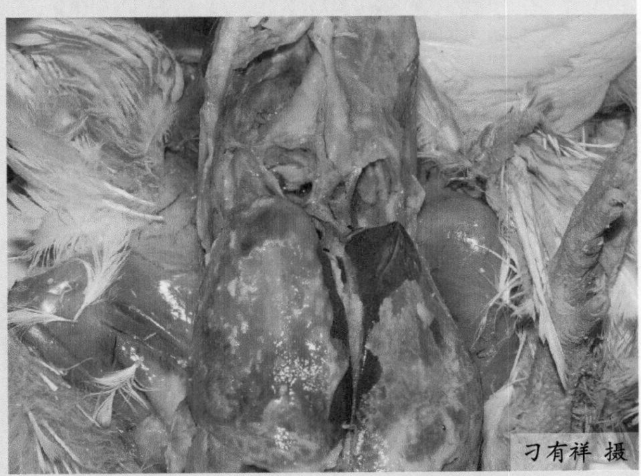

图1-2-64 肝脏表面有黄白色渗出物，心外膜有黄白色纤维蛋白渗出，心包膜与心外膜粘连，心脏呈黄白色

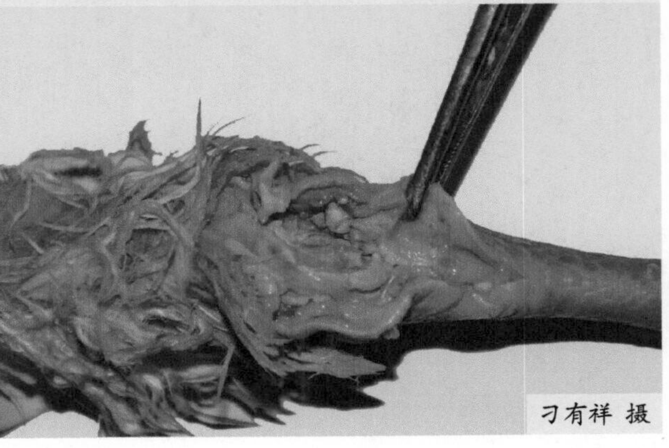

图1-2-65 关节腔中有黄白色渗出物

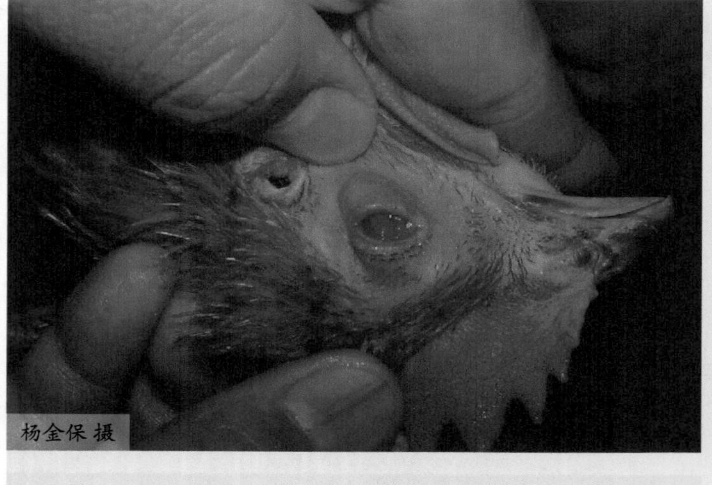

图1-2-66 眼结膜潮红

图1-2-67 输卵管扩张，内有大小不一的渗出物

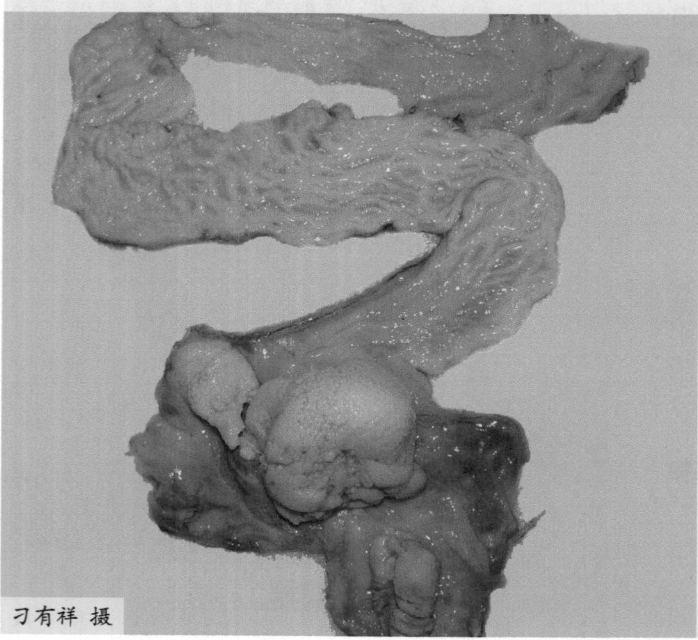

图1-2-68 输卵管内有黄白色干酪样渗出物

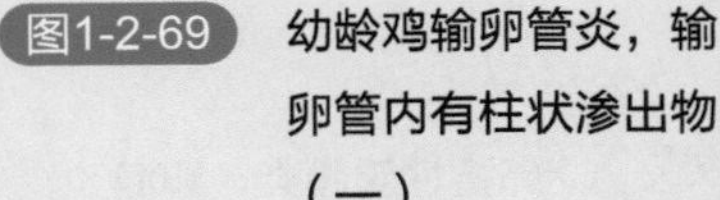

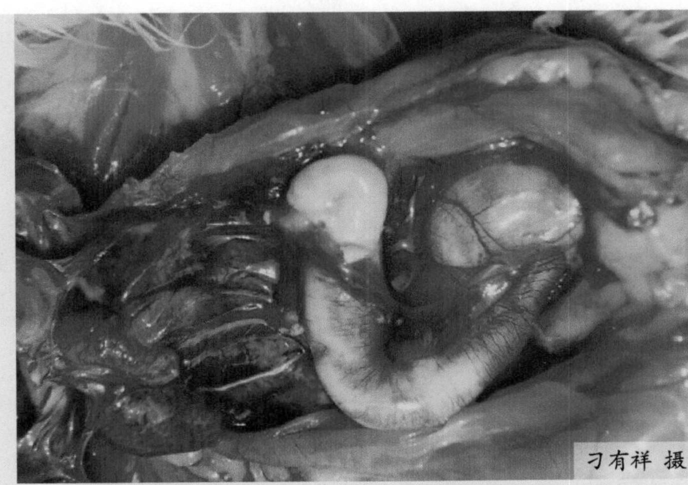

图1-2-69 幼龄鸡输卵管炎，输卵管内有柱状渗出物（一）

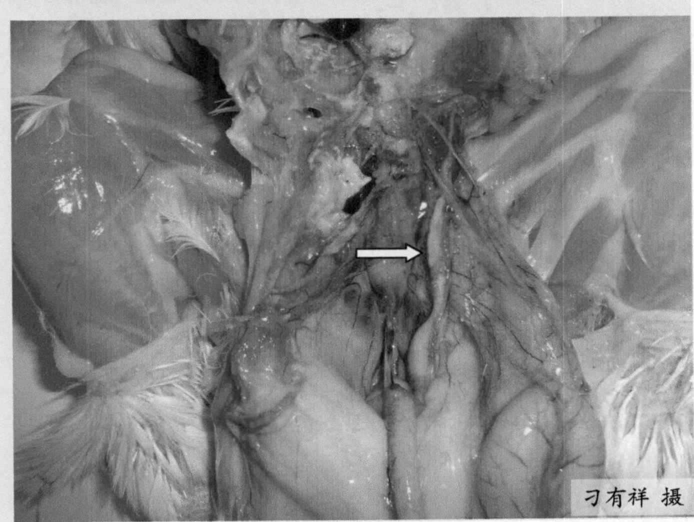

图1-2-70 幼龄鸡输卵管炎，输卵管内有柱状渗出物（二）

（8）卵黄性腹膜炎　由于卵巢、卵泡和输卵管感染，进一步发展成为广泛的卵黄性腹膜炎，故大多数病鸡往往突然死亡（图1-2-71、图1-2-72）。

（9）肉芽肿　侵害雏鸡与成年鸡，以心脏、肠系膜、胰脏、肝脏和肠管多发。眼观，在这些器官可发现粟粒大的肉芽肿结节（图1-2-73），肠系膜除散发肉芽肿结节外，还常因淋巴细胞与粒性细胞增生、浸润而呈油脂状肥厚，结节的切面呈黄白色，略现放射状，环状波纹或多层性。

（10）鸡胚与幼雏早期死亡　由于蛋壳被粪便沾污或产蛋母鸡患有大肠杆菌性卵巢炎或输卵管炎，致使鸡胚卵黄囊被感染，故鸡胚在孵出前，尤其是临出壳时即告死亡。受感染的卵黄囊内容物，从黄绿色黏稠物质变为干酪样物质，或变为黄棕色水样物（图1-2-74）。严重的也会出现心包炎、肝周炎、气囊炎等（图1-2-75）。

（11）其他　病鸡剖检时也会出现皮下蜂窝织炎、纤维素性胸膜肺炎（图1-2-76～图1-2-78）。

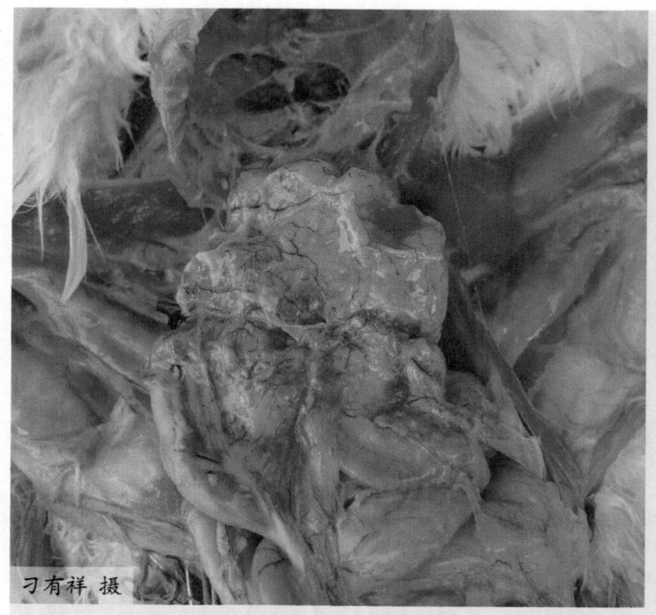

图1-2-71　卵黄性腹膜炎，卵泡破裂，卵黄凝固

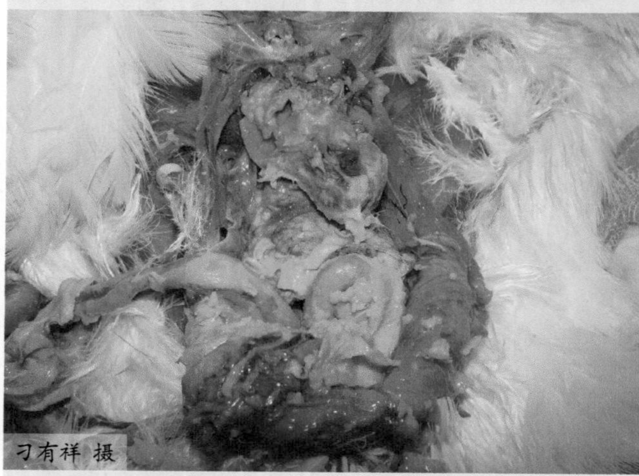

图1-2-72　卵黄性腹膜炎，卵泡破裂，腹腔中充满凝固的卵黄

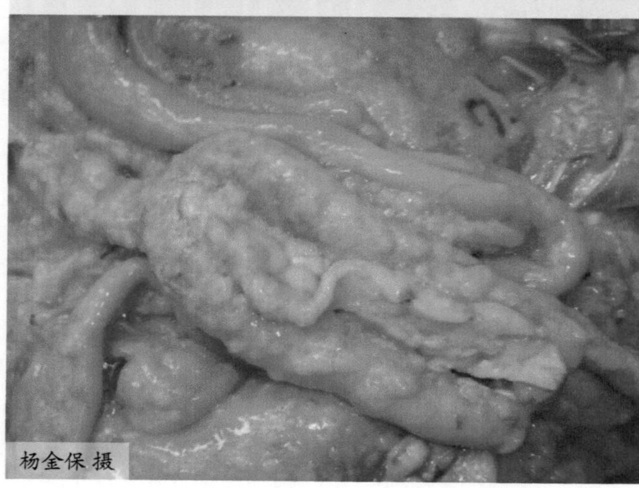

图1-2-73　胰脏、肠道黄白色肉芽肿

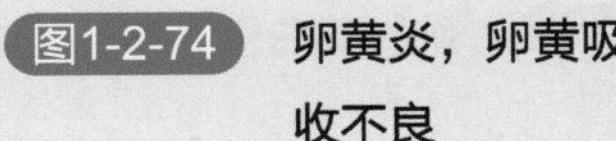
图1-2-74 卵黄炎，卵黄吸收不良

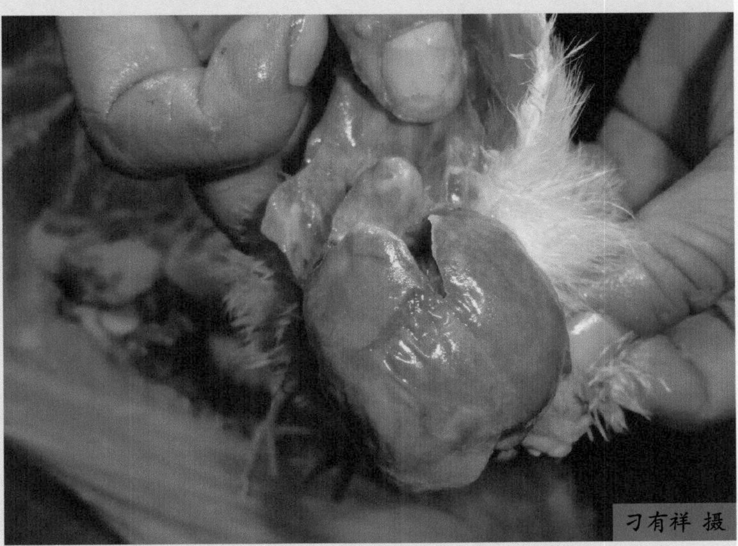

图1-2-75 幼龄鸡的心包炎、肝周炎

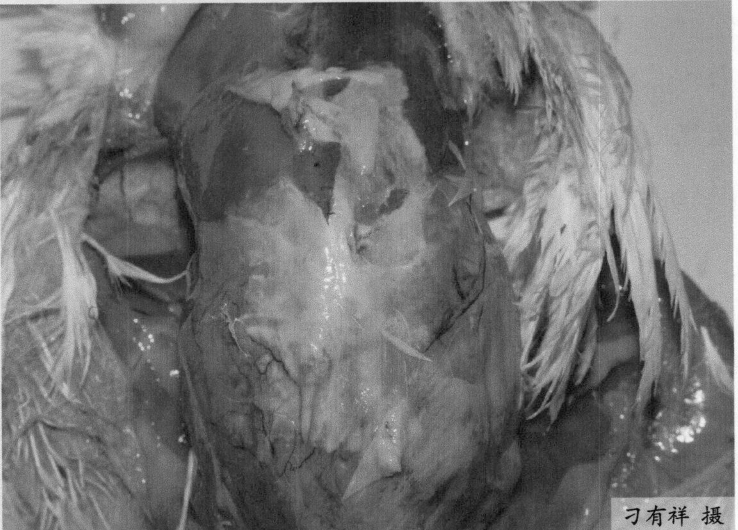

图1-2-76 皮下有黄白色纤维蛋白渗出

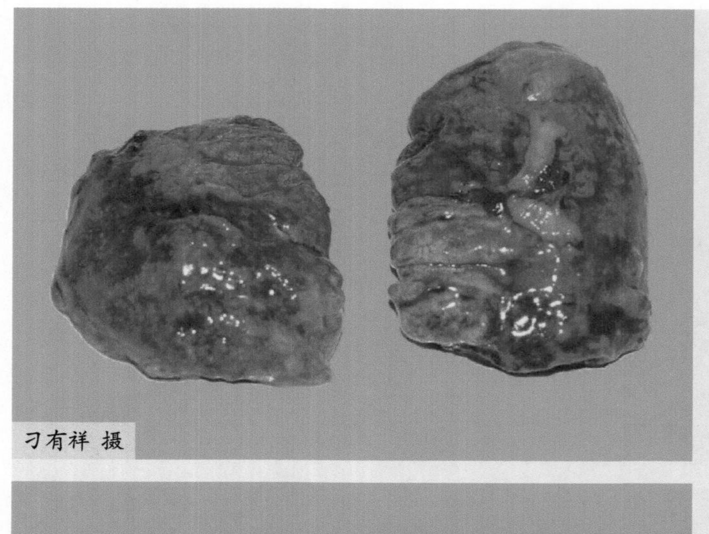

图1-2-77 肺脏黄白色坏死

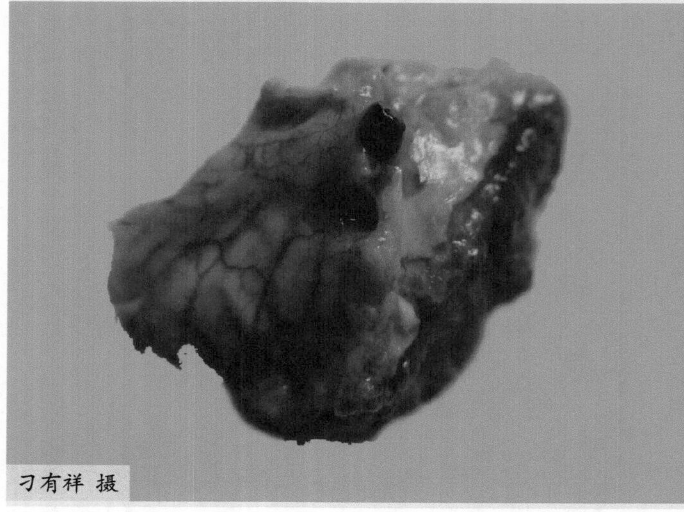

图1-2-78 肺脏表面渗出的黄白色纤维蛋白

【诊断】

根据本病的流行特点、症状及病理变化可作出初步诊断，但确诊需进行细菌的分离鉴定和血清学试验。

【预防】

（1）加强饲养管理　加强卫生是预防大肠杆菌病的关键。大肠杆菌病是条件性致病菌引起的一种疾病，该病的发生与外界各种应激因素有关，防制的原则首先应该改善饲养环境条件，加强对鸡群的饲养管理，改善鸡舍的通风条件，认真落实鸡场卫生防疫措施，控制支原体等呼吸道疾病的发生。加强种蛋的收集、存放和孵化的卫生消毒管理。做好常见病的预防工作，减少各种应激因素，避免诱发大肠杆菌病的流行与发生，特别是育雏期保持舍内的温度，防止空气及饮水的污染，定期进行鸡舍的带鸡消毒，在育雏期适当地在饲料中添加抗生素，有利于控制本病的暴发。

（2）免疫接种　近年来国内外采用大肠杆菌多价氢氧化铝苗、蜂胶苗和多价油佐剂苗，取得了较好的预防效果。从应用的实践来看，采用本地区发病鸡群的多个毒株，或本场分离菌株制成的疫苗，使用效果较好，这主要是与大肠杆菌血清型较多有关。

【治疗】

（1）抗生素类　新霉素、安普霉素、强力霉素、氟苯尼考等拌料或饮水，连用4～5天；头孢类药物也有较好的治疗效果。或0.01%～0.02%氟甲砜霉素拌料，连用3～5天。

（2）喹诺酮类　环丙沙量0.01%饮水，连用4～5天。

20.葡萄球菌病

禽葡萄球菌病（S taphylococcosis）是主要由金黄色葡萄球菌（*Staphylococcus aureus*）引起的人、畜、禽共患传染病。本病主要侵害肉鸡，造成急性死亡，多发生于炎热季节。

【病原】

葡萄球菌属于微球菌科、葡萄球菌属，为革兰氏阳性球菌，老龄培养物（培养时间超过24小时）可呈革兰氏染色阴性；无鞭毛，无荚膜，不产生芽孢，固体培养物涂片呈典型的葡萄串状，在液体培养基或病料中菌体成对或呈短链状排列（图1-2-79）。

葡萄球菌为兼性厌氧菌，营养要求不高，在普通培养基上即可生长，培养24小时形成直径1～3毫米的圆形、光滑型菌落；培养时间稍长后，依菌株不同，可产生金黄色或白色色素。一般在22℃，或在固体培养基中含有糖或血清等产生的色素较多。在血液平板培养基上生长旺盛，形成的菌落较大，产溶血素的菌株在菌落周围出现β溶血环，在麦康凯培养基上不生长（图1-2-80）。

葡萄球菌氧化酶阴性，过氧化氢酶阳性，还原硝酸盐；不产生吲哚，发酵糖类产酸不产气，多数能发酵葡萄糖和麦芽糖，致病菌株多能分解甘露醇；V-P试验阳性并能液化明胶。

葡萄球菌属约有20个种，其中金黄色葡萄球菌是对家禽有致病力的重要的一个种。金黄色葡萄球菌细胞壁中含有一种能与免疫球蛋白的Fc片段发生非特异性反应的蛋白-A（可能与毒力有关）。其他与致病性和毒力有关的因子包括透明质酸酶（扩散因子）、脱氧核糖核酸酶、溶纤维蛋白酶、脂酶、蛋白酶、溶血素、杀白细胞素、皮肤坏死素、表皮脱落素以及肠毒素等。

葡萄球菌的抵抗力极强，在固体培养基上或脓性渗出物中可长时间存活。对干燥、热、9%氯化钠都有抵抗力，因此，可以用高盐（7.5%NaCl）培养基从污染严重的临床病料中分离金黄色葡萄球菌。在干燥的脓汁或血液中可存活数月，反复冷冻30次仍能存活。70℃加热1小时，80℃加热30分钟才能杀死，煮沸可迅速死亡。消毒药物中，以石炭酸效果较好，3%～5%石炭酸10～15秒，70%乙醇数分钟有较好的消毒效果。

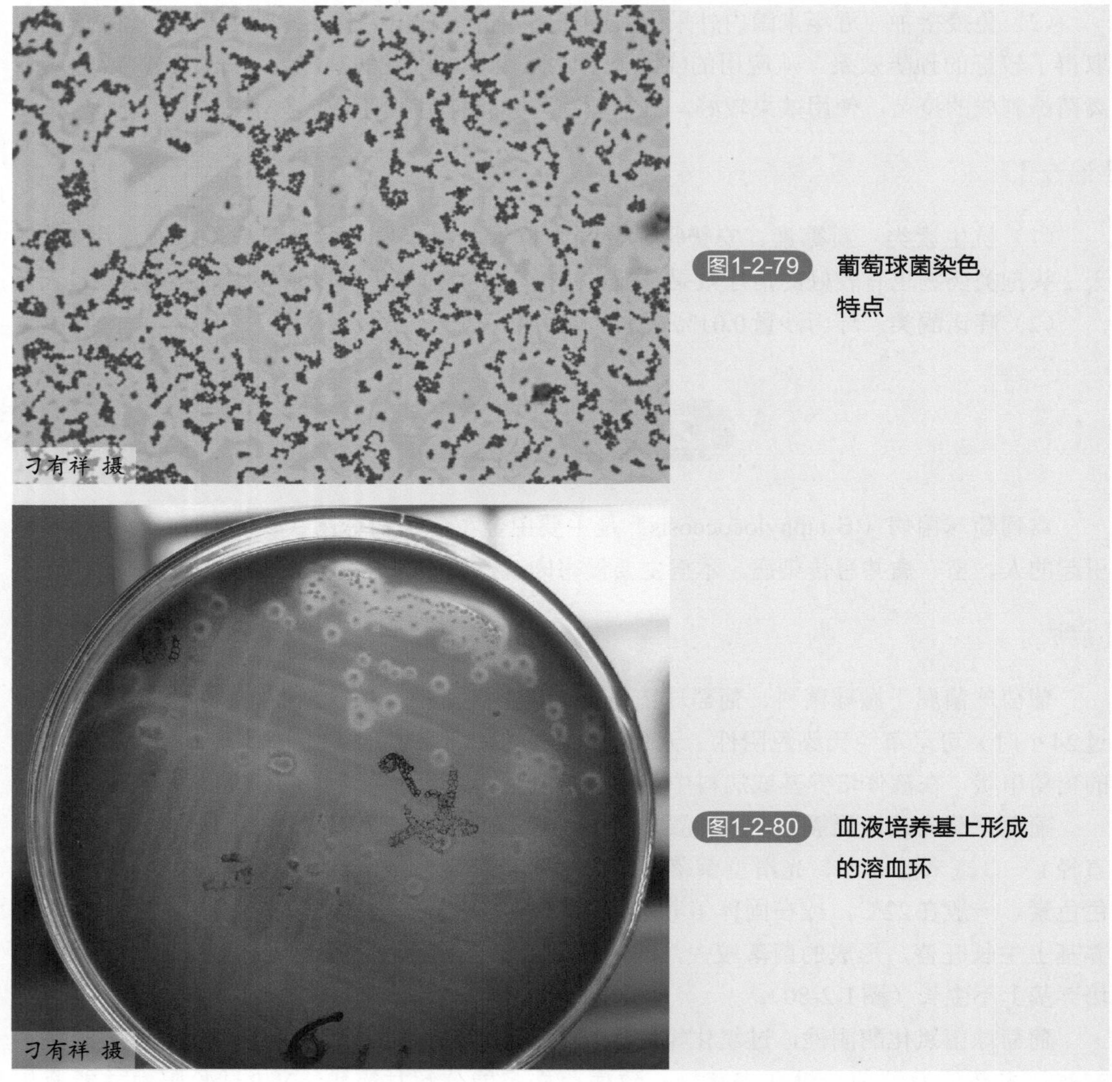

图1-2-79 葡萄球菌染色特点

图1-2-80 血液培养基上形成的溶血环

【流行特点】

金黄色葡萄球菌在自然界分布很广，所有禽类都可感染，尤其是鸡和火鸡。鸡中以肉鸡最易感。各种日龄的鸡均可感染，但发病以40～60日龄的鸡最多，成年鸡发病较少。鸡对葡萄球菌的易感性，与表皮或黏膜创伤的有无、机体抵抗力的强弱、葡萄球菌污染的程度，以及鸡所处的环境有密切关系。创伤是主要的传染途径，但也可以通过消化道和呼吸道传播，雏鸡脐带感染也是常见的途径。某些疾病或人为因素是引发葡萄球菌病的诱因，如刺种鸡痘、带翅号、断喙、刺种免疫、网刺、刮伤和扭伤、啄伤、脐带感染、感染鸡痘、饲养管理不良（如拥挤、通风不良、饲料单一、缺乏维生素及矿物质）等。免疫系统由于传染性法氏囊病或马立克氏病等的病毒感染而遭到破坏，容易发生败血性葡萄球菌病，并导致感染鸡急性死亡。

【症状】

（1）急性败血型　病鸡精神不振或沉郁，不爱跑动，常呆立一处或蹲伏，两翅下垂，缩颈，眼半闭呈嗜睡状。羽毛蓬松零乱，无光泽。饮、食欲减退或废绝。部分病鸡下痢，排出灰白色或黄绿色稀粪。较为特征的症状是胸腹部（甚至波及嗉囊周围）、大腿内侧皮下浮肿，潴留数量不等的血样渗出液，外观呈紫色或紫褐色，有波动感，局部羽毛脱落，或用手一摸即可掉脱（图1-2-81～图1-2-85）。有的病鸡可见自然破溃，流出茶色或暗红色液体，周围羽毛被沾污，局部污秽，有的鸡在翅膀背侧及腹面、翅尖、尾、脸、背及腿等不同部位的皮肤出现大小不等的出血、炎性坏死，局部干燥结痂，暗紫色，无毛。早期病例局部皮下湿润，暗紫红色，溶血，糜烂。这些症状多发生于中雏，病鸡在2～5天死亡，急性者1～2天死亡。有时在急性病鸡群中也可见到关节炎症状的病鸡。

（2）关节炎型　病鸡可见多个关节肿胀，特别是趾、指关节，呈紫红或紫黑色，有的见破溃，并结成污黑色痂。有的趾尖发生坏死，呈黑紫色（图1-2-86～图1-2-88）。

图1-2-81　病鸡头部羽毛脱落，皮下出血

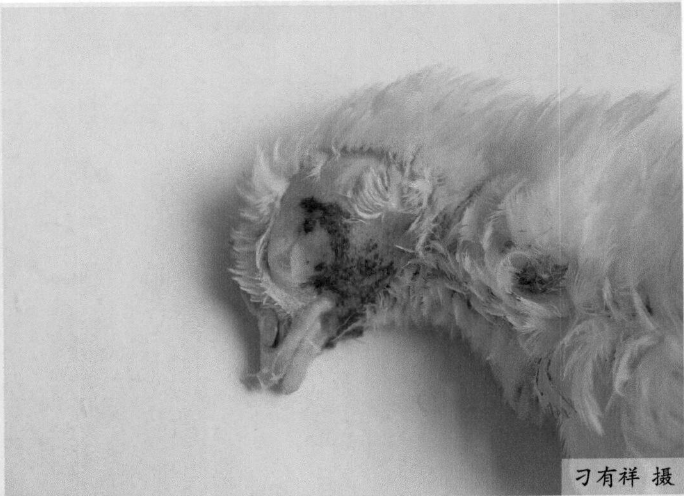

刁有祥 摄

图1-2-82　病鸡胸腹部、翅膀羽毛脱落，皮肤呈紫褐色

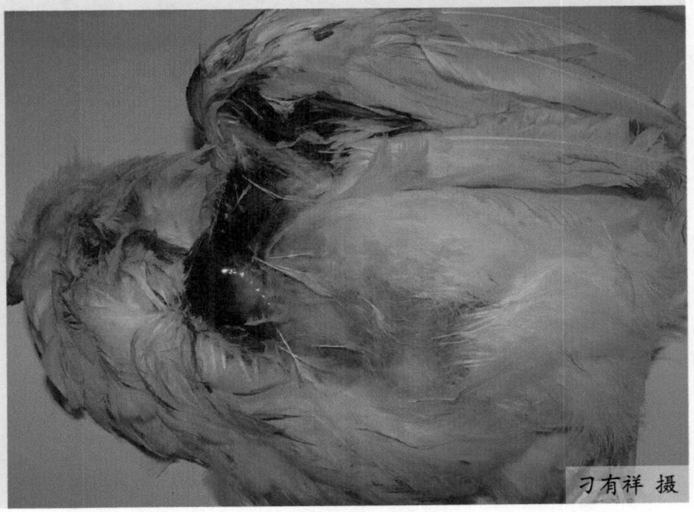

刁有祥 摄

（3）脐炎型　除一般病状外，病鸡可见脐部肿大，局部呈黄红、紫黑色，质地稍硬，间有分泌物。常称为“大肚脐”。脐炎病鸡在出壳后2～5天死亡。

（4）眼病型　表现为上下眼睑肿胀，闭眼，有脓性分泌物，并见有肉芽肿，病久者眼球下陷，有的失明，有的见眶下窦肿胀。最后病鸡饥饿，被踩踏，衰竭死亡。

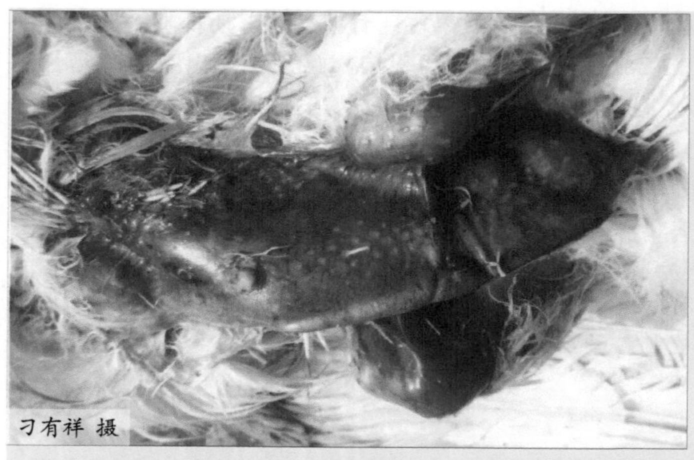
刁有祥 摄

图1-2-83 病鸡胸腹部羽毛脱落，皮肤呈紫褐色

刁有祥 摄

图1-2-84 病鸡翅膀溃烂，羽毛脱落，暗紫红色

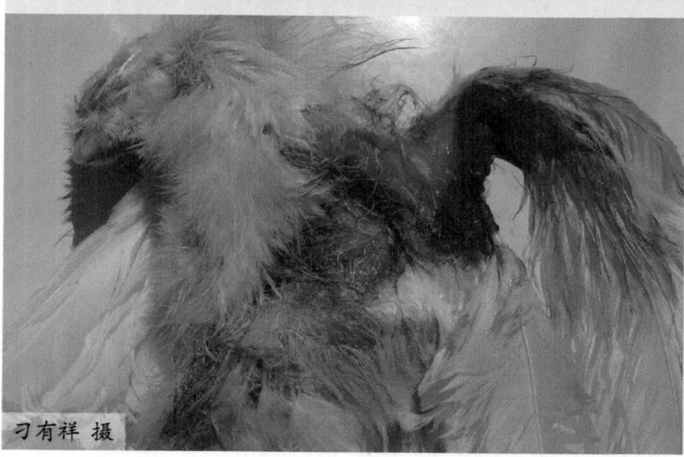
刁有祥 摄

图1-2-85 病鸡翅膀皮肤溃烂，暗紫红色

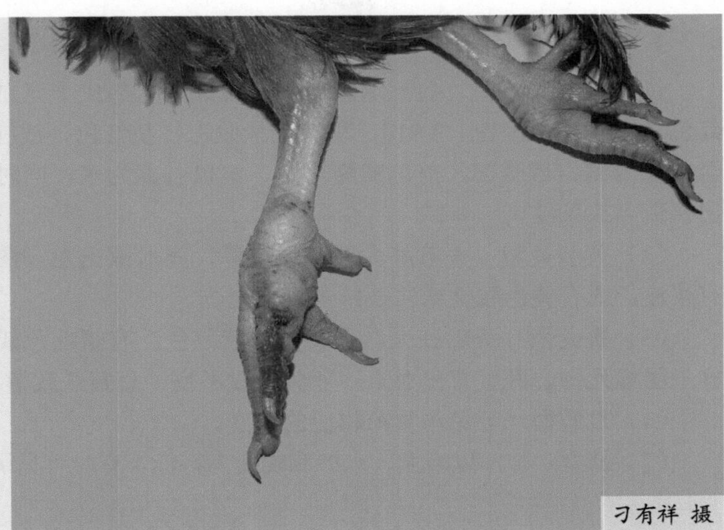

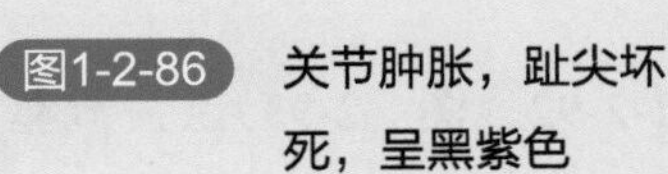

图1-2-86　关节肿胀，趾尖坏死，呈黑紫色

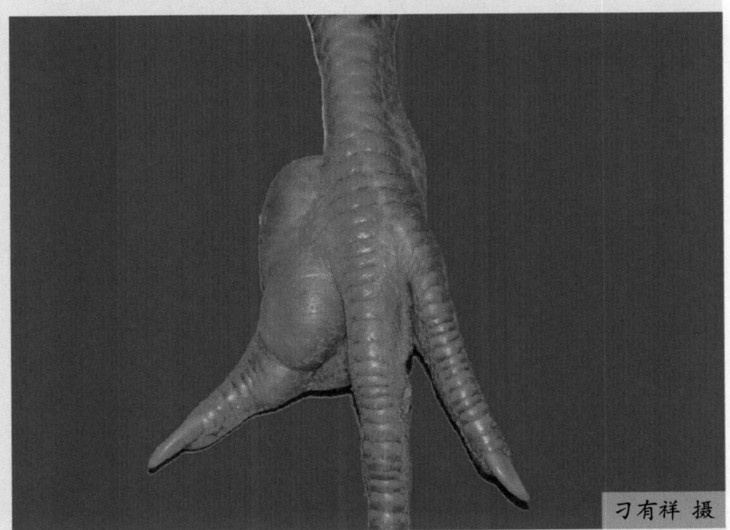

图1-2-87　局部皮肤化脓、肿胀

图1-2-88　爪部皮肤出血，呈紫黑色

【病理变化】

（1）急性败血型　病死鸡整个胸、腹部、腿部皮下充血、溶血，呈弥漫性紫红色或黑红色（图1-2-89～图1-2-91），积有大量胶冻样粉红色、浅绿色或黄红色水肿液，水肿可延至两腿内侧、后腹部，前达嗉囊周围，但以胸部为多。同时，胸腹部甚至腿内侧见有散在出血斑点或条纹。

（2）关节炎型　关节肿大，滑膜增厚，充血或出血（图1-2-92、图1-2-93），关节囊内有浆液，或有黄色脓性或浆性纤维素渗出物。

（3）脐炎型　脐部肿大，呈紫红或紫黑色，有暗红色或黄红色液体，时间稍久则为脓样干固坏死物。肝脏有出血点。卵黄吸收不良，呈黄红或黑灰色，液体状或内混絮状物。

（4）眼病型　可见与生前相应的病变。

（5）肺型　肺部以瘀血、水肿和实变为特征，有时可见黑紫色坏疽样病变（图1-2-94）。

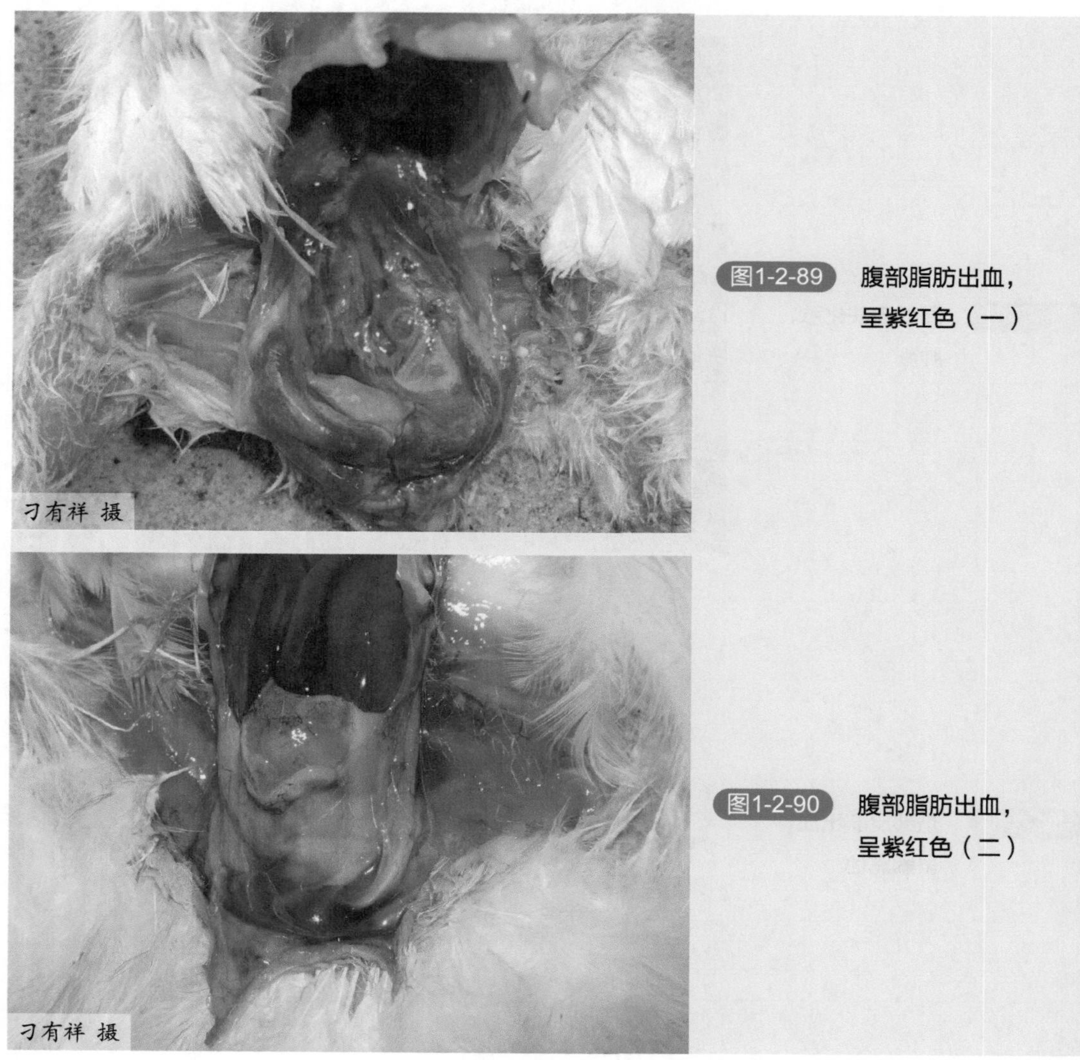

图1-2-89　腹部脂肪出血，呈紫红色（一）

图1-2-90　腹部脂肪出血，呈紫红色（二）

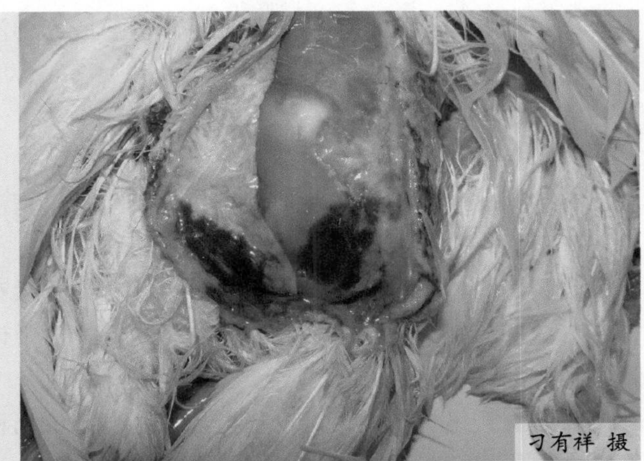

图1-2-91 胸部皮肤皮下出血

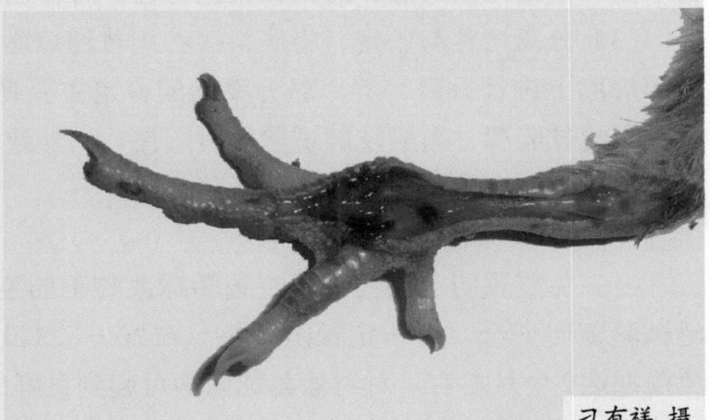

图1-2-92 腿部皮肤皮下出血，呈紫红色

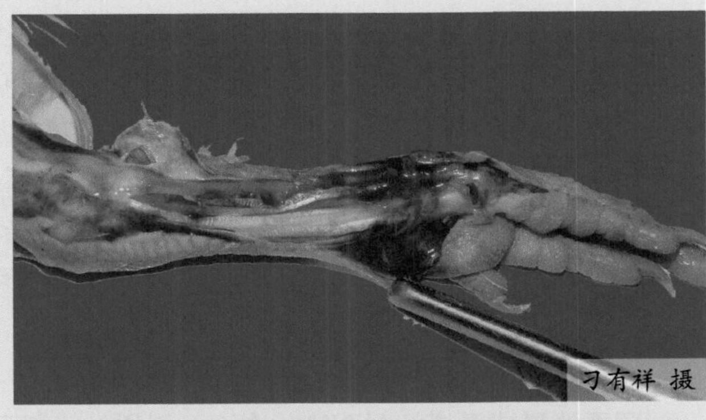

图1-2-93 关节肿大，皮下出血

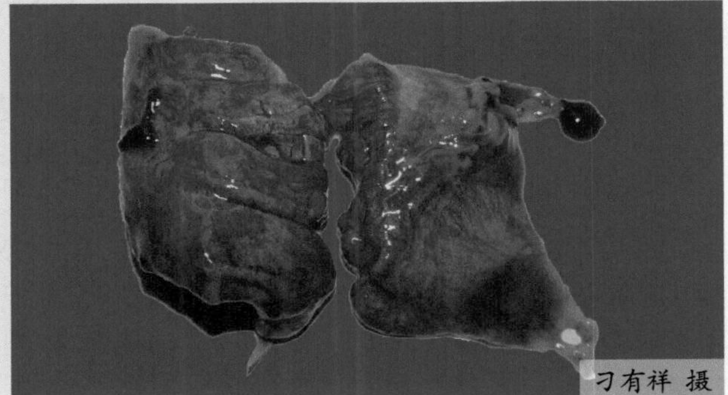

图1-2-94 肺脏出血

（6）葡萄球菌死胚　枕下部皮下水肿，胶冻样浸润，色泽不一，杏黄或黄红色，甚至粉红色；严重者头部及胸部皮下出血。

【诊断】

鸡葡萄球菌病的诊断主要根据发病特点、发病症状及病理变化作出初步诊断，最后确诊还需要结合实验室检查来综合诊断。

（1）病料的采集与处理　对有特征症状或死后有可疑病变的病死鸡，常采集皮下渗出液、肝、脾、关节腔渗出液、雏鸡卵黄囊等。由于该菌抵抗力较强，在病料的运送过程中不需特殊的保护措施。

（2）直接镜检　根据不同病型采取病变部位病料涂片、染色、镜检，可见到大量的葡萄球菌，根据细菌形态、排列和染色特性，可作出初步诊断。

（3）分离培养与鉴定　将病料接种到普通琼脂培养基、5%绵羊血液琼脂平板和高盐甘露醇琼脂上进行分离培养。对分离物的鉴定主要是致病性的鉴定，致病的金黄色葡萄球菌其凝固酶试验和甘露醇发酵试验均呈阳性。而非致病的葡萄球菌均为阴性。

【预防】

（1）免疫预防　国内用于鸡葡萄球菌防制的疫苗有油乳剂菌苗和氢氧化铝菌苗，经广泛试验证明安全，有一定预防效果。在20～25日龄（新城疫二免前后）免疫接种，保持免疫期达2个月左右，对鸡葡萄球菌病可起到良好的预防效果。

（2）卫生管理措施　葡萄球菌是环境中广泛存在的细菌，因此可以通过加强卫生管理来有效防预本病。饲料中要保证合适的营养物质，特别是要供给足够的维生素制剂和矿物质；保持良好通风和适当干燥，避免拥挤；防止和减少外伤发生，消除鸡笼、用具等的一切尖锐物品，适时断喙，防止互啄，适时接种鸡痘疫苗，防止鸡痘发生，在断喙、带翅号、免疫接种时要做好消毒工作，以避免葡萄球菌感染。做好鸡舍、用具和饲养环境的清洁、卫生及消毒工作，以减少或消除传染源，降低感染机会。注意种蛋、孵化器及孵化过程和工作人员的清洁、卫生和消毒工作，防止污染葡萄球菌，引起鸡胚、雏鸡感染或发病。

【治疗】

环丙沙星或恩诺沙星0.01%饮水，连用4～5天。

21. 结核病

禽结核病（Tuberculosis）是由禽结核杆菌（Mycobacterium tuberculosis）引起的一种慢性接触性传染病。本病的特征是慢性经过，在多种组织器官形成肉芽肿和干酪样、钙化结节；鸡群一旦被传染则长期存在，难以治愈、控制和消灭；造成严重的生产能力下降，甚至最后死亡。

【病原】

禽结核杆菌是分支杆菌属的抗酸性菌，就一般性状而言，与人型和牛型结核杆菌相似，但可根据其致病性不同，通过动物试验将其区分开来。禽结核杆菌为需氧菌，在37～45℃环境下均可生长，但最适培养温度为39～45℃。若在含5%～10%二氧化碳的环境下，则可促进其生长。

初次分离本菌，需特殊酸性培养基，培养基中有无甘油均可适应其生长。但如果培养基中含有甘油则可形成较大的菌落。常用的培养基如Lowenstein Jensen氏浓蛋培养基或蛋黄琼脂培养基均可用于禽结核杆菌的分离培养。

试验表明，细菌的毒力与菌落形成的特征存在着密切关系。光滑、透明菌落的纯培养物对鸡有毒力；而光滑、圆形的变异菌或粗糙的菌落，则对鸡无毒力。禽结核杆菌在培养基上随光滑透明到圆顶形菌落的变化而逐渐失去毒力

【流行特点】

所有的禽类都可感染禽结核杆菌，家禽中以鸡最易感，此外，火鸡、鸭、鹅和鸽子等均可患结核病。病鸡肺空洞形成、气管和肠道的溃疡性结核病变，可经粪和呼吸道排出大量禽结核杆菌，是结核病最重要的传播来源。患病鸡所产的蛋也可能是传播禽结核杆菌的来源之一。被病鸡分泌物和排泄物中的禽结核杆菌污染的周围环境，如土壤、垫料、用具、禽舍，以及饲料、饮水等，是本病传给健康动物最重要的因素。人可通过被其污染的鞋将致病菌从一个地方传播到另一个地方。

结核病的传播途径主要是呼吸道和消化道，呼吸道传染主要是通过禽结核杆菌污染的空气造成空气传染或飞沫传染；消化道传染则是病禽的分泌物、粪便污染饲料、饮水，被健康禽摄取而引起。此外，还可发生皮肤伤口传染，鸡只间的互相争啄在本病的传播中也可能起到一定的作用。被污染的种蛋可使鸡胚传染，但在本病传播中不起重要作用，其他环境条件（如鸡群的饲养管理条件、气候因素等）也可促进本病的发生和流行。

【症状】

本病的病情发展缓慢，感染早期通常无明显临床症状。当病情发展到一定程度时，病鸡表现为精神沉郁，虽饮食欲良好，但病鸡呈现明显的进行性消瘦，体重减轻；全身肌肉萎缩，尤以胸肌最为明显，胸骨突出甚至变形。严重的病鸡脂肪消失，体形明显小于同群正常鸡。

病鸡羽毛蓬松，粗乱无光。鸡冠、肉髯和耳垂苍白贫血、变薄。有时鸡冠和肉髯呈现淡蓝或褪色。当感染侵害到肝脏时，可见有黄疸症状。无毛处皮肤显得异常干燥而无光泽。病鸡体温一般正常或偶有偏高。多数结核病鸡呈现肠道病变，若肠道有溃疡性病变时，会发生严重的腹泻、下痢，时好时坏。肠道功能的紊乱可引起机体极度虚弱，病鸡由于衰竭而呈现坐姿。当感染侵害腿骨骨髓时，病鸡呈现跛行，或以痉挛性跳跃式步态行走。当感染侵害到肱骨时，可表现一侧翅膀下垂。结核性关节炎可引起患鸡瘫痪。脑膜结核可见兴奋或抑制等神经症状，肺结核病鸡表现呼吸困难、咳嗽等。

【病理变化】

禽结核病的主要病变特征是在亲嗜的内脏器官（如肝、脾、肺、肠系膜、腹壁等）上形成不规则的浅灰黄色或灰白色、大小不等的结核结节（图1-2-95～图1-2-98）。结节坚硬，外面包裹一层纤维组织性的包膜，切开后可见到不同数量的黄色小病灶，或在其中心形成一柔软的黄色干酪样坏死区，通常不钙化。有时在肝、脾中可观察到部分周围的实质成分有淀粉样变性。结核结节也可在骨骼等部位形成（图1-2-99）。

【诊断】

（1）涂片和切片　采取典型的结核病变，制成涂片或组织切片，进行抗酸染色，如检查到有抗酸性结核杆菌，即可确诊为禽结核杆菌感染。

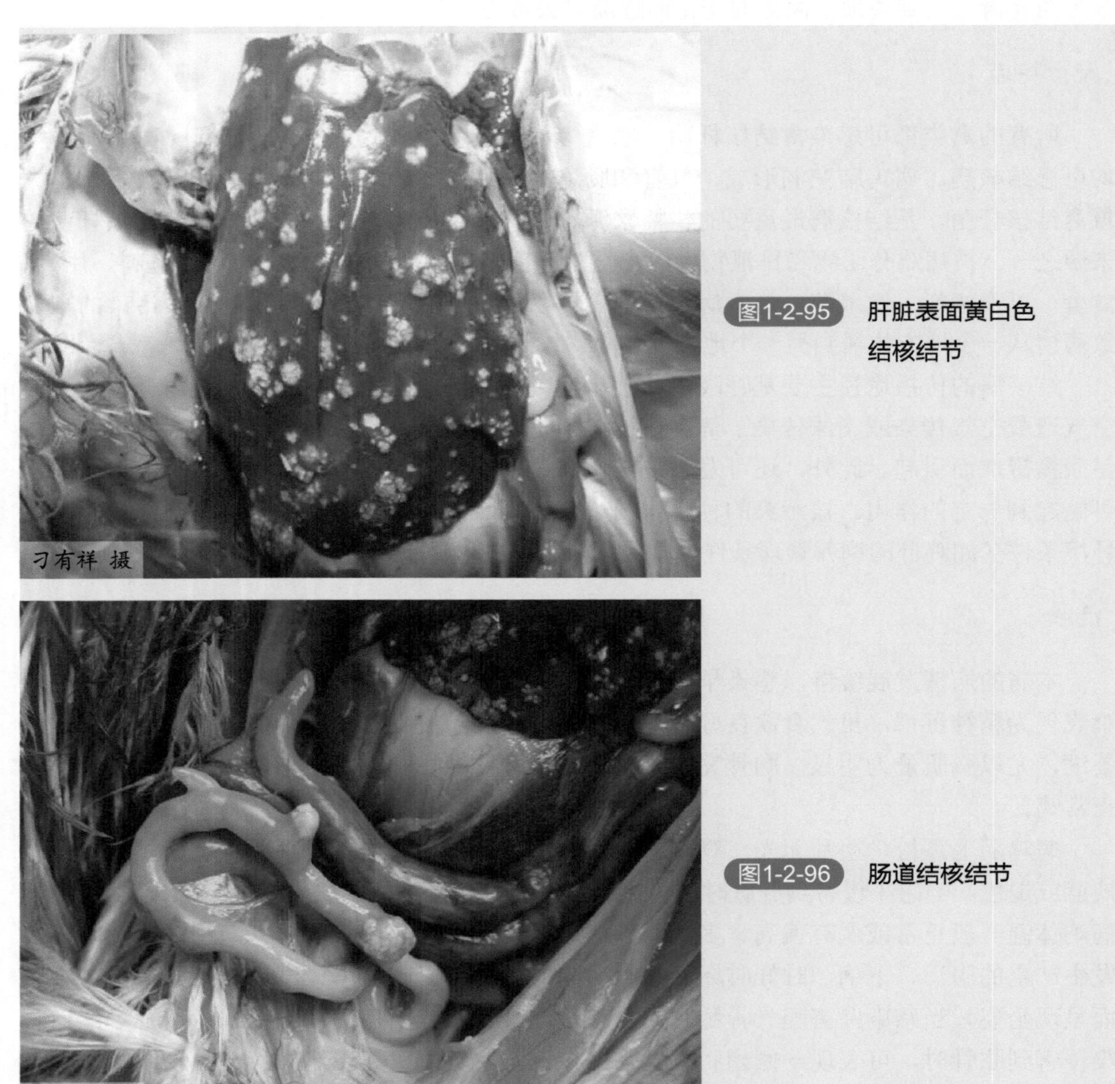

图1-2-95　肝脏表面黄白色结核结节

图1-2-96　肠道结核结节

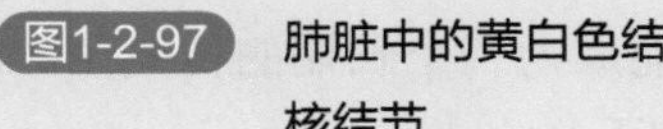

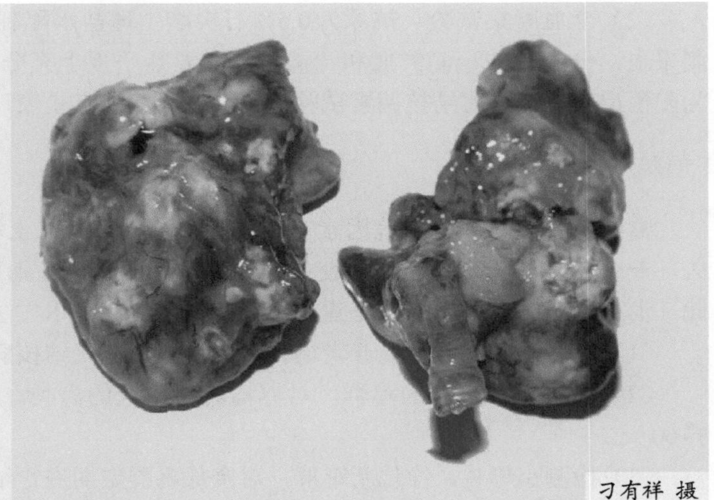

图1-2-97 肺脏中的黄白色结核结节

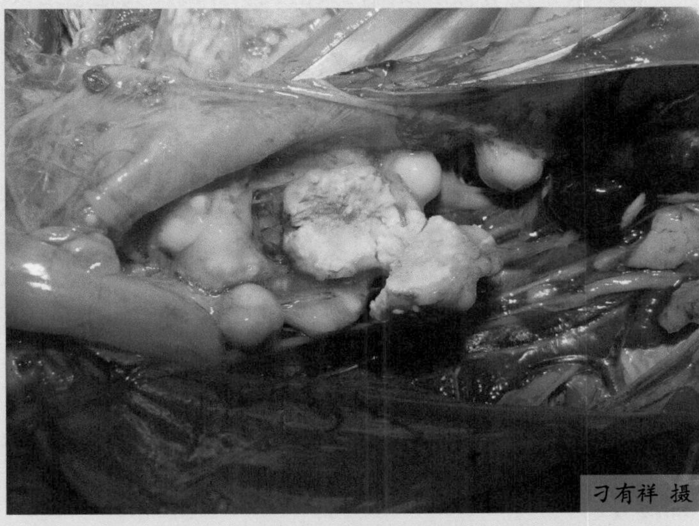

图1-2-98 腹壁上的黄白色结核结节

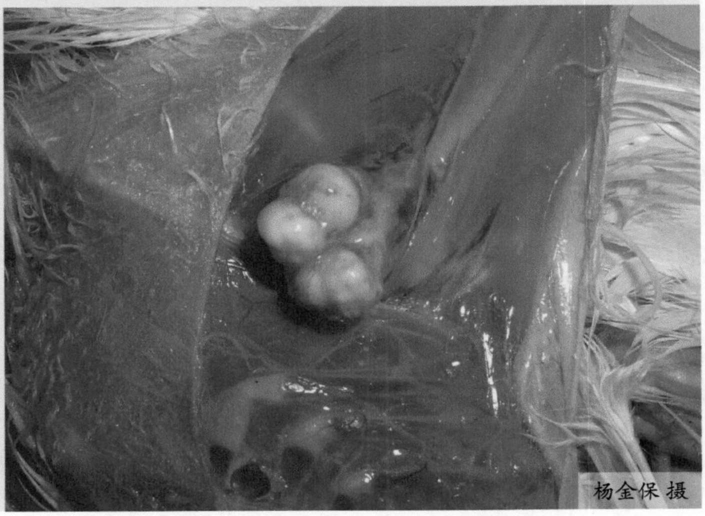

杨金保 摄

图1-2-99 髋关节结核结节

（2）全血凝集试验　抗原为0.5%石炭酸生理盐水配制的1%禽结核杆菌悬液。鸡冠穿刺采血，分别滴加一滴鲜血和一滴抗原在温热平板上充分混合，若在1分钟内出现凝集则为阳性反应。该法比结核菌素试验更为有效，其缺点是表现有假阳性反应。

【预防】

禽结核杆菌对外界环境因素有很强的抵抗力，其在土壤中可生存并保持毒力达数年之久，一个感染结核病的鸡群即使被全部淘汰，而其场舍则可能成为一个长期的传染源。因此，消灭本病的最根本措施是建立无结核病鸡群。基本方法如下。

（1）淘汰感染鸡群，废弃老场舍、老设备，在无结核病的地区建立新场舍。

（2）引进无结核病的鸡群。对养禽场新引进的禽类，要重复检疫2～3次，并隔离饲养60天。

（3）检测小母鸡，净化新鸡群，对全部鸡群定期进行结核检疫，以清除传染源。

（4）禁止使用有结核菌污染的饲料，淘汰其他患结核病的动物，消灭传染源。

（5）采取严格的管理和消毒措施，限制鸡群运动范围，防止外来感染源的侵入。

【治疗】

本病一旦发生，通常无治疗价值。但对价值高的珍禽类，可在严格隔离状态下进行药物治疗。

22.坏死性肠炎

坏死性肠炎（Necrotic enteritis）是由A型或C型产气荚膜梭状芽孢杆菌（*Clostridium perfringens*）引起的一种散发性疾病，主要引起鸡和火鸡的肠黏膜坏死。

【病原】

本病的病原为A型或C型产气荚膜梭状芽孢杆菌，又称魏氏梭菌。革兰氏染色阳性，长4～8微米、宽0.8～1微米，两端钝圆的粗短杆菌，单独或成双排列，在自然界中形成芽孢较慢，芽孢呈卵圆形，位于菌体中央或近端，在机体内形成荚膜。本菌的重要特点是没有鞭毛，不能运动，人工培养基上常不形成芽孢。其最适培养基为血液琼脂平板，37℃厌氧培养过夜，便能分离出产气荚膜梭状芽孢杆菌。该菌在血液琼脂上形成圆形、光滑的菌落，直径2～4毫米，周围有两条溶血环，内环完全溶血，外环不完全溶血（多用兔、绵羊血）。产气荚膜梭状芽孢杆菌能发酵葡萄糖、麦芽糖、乳糖和蔗糖，不发酵甘露醇，不稳定发酵水杨苷。主要糖发酵产物为乙酸、丙酸和丁酸。

A型产气荚膜梭状芽孢杆菌产生的α毒素，C型产气荚膜梭状芽孢杆菌产生的α、β毒素是引起感染鸡肠黏膜坏死这一特征性病变的直接原因，这两种毒素均可在感染鸡粪便中发现。试验证明由A型产气荚膜梭状芽孢杆菌肉汤培养物上清液中获得的α毒素可引起普通鸡及无菌鸡的肠病变。

本菌能形成芽孢，因此对外界环境有很强的抵抗力。其卵黄培养物在－20℃能存活16年，70℃能存活3小时，80℃存活1小时，而在100℃时仅能存活3分钟。

【流行特点】

本病主要自然感染2周至6月龄的鸡，以2～5周龄的地面平养肉鸡多发，3～6月龄的蛋鸡也可感染发病。正常鸡群的发病率为1.3%～37.3%，多为散发。产气荚膜梭状芽孢杆菌主要存在于粪便、土壤、灰尘、污染的饲料、垫草及肠内容物中。带菌鸡、病鸡及发病耐过鸡为重要传染源，被污染的饲料、垫料及器具对本病的传播起着重要的媒介作用。本病主要经消化道感染发病。球虫感染及肠黏膜损伤是引起本病发生的一个重要因素。此外，饲料中蛋白含量增加，滥用抗生素，高纤维性垫料或环境中产气荚膜梭状芽孢杆菌增多等各种内外应激因素的影响，均可促使本病的发生。

【症状】

自然病例表现严重的精神委顿、食欲减退、懒动、腹泻及羽毛蓬乱。临床经过极短，常呈急性死亡。严重者常见不到临床症状即已死亡，一般不表现慢性经过。

【病理变化】

病变主要在小肠后段，尤其是回肠和空肠部分，盲肠也有病变。肠壁脆弱、扩张、充满气体。肠黏膜上附着疏松或致密的黄色或绿色的假膜，有时可出现肠壁出血（图1-2-100）。病变呈弥漫性，并有病变导致的各种阶段性景象。实验感染病变显示，感染后3小时十二指肠及空肠呈现肠黏膜增厚、色灰；感染后5小时肠黏膜发生坏死，并随病程进展表现严重的纤维素性坏死，继之出现白喉样伪膜（图1-2-101）。

【诊断】

临床上可根据症状及典型的剖检及组织学病变做出诊断。进一步确诊可采用实验室方法进行病原的分离鉴定。自然病例的分离与培养，可用肠内容物、病变肠黏膜刮取物及出

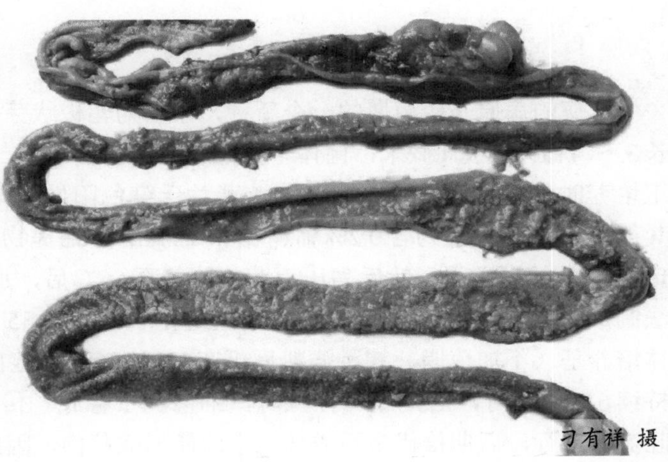

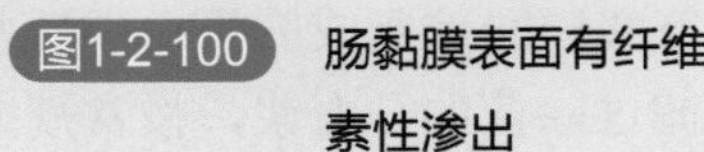

图1-2-100 肠黏膜表面有纤维素性渗出

刁有祥 摄

图1-2-101 肠黏膜表面有纤维素性渗出

血的淋巴样小结作为病料样本，新鲜病料样本划线接种血琼脂平板，37℃厌氧培养过夜，然后根据菌落生长状态、菌体特征及生化特性进行鉴定。

【预防】

加强饲养管理和环境卫生工作，避免密饲和垫料堆积，合理储藏饲料，减少细菌污染等，严格控制各种内外因素对机体的影响，可有效地预防和减少本病的发生。

【治疗】

泰乐菌素、林肯霉素、环丙沙星、恩诺沙星类药物等对本病具有良好的治疗和预防作用。

23. 溃疡性肠炎

溃疡性肠炎（Ulcerative enteritis，UE）是由鹑梭状芽孢杆菌（*Clostridium colinum*）引起的鹌鹑、雏鸡、小火鸡及高原狩猎鸟的一种急性细菌性传染病。其特征为突然发病和迅速大量死亡，呈世界分布。

【病原】

本病的病原是梭菌属的一个新种，命名为鹑梭状芽孢杆菌。鹑梭状芽孢杆菌外形杆状，长3～4微米，宽1微米，菌体平直或稍弯，两端钝圆，芽孢较菌体小，位于菌体近端，人工培养时仅少数菌体可形成芽孢，革兰氏染色阳性。本菌营养需要丰富，要求严格厌氧。其最适培养基首选为含0.2%葡萄糖和0.5%酵母抽提物的色氨酸磷酸琼脂或胰蛋白磷酸盐琼脂，调pH至7.2，然后高压灭菌，冷却至56℃后，加8%滤过除菌的马血浆，按常规方法制成平板。用肝脏病料按种，其最适生长温度为35～42℃，厌氧培养1～2天，在液体培养基（不加琼脂）接种病料后可在12～16小时检出，菌体生长旺盛阶段有气体产生，持续6～8小时，后期产气停止时，细菌沉于管底。传代应在液体培养基产气、菌体生长旺盛时进行，后期传代多不成功。本菌能形成芽孢，因此对外界环境有很强的抵抗力。

【流行特点】

大部分禽类都易感本病，鹌鹑最敏感，且实验室人工感染获得成功，其他多种禽类都可自然感染。该病常侵害幼龄禽类，4 ～ 19周龄鸡、3 ～ 8周龄火鸡、4 ～ 12周龄鹌鹑等幼龄禽类较易感，成年鹌鹑也可感染发病。本病常与球虫病并发，或继发于球虫病、再生障碍性贫血、传染性法氏囊病及应激之后。自然情况下，本病主要通过粪便传播，经消化道感染，易感禽误食被污染的饲料、饮水，或接触垫草而引起发病。发病恢复的禽或耐过带菌禽是主要传染源，而慢性带菌者是造成本病持续发生的重要因之一。一些昆虫或节肢动物可机械地散播本病。关于该病的潜伏期，人工感染鹌鹑后，急性者1 ～ 3天死亡。流行过程一般持续3周，死亡高峰一般在感染后5 ～ 14天。

【症状】

急性死亡者一般无明显临床症状，稍慢者可见精神沉郁，羽毛松乱逆立，排白色水样粪便。病程持续一周以上者，可见病禽无力、胸肌萎缩、消瘦。

【病理变化】

急性死亡的特征性病变为十二指肠出血性肠炎，肠壁可见小出血点。病程较长者在小肠、盲肠可出现坏死及溃疡灶，早期在肠黏膜和浆膜面可见到周边有出血环的黄色小坏死灶、溃疡灶，随溃疡增大，周边出血消失，溃疡呈凸起或粗糙的豆形或圆形，有时可融合成大的坏死斑。深层溃疡常引起肠穿孔而诱发腹膜炎及肠粘连（图1-2-102、图1-2-103）。

图1-2-102 肠黏膜表面大小不一的黄白色的坏死灶

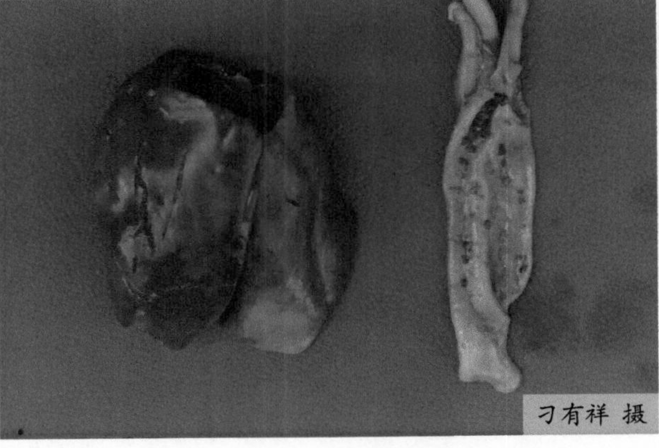

图1-2-103 肝脏肿大，有大小不一的黄白色坏死点，直肠黏膜有黄白色溃疡灶

肝脏肿大呈淡黄色，表面有散在的、大小不一的黄白色坏死斑点，边缘或中心部常有大片黄白色坏死区。脾脏充血、出血、肿大，呈紫黑色，表面常有出血斑点（图1-2-104、图1-2-105）。

【诊断】

根据症状以及肝脏坏死、肠道溃疡、脾脏肿大、出血可作出初步诊断，必要时可进行实验室诊断。

（1）组织压片　取坏死肝组织作压片，火焰固定，革兰氏染色后镜检，可见革兰氏阳性大杆菌，菌体内有内生芽孢，有时可见游离芽孢。

（2）病原分离和鉴定　用肝脏病料分离病原可获得纯培养物。在厌氧平板上可形成白色、圆形、凸起、半透明的菌落。菌体长3～4微米。在人工培养基上较少形成芽孢，芽孢呈卵圆形、位于偏端位置。有芽孢的菌体较无芽孢的菌体大且宽。

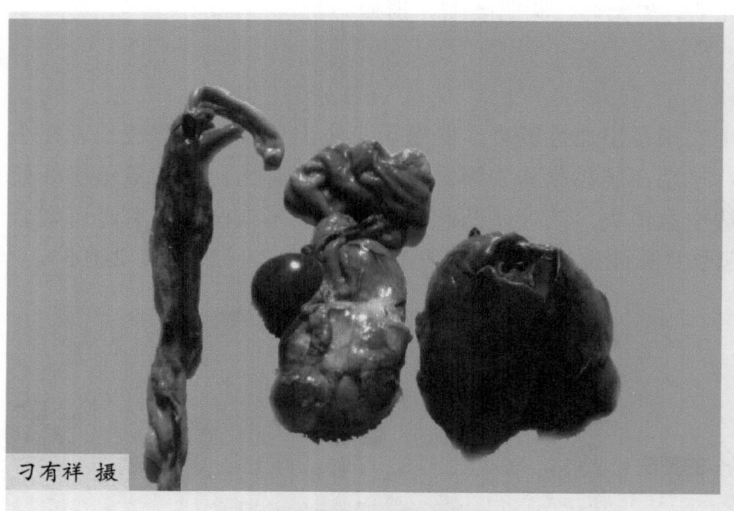

刁有祥 摄

图1-2-104　肝脏肿大，表面有大小不一的黄白色坏死点，脾脏肿大

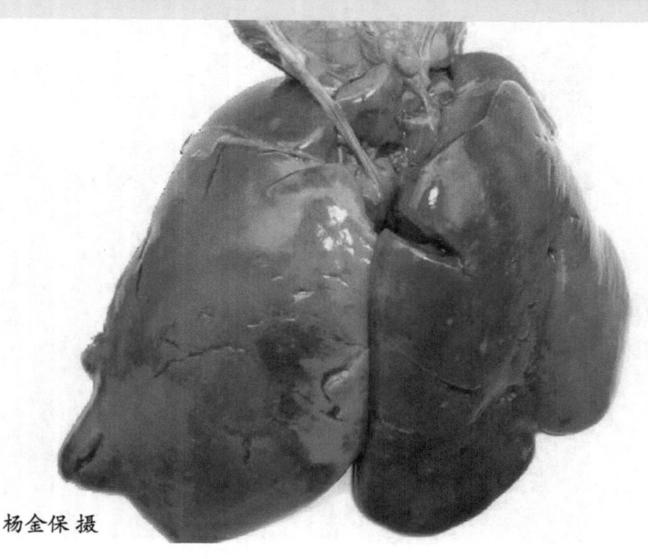

杨金保 摄

图1-2-105　肝脏肿大，表面有大小不一的黄白色坏死点和片状坏死

【预防】

葡萄球菌是环境中广泛存在的细菌，因此可以通过加强卫生管理来有效防预本病。

① 采用科学的饲养管理：鸡饲料中要保证合适的营养物质，特别是要供给足够的维生素制剂和矿物质；保持良好通风和适当干燥，避免拥挤；防止和减少外伤发生，消除鸡笼、用具等的一切尖锐物品，适时断喙，防止互啄，适时接种鸡痘疫苗，防止鸡痘发生，在断喙、带翅号、免疫接种时要做好消毒工作，以避免葡萄球菌感染。

② 做好消毒管理工作：做好圈舍、用具和饲养环境的清洁、卫生及消毒工作，以减少或消除传染源，降低感染机会。在有鸡的条件下，鸡舍可用0.3%过氧乙酸进行消毒。注意种蛋、孵化器及孵化过程和工作人员的清洁、卫生和消毒工作，防止污染葡萄球菌，引起鸡胚、雏鸡感染或发病。

③ 加强对发病鸡群的管理：鸡场一旦发生葡萄球菌病，要立即对鸡舍、饲养管理用具进行严格消毒，以杀死散播在环境中的病原体，从而达到防止疫病发展和蔓延的作用。

【治疗】

喹诺酮类药物对本病有较好的治疗效果，可用0.01%环丙沙星饮水，连用4～5天。

24. 传染性鼻炎

传染性鼻炎（Infectious coryza，IC）是鸡的一种急性或亚急性呼吸道传染病。主要特征是鼻黏膜发炎、流鼻涕、眼睑水肿和打喷嚏。本病多发生于育成鸡和产蛋鸡群，使产蛋鸡产蛋量下降10%～40%，使育成鸡生长停滞，开产期延迟和淘汰率增加，经济损失严重。

【病原】

本病的病原是副鸡禽杆菌（*Haemophilus paragallinarum*）。副鸡禽杆菌是一种革兰氏阴性、两极浓染、不形成芽孢、无荚膜、无鞭毛、不能运动的小球杆菌。在24小时的培养物中，本菌呈杆状或球杆状，长0.5～3微米，宽0.4～0.8微米，并有形成丝的倾向，在48～60小时培养物中，本菌发生退化，出现碎片和不整形态，如再移植于新鲜培养基，又可重新形成单个、成对的和短链的短杆状或球杆状菌体。

由于本病原体培养中需要V因子，而葡萄球菌能产生V因子，所以与葡萄球菌同在一个培养皿中培养时，在葡萄球菌附近常出现布满副嗜血杆菌菌落的现象，称为卫星现象。副嗜血杆菌在普通琼脂上或普通肉汤中不生长，故要在培养基中加入5%～10%鸡血清或羊血清。

本菌兼性厌氧，在10%二氧化碳环境中生长良好，37～38℃培养24小时在琼脂表面可长成直径0.1～0.3毫米，圆形、光滑、柔嫩、有光泽、半透明、灰白色、露滴状菌落。本菌分为A、B、C三个血清型，其中A型和B型有荚膜，致病力较强；C型无荚膜，致病力较弱或无。

副鸡禽杆菌主要存在于病鸡的鼻、眼分泌物和脸部肿胀组织中。对外界环境的抵抗力很弱，在自然环境中数小时即死。对热、阳光、干燥和常用消毒药均十分敏感，培养基上的细菌在4℃时能存活两周，在45℃存活不过6分钟。但该菌对寒冷抵抗能力强，低温下可存活10年，因此，在真空冻干条件下可以长期保存

【流行特点】

本病可发生于各种年龄的鸡，以4～12月龄的鸡最易感。7日龄内雏鸡鼻腔内人工接种本菌，5%～10%出现鼻炎症状，大多数表现隐性感染，4～8周龄雏鸡人工接种后90%出现典型鼻炎症状。13周龄鸡可100%被人工感染，病情也比幼龄鸡严重。

笼养鸡常出现在鸡舍角落的鸡最先发病，当空气不流通、氨气较重、湿度较大、尘埃较多时，自然感染发病率可达70%～100%，1月龄内雏鸡也会出现症状。

本病虽无明显季节性，但以5～7月和11月至翌年1月较多发，这与春雏和秋雏此时刚好已达易感月龄有关，与此时多替换鸡群、多移动鸡群、饲养密度提高、卫生管理放松有关，也与气候变化利于病菌侵袭鼻黏膜等一些能使鸡抵抗力下降的诱因密切有关。所以，不同年龄鸡混群饲养、鸡舍环境差、缺乏维生素A、接种禽痘疫苗、患有寄生虫病或传染病等，都能促使鸡群发病。

病鸡（尤其是慢性病鸡）和隐性带菌鸡是主要传染源。它们排出的病原菌通过空气、尘埃、饮水、饲料等传播。被病原菌污染的饮水，常是初感染鸡群暴发本病的主要原因。由于病原体抵抗力很弱，离开鸡体后4～5小时即死亡，故通过人、鸟、兽、用具等传播的机会不大，通过空气、尘埃等远距离传播的可能性很小。

【症状】

病鸡除了发热、精神不振、食欲减退、消瘦等一般性全身症状外，最具有特征性的症状表现为流浆性到黏液性鼻液，脸部浮肿性肿胀（公鸡则肉髯也明显肿胀），结膜炎、流泪（图1-2-106～图1-2-110）。病初流淌稀薄水样鼻液和眼泪，同时或次日脸部肿胀，由面颊逐渐扩展至一侧或两侧，甚至肿得连眼睛也睁不开，症状出现后第3天左右起，鼻液变黏变稠，常在鼻孔处形成结痂而堵塞鼻孔（图1-2-111），或腭裂有黄白色干酪样渗出（图1-2-112）。病鸡气管内有分泌物，喉部肿胀，呼吸时发出咕噜咕噜声音，有时打喷嚏、摇头，欲将积附在咽喉部的分泌物咳出。病鸡腹泻和排绿色粪便，公鸡肉髯肿大，青年鸡下颊或咽喉部浮肿。母鸡产蛋减少或中止。如转为慢性或并发其他疾病，病鸡群发出一种恶臭气味。如咽喉部积附大量黏稠分泌物，病鸡可能窒息而死。

【病理变化】

鼻、窦、喉和气管黏膜呈急性卡他性炎，充血肿胀，表面覆有大量黏液（图1-2-113、图1-2-114），结膜充血肿胀、卡他性炎（图1-2-115）。眶下窦内积有渗出物凝块或干酪样坏死物（图1-2-116）；下颌部皮下组织呈现明显浆液性浸润（图1-2-117）。偶见支气管肺炎和气囊炎。产蛋鸡输卵管内有黄色干酪样分泌物，卵泡松软、血肿、坏死或萎缩，腹膜炎（图1-2-118、图1-2-119），公鸡睾丸萎缩。

图1-2-106 病鸡眼肿胀流泪，眶下窦肿胀，鼻腔流脓性分泌物

图1-2-107 病鸡眼肿胀

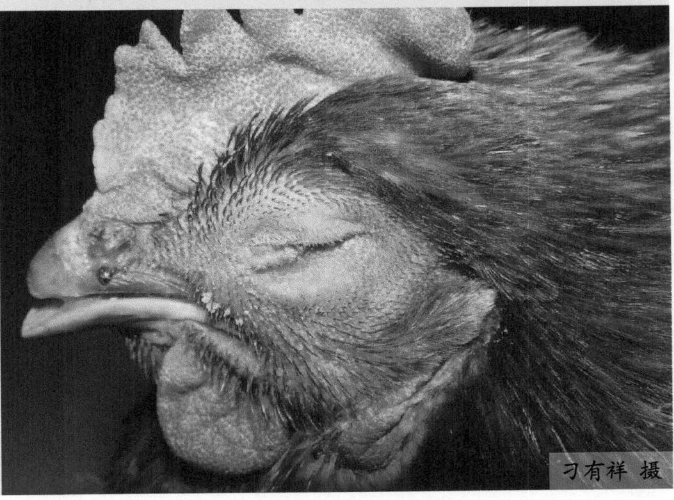

图1-2-108 病鸡眼肿胀，鼻腔有脓性鼻液

图1-2-109 病鸡精神沉郁，眼肿胀

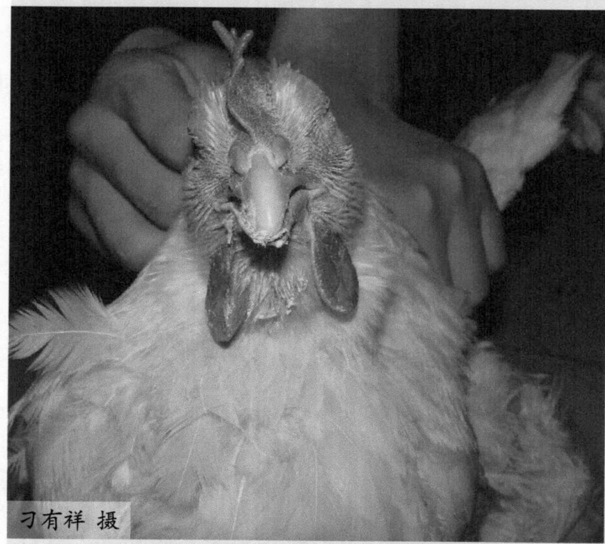

图1-2-110 病鸡肉髯肿胀，呈八字形

图1-2-111 病鸡眼肿胀，有黄白色干酪样渗出物，鼻腔流黄白色脓性鼻液

图1-2-112 病鸡眶下窦肿胀，腭裂有黄白色渗出物

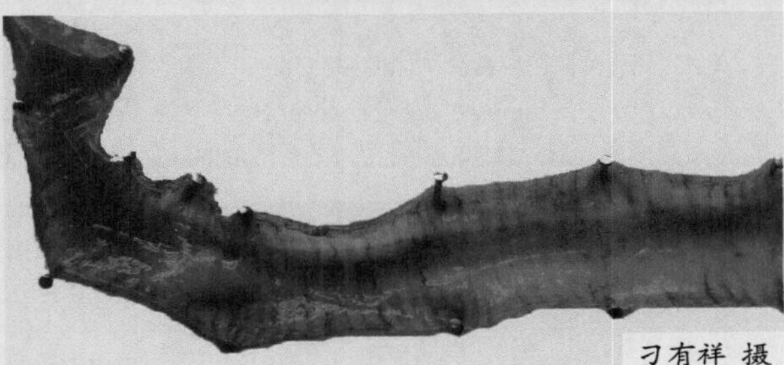

图1-2-113 气管黏膜充血、肿胀，表面覆有大量黏液

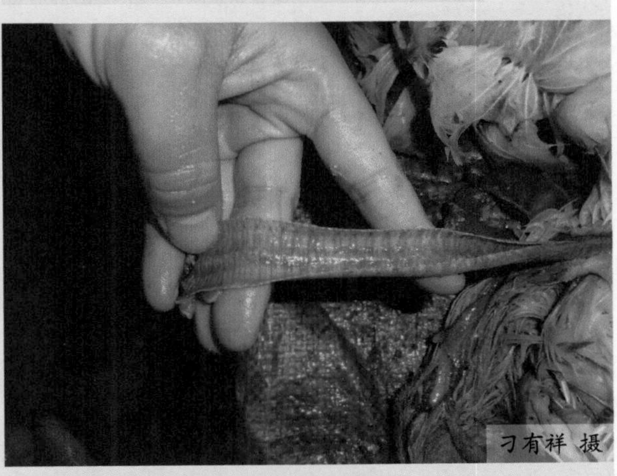

图1-2-114 气管黏膜出血

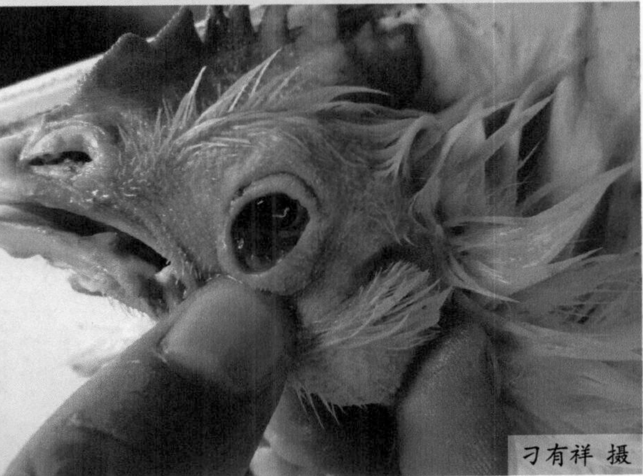

图1-2-115 眼结膜充血

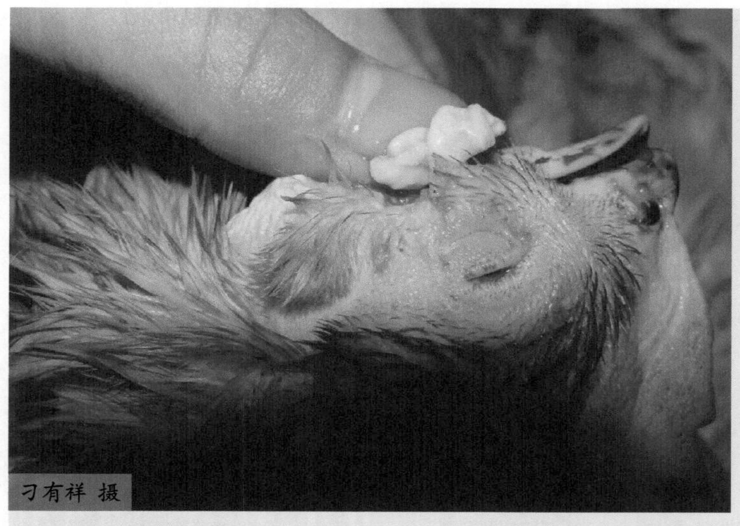

图1-2-116 眶下窦有黄白色干酪样渗出

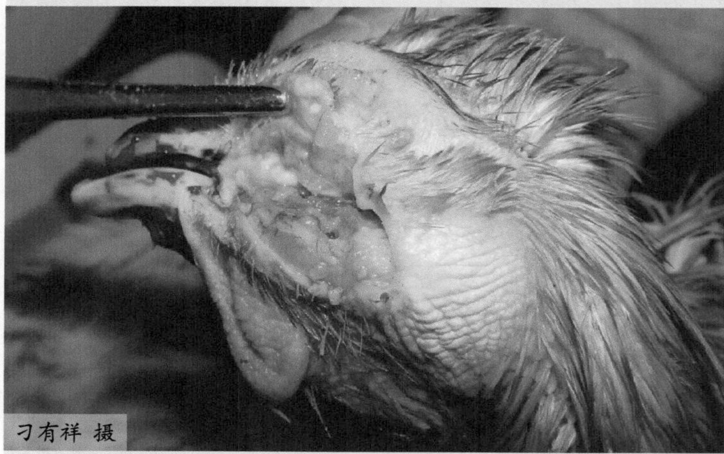

图1-2-117 头颈部皮下淡黄色胶冻样渗出

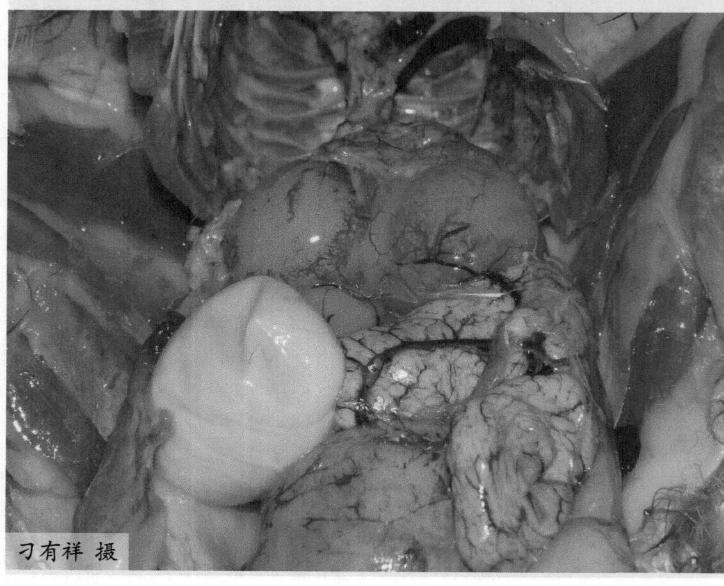

图1-2-118 卵泡破裂，卵黄散落在腹腔中

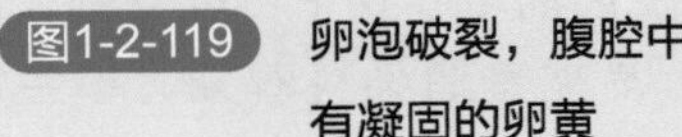

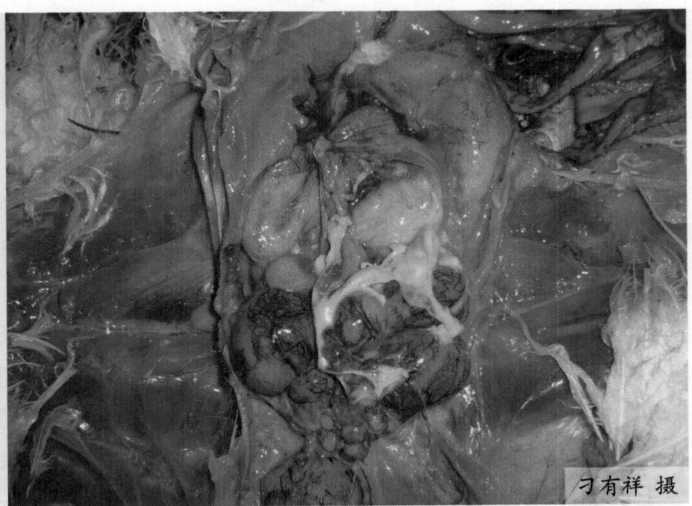

图1-2-119 卵泡破裂，腹腔中有凝固的卵黄

【诊断】

根据流行特点、症状及剖检变化即可作出初步诊断，确诊需进行实验室检查。

【预防】

（1）加强卫生管理　加强鸡群的饲养管理，特别注意消除发病诱因。管理不善导致的气温突变、高温高湿、鸡群过分拥挤、鸡舍通风不佳、环境卫生差、外来人员出入频繁及消毒不及时等均可能成为发病的诱因。应保持鸡群的饲料营养合理，多喂些富含有维生素A的饲料，以提高鸡群的抵抗力。杜绝引入病鸡和带菌鸡，远离老鸡群进行隔离饲养。防止其他传染病病原的感染，如葡萄球菌等病原微生物的感染。本病发生后，应隔离病鸡，加强消毒和检疫。病鸡即使经过治疗康复也不能留作种用。要从鸡场中清除病原，必须全部清除感染鸡或康复鸡，对鸡舍和设备进行清洗和消毒后再重新饲养清洁鸡之前，禽舍应空闲2～3周。

（2）接种疫苗　使用传染性鼻炎二价或三价油乳剂灭活疫苗，首免可在20～30日龄，二免在110～120日龄，必要时过3～4个月再接种1次。

【治疗】

（1）磺胺间二甲氧嘧啶：以0.05%比例溶于加有小苏打的饮水中，连用4～5天。

（2）链霉素：每只鸡肌注2万单位/千克体重，每天1次，治愈为止。

（3）强力霉素或环丙沙星：按0.01%饮水，连用4～5天。

25. 铜绿假单胞菌病

铜绿假单胞菌病（Pseudomonas aeruginosa disease）是由铜绿假单胞菌引起的以败血症、关节炎、眼炎等为特征的传染性疾病。

【病原】

本菌广泛分布于土壤、水和空气中，在正常人畜的肠道和皮肤上也可发现，常引起创伤感染及化脓性炎症，感染后因脓汁和渗出液等病料带绿色，故称铜绿假单胞菌。

铜绿假单胞菌属假单胞杆菌属（P seudomonas），是一种细长的中等大杆菌，长1.5～3.0微米，宽0.5～0.8微米。单在、成对或偶成短链，在肉汤培养物中可以看到长丝状形态。具有1～3根鞭毛，能运动，不形成芽孢及荚膜。易被普通染料着染，革兰氏阴性。

本菌为需氧或兼性厌氧菌。在普通培养基上易于生长，培养适宜温度为37℃，pH 7.2。在普通琼脂上，形成光滑、微隆起、边缘整齐或波状的中等大菌落。由于产生水溶性的绿脓素（呈蓝绿色）和荧光素（呈黄绿色），故能渗入培养基内，使培养基变为黄绿色。数日后培养基的绿色逐渐变深，菌落表面呈金属光泽。在普通肉汤中均匀混浊，呈黄绿色。液体上部的细菌发育更为旺盛，于培养基的表面形成一层很厚的菌膜。在血液琼脂培养基上，由于铜绿假单胞菌能产生绿脓酶，可将红细胞溶解，故菌落周围出现溶血环。

本菌能分解葡萄糖、伯胶糖、单奶糖、甘露糖，产酸不产气。不能分解乳糖、蔗糖、麦芽糖、菊糖和棉子糖。液化明胶，不产生靛基质，不产生硫化氢，M. R试验和V-P试验均为阴性。铜绿假单胞菌对化学药物的抵抗力比一般革兰氏阴性菌强大，1 ∶ 500的消毒净在5分钟内均可将其杀死。0.5%～1%的醋酸也可迅速使其死亡。

【流行特点】

铜绿假单胞菌可感染鸡、火鸡、鸽，不同日龄的鸡均能感染，但以雏鸡对铜绿假单胞菌的易感性最高，随着日龄的增加，易感性越来越低。本病一年四季均可发生，但以春季出雏季节多发。该菌广泛存在于土壤、水和空气中，禽类肠道、呼吸道、皮肤也存在。感染途径是种蛋污染、创伤和应激因素及机体内源性感染。本病可发生于各种年龄的鸡群，7日龄以内的雏鸡常呈暴发性死亡，死亡率可达85%。种蛋在孵化过程中污染铜绿假单胞菌是雏鸡暴发本病的主要原因；其次，刺种疫苗、药物注射及其他原因造成的创伤，是铜绿假单胞菌感染的重要途径。

【症状】

铜绿假单胞菌病因其侵入的途径、易感动物的抵抗力不同，可有不同的症状。急性病例多呈败血症经过，多见于雏鸡。慢性经过则以眼炎、关节炎、局部感染为主，多见于成年鸡。

（1）急性败血型　发病家鸡表现精神不振、卧地嗜眠，体温升高，食欲减少甚至废绝。病鸡腹部膨大，手压柔软，外观腹部呈暗青色，俗称“绿腹病”；排泄黄绿色或白色水样粪便，并出现呼吸困难，同时病鸡的眼睑、面部发生水肿。部分病例还出现站立不稳、颤抖、抽搐等运动失调症状，最后常衰竭死亡。病程长者多伴有神经症状，表现头颈朝一侧弯曲，盲目前冲。

（2）慢性型　发病禽眼睑肿胀，角膜炎和结膜炎，眼睑内有多量分泌物，严重时单侧或双侧失明。关节炎型病鸡跛行，关节肿大。局部感染在感染的伤口处流出黄绿色脓液。

若孵化器被铜绿假单胞菌污染，在孵化过程中会出现爆破蛋，同时出现孵化率降低、死胚增多。

【病理变化】

脑膜有针尖大的出血点，脾脏淤血，肝脏表面有大小不一的出血斑点。头颈部皮下有大量黄色胶冻样渗出物，有的可蔓延到胸部、腹部和两腿内侧的皮下（图1-2-120），颅骨骨膜充血和出血，头颈部肌肉和胸肌不规则出血，后期有黄色纤维素性渗出物。腹腔有淡黄色清亮的腹水，后期腹水呈红色，肝脏、法氏囊浆膜和腺胃浆膜有大小不一的出血点，气囊混浊增厚。肺淤血，切开肺脏流出暗红色泡沫状液体。卵黄吸收不良，呈黄绿色，内容物呈豆腐渣样，严重者卵黄破裂形成卵黄性腹膜炎。侵害关节者，关节肿大，关节液混浊增多。

【诊断】

由于本病的症状及病理变化缺乏特征性，且易与鸡沙门菌和大肠杆菌相混淆，确诊需进行病原分离或血清学诊断。

【预防】

防止铜绿假单胞菌病的发生，要加强对鸡舍、种蛋、孵化器及孵化场环境的消毒及接触种蛋的孵化室工作人员的消毒。在接种马立克病疫苗时，一定要对所用的器械进行严格的消毒。本病对雏鸡易感，死亡率亦高，耐过鸡发育不良，且成为带菌者，而扩大污染。因此，发病鸡应及时隔离、淘汰，对发病鸡舍进行彻底消毒。

【治疗】

铜绿假单胞菌对头孢类药物敏感，但易产生耐药性，注意药物的交替使用。

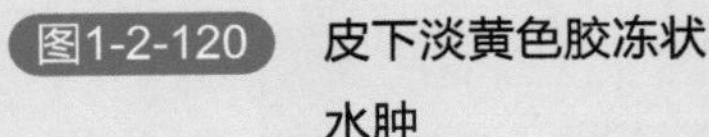

图1-2-120 皮下淡黄色胶冻状水肿

26. 鼻气管鸟疫杆菌感染

鼻气管鸟疫杆菌（Ornithobacterium rhinotracheale，ORT）感染近年来已成为危害养禽业的疾病之一，以呼吸道症状、纤维素性化脓性肺炎、气囊炎为特征，导致鸡群死亡率增高、产蛋率下降、蛋壳质量降低、防治费用增加、孵化率下降、禽肉质量降低、肉禽增重减少等、造成严重的经济损失。

【病原】

鼻气管鸟疫杆菌为一种多形态、不运动的革兰氏染色阴性的小杆菌（图1-2-121）。在血液琼脂上生长缓慢，37℃培养24 ～ 48小时形成一种针尖大小、灰白色、无溶血的菌落。5% ～ 10% CO_2条件下，在绵羊血液琼脂上生长良好，培养18 ～ 24小时后形成一种边缘整齐、表面光滑、直径为0.1 ～ 0.2毫米的灰白色菌落（图1-2-122）。

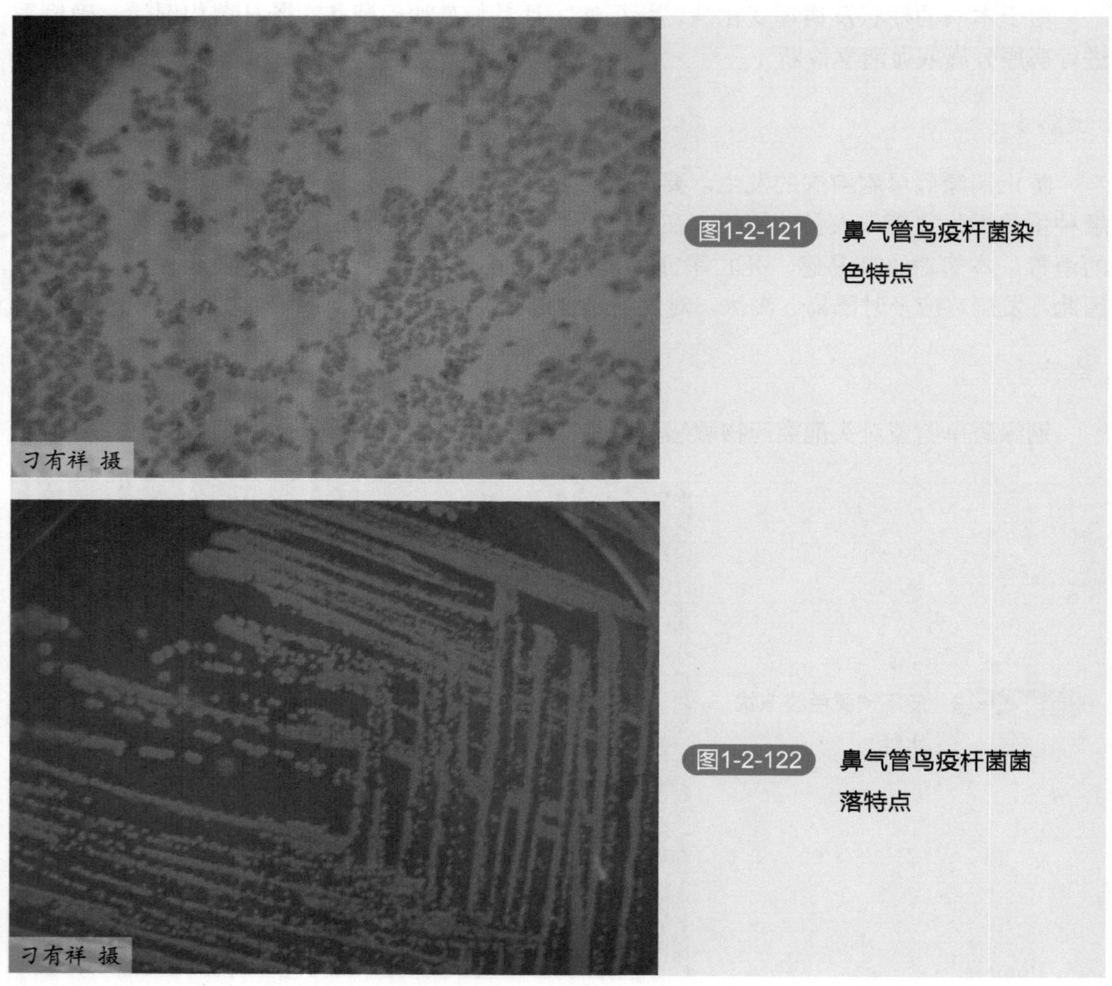

图1-2-121 鼻气管鸟疫杆菌染色特点

图1-2-122 鼻气管鸟疫杆菌菌落特点

鼻气管鸟疫杆菌分离菌能分解D-葡萄糖、D-甘露糖、D-果糖、乳糖、D-半乳糖、*N*-乙酰葡萄糖胺、麦芽糖、蔗糖、淀粉而产酸；对D-核糖、L-鼠李糖、棉子糖、D-甘露醇、*m*-肌醇、赤藓醇、卫矛醇、纤维二糖、L-阿拉伯糖、戊二醇、D-山梨醇、水杨苷、D-木糖、海藻糖等均不能分解；氧化酶、脲酶、精氨酸水解酶、软骨素硫酸化酶、透明质酸酶、过氧化氢酶、鸟氨酸脱羧酶、赖氨酸脱羧酶、苯基丙氨酸脱氨酶、明胶酶均为阴性；V-P、ONPG试验阳性；不产生吲哚；甲基红试验、硝酸盐还原反应均为阴性，七叶苷水解反应阴性。

运用琼脂扩散试验和酶联免疫吸附试验，可将来自世界各地的鼻气管鸟疫杆菌分成7个血清型，即A型、B型、C型、D型、E型、F型、G型。其中，A型鼻气管鸟疫杆菌是最常见的血清型。研究资料表明，A型、B型、E型相互之间存在交叉反应。目前尚无证据证实鼻气管鸟疫杆菌各血清型存在宿主特异性和致病力差异。

鼻气管鸟疫杆菌分离菌对阿莫西林、青霉素、丁胺卡那霉素、土霉素、金霉素、磺胺二甲氧嘧啶等具有高度敏感性，对红霉素、恩诺沙星敏感性略低，而对林可霉素、壮观霉素等具有耐药性。

【流行特点】

鸡和火鸡可自然感染该病。除此之外，野鸡、鹌鹑、山鸡、鸵鸟、麻雀、鸭等也能自然感染发病。目前，也有从白嘴鸭、山鹑、欧石鸡、雉和鸽子中分离到鼻气管鸟疫杆菌的报道。在上述禽类该菌并不是一种原发性病原菌，只有存在原发性病原菌时才能表现其致病性，多见其与大肠埃希菌、鸡传染性贫血病毒、传染性支气管炎病毒、新城疫病毒、鸡毒支原体和副鸡嗜血杆菌等并发或继发感染，从而加重感染的严重性，其中以与大肠埃希菌并发感染最为常见。临床试验证明，ORT在火鸡可以是一种原发性病原菌。水平传播是鼻气管鸟疫杆菌感染的主要传播途径，但也可垂直传播感染。已证实从自然感染和人工感染母鸡生殖器官和种蛋中可分离到鼻气管鸟疫杆菌。康复鸡能否成为带菌、排菌者，目前尚不清楚。此外，各种应激和不利的环境因素对该病有促发或加重的作用。肉用鸡对此病的敏感性高于蛋鸡。在肉种鸡，由鼻气管鸟疫杆菌引起的临床疾病通常见于早期生长阶段，呼吸道症状通常较轻。

【症状】

在肉鸡，鼻气管鸟疫杆菌感染主要呈亚临床表现，或表现出呼吸道疾病，通常是在3～6周龄期间。所见的症状主要是流涕、喷嚏、面部水肿、精神沉郁（图1-2-123）、死亡率增加、生长减慢。在肉种鸡，ORT引起的临床疾病一般只见于产蛋初期，呼吸道症状通常较为轻微，主要表现为产蛋量下降2%～5%、蛋重降低、蛋壳质量下降。幼龄鸡呼吸道症状轻微，死亡率稍增，淘汰率增高。与病毒病、细菌病等并发或继发感染，或不良气候条件等可加重鼻气管鸟疫杆菌感染的严重程度。最常见的是与大肠杆菌并发感染，与新城疫病毒混合感染可导致比新城疫病毒单独感染更为严重的呼吸道疾病综合征和更高的死亡率。此外，各种应激和不利因素可促进本病的发生和加重病情。其临床症状严重程度、病程、死亡率常受各种环境因素如饲养管理、气候、通风、垫料、饲养密度、应激、卫生条件、氨浓度及尘埃量的高低、环境温度等的影响而有很大差异。

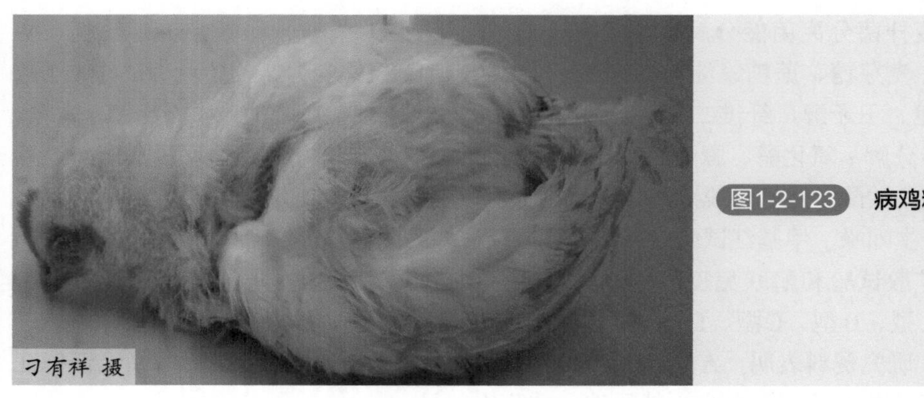

图1-2-123 病鸡精神沉郁

【病理变化】

气囊炎和肺炎是0RT感染最常见的特征。常表现为肺单侧或双侧纤维素性坏死性、化脓性肺炎、胸膜炎、气囊炎，也见气管炎、脑膜炎、鼻炎、心包炎、骨炎、关节炎等。肉鸡感染0RT，典型病变是胸腔、腹腔气囊混浊，呈黄色云雾状。气囊内有浓稠、黄色泡沫样渗出物，并有干酪样残留物（图1-2-124）；同时可见肺部单侧或双侧感染，肺变红、湿润、大块萎缩、实变，里面充满褐色或白色黏性分泌物。严重者胸、腹腔中有大量纤维素性渗出物，还可见气管出血，管腔内含有大量带血的黏液，或有黄色、干酪样渗出物（图1-2-125）。可见心包炎（图1-2-126），心包膜上有出血斑点，心包腔积有大量混浊液体，心外膜出血，有的发生肠炎、关节炎，肝脏、脾脏肿大。亚临床感染的肉鸡仅可见到严重的气囊炎。蛋鸡剖检可见支气管炎、气囊炎、心包炎及卵巢卵泡破裂和卵黄性腹膜炎。静脉接种能引起关节炎、脑膜炎和骨炎等，但观察不到气囊炎病变。

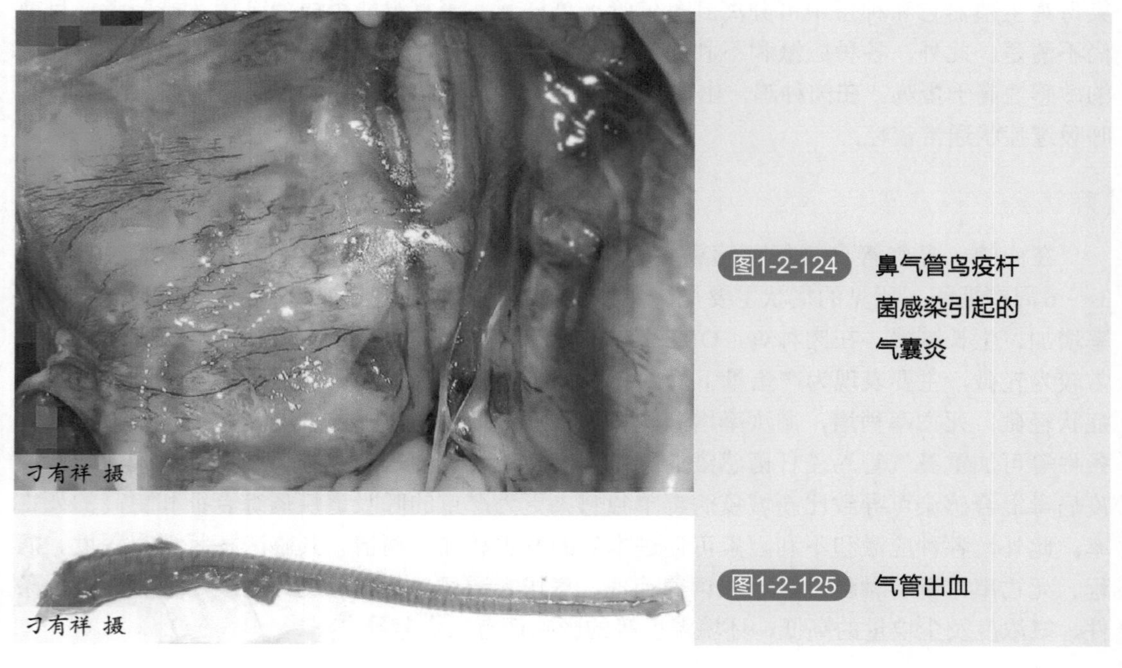

图1-2-124 鼻气管鸟疫杆菌感染引起的气囊炎

图1-2-125 气管出血

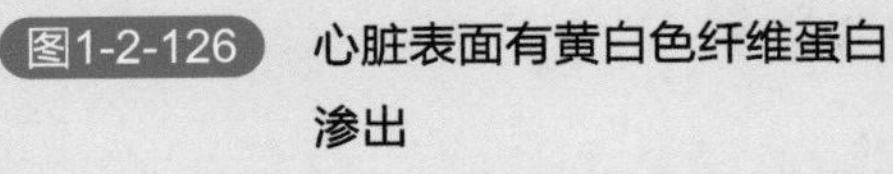

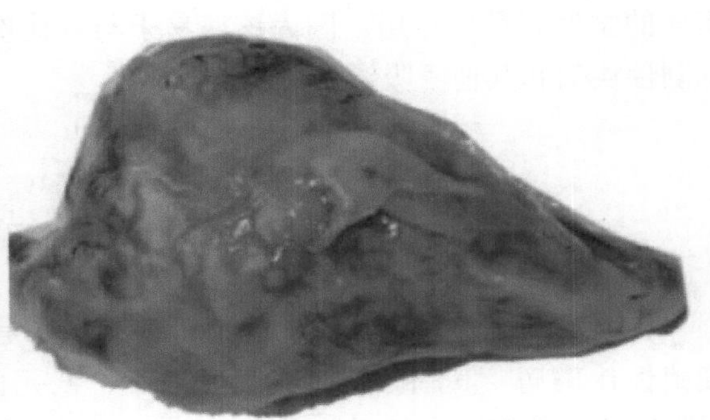

图1-2-126　心脏表面有黄白色纤维蛋白渗出

刁有祥 摄

【诊断】

根据其临诊症状、病理变化以及流行病学资料尚不足以确诊鼻气管鸟疫杆菌感染。确切诊断依赖于病原菌的分离、鉴定以及血清学试验等。

（1）病原菌分离　采用常规的细菌学分离方法，从鼻气管鸟疫杆菌感染患鸡的肺脏、气囊、气管、鼻窦、肝脏等器官中取样，进行选择性培养和纯培养，结合细菌染色、生化反应特征作出鉴定。试验表明，鼻气管鸟疫杆菌可从感染后10天内病鸡分离成功。对于亚临床感染病鸡，可采用气管拭子分离细菌。

（2）血清学试验　目前最常用的血清学方法为玻片凝集试验，即使用多价抗血清与鼻气管鸟疫杆菌各种血清型做凝集试验，进行疾病的快速诊断。除此之外，还可使用琼脂扩散试验和酶联免疫吸附试验，均可达到满意的效果。酶联免疫吸附试验主要用于鼻气管鸟疫杆菌感染后抗体的监测，试验结果表明，感染后2～4周，ELISA抗体滴度达到高峰，随后在2～3周内下降。

（3）分子生物学检测方法　鼻气管鸟疫杆菌的16SrRNA基因是染色体上编码rRNA相对应的高度保守而又存在进化变异的DNA序列，既可作为分类标志，又可作为临床病原菌检测和鉴定的靶分子，根据此段基因设计引物，用PCR扩增DNA，可对所有的血清型获得特异性片段，可鉴定ORT分离株，还可用于检测蛋、粪、污染物、组织样品中的鼻气管鸟疫杆菌。用地高辛标记纯化后的目的DNA，制成高纯度的核酸探针，利用碱基互补配对原理，检测病料中已变性为单链的核酸，特异性强，重复性好，结果易于判定，且比同位素标记法标记的探针价格低廉、操作简单、安全性好。

【防制】

（1）治疗　阿莫西林250毫克/千克，饮水3～4天；强力霉素500毫克/千克，饮水3～4天，可达到满意的治疗效果。另外，良好的管理措施，如合适的饲养密度、清洁的饮水、良好的环境卫生、严格的消毒制度等对于减少疾病的发生和促进病鸡的恢复也是必不可少的。

（2）预防　鸡群饲养管理措施，如合理的饲养密度，清洁的饮水，良好的环境卫生，适宜的温度、通风、垫料，严格的消毒制度，减少氨浓度、尘埃量等各种应激等对于减少疾病的发生有重要作用。因为该病易于与其他疾病并发或继发感染，所以应同时注意免疫抑制性疾病和其他呼吸道传染病的控制。

27.弧菌性肝炎

鸡弧菌性肝炎（Avian vibrionic hepatitis）是肝炎弧菌感染引起的小鸡或成年鸡的一种细菌性传染病。其临床特征为高发病率、低死亡率，呈慢性经过。病理特征为肝脏肿大，质脆变软，并有灰白色或黄白色坏死灶。

【病原】

该病病原属于弧菌属（C ampylobacter）中的一个新种，称肝炎弧菌（*Campylobacter hepatitis*），革兰氏染色阴性、能运动、微嗜氧。在人工培养基上培养的菌体大小（1～2）微米×（0.3～0.5）微米，呈豆点状或S状。培养时间长的菌体呈球形。用肠内容物涂片染色镜检，多数菌体呈螺旋形。本菌人工培养时，要求营养条件较高。在普通肉汤中不发育，在加有10%～20%鸡血清的鸡肉浸液培养液中，在含10% CO_2的环境下生长。用鸡肉浸液琼脂培养基或含牛、绵羊鲜血或血清的培养基上生长良好。在固体培养基上37℃培养24小时，可形成细小、圆形、露滴状小菌落，在血液琼脂上呈灰白色。初次分离培养有时出现边缘不整齐的粗糙型菌落。由于该菌对杆菌肽锌、多黏菌素、新生霉素不敏感，用含有杂菌的病料分离培养时，可在培养基中加入杆菌肽锌（25毫克/毫升）、多黏菌素（20毫克/毫升）或新生霉素（0.25毫克/毫升），以抑制杂菌生长。肝炎弧菌在5～8日龄鸡胚中发育良好，于接种后3～5天鸡胚死亡，卵黄囊及胚体充血，卵黄及尿囊液中有多量菌体。本菌一般不分解糖类，不产生靛基质，不液化明胶，V-P试验、M.R.试验均为阴性。本菌的抵抗力较强，能耐受温度变化及长时间保存，在–25℃至少可保存2年，在组织和胆汁中4℃可保存6天，在卵黄培养物中37.5℃可存活2～3周。本菌中的不同菌株对抗菌药物常表现出不同程度的敏感性，大多数菌株对链霉素、磺胺二甲嘧啶、红霉素、强力霉素等敏感。

【流行病学】

在通常情况下，自然流行仅见于鸡，并常发于青年鸡和新开产鸡，在人工感染条件下可使雏火鸡和雏鸡发病。关于本病的传播途径，目前的资料尚不能完全解释清楚。多数还是探讨性的。现列举几种可能途径以供参考。

① 经口感染：给雏鸡人工感染肝炎弧菌，弧菌在盲肠中定居生存，并容易被检查出来。与感染鸡同群饲养的健康鸡1～2天后也可从盲肠中分离出本菌。将病鸡所产的卵孵化，检查其死胚，未分离出本菌，因此推测本病主要是经口感染。

② 经卵感染：据实验，将弧菌接种鸡胚后可从孵化出来的雏鸡体内分离出本菌，有的雏鸡虽然未分离出弧菌，但发现胚肝有病变，也有人从病鸡的卵巢中分离出弧菌，因此，也不可否定经卵垂直传播的可能性，有些资料显示本病的发生与某些疾病和应激因素有关。

曾对外表健康鸡群进行检查，有36%的鸡盲肠、胆汁及其他脏器带菌，但并未发病。而临床上发病的鸡多数有球虫病、毛细线虫病、大肠杆菌病、支原体病、鸡痘等疾病的混合感染。因此，推测本病可能是带菌鸡受到上述某种疾病的侵袭，致使机体抵抗力下降而诱发弧菌性肝炎。

【症状】

本病在鸡群中发生时，发病较慢，病程较长。雏鸡表现精神不振，鸡冠萎缩苍白、干燥、贫血，渐进性消瘦，死亡率不高，常被忽视。肉仔鸡感染后发育迟缓。产蛋鸡发病时，产蛋率下降25% ～ 30%，重病鸡表现精神沉郁，食欲不振，鸡冠萎缩，有时有下痢症状，发病率一般在10%以下，死亡率在5% ～ 15%。

【病理变化】

眼观最突出的病变虽发生于肝脏，但具有临床症状的患鸡常不到10%有肝脏的肉眼变化，同时肝脏病变的范围、大小及数量亦变化不定。病情轻微的病例，仅见肝脏肿大、色泽变淡。病情严重者则表现肝实质内散发黄色星状坏死灶或布满菜花状大坏死区，有时在肝被膜下还可见到大小、形态不一的出血区，甚至形成血肿、肝破裂（图1-2-127 ～图1-2-131）。

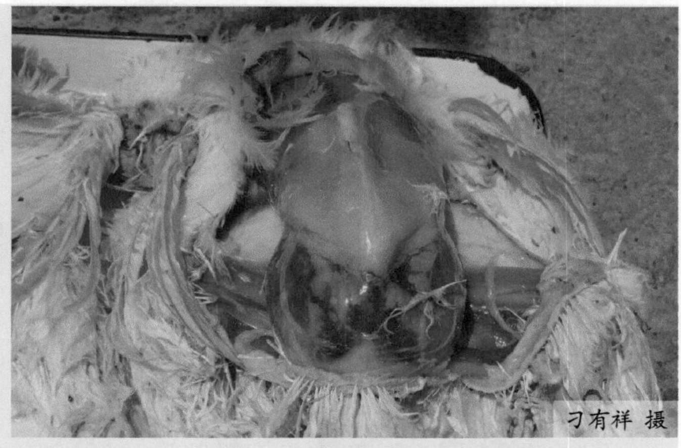

图1-2-127　肝脏破裂，腹腔充满大量血液

刁有祥　摄

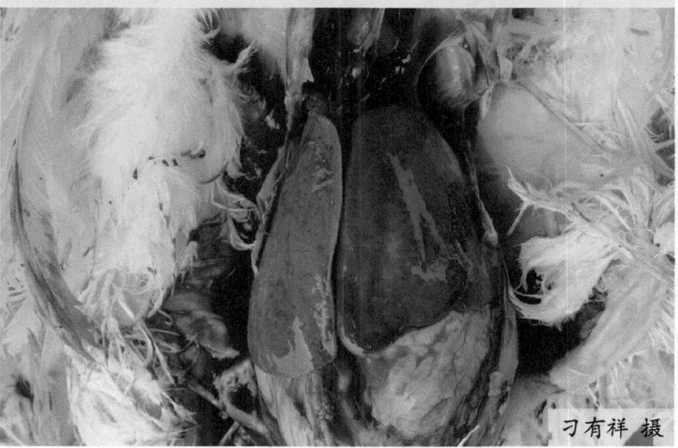

图1-2-128　肝脏质地软，表面有血肿

刁有祥　摄

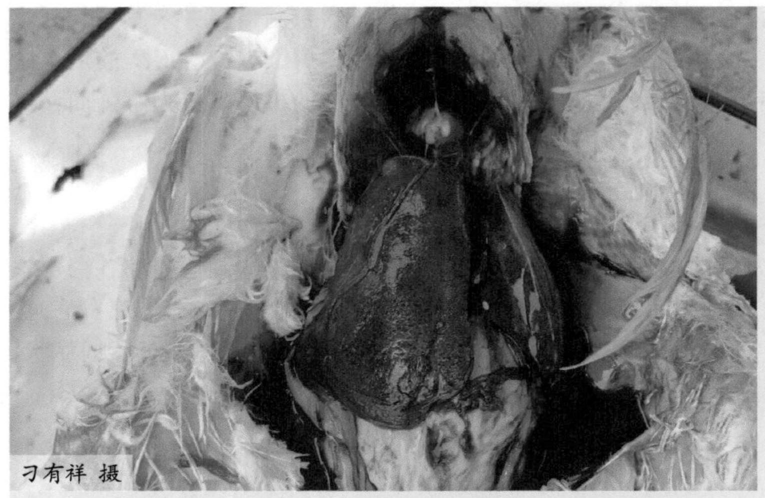

图1-2-129 肝脏质地软，肝脏破裂

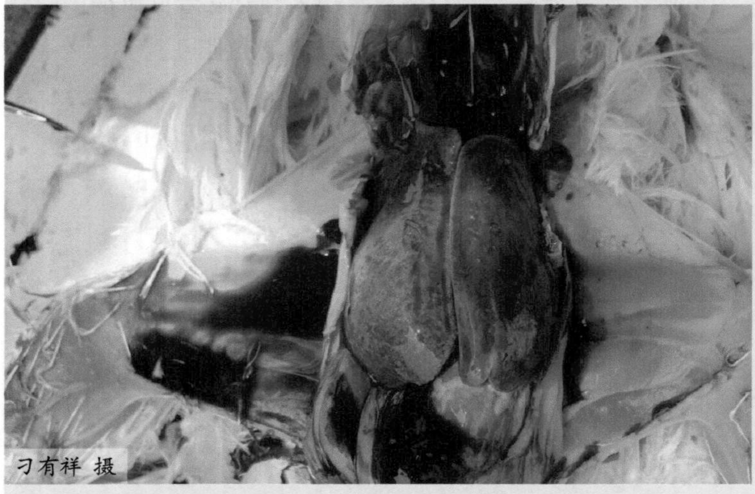

图1-2-130 肝脏质地软，表面有大小不一的星芒状结节

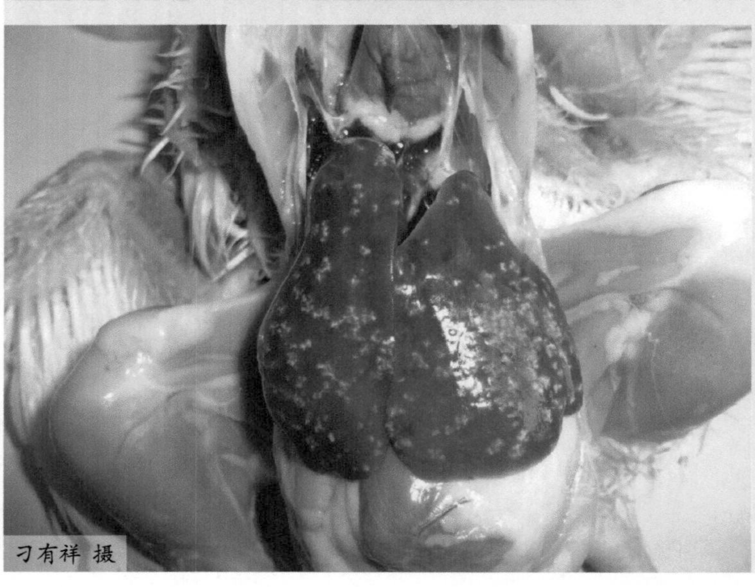

图1-2-131 肝脏质地软，表面有大小不一的、黄白色星芒状结节

从十二指肠末端到盲肠分叉处之间的肠管扩张，肠内积有黏液和水样液体，若菌株的毒性强则可引起出血。肾脏肿大、苍白，心脏扩张，心肌实质变性，心包积液。脾脏肿大，偶见黄色易碎的梗死灶。

【诊断】

（1）临床诊断 本病以青年鸡和新开产的鸡为主，渐进性消瘦，病程较长，发展缓慢，并伴有产蛋率的下降，死亡鸡的病变以肝脏的炎症及坏死为特征。仅根据临床特点和病理变化作为正确诊断比较困难。在临床上做出弧菌性肝炎的初步诊断时，应与下列疾病相区别：青年鸡与新开产母鸡的沙门菌病、白血病、马立克病、霉菌毒素中毒、包涵体肝炎。因为这些疾病的肝脏病变与弧菌性肝炎相似，临床症状常有渐进性消瘦和慢性经过的特征。对于急性死亡病例应与禽霍乱相区别。

（2）病原分离与鉴定

① 鸡胚分离病原 一般从胆汁、肝脏或心包液中分离，用无菌操作法将病料制成1∶10的悬液，然后加入对该菌不敏感的抗菌药物，如杆菌肽锌、新生霉素等，注入5～8日龄鸡胚卵黄囊内，37.5℃孵育，3～5天鸡胚死亡后，用卵黄液涂片镜检，观察形态特征。也可将卵黄液划线于含10%血清的固体培养基上培养以观察菌落形态。

② 人工培养基分离病原 从胆汁或肝脏直接取材，划线接种于含10%牛或绵羊血的琼脂板上，置于10%的CO_2环境中，37℃培养24～48小时，观察菌落形态，并取单个菌落进一步纯化作生化鉴定。

【防制】

（1）预防 对弧菌性肝炎尚无疫苗应用于生产，也未见有免疫预防成功的报道。鉴于本病的传播途径以及与其他疾病等诱因的关系，应加强卫生管理，对禽舍、食槽、水槽定期消毒，种蛋严格消毒，切断传播途径。同时严格按照免疫程序，做好其他传染病的预防工作。定期投药驱虫和加强球虫病的防治工作。加强饲养管理，减少或避免各种应激因素，以提高鸡群对弧菌性肝炎的抵抗力。

（2）治疗 可选用下列药物进行治疗：强力霉素、红霉素、磺胺间二甲氧嘧啶等。可用环丙沙星或恩诺沙星，0.01%饮水，连用5天，由于本病在鸡群中常复发，因此治疗本病时无论用哪种药物都必须坚持两个疗程以上。

28. 慢性呼吸道病

慢性呼吸道病（Chronic respiratory disease，CRD）是家禽的一种接触性、慢性呼吸道传染病。其特征为上呼吸道及邻近窦黏膜的炎症，常蔓延至气囊、气管等部位。表现为咳嗽、流鼻液，气喘和呼吸杂音。本病发展缓慢，病程长。

【病原】

本病的病原为鸡毒支原体（*Mycoplasma gallisepticum*，MG），大小为250～500纳米，能通过450纳米的细菌滤器。在电子显微镜下形态不一，基本上是球状或球杆状，也有丝状及环状。革兰氏染色阴性，着色较淡。本菌为好氧和兼性厌氧，鸡毒支原体对营养要求较高，几乎所有的菌株在生长过程中都需要胆固醇、一些必需的氨基酸和核酸前体，因此在培养基中需加10%～15%的灭活猪、牛或马血清。MG在37℃和pH7.8左右的培养基中生长最适宜。液体培养基接种前pH 7.8左右为宜，接种后24～48小时下降到7.0以下。MG在固体培养基上生长缓慢，培养3～5天可形成微小的光滑而透明的露状菌落，用放大镜观察，具有一个较密集的中央隆起，呈油煎蛋样，但某些种不呈此典型状态。

鸡毒支原体对外界抵抗力不强，离开禽体即失去活力。对干热敏感，45℃经1小时或50℃经20分钟即被杀死，经冻干后保存4℃冰箱可存活7年。在水中，15℃存活8～18天。4℃存活10～20天。对紫外线的抵抗力极差，在阳光直射下会很快失去活力。一般消毒药可很快将其杀死。MG对强力霉素、红霉素、泰乐菌素敏感，对新霉素、醋酸铊、磺胺类药物有抵抗力，故醋酸铊和青霉素常作为添加剂加入到培养支原体的培养基中以抑制杂菌的生长。

【流行特点】

易感动物主要是鸡和火鸡，少数也发生于雉、鹌鹑、珍珠鸡、孔雀、鹧鸪和鸽子，也有从鸭、鹅、鹦鹉中分离出病原的报道。各种日龄鸡都有感染，以4～8周龄雏鸡和火鸡最易感，其病死率和生长抑制的程度都比成年鸡显著。纯种鸡比杂种鸡易感。本病一年四季均可发生，但以寒冷季节较为严重，在大群饲养的肉仔鸡群中更容易发生流行，而成年鸡多为隐性感染和散发。本病的传染源是病鸡和隐性带菌鸡。当传染源与易感的健康鸡接触时，病原体通过飞沫或尘埃经呼吸道吸入而传染。也可通过被污染的饲料、饮水和用具通过消化道传染。更值得注意的是本病可通过卵垂直传播给下一代，通过卵垂直传播是本病难以消除的主要原因之一。此外在公鸡的精液中和母鸡的输卵管中都发现有MG存在，因此，自然交配和人工授精也有发生传染的可能。一般本病在鸡群中传播较慢，但在新发病的易感鸡群中传播较快。本病的发生及其严重程度与鸡群所处的环境因素密切相关。应激因素能促进该病的发生，如环境卫生较差、密度过大、通风换气不良、有毒有害气体浓度过高、气雾免疫、滴鼻免疫、气候突变和寒冷时，均可促使本病的暴发和复发。

【症状】

幼龄鸡表现鼻孔中流出浆液性或脓性鼻液，鼻孔周围被分泌物沾污，打喷嚏，甩鼻。当炎症蔓延至下呼吸道时，则表现咳嗽、气喘及气管内的呼吸啰音，夜间比白天听得更加清楚，严重者呼吸啰音很大，似青蛙叫。病鸡生长停滞，食欲稍下降，精神不振，逐渐消瘦；继发鼻炎、窦炎和结膜炎时（图1-2-132），鼻腔及眶下窦蓄积多量渗出物而出现颜面部肿胀，流泪（图1-2-133），眼睑红肿，眼部突出，肉髯肿胀，似“金鱼眼”（图1-2-134），一则或两侧眼球受到压迫，造成萎缩和失明。若无病毒和细菌并发感染，死亡率较低。有并发感染和管理水平较低的鸡场，病死率可高达30%以上。成年鸡的症状与幼鸡相似，但症状较轻，死亡率很低。产蛋母鸡产蛋率下降，并维持在较低水平，孵化率降低、弱雏增加。

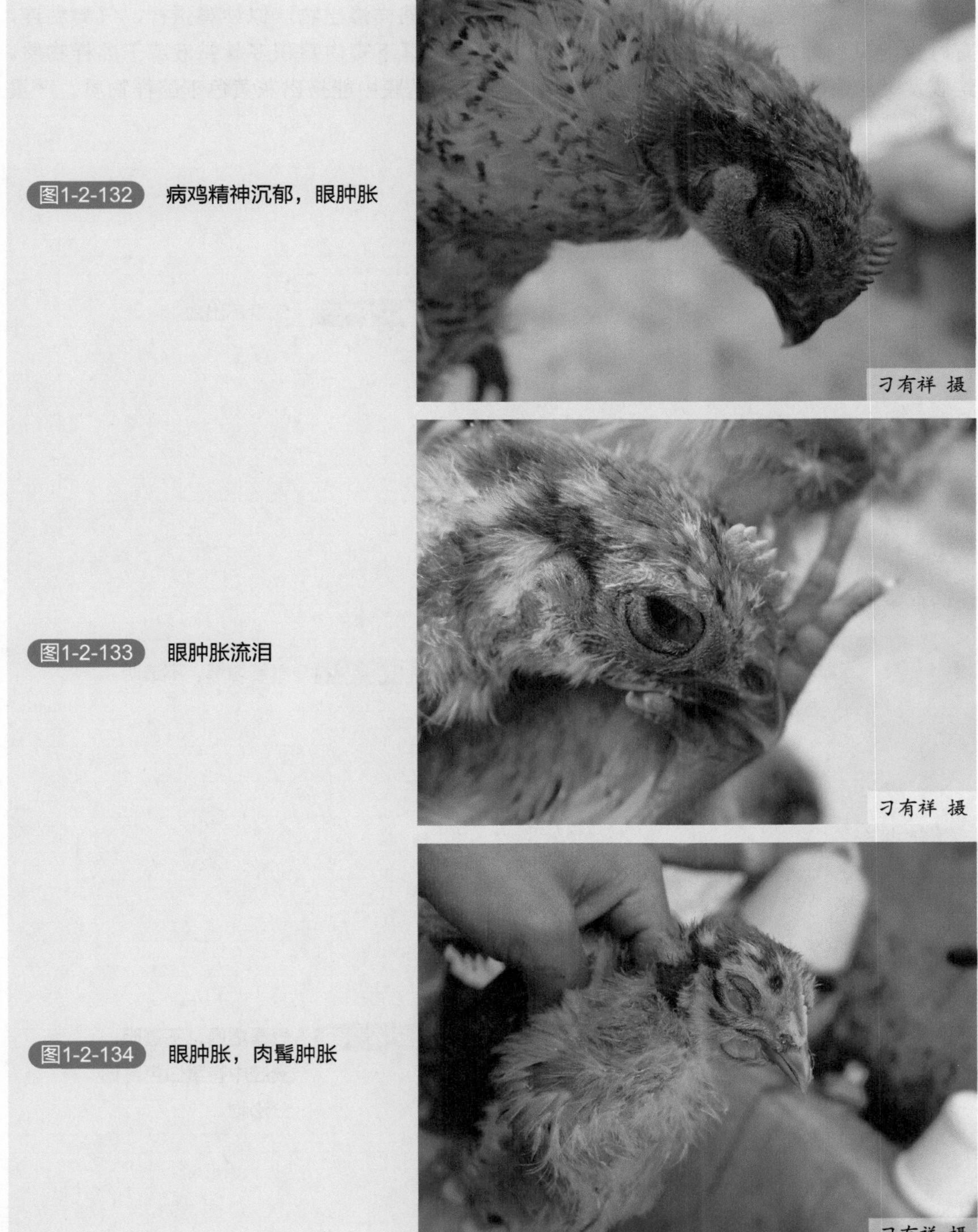

图1-2-132 病鸡精神沉郁，眼肿胀

图1-2-133 眼肿胀流泪

图1-2-134 眼肿胀，肉髯肿胀

【病理变化】

剖检时主要肉眼病变为鼻腔、气管、支气管中含有多量黏稠的分泌物。气管黏膜增厚、潮红（图1-2-135）。早期气囊轻度混浊、水肿、不透明（图1-2-136～图1-2-138），可见结节性病灶，随病程的延长，气囊增厚，囊腔内有干酪样渗出物，似炒鸡蛋样，气囊粘连，有时也能见到肺炎病变。横断上颌部，可见鼻腔、眶下窦内蓄积多量黏液或干酪样物质。结膜发炎的病例可见结膜红肿、眼球萎缩或破坏，结膜中能挤出灰黄色干酪样物质。严重病例常伴有心包炎、肝周炎（图1-2-139）。

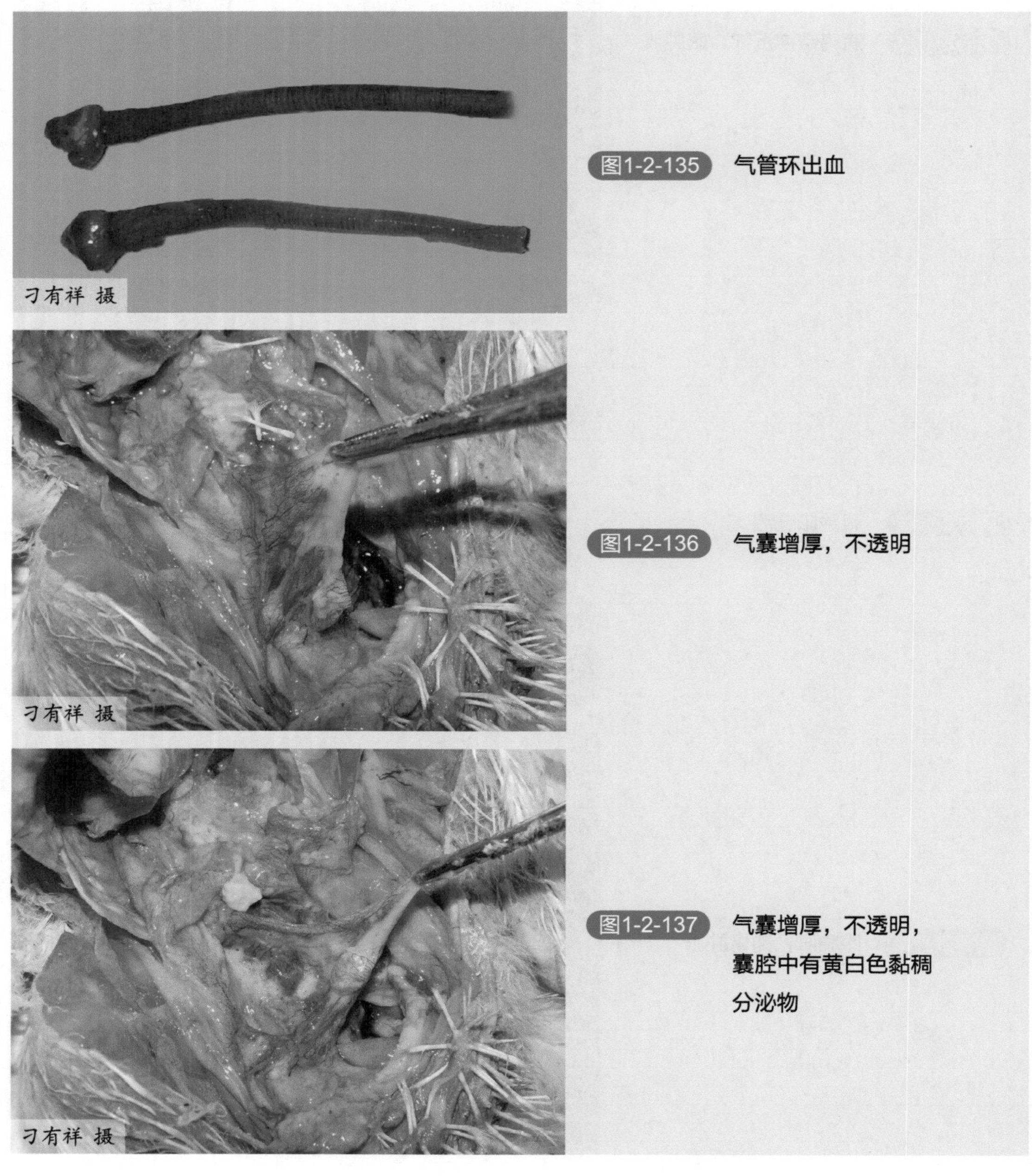

图1-2-135 气管环出血

图1-2-136 气囊增厚，不透明

图1-2-137 气囊增厚，不透明，囊腔中有黄白色黏稠分泌物

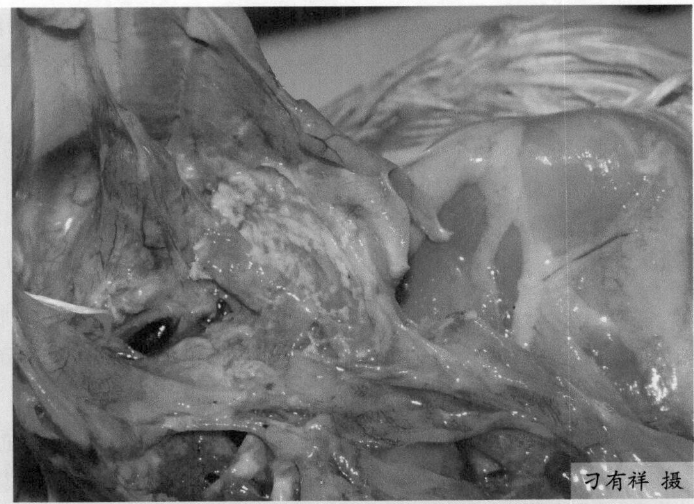

图1-2-138 气囊增厚，不透明，囊腔中有黄白色黏稠分泌物

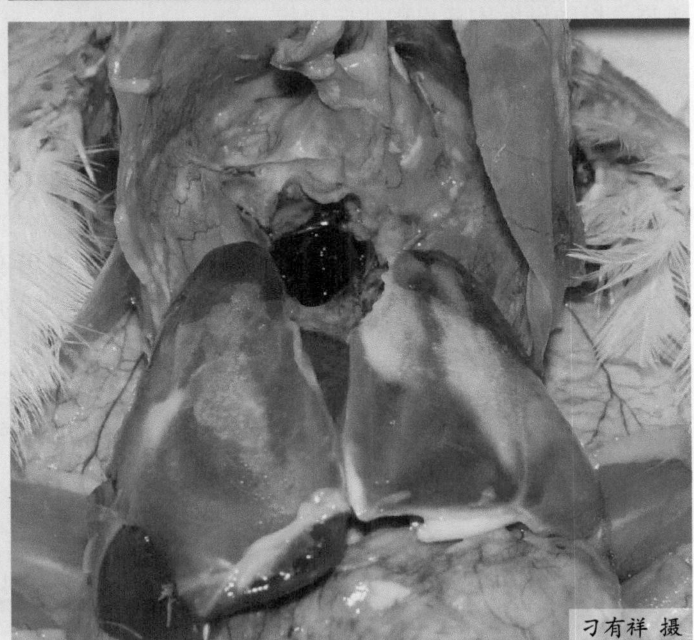

图1-2-139 肝脏、心脏表面有黄白色纤维蛋白渗出

【诊断】

（1）病原体分离鉴定　病料可直接采病鸡的气管、气囊渗出液或鼻甲骨、肺等，加液体培养基磨碎制成悬液，接种于液体培养基。也可将气管、气囊或其他组织块直接接入液体培养基中。在37℃培养至少5～7天，培养物一定要培养到酚红指示剂的颜色从红色变为橘黄或黄色。

（2）鸡红细胞吸附试验　取鸡抗凝血5毫升，加2～3倍量生理盐水稀释，3000转/分离心10分钟，弃去上清液，将沉淀的红细胞加2～3倍量生理盐水稀释，3000转/分离心10分钟，弃去上清液，如此重复3次，然后将红细胞泥制成0.25%的红细胞悬液。取红细胞悬液15～20毫升，加入已有菌落形成的固体培养基表面，室温下放置15～20分钟，弃去细胞液，用生理盐水反复冲洗培养基表面2～3次，在低倍显微镜下检查，鸡毒支原体所形成的菌落表面吸附红细胞。

（3）凝集试验　用纯培养物灭活做适当稀释后作为抗原，与鸡毒支原体特异性抗血清做平板凝集试验，若所制备的抗原出现特异性凝集，即可确定。

【预防】

（1）加强饲养管理　切断传播途径，消灭传染源。防止病健鸡接触，降低饲养密度，注意通风，保持舍内空气新鲜，防止过热过冷、温度过高，定期清粪，防止氨气、硫化氢等有毒有害气体的刺激等，均是防制本病的重要管理环节。此外，坚持“全进全出”制，定期带鸡消毒，加强消毒防范，防止其他传染病的侵入而诱发或加重鸡毒支原体感染的症状。在接种弱毒苗时，要注意鸡群健康状况，有本病污染的雏鸡群不能用气雾法、滴鼻法免疫，以防继发本病出现临床症状。

（2）防止垂直传播　尽可能做到自繁自养，必须引进良种时，一定从确实无本病的种鸡场购买。种鸡一旦感染鸡毒支原体，必须进行检疫净化，采用多次检疫和投药的方法来清除和消灭本病。

（3）免疫接种　国内外使用的疫苗主要有弱毒疫苗和灭活疫苗。弱毒疫苗既可用于尚未感染的健康小鸡，也可用于已感染的鸡群，免疫保护率在80%以上，免疫持续时间达7个月以上。灭活疫苗以油佐剂灭活疫苗效果较好，多用于蛋鸡和种鸡，免疫后可有效地防止本病的发生和种蛋的垂直感染，并减少诱发其他疾病的机会，增加产蛋量。

【治疗】

在治疗本病时可用恩诺沙星或环丙沙星，按0.01%饮水，效果良好；或泰乐菌素按照500毫克/千克饮水，连用5天。

29.滑液囊支原体感染

鸡滑液囊支原体感染（Mycoplasma synoviae infection），又称滑液囊支原体病。本病由滑液囊支原体引起，最常发生的是亚临床型的上呼吸道感染。滑液囊支原体与新城疫病毒或传染性支气管炎病毒或与二者联合可引起气囊感染。有时可变为全身感染，导致传染性滑液囊炎和腱鞘炎，表现为关节肿大、跛行，滑液囊及腱鞘发炎，内脏器官肿大，一般感染4～12周龄的雏鸡，传染很快，可造成一定的损失。本病呈世界范围分布。

【病原】

本病病原为滑液囊支原体（Mycoplasma synoviae，MS）。MS在姬姆萨涂片染色中为多形态的球状体，直径约0.2微米，无细胞壁。本菌要求生长的营养条件比较严格，必须有烟酰胺腺嘌呤二核苷酸和血清才能生长。为抑制杂菌生长，而不影响MS生长，培养基中必须加入青霉素和醋酸铊。除此之外的其他成分需经121℃高压灭菌15分钟，冷却至50℃左右时加入。MS在固体培养基上37℃培养3～7天，在30倍解剖镜下观察，菌落圆形、隆起，似花格状，有的有中心，有的无中心。菌落直径1～3毫米。

MS在上述液体培养基中生长时，由于发酵葡萄糖产酸，而使培养液中的酚红指示剂变黄（pH<6.8），此时应尽快移植，否则MS失去活力。MS能发酵葡萄糖和麦芽糖，产酸不产气，不发酵乳糖、卫茅醇、水杨苷等。MS无磷酸酶活性，还原四唑盐的能力很有限。MS的某些菌株可凝集鸡和火鸡的红细胞。

MS对外界环境和消毒剂的抵抗力与鸡毒支原体相似，将MS污染的鸡舍经清洗、彻底消毒后，再空舍1周，放入1日龄易感鸡不引起感染。MS能耐受冰冻，卵黄材料中的MS在–63℃存活7年，–20℃存活2年，肉汤培养基中的MS在–70℃或冻干的培养物在4℃条件下均可保存数年而不失去活力。但MS对高于39℃的温度敏感，在pH 6.9或更低的pH不稳定。

【流行病学】

MS的易感动物主要是鸡、珍珠鸡和火鸡。鸭、鹅、鸽、日本鹌鹑和红腿鹧鸪也有自然感染的报道。MS的急性感染多发生于4～12周龄的鸡、10～24周龄的火鸡，慢性感染可见于任何年龄。

本病水平传播途径很多，呼吸道感染是主要的，吸血昆虫在本病传播上也起着重要作用，感染率有时可高达100%。菌株的致病力差异很大，并不一定都表现出临床症状。某些病原和不良环境可促使本病的发生，加重病情。如舍内有毒有害气体的浓度过高，可促进呼吸道症状的出现。气囊炎可由接种新城疫、传染性支气管炎疫苗以及其他呼吸道病原体感染而加重病情。MS无论是人工感染还是自然感染均可发生垂直传播。试验感染肉种鸡，于感染后6～13天，MS出现于未孵化的蛋、1日龄雏鸡的气管以及死亡胚胎的蛋壳上。产蛋种鸡群在产蛋过程中感染MS时，蛋传播率在感染后4～6天间最高，随后垂直传播可能消失，但感染群鸡将持续排菌。鸡的发病率通常在5%～15%，死亡率在1%～10%。火鸡发病率一般在1%～20%。

【症状】

病鸡表现被感染的关节、爪垫肿胀（图1-2-140～图1-2-142）、跛行，常伴有胸骨囊肿，喜卧，饮食欲下降，但仍有食欲，生长迟缓，羽毛松乱，冠发育不良、苍白，个别病鸡鸡冠可呈蓝红色，排水样稀便，其中含有多量白色尿酸盐。脱水、消瘦。有的鸡群表现有轻度的呼吸音。自然感染MS的成年产蛋鸡，产蛋量和蛋的质量一般不受影响或影响很小。

【病理变化】

在发病的关节和龙骨滑膜囊内有黏稠的、乳酪色至灰白色渗出物（图1-2-143～图1-2-145），随着病程的延长，在腿鞘关节、肌肉和气囊中也可发现干酪样渗出物、关节面的溃疡。有呼吸道症状者可见气囊炎的存在。肝、脾、肾肿大，含有多量尿酸盐，呈斑驳状。

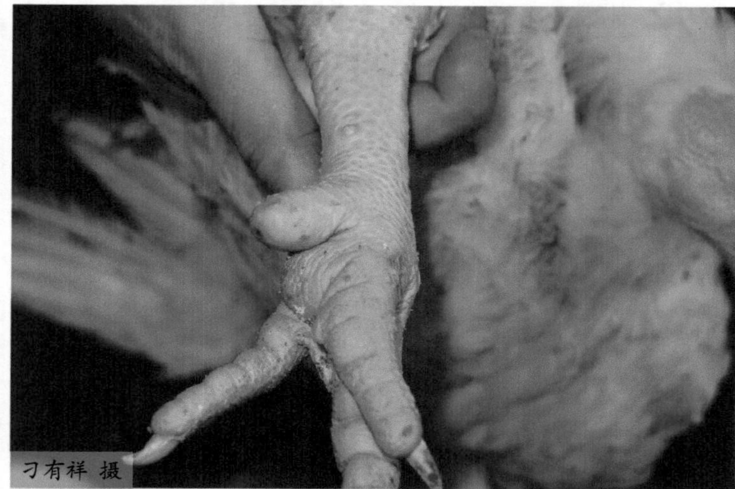

图1-2-140 肉种鸡脚垫肿胀（一）

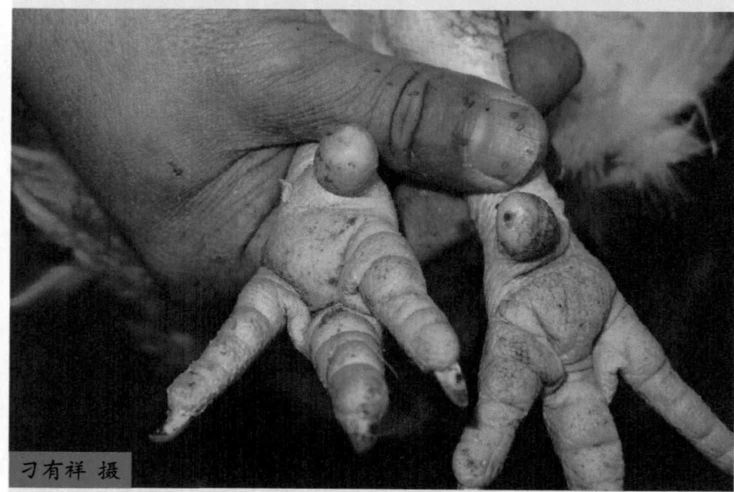

图1-2-141 肉种鸡脚垫肿胀（二）

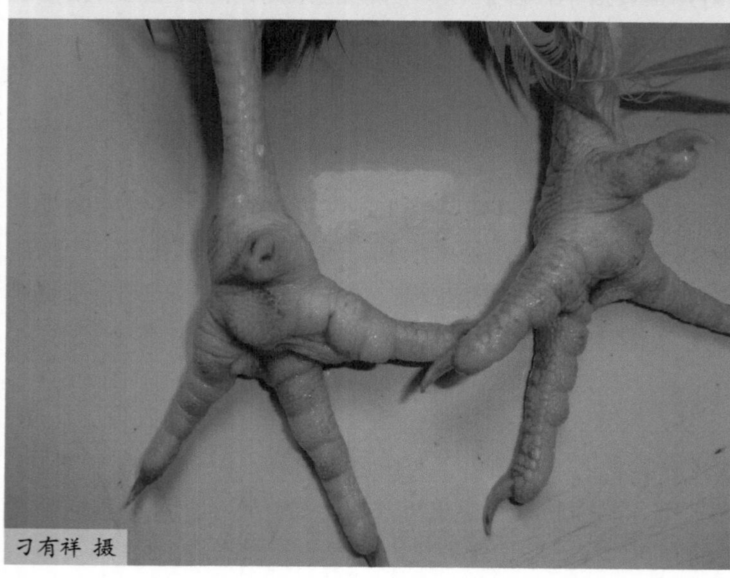

图1-2-142 蛋鸡脚垫肿胀

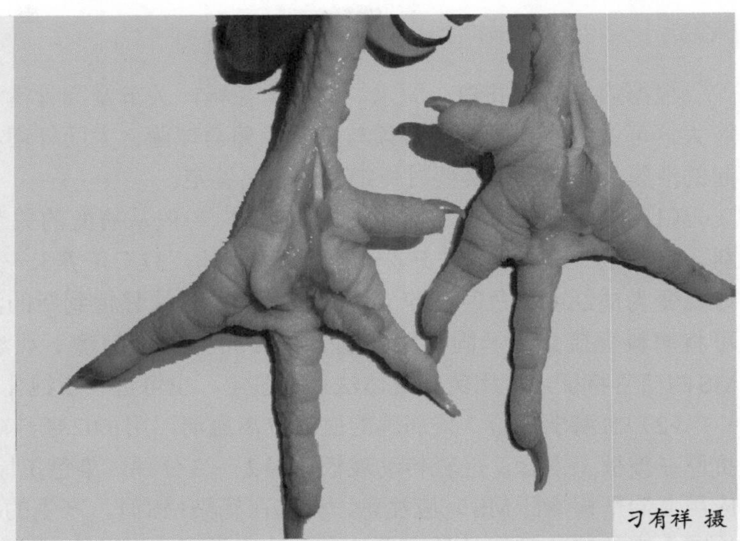

图1-2-143 关节腔中有透明黏稠分泌物（一）

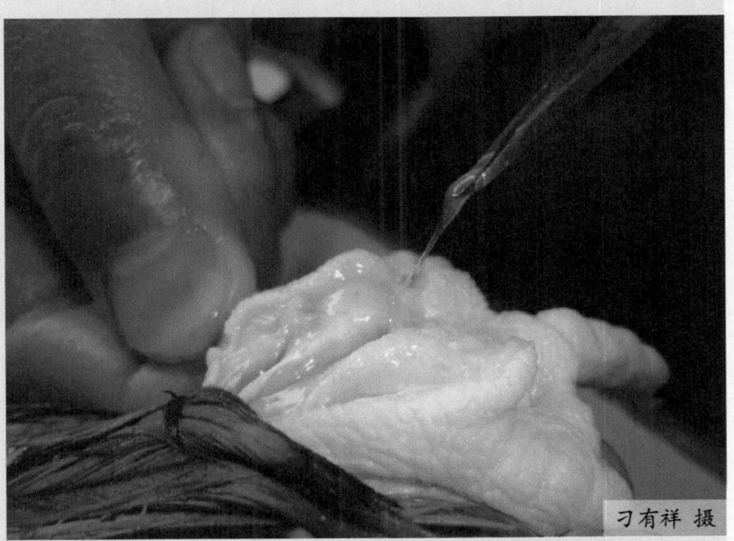

图1-2-144 关节腔中有透明黏稠分泌物（二）

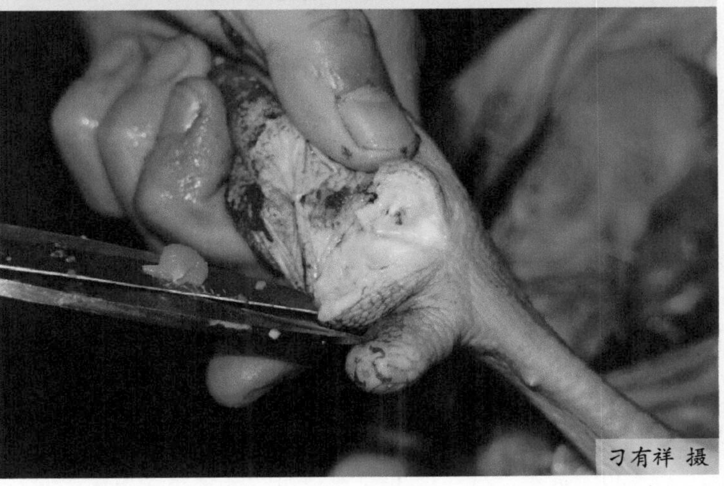

图1-2-145 关节腔中有透明黏稠分泌物（三）

【诊断】

根据病鸡鸡冠苍白，脱水，消瘦，拉稀，关节及胸骨滑液囊肿大，跛行，肝，脾，肾肿大，可做初步诊断，但必须与金黄色葡萄球菌、大肠杆菌、巴氏杆菌、沙门菌等细菌引起的滑膜炎相区别，必要时作细菌的分离鉴定。

（1）病原的分离、鉴定　分离MS时，一般从病变的关节或有呼吸道症状的气囊取病料，接种于3～5毫升的F rey氏改良培养基，37℃培养3～7天，当酚红指示剂的颜色从红色变为橘红或黄色时，应立即停止培养，尽快移植到新的液体培养或固体培养基上。也可将病料直接分离于固体培养基上。在30倍的解剖镜下观察菌落形态，若菌落形态符合MS的菌落特征，可用荧光抗体法直接鉴定，也可进一步纯化后做生化反应和血清学鉴定。

（2）血清学试验　采病鸡的血液分离血清，用0.02毫升（1滴）血清和等量的MS染色抗原在玻板上混合，轻轻转动玻板，经2～3分钟，染色抗原凝集块清晰可见即判为阳性。应用血清平板诊断MS时应注意，火鸡在感染MS时，产生的凝集抗体效价很低，以本试验诊断火鸡的感染是无效的。另外，血清平板凝集试验有时会产生非特异性反应，特别是使用油乳剂灭活疫苗免疫过的各种鸡群。

【防制】

（1）预防　由于MS可经蛋垂直传播，所以唯一有效的控制措施就是培育无病健康的种鸡群。种鸡必须定期进行检疫，及时剔除阳性鸡；此外，应用抗生素浸蛋、孵化加热和蛋内接种等，可防止MS经蛋垂直传播。

MS感染后可产生一定的抵抗力，如经鼻感染鸡对随后的爪垫攻毒有抵抗力。鸡经鼻腔免疫接种MS温度敏感变异株可防止气囊炎的发生至少达21周。虽然也有弱毒苗和灭活苗出售，但其在MS控制上的作用尚未研究清楚。

（2）治疗　MS对泰乐菌素、林肯霉素、壮观霉素、环丙沙星等比较敏感，对红霉素有一定抵抗力。治疗时可在饲料中加0.0032%的壮观霉素饮水，连用4～5天；或恩诺沙星或环丙沙星等按0.01%饮水，连用4～5天。同时，应提高饲养管理水平，注意通风，适当降低密度，冬季防止冷应激，避免外伤和消灭外寄生虫。

30.禽曲霉菌病

禽曲霉菌病（Aspergillosis avium）是多种禽类和哺乳动物的一种真菌性疾病。本病的特征是呼吸道发生炎症和形成小结节，故又称为霉菌性肺炎。本病主要发生于幼禽，呈急性群发性暴发，发病率和死亡率都较高。

【病原】

引起禽曲霉菌病的两个主要病原为烟曲霉（A.Fumigatus）和黄曲霉（A. F lavus），此外，黑曲霉、赭曲霉、土曲霉、灰绿曲霉等也有不同程度的致病性。

（1）烟曲霉　烟曲霉的繁殖菌丝呈圆柱状，色泽由绿色、暗绿色至熏烟色。菌丝分化后形成的分生孢子梗向上逐渐膨大，其顶端形成烧瓶状顶囊，再于顶囊的1/2至2/3部位产生孢子柄。孢子柄的壁光滑，常为绿色，不分支，其末端生出一串链状的分生孢子。孢子呈球形或卵圆形，并含有黑绿色色素，直径为2～3.5微米。本菌在沙氏葡萄糖琼脂培养基上生长迅速，菌落最初为白色绒线毛状，后迅速变为深绿色或绿色，随着培养时间的延长而颜色变暗，以致接近黑色绒状（图1-2-146）。

（2）黄曲霉　黄曲霉的分生孢子梗的壁厚、无色，多从基质生出，长度小于1毫米，孢子梗极粗糙，顶囊下面的分生孢子梗的直径为10～20微米。顶囊早期稍长，晚期呈烧瓶形或近似球形（图1-2-147）。

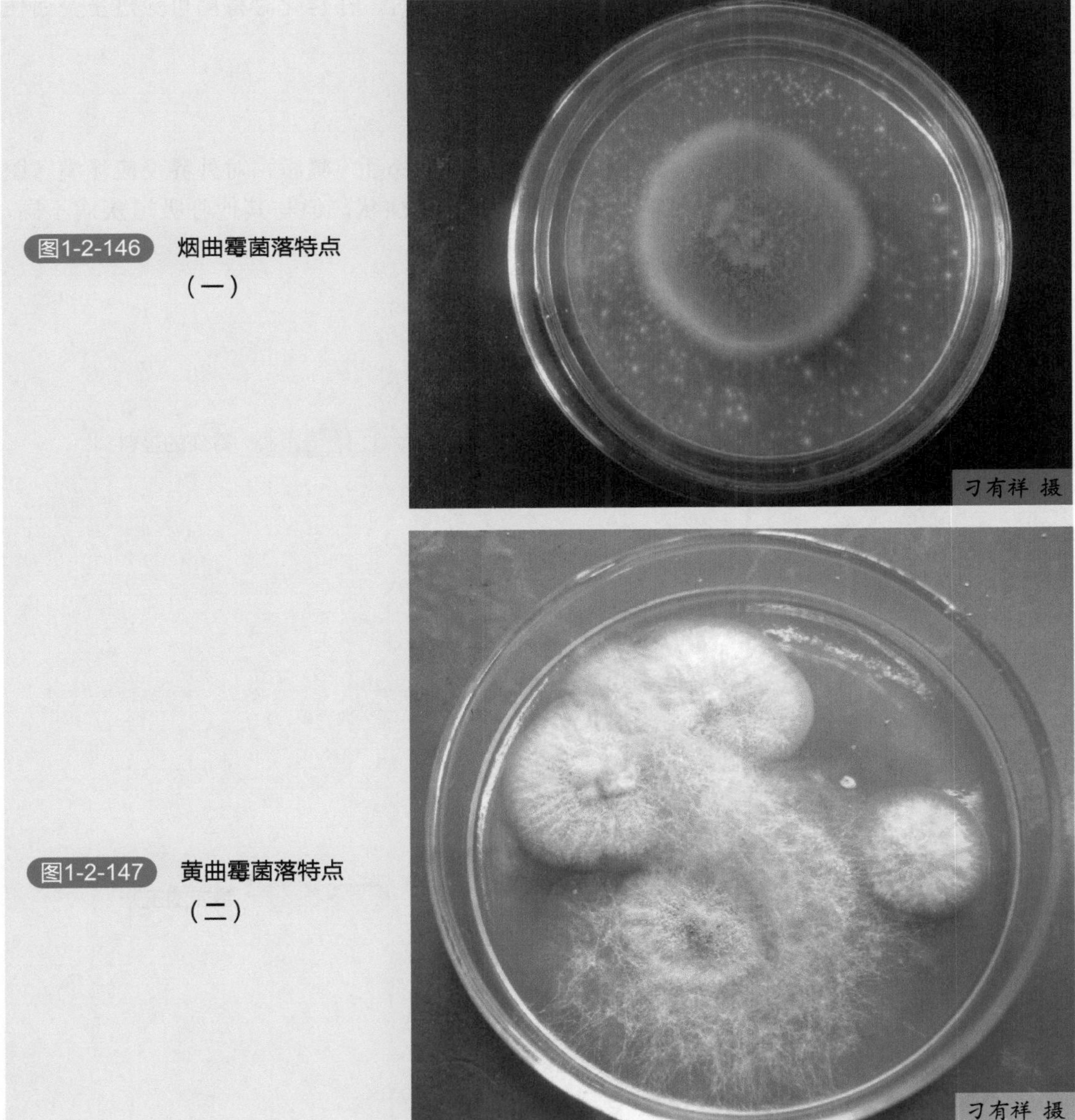

图1-2-146　烟曲霉菌落特点（一）

图1-2-147　黄曲霉菌落特点（二）

【流行特点】

曲霉菌及它们所产生的孢子在自然界中分布广泛，禽类常通过接触发霉的饲料、垫料、用具而感染。各种禽类都有易感性，以幼禽的易感性最高，常为群发性和呈急性经过，成年鸡仅为散发。出壳后的幼雏进入被霉菌严重污染的育雏室或装入被污染的笼具，48 ～ 72小时后即可开始发病和死亡。4 ～ 12日龄是本病流行的高峰，以后逐渐减少，至3 ～ 4周龄时基本停止死亡。污染的垫料、木屑、土壤、空气、饲料是引起本病流行的传染媒介（图1-2-148 ～图1-2-150），雏鸡通过呼吸道和消化道而感染发病，也可通过外伤感染而引起全身曲霉菌病。育雏阶段的饲养管理及卫生条件不良是引起本病暴发的主要诱因。育雏室内日夜温差大、通风换气不良、密度过大、阴暗潮湿以及营养不良等因素，都能促使本病发生和流行。另外，在孵化过程中，孵化器污染严重时，在孵化时霉菌可穿过蛋壳而使胚胎感染，刚孵出的幼雏不久便可出现症状。

【症状】

雏鸡开始减食和不食，不愿走动，翅膀下垂，羽毛松乱，嗜睡，对外界反应淡漠（图1-2-151）。接着出现呼吸困难、气喘、呼吸次数增加等症状，但与其他呼吸道疾病不同，

图1-2-148 霉变的垫料

图1-2-149 霉变的玉米

一般不发出明显的咯咯声，病雏头颈伸直，张口呼吸，眼、鼻流液，食欲减退，渴欲增加，迅速消瘦，体温下降，后期腹泻，若口腔、食道黏膜受侵害（图1-2-152），出现吞咽困难。病程一般在1周左右，发病后如不及时采取措施，死亡率可达50%以上。有些雏鸡可发生曲霉菌性眼炎，通常是一侧眼的瞬膜下形成一黄色干酪样小球，致使眼睑鼓起，有些鸡还可在角膜中央形成溃疡。有的禽类还会发生脑炎型或脑膜炎型曲霉菌病，病雏斜颈、共济失调。

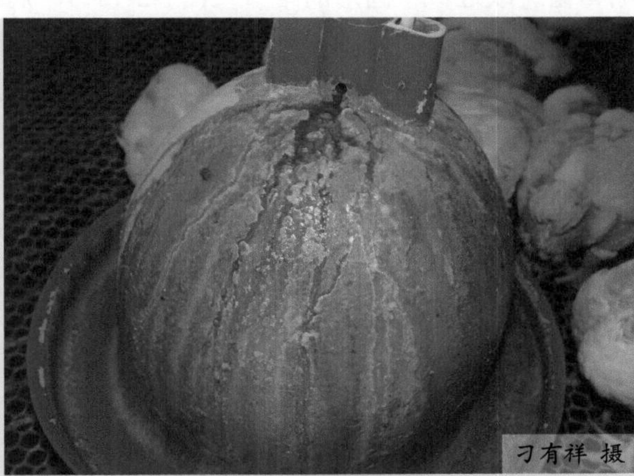

图1-2-150　饮水器表面布满霉菌

刁有祥 摄

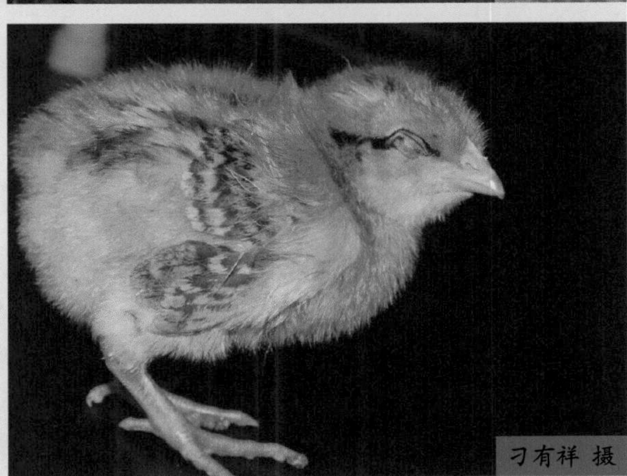

图1-2-151　病鸡精神沉郁

刁有祥 摄

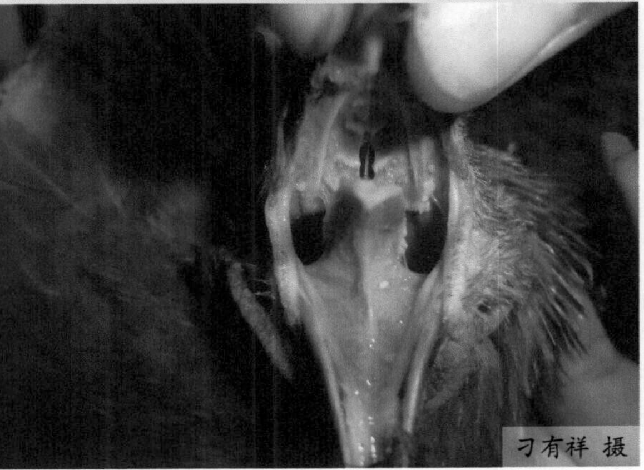

图1-2-152　鸡口腔黏膜大小不一的黄白色霉菌结节

刁有祥 摄

【病理变化】

肺部病变最为常见，肺、气囊和胸腔浆膜上有针头大至米粒或绿豆粒大小的结节（图1-2-153，图1-2-154）。结节呈灰白色、黄白色或淡黄色，圆盘状，中间稍凹陷（图1-2-155），切开时内容物呈干酪样，有的互相融合成大的团块。肺脏上有多个结节时，可使肺组织质地坚硬、弹性消失（图1-2-156）。严重者，肺、气囊或腹腔浆膜上有肉眼可见的成团的霉菌斑或近似于圆形的结节（图1-2-157）。病鸡的鸣管中可能有干酪样渗出物和菌丝体，有时还有脓性黏液到胶冻样渗出物。脑炎型曲霉菌病其病变表现为在脑的表面有界限清楚的白色到黄色区域。皮肤感染时，感染部位的皮肤发生黄色鳞状斑点，感染部位的羽毛干燥、易折。

【诊断】

根据流行特点、呼吸道症状及剖检变化即可作出初步诊断，但确诊需进行实验室诊断。无菌采取肺脏结节的一小部分放在玻片上，用25%氢氧化钾浸泡将材料分离，盖上盖玻

图1-2-153 肺、气囊米粒大至绿豆粒大小的霉菌结节

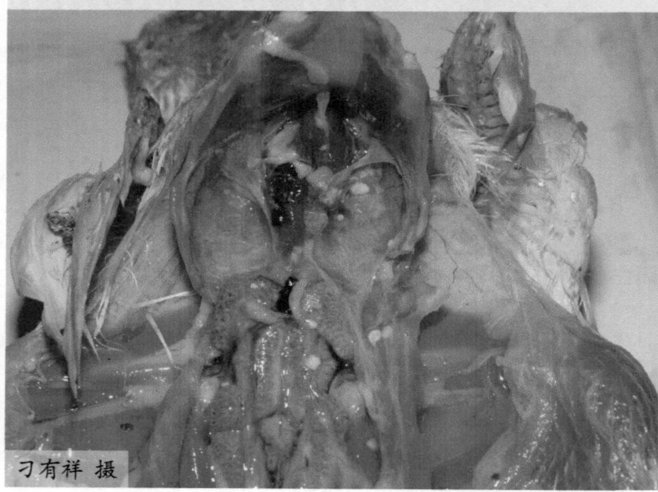

图1-2-154 肺及腹腔中黄白色的霉菌结节

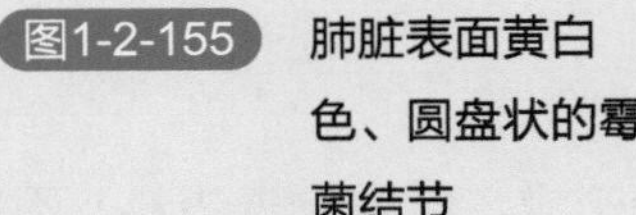

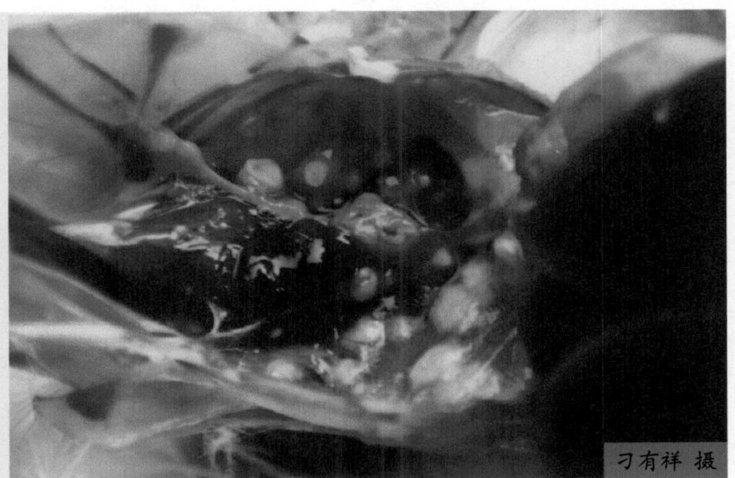

图1-2-155 肺脏表面黄白色、圆盘状的霉菌结节

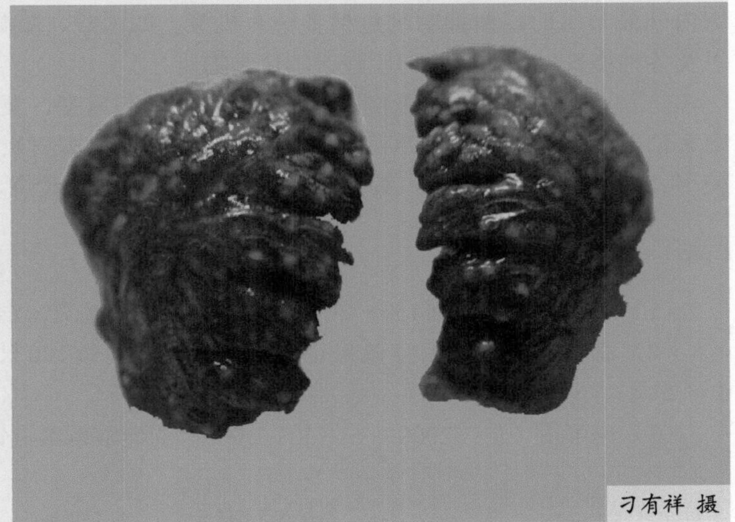

图1-2-156 肺脏中黄白色的霉菌结节，肺脏实变

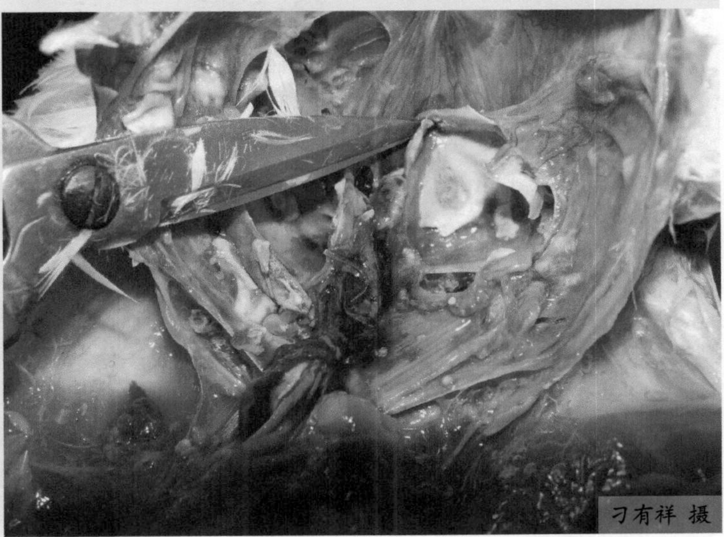

图1-2-157 气囊中成团的霉菌

片，在火焰上缓缓加热后可检查渗出物是否有菌丝，为使菌丝清晰可见，氢氧化钾液与墨汁染液混合。曲霉菌菌丝用墨汁染料染色后呈蓝色，有隔膜、二分叉分支结构，直径2～4微米，菌丝互有相连，通常平行排列。无菌采取的样品可直接接种于沙氏葡萄糖琼脂培养基或马铃薯葡萄糖琼脂培养基，37℃培养24小时。挑取部分带繁殖结构的菌落，置于清洁载玻片上，滴加一滴包埋液把菌块分开，盖上盖玻片后检查。

【预防】

（1）加强饲养管理，搞好禽舍卫生，注意通风，保持禽舍干燥，经常检查垫料，不喂霉变饲料，降低饲养密度，防止过分拥挤，是预防曲霉菌病发生的最基本措施之一。饲料中的水分超过14%或相对湿度超过85%时，霉菌易于生长，且当温度超过25℃时霉菌生长加快。

（2）饲料中添加防霉剂。在饲料中添加防霉剂是预防本病发生的一种有效措施。目前国内外最常用的霉菌抑制剂包括多种有机酸，如丙酸、醋酸、山梨酸、苯甲酸、甲酸等，以及各种染料，如龙胆紫和硫酸铜等化学物质。

（3）处理发霉饲料，更换霉变垫料。禽舍垫料霉变，要及时发现，彻底更换，并进行禽舍消毒，可用福尔马林熏蒸消毒或0.4%过醋酸或5%石炭酸喷雾后密闭数小时，通风后使用。停止饲喂霉变饲料，霉变严重的要废弃，并进行焚烧。

【治疗】

（1）制霉菌素：成鸡15～20毫克，雏鸡3～5毫克，混于饲料中连用3～5天。

（2）克霉唑对本病治疗效果也较好，其用量为每100只雏鸡用1克，混饲投药，连用3～5天。

（3）也可用（1∶2000）～（1∶3000）的硫酸铜溶液饮水，连用2～3天。

31.念珠菌病

念珠菌病（Moniliasis）是由白色念珠菌（*Candida albicans*）引起的一种消化道真菌病。本病的特征是在消化道黏膜上形成乳白色斑片并导致黏膜发炎，口腔黏膜念珠菌病通常称为鹅口疮（T hrush）。

【病原】

白色念珠菌为酵母样真菌。在病变组织、渗出物及普通培养基上能产生芽生孢子和假菌丝，不形成有性孢子。出芽细胞呈卵圆形，直径2～4微米，革兰氏染色阳性（图1-2-158），但内部着色不均匀，假菌丝是由真菌出芽后发育延长而成。本菌在吐温-80玉米琼脂培养基上可产生分支的菌丝体、厚膜孢子及芽生孢子。在沙氏琼脂培养基上37 ℃培养24～48小时，形成白色、奶油状、明显凸起的菌落（图1-2-159）。幼龄培养物由卵圆形出芽的酵母细胞组成，老龄培养物显示菌丝有横隔，偶尔出现球形的肿胀细胞，细胞膜增厚。

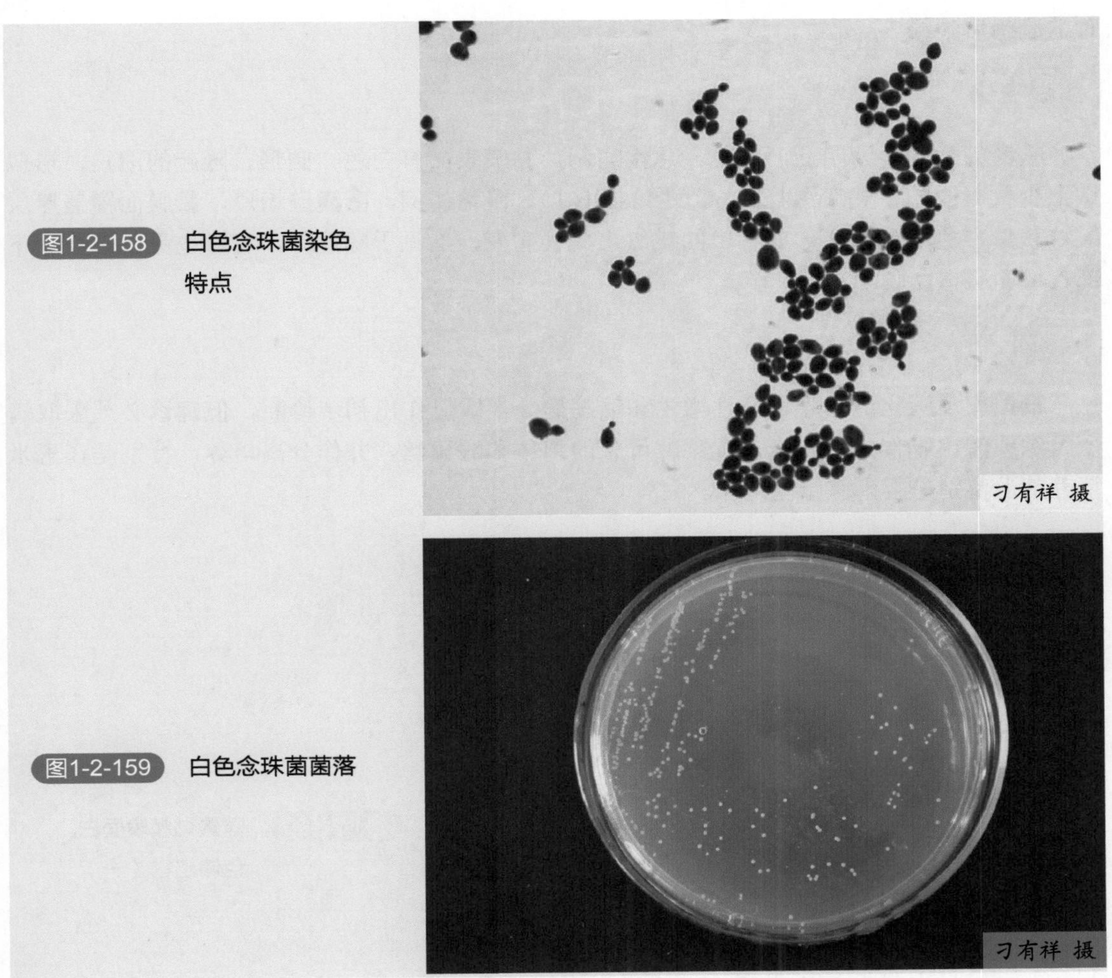

图1-2-158 白色念珠菌染色特点

图1-2-159 白色念珠菌菌落

该菌能发酵葡萄糖、果糖、麦芽糖和甘露醇，产酸、产气；在半乳糖和蔗糖中轻度产酸；不发酵糊精、菊糖、乳糖和棉子糖。明胶穿刺出现短绒毛状或树枝状旁枝，但不液化培养基。

【流行特点】

白色念珠菌是念珠菌属中的致病菌，通常寄生于家禽的呼吸道及消化道黏膜上，健康鸡的带菌率可达61%。当机体营养不良，抵抗力降低，饲料配合不当以及持续应用抗生素、激素、免疫抑制剂，使体内常居微生物之间的拮抗作用失去平衡时，容易引起发病。本病主要见于幼龄的鸡、鸽、火鸡和鹅，野鸡、松鸡和鹌鹑也有报道。幼禽对本病的易感性比成年禽高，且发病率和死亡率也高，随着感染日龄的增长，它们往往能耐过。病禽的粪便含有大量病菌，这些病菌污染环境后，通过消化道而传染，黏膜的损伤有利于病原体的侵入。饲养管理不当，卫生条件不良，以及其他疫病都可以促使本病发生。本病也能通过蛋壳传染。

【症状】

病鸡多生长不良，发育受阻，精神沉郁，羽毛松乱，采食、饮水减少。一旦全身感染，食欲废绝后约经2天死亡。

【病理变化】

嗉囊的病变最为明显而常见。急性病例，黏膜表面有白色、圆形、隆起的溃疡，形似撒上少量凝固的牛乳（图1-2-160、图1-2-161）。慢性病例，嗉囊壁增厚，黏膜面覆盖厚层皱纹状黄白色坏死物，形如毛巾的皱纹。此种病变，除见于嗉囊外，有时也见于口腔、下部食道和腺胃黏膜。

【诊断】

根据病禽消化道黏膜特征性增生和溃疡病灶，即可作出初步诊断，但确诊必须采取病变组织或渗出物作抹片检查，观察酵母状的菌体和假菌丝，并作分离培养，特别是在玉米培养基上鉴别是否为病原性菌株。

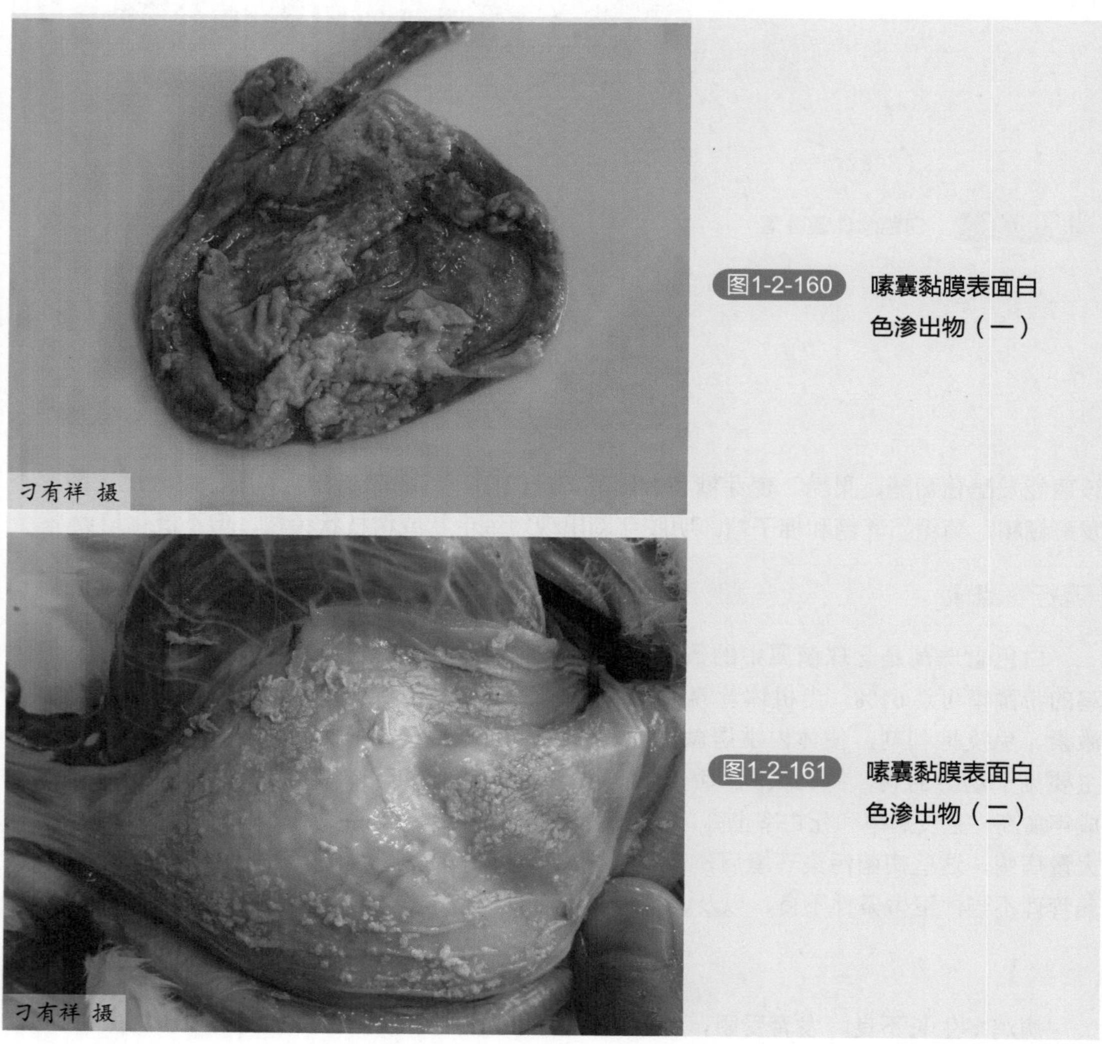

图1-2-160 嗉囊黏膜表面白色渗出物（一）

图1-2-161 嗉囊黏膜表面白色渗出物（二）

【预防】

（1）加强饲养管理，改善卫生条件。本病与卫生条件有密切关系，因此，要改善饲养管理及卫生条件，舍内应干燥通风，防止拥挤、潮湿。

（2）加强消毒。禽舍可用2%的福尔马林或1%的氢氧化钠进行消毒。由于蛋壳表面常带菌，所以孵化前，应将种蛋浸泡在碘制剂的消毒液中，以消除感染的可能性。

（3）饲料中定期加喂制霉菌素或在饮水中加硫酸铜。

【治疗】

制霉菌素或克霉唑具有较好的治疗效果，也可用1：2000硫酸铜饮水。对个别严重者，可将口腔假膜刮去，涂碘甘油，嗉囊中可以灌入数毫升2%硼酸水。

第二章　鸡寄生虫病

32. 鸡球虫病

鸡球虫病是由一种或多种球虫寄生于鸡的肠黏膜上皮细胞而引起的一种急性流行性原虫病。该病分布广泛，发生普遍，危害十分严重。

【病原】

鸡球虫属原生动物门，孢子虫纲，球虫目，艾美耳科（E imeridae）、艾美耳属（E imeria）。目前世界公认的有9种，有效虫种为7种，即柔嫩艾美耳球虫（*E imeriatenella*）、毒害艾美耳球虫（*Enecatrix*）、堆形艾美有球虫（*E acervulina*）、布氏艾美耳球虫（*E brunetti*）、巨型艾美耳球虫（*E maxima*）、变位艾美耳球虫（*E maviti*）、缓艾美耳球虫（*E mitis*）、早熟艾美耳球虫（*E praecox*）和哈氏艾美耳球虫（*E hagani*）。其中，变位艾美耳球虫和哈氏艾美耳球虫为无效虫种。致病作用最强的是寄生于盲肠的柔嫩艾美耳球虫和寄生于小肠的毒害艾美耳球虫，其他种球虫致病性较小，均寄生于小肠。

球虫的生活史属直接发育型，不需要中间宿主，须经过裂体增殖、配子生殖和孢子增殖三个阶段。前两个阶段在宿主体内进行，称内生性发育；孢子增殖在外界环境中完成，称外生性发育。随宿主粪便排到自然界的是球虫卵囊，其一般为卵圆形，内含一个圆形或近圆形的合子（或称卵囊质、成孢子细胞）。在适宜的温度和湿度条件下，卵囊内的合子分裂为四个孢子囊，每个孢子囊内含两个子孢子，此时的卵囊称孢子化卵囊，对宿主具有感染力，故也称感染性卵囊。当鸡进食或饮水时将孢子化卵囊吃入之后，卵囊壁被消化液溶解，子孢子逸出，侵入肠上皮细胞内，核进行无性复分裂，形成多核的裂殖体，这一无性繁殖过程即裂体增殖。裂殖体分裂成数目众多的裂殖子（图2-0-1），并破坏上皮细胞。破溃上皮细胞释放出的裂殖子侵入新的上皮细胞内，并以同样的方式进行繁殖。裂体增殖进行若干代之后，某些裂殖子转化为有性的配子体，即大配子体和小配子体，一个大配子体发育成一个大配子，一个小配子体分裂成很多有活动性的小配子，大配子和小配子结合，形成一个合子，合子分泌物形成被膜，即成为卵囊。最后，卵囊由宿主细胞内释出，落入肠道，随鸡粪排出体外。

【流行特点】

各种品种和年龄的鸡都对鸡球虫具有易感性，3月龄以内，尤其是15 ～ 50日龄的鸡群

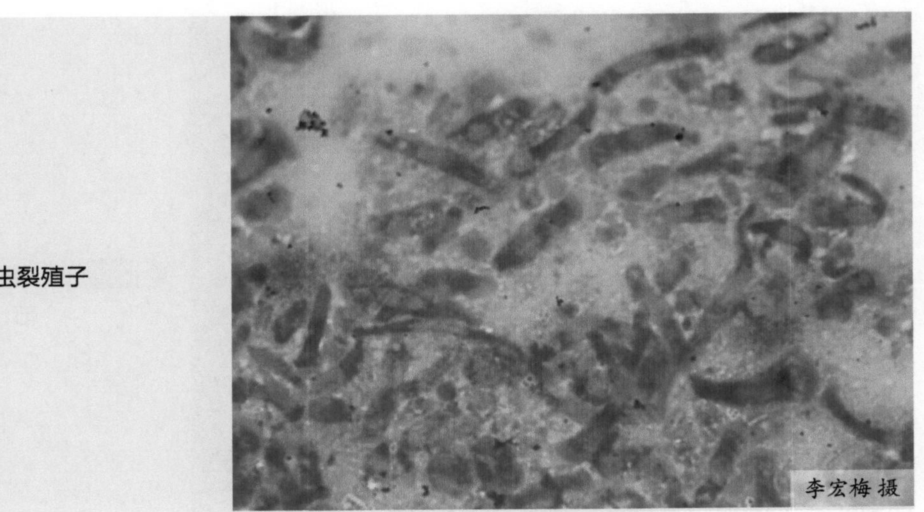

图2-0-1　球虫裂殖子

最易暴发球虫病，且死亡率较高，成年鸡多因前期感染过球虫获得了一定的免疫力，当再感染时不表现临床症状而成为带虫者和传染源。球虫卵囊对自然界各种不利因素的抵抗力较强，在荫蔽的土壤中可保持活力达86周之久，一般消毒剂不能杀死卵囊；但冰冻、日光照射和孵化器中的持续干燥环境对卵囊有抑制杀灭作用。26～32℃的潮湿环境有利于卵囊发育。

鸡感染球虫的途径和方式是啄食感染性卵囊。凡被病鸡或带虫鸡的粪便污染过的饲料、饮水、土壤或用具等，都有卵囊存在；其他种鸟类、家畜和某些昆虫，以及饲养管理人员，都可以成为球虫病机械性的传播者。被苍蝇吸吮到体内的卵囊，可以在其肠道中保持生活力达24小时。

在分散饲养的条件下，本病通常在温暖的4～9月流行，7～8月最严重，但在集约化饲养条件下，本病一年四季均可发生。

饲养管理条件不良能促进本病的发生。卫生条件恶劣、鸡舍潮湿、鸡只拥挤、饲养管理不当时最易发生。此外，某些细菌、病毒或其他寄生虫感染及饲料中缺乏维生素，也可促进本病的发生。

【症状】

（1）急性型　病鸡精神沉郁，羽毛蓬松，头卷缩（图2-0-2），食欲减退，嗉囊内充满液体，鸡冠和可视黏膜贫血、苍白，逐渐消瘦，病鸡常排橘红色粪便（图2-0-3～图2-0-5）。由于肠上皮细胞的大量破坏和自体中毒加剧，病鸡出现共济失调，翅膀下垂，贫血，鸡冠苍白，嗉囊内充满液体，食欲废绝，粪便呈水样、稀薄，带血。若为柔嫩艾美耳球虫病则排血便（图2-0-6、图2-0-7）。末期病鸡昏迷或抽搐。雏鸡自感染后4～7天出现死亡，死亡率可达50%～80%甚至更高。

（2）慢性型　多见于4～6月龄以上的鸡。病程较长，持续数周到数月。症状较轻，有间歇性下痢，逐渐消瘦，产蛋减少，很少死亡。

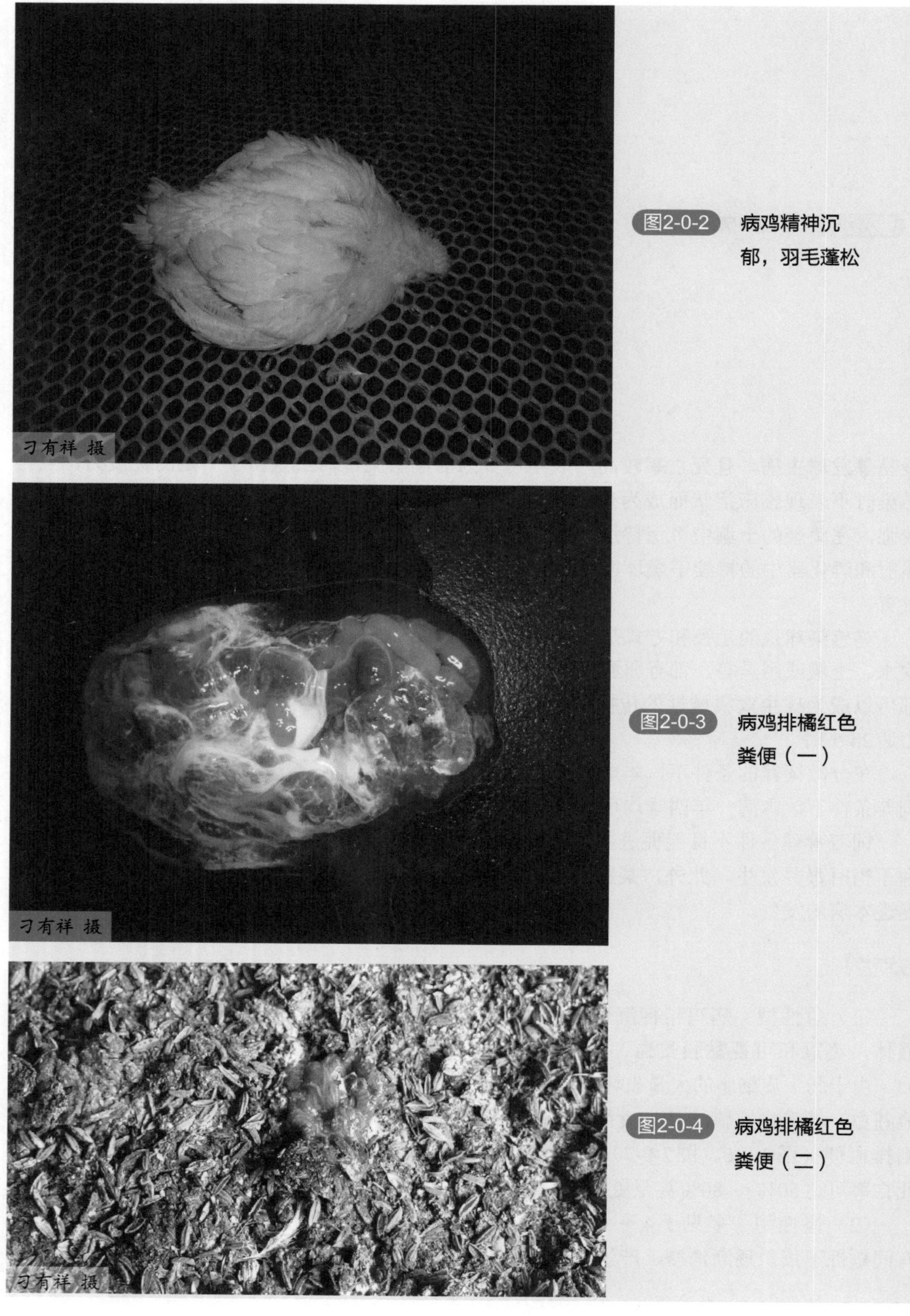

图2-0-2 病鸡精神沉郁，羽毛蓬松

图2-0-3 病鸡排橘红色粪便（一）

图2-0-4 病鸡排橘红色粪便（二）

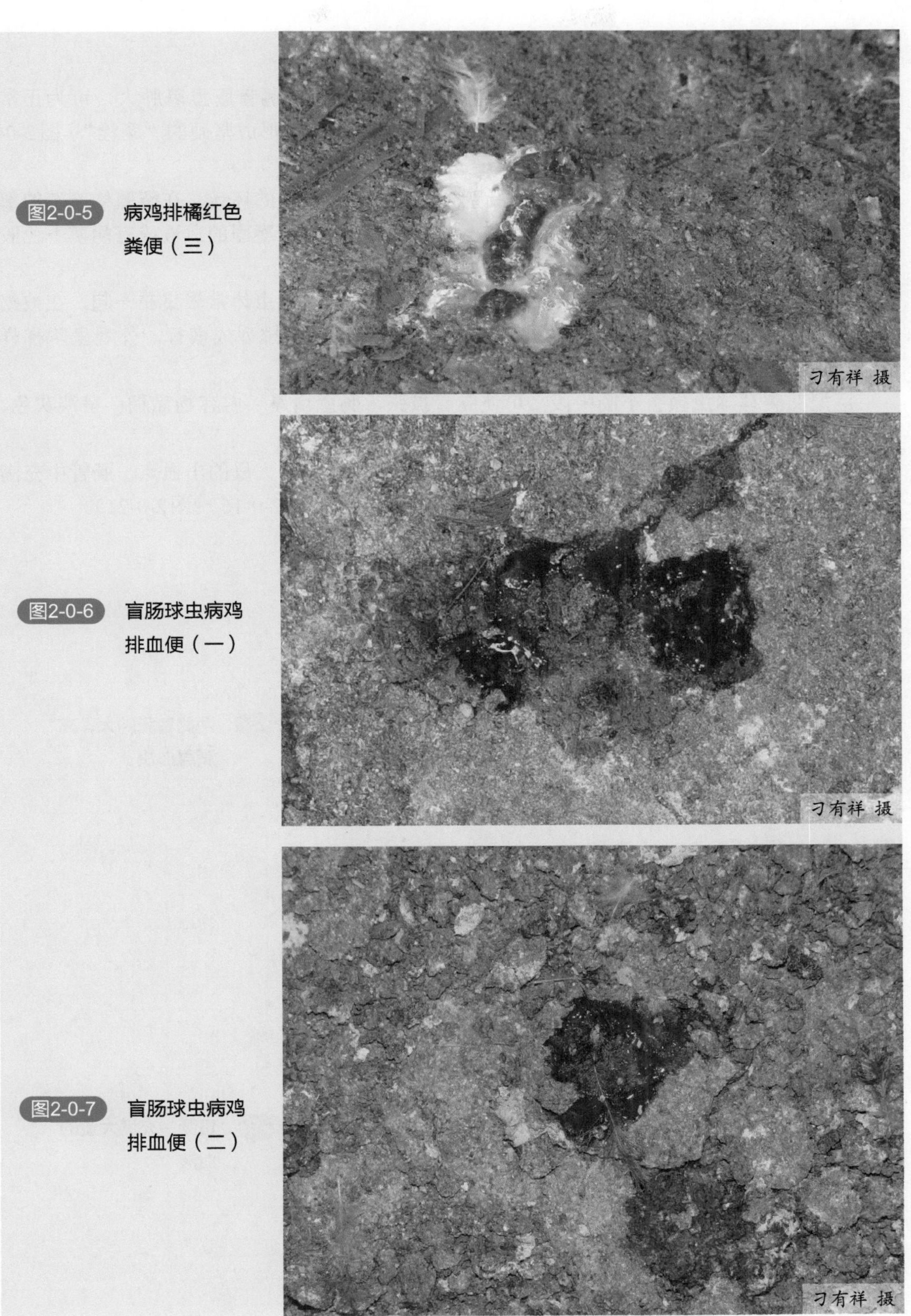

图2-0-5 病鸡排橘红色粪便（三）

图2-0-6 盲肠球虫病鸡排血便（一）

图2-0-7 盲肠球虫病鸡排血便（二）

【病理变化】

柔嫩艾美耳球虫引起的病变主要在盲肠，可见一侧或两侧盲肠显著肿大，可为正常的3～5倍，其中充满新鲜的暗红色血液或凝固的血块，甚至形成坚硬的“肠栓”（图2-0-8～图2-0-11）。

毒害艾美耳球虫损害小肠中段，使肠壁扩张、增厚，严重的坏死。在裂殖体繁殖的部位，有明显的淡白色斑点，黏膜上有许多小出血点。肠管中有凝固的血液或有胡萝卜色胶冻状的内容物（图2-0-12、图2-0-13）。

堆型艾美耳球虫多在上皮表层发育，并且同一发育阶段的虫体常聚集在一起，在被损害的肠段（十二指肠和小肠前段）上出现大量淡白色斑点，排列成横行，外观呈阶梯样（图2-0-14、图2-0-15）。

巨型艾美耳球虫损害小肠中段，可使肠管扩张，肠壁增厚；内容物黏稠，呈淡灰色、淡褐色或淡红色。

若多种球虫混合感染，则肠管粗大，肠道浆膜、黏膜上有大量的出血点，肠管中充满大量的带有脱落的肠上皮细胞的紫黑色血液，肠黏膜出血（图2-0-16～图2-0-21）。

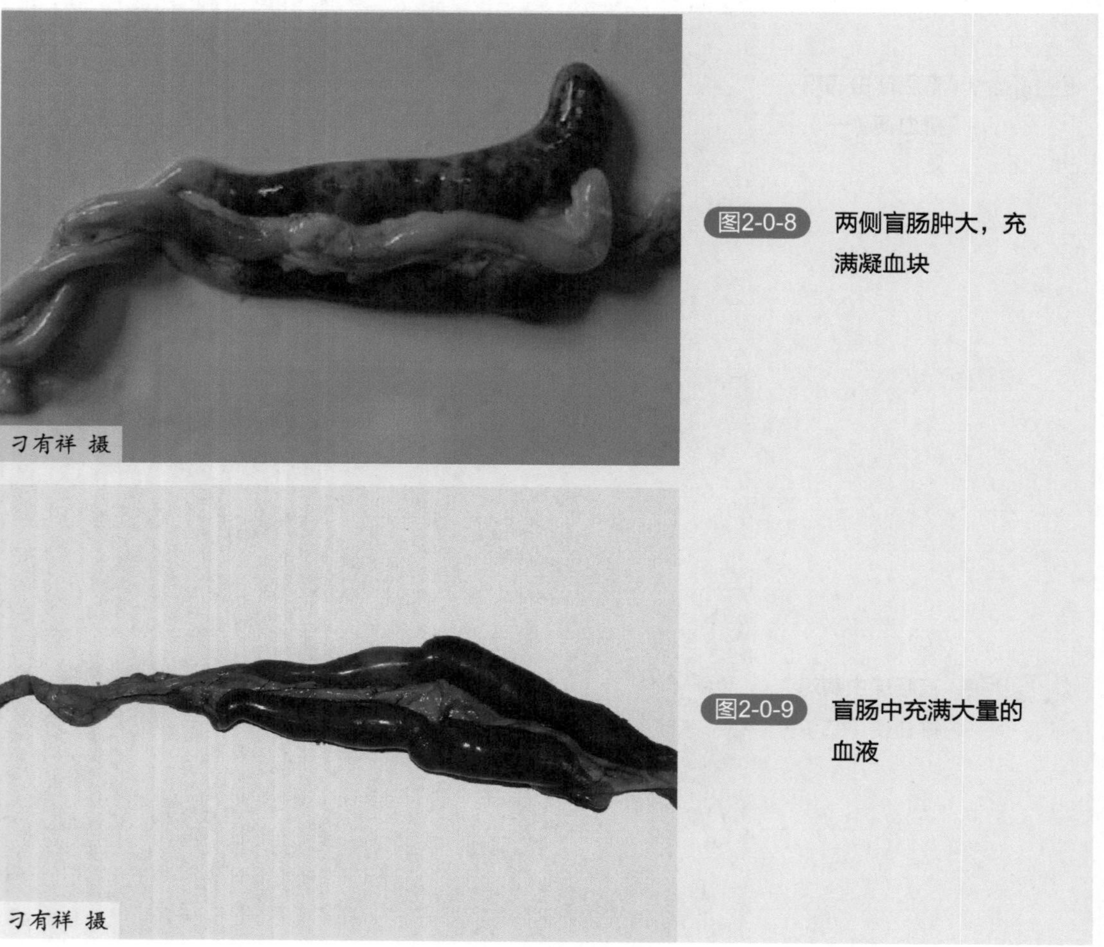

图2-0-8 两侧盲肠肿大，充满凝血块

图2-0-9 盲肠中充满大量的血液

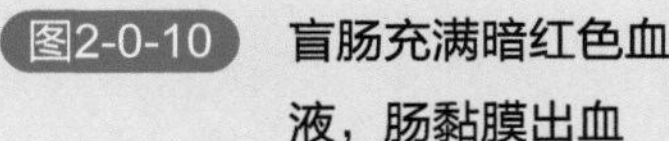

图2-0-10 盲肠充满暗红色血液，肠黏膜出血

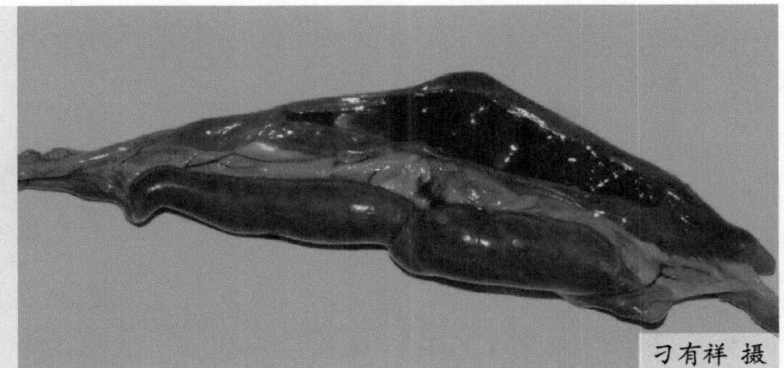

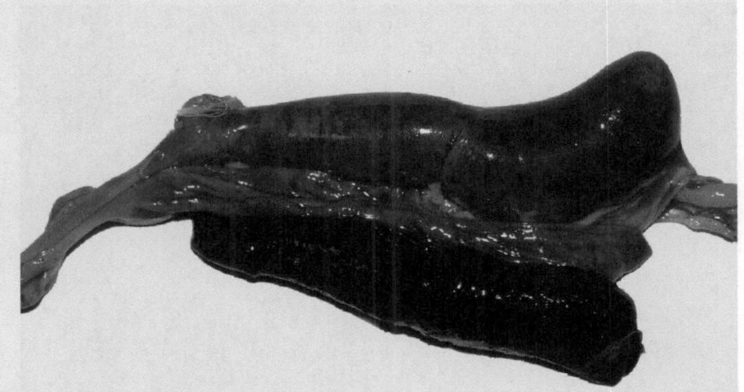

图2-0-11 盲肠充满凝固的血栓

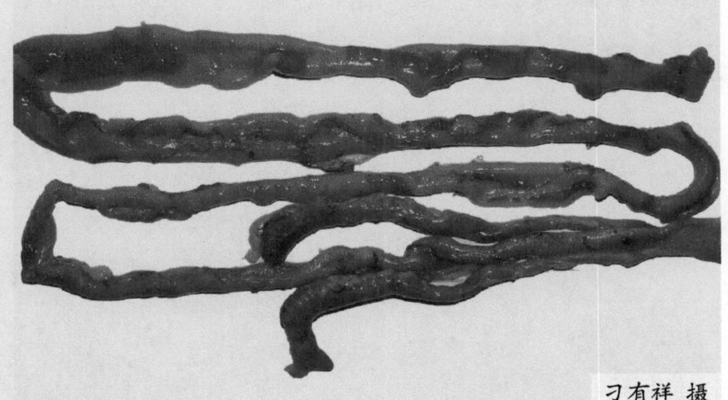

图2-0-12 小肠充满橘红色内容物

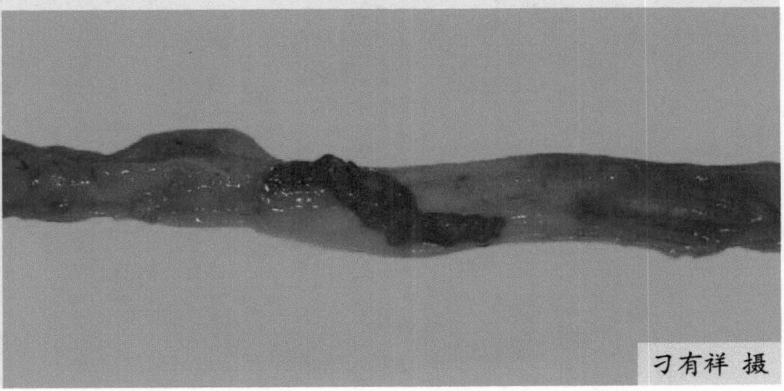

图2-0-13 小肠黏膜出血，有橘红色内容物

图2-0-14 肠黏膜表面淡白色斑点（一）

图2-0-15 肠黏膜表面淡白色斑点（二）

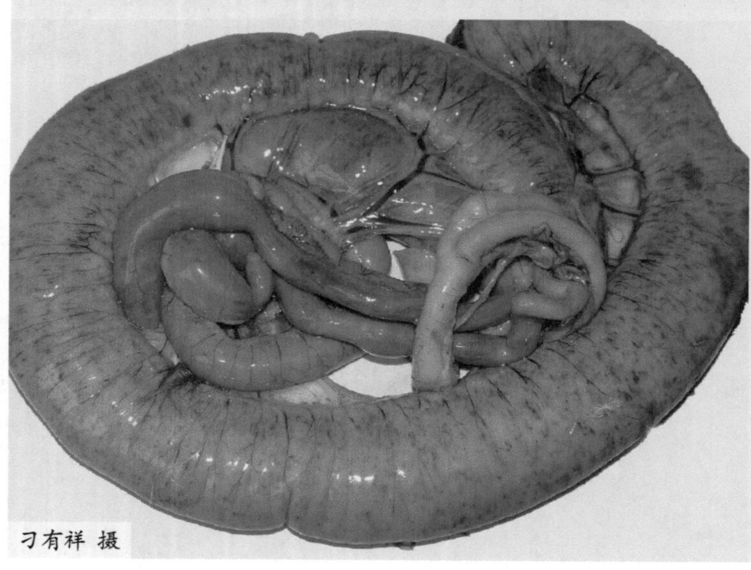

图2-0-16 肠管粗大，浆膜表面有大量的出血点（一）

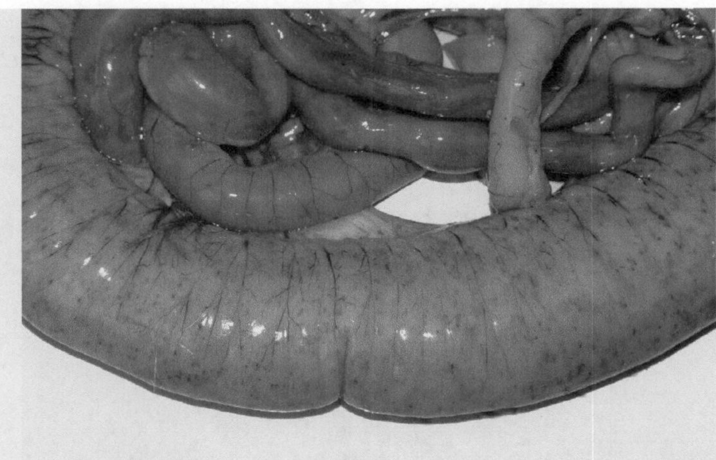

图2-0-17 肠管粗大，浆膜表面有大量的出血点（二）

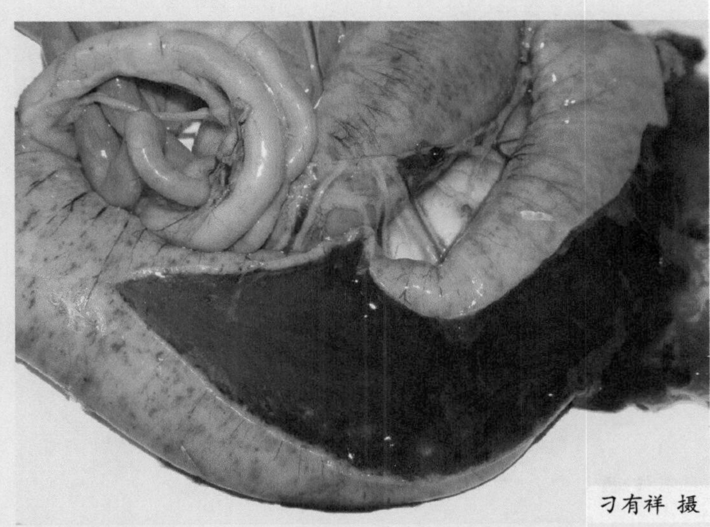

图2-0-18 肠壁增厚，肠道中充满大量的胶冻状红色内容物（一）

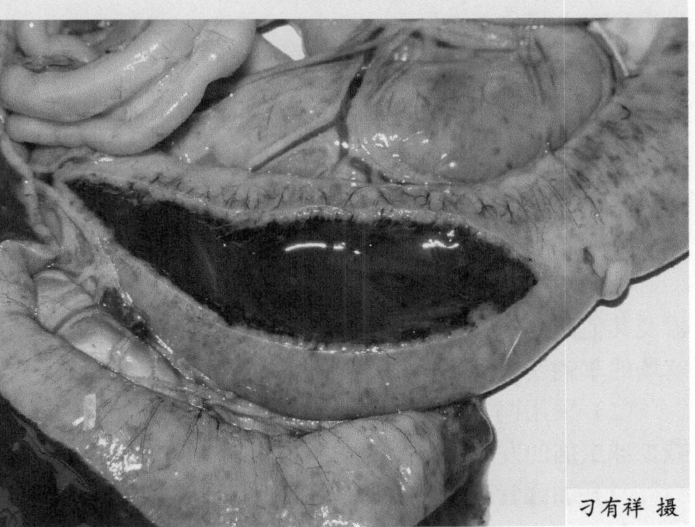

图2-0-19 肠壁增厚，肠道中充满大量的胶冻状红色内容物（二）

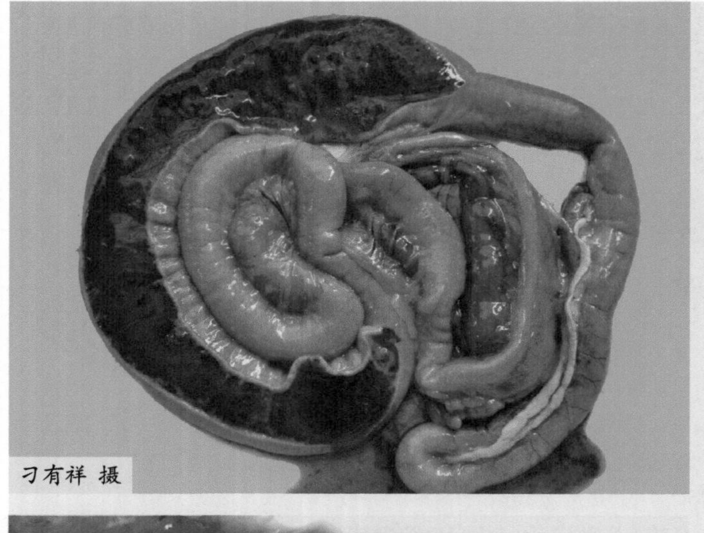

图2-0-20 肠壁增厚，肠道中充满大量的胶冻状红色内容物（三）

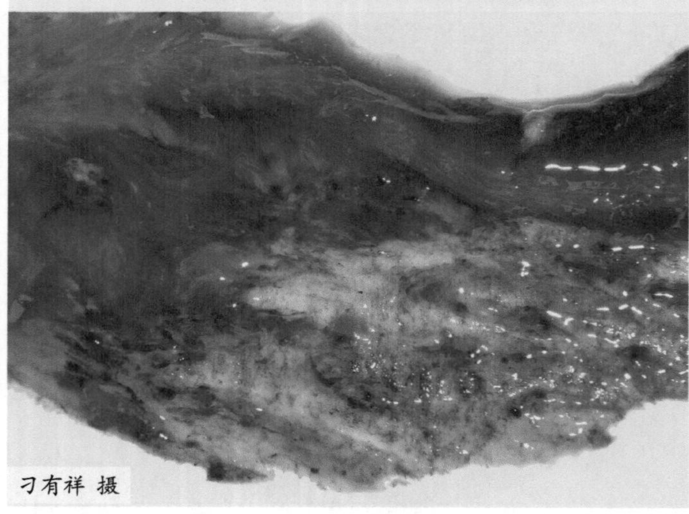

图2-0-21 肠道中充满大量的胶冻状红色内容物，肠黏膜出血

【诊断】

用饱和盐水漂浮法或粪便涂片查到球虫卵囊可确诊为球虫感染，但应根据临床症状、流行病学资料、病理剖检情况和病原检查结果进行综合诊断。

【预防】

（1）加强消毒　对木质、塑料器具用2%～3%的热碱水浸泡洗刷消毒。对料槽、饮水器及其他用具，每7～10天（在流行季节每3～4天），要用开水或热碱水洗涤消毒。出入鸡场的车辆及人员要严格消毒，并杜绝外来人员参观。

（2）采用网上饲养或笼养　从1日龄开始至淘汰，全程采用网上平养或笼养，可大大减少球虫病的发生。

（3）加强管理，搞好鸡舍内卫生　鸡舍内要保持清洁干燥，通风良好，严格控制鸡舍湿度，尽可能保持温、湿度的相对恒定，使球虫卵囊不能形成孢子化卵囊或减缓其形成过程。

（4）供给卫生清洁的饮水　饲料和饮水是鸡感染球虫的主要途径，要特别加强饮水的卫生管理，尽可能减少粪便对饮水的污染，最好采用乳头饮水器。

（5）科学处理粪便　及时清除粪便，减少鸡与球虫接触的机会，对鸡粪进行堆积发酵，可防止球虫的扩散、蔓延。

（6）免疫预防　应用鸡胚传代致弱的虫株或早熟选育的致弱虫株给鸡免疫接种，可使鸡对球虫病产生较好的预防效果。

【治疗】

药物是目前防制鸡球虫病最为有效和切实可行的方法，使用药物时注意交替用药，以及药物治疗的阶段性。可选择使用以下药物。

① 马杜霉素：预防按5毫克/千克浓度混饲，连用4～5天。

② 盐霉素：预防按60～70毫克/千克混饲，连用4～5天。

③ 氨丙啉：治疗浓度为250毫克/千克，连用1～2周，然后减半，连用2～4周。

④ 妥曲珠利：按25～30毫克/千克浓度饮水，连用2天。

⑤ 复方磺胺-5-甲氧嘧啶：按0.03%拌料，连用4～5天。

⑥ 地克珠利：1毫克/千克拌料，连用4～5天。但堆型艾美耳球虫易对该药产生耐药性。

33. 住白细胞虫病

住白细胞虫病（Leucocytozoonosis[WTBZ]）是禽类的一种重要寄生虫病，感染的中鸡和成鸡常呈现贫血，因鸡冠和肉髯苍白而被称为“白冠病”。

【病原】

住白细胞虫在分类上属孢子虫纲、球虫目，血孢子虫亚目（Haemospororina）、疟原虫科（P lasmodiidae）、住白细胞虫属（Leucocyt ozoon）。寄生于鸡的有卡氏住白细胞虫（*L caulleryi*）、沙氏住白细胞虫（*Lsabrazesi*）、安氏住白细胞虫（*Landrewsi*）和休氏住白细胞虫（*Lschoutodeni*）四种，前两种在我国已有发现。寄生于鸭和鹅的为西氏住白细胞虫（*Lsimondi*）。

卡氏住白细胞虫成熟配子体圆形，主要寄生于红细胞。被寄生的宿主细胞呈圆形，细胞核被挤压成扁平的长杆状，围于虫体一侧，甚至宿主细胞核消失。

沙氏住白细胞虫成熟配子体长圆形，大小（22～24）微米×（4～7）微米，寄生于宿主的白细胞内。被寄生的宿主细胞呈纺锤形，大小约67微米×6微米，细胞核呈深色狭长的带状，围于虫体一侧，有时可在虫体两侧呈半月形。卡氏住白细胞原虫（*L caulleryi*）和沙氏住白细胞原虫（*L sabrazesi*）的生活史分别在鸡体的血细胞、组织细胞内和昆虫体内完成。因此本病的发生需要昆虫的参与。

【流行特点】

本病的发生与蠓和蚋的活动密切相关，一般气温在20℃以上时，库蠓和蚋繁殖快、活动力强，本病流行也就严重，因此本病的流行有明显的季节性，南方多发生于4～10月，北方多发生于7～9月。由于蠓和蚋的幼虫生活在水中，所以靠水源近的地方、雨水大的年份，该病的发病率高。各个年龄的鸡都能感染，成年鸡较雏鸡更易感，但雏鸡的发病率较成年鸡高。8～12月龄的成年鸡或一年以上的种鸡，感染率虽高，但死亡率不高。公鸡的发病率比母鸡高。

【症状】

自然病例潜伏期6～12天，病初体温升高，食欲不振，甚至废绝。精神沉郁，乏力，昏睡；运动失调，两肢轻瘫，行步困难；口流黏液，排白绿色稀粪，常因突然咯血，呼吸困难而死亡。病程数天到2周。1～3月龄雏鸡发病率高，可造成大批死亡，中鸡和成鸡常呈现贫血，鸡冠和肉髯苍白（图2-0-22），所以本病也称为“白冠病”。病鸡排白色或绿色水样稀粪，中鸡发育受阻，成鸡产蛋减少或停止，软壳蛋、无壳蛋增多。后期个别鸡会出现瘫痪。

【病理变化】

本病的特征性病变为口流鲜血或口腔内积存血液凝块，鸡冠苍白，血液稀薄，全身性出血，骨髓变黄。灰白色或由于出血而成为红色的小结节最常见于肠系膜、心肌、胸肌，也见于肝脏、脾脏、胰脏、输卵管等器官（图2-0-23～图2-0-26），其大小为针尖大至粟粒大，白色或红色，与周围组织有明的界限。

全身皮下出血，肌肉尤其是胸肌和腿肌出血，肺脏出血（图2-0-27），腺胃及肠道弥漫

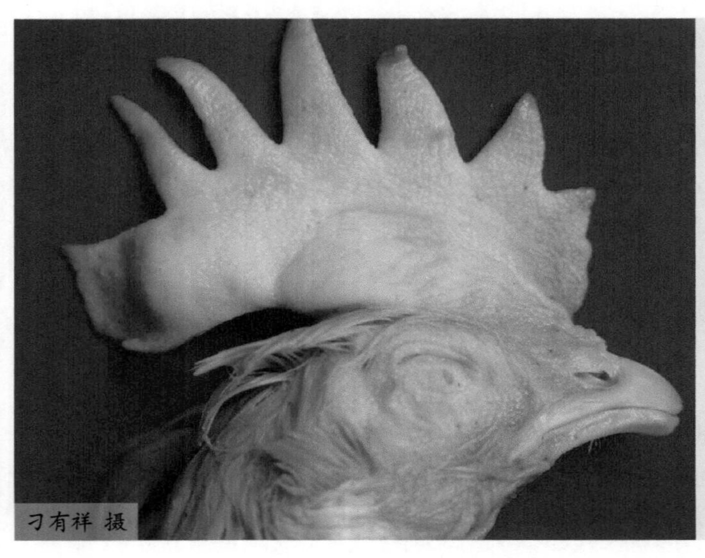

图2-0-22 鸡冠苍白

性出血，呈暗红色（图2-0-28）。产蛋鸡卵泡变形、出血，腹腔中积有破裂的卵黄、腹水与血液形成的淡红色的混合液体。

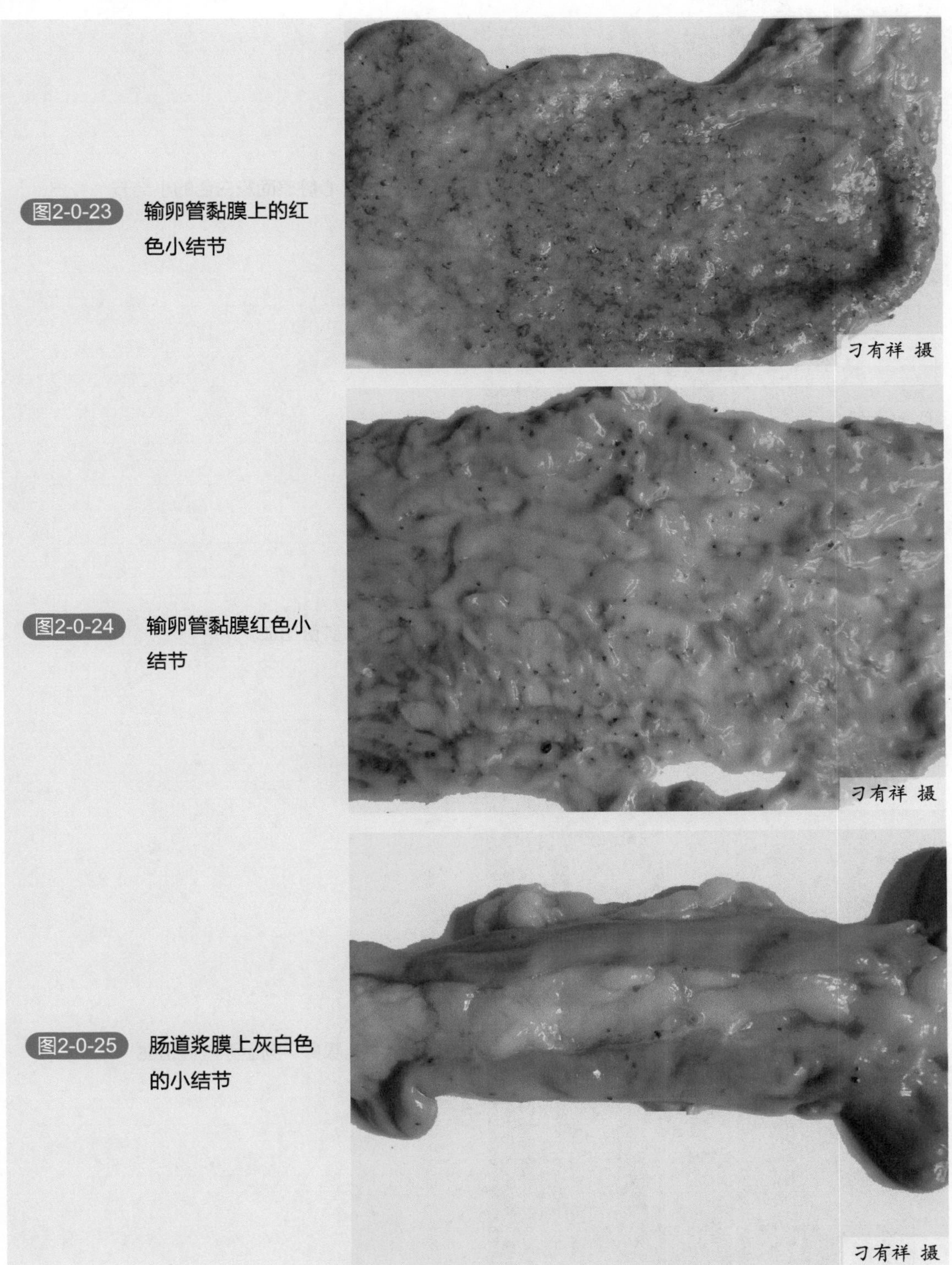

图2-0-23 输卵管黏膜上的红色小结节

图2-0-24 输卵管黏膜红色小结节

图2-0-25 肠道浆膜上灰白色的小结节

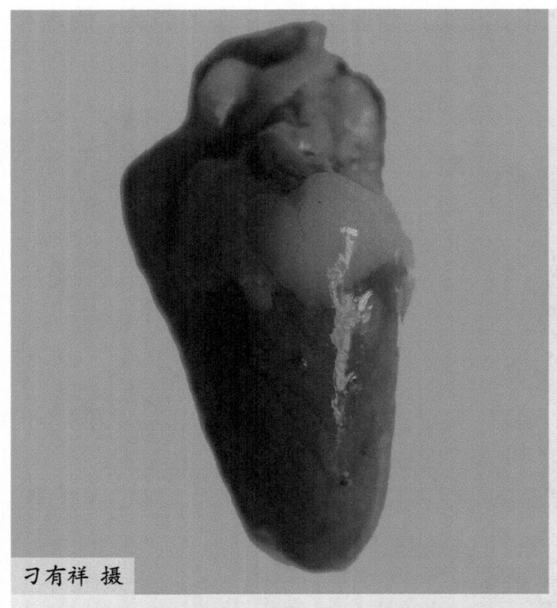

图2-0-26 心脏表面灰白色的小结节

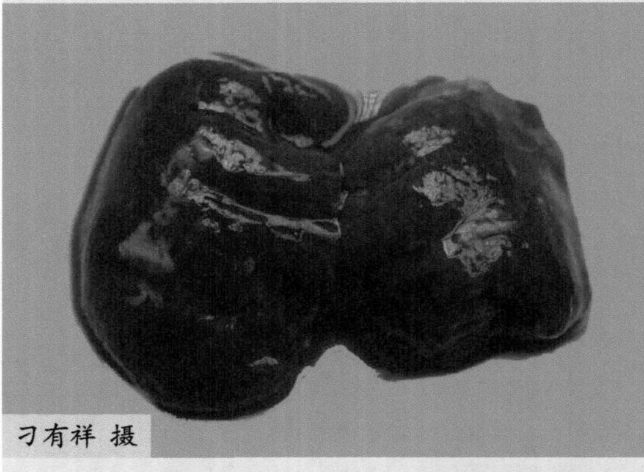

图2-0-27 肺脏出血

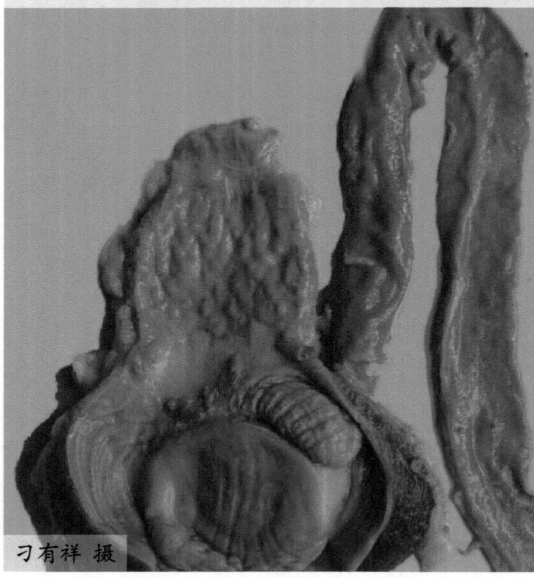

图2-0-28 腺胃、肠道弥漫性出血

【诊断】

取病禽外周血一滴，涂成薄片，用姬氏或瑞氏液染色，置高倍镜下发现有住白细胞原虫虫体可确诊。

【预防】

主要应防止禽类宿主与媒介昆虫接触。在蠓、蚋活动季节，每隔6～7天，在禽舍内外用溴氰菊酯或戊酸氰醚酯等杀虫剂喷洒，以减少昆虫的侵袭。

【治疗】

可用青蒿素、磺胺喹噁啉、磺胺间六甲氧嘧啶（SMM）、磺胺间二甲氧嘧啶（SDM）、磺胺甲基异噁唑、复方磺胺-5-甲氧嘧啶、复方泰灭净进行治疗，注意交替用药。

34. 组织滴虫病

组织滴虫病（H istomoniasis）又称盲肠肝炎，特征是肝脏坏死和盲肠溃疡，由于病鸡冠髯暗红，又被称为“黑头病”。本病主要危害雏火鸡和雏鸡。

【病原】

组织滴虫属鞭毛虫纲、单鞭毛科（Monocerco meleagridis）。为多形性虫体，大小不一，近似圆形或变形虫样，伪足钝圆。只有滋养体，无包囊阶段。盲肠腔中的虫体数量不多，直径5～30微米，常有一根鞭毛，作钟摆样运动，核呈泡囊状。在组织细胞内的虫体，虽有动基体，但无鞭毛，虫体单个或成堆存在，呈圆形、卵圆形或变形虫样，大小为4～21微米。

【流行特点】

本病多发生于春夏季节，以2周龄至4月龄的火鸡易感性最高，本病的感染途径主要是由病鸡排出的粪便污染饲料、饮水、垫料、用具和土壤，通过消化道而感染。

【症状】

本病的潜伏期5天以上，病鸡精神沉郁，食欲减少或缺乏，羽毛松乱，两翅下垂，下痢，粪便呈淡黄色至深黄色，有时带血。病鸡逐渐消瘦，鸡冠、嘴角、喙、皮肤呈黄色。成年鸡很少出现症状。

【病理变化】

本病的特征性病变在盲肠和肝脏。盲肠的病变多发生于两侧，剖检时可见盲肠肿大增粗，肠壁增厚变硬，形似香肠（图2-0-29、图2-0-30）。肠腔内充满大量干燥、坚硬、干酪样凝固物。如将肠管内容物横切，则见干酪样凝固物呈同心圆层状结构。肝脏大小正常或明显肿大，在肝脏表面散在或密发圆形或不规则形、中央稍凹陷、边缘隆起、呈黄绿色或黄白色的、火山口样的坏死灶（图2-0-31、图2-0-32）。如小坏死灶互相融合则可形成大片融合性坏死灶。

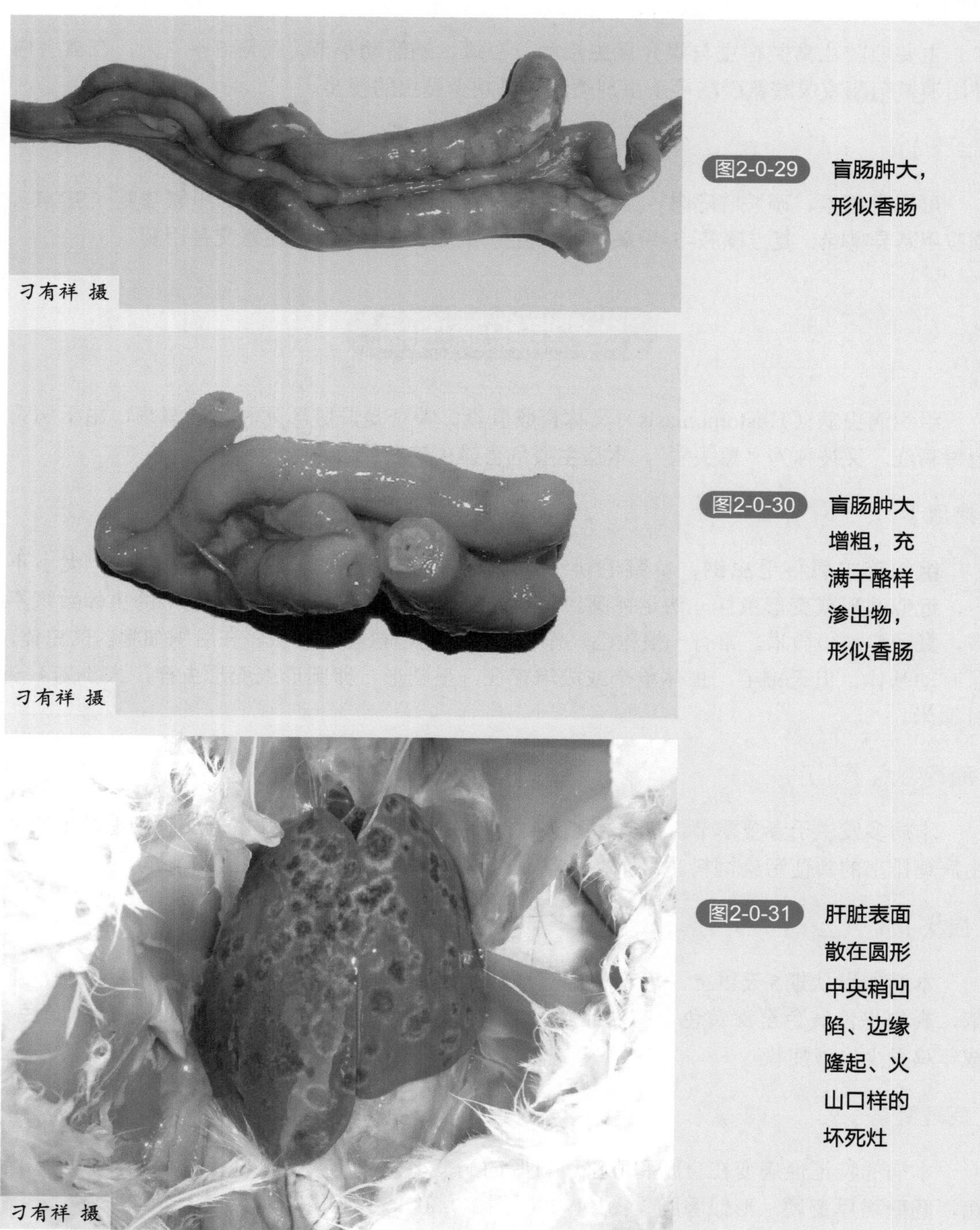

刁有祥 摄

图2-0-29 盲肠肿大，形似香肠

刁有祥 摄

图2-0-30 盲肠肿大增粗，充满干酪样渗出物，形似香肠

刁有祥 摄

图2-0-31 肝脏表面散在圆形中央稍凹陷、边缘隆起、火山口样的坏死灶

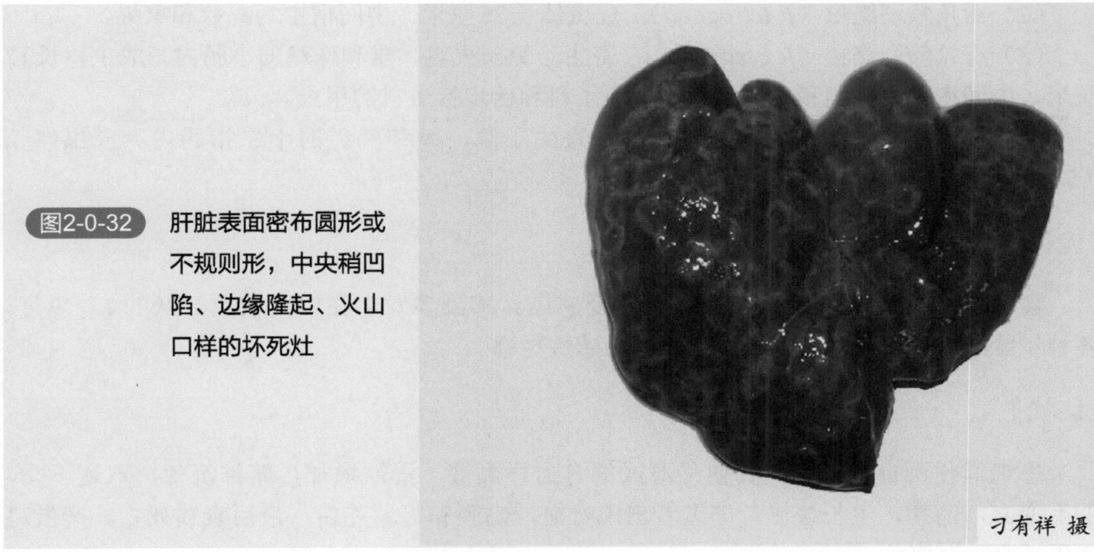

图2-0-32 肝脏表面密布圆形或不规则形，中央稍凹陷、边缘隆起、火山口样的坏死灶

【诊断】

根据流行病学、症状和盲肠、肝脏的特征性病变可作初步诊断，同时应注意盲肠内的异刺线虫感染。取新鲜盲肠内容物加温生理盐水做成悬滴标本，镜检看到组织滴虫可确诊。

【预防】

加强饲养管理和环境卫生及消毒。成鸡与雏鸡分开饲养。定期驱除鸡体内的异刺线虫，也是防制本病的重要措施。

【治疗】

（1）二甲硝咪唑（达美素）：预防按火鸡雏0.0125%～0.015%，雏鸡0.075%的浓度拌料，治疗均按0.05%的浓度拌料，连用7～14天。

（2）为驱除异刺线虫可同时在饲料中加入左旋咪唑或丙硫苯咪唑，每千克体重25毫克。

35.绦虫病

绦虫寄生于家禽肠道中，种类多达40余种，均寄生于禽类的小肠。大量虫体感染时，常引起贫血、消瘦、下痢、产蛋减少甚至停止。

【病原】

常见的鸡绦虫有以下几种。

（1）棘盘赖利绦虫（*R echinobothrida*） 寄生于鸡、火鸡和雉的小肠内。成虫体长25厘米。中间宿主为蚂蚁。

（2）四角赖利绦虫（*R tetragona*） 成虫体长25厘米。中间宿主为蚂蚁和家蝇。

（3）有轮赖利绦虫（*R cesticillus*） 寄生于鸡、火鸡、雉和珠鸡的小肠内。成虫体长12厘米。中间宿主为蝇类和步行虫科、金龟子科和伪步行虫科的甲虫。

（4）节片戴文绦虫（*D proglottina*） 寄生于鸡、鸽和鹑类的十二指肠内。成虫体长0.5～4毫米，中间宿主为蛞蝓。

【流行特点】

禽吃了带有似囊尾蚴的中间宿主而受感染。感染多发生在中间宿主活跃的4～9月。各种年龄的家禽均可感染，但以雏禽的易感性更强。

【症状】

患鸡消化不良，下痢，粪便稀薄或混有血样黏液，渴欲增加，精神沉郁，双翅下垂，羽毛逆立，消瘦，生长缓慢。严重者出现贫血，黏膜和冠髯苍白，最后衰弱死亡。产蛋鸡产蛋减少甚至停止。

【病理变化】

小肠内黏液增多、恶臭，黏膜增厚，有出血点，严重感染时，虫体可阻塞肠道。绦虫节片较长，呈节片状（图2-0-33、图2-0-34）棘盘赖利绦虫感染时，肠壁上可见中央凹陷的结节，结节内含黄褐色干酪样物。

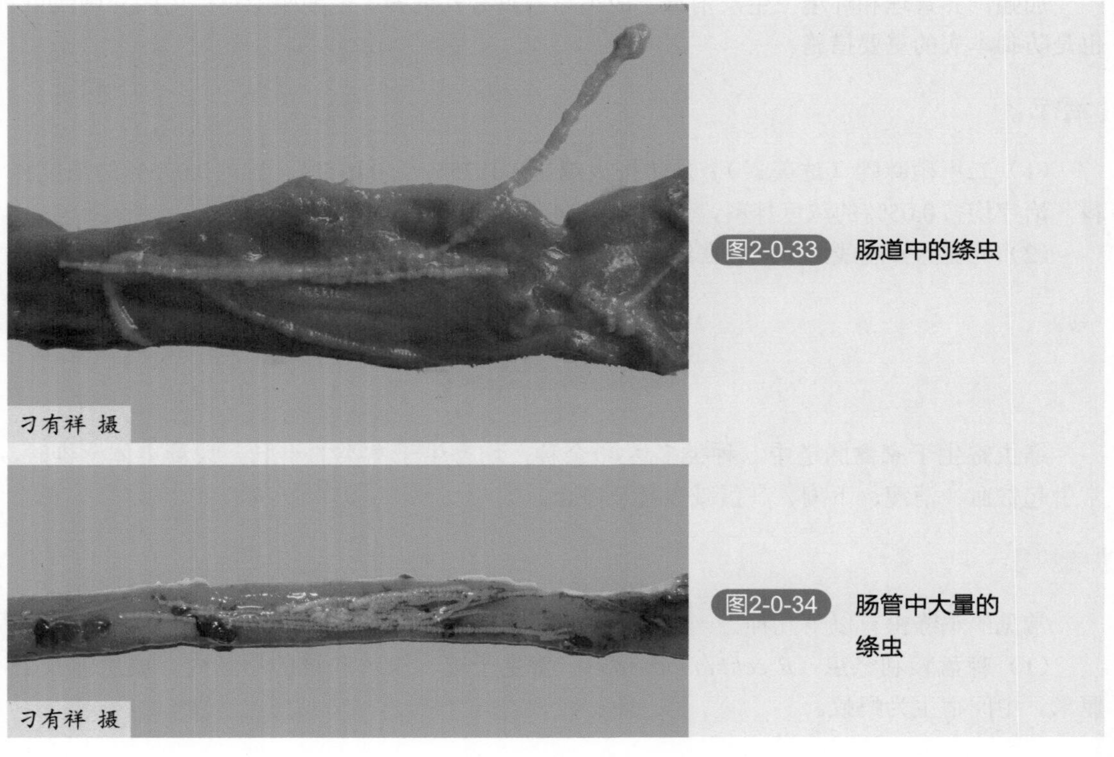

图2-0-33 肠道中的绦虫

图2-0-34 肠管中大量的绦虫

【诊断】

在粪便中可找到白色米粒样的孕卵节片，在夏季气温高时，可见节片向粪便周围蠕动，取此类孕节镜检，可发现大量虫卵。对部分重病鸡可作剖检诊断。

【预防】

改善环境卫生，加强粪便管理，随时注意感染情况，及时进行药物驱虫。

【治疗】

丙硫咪唑（抗蠕敏）、硫双二氯酚（别丁）和氯硝柳胺（灭绦灵）具有较好的治疗效果。

36.鸡蛔虫病

鸡蛔虫病是鸡蛔虫寄生于鸡小肠内引起的一种常见寄生虫病。

【病原】

鸡蛔虫是寄生在鸡体内最大的一种线虫，呈淡黄白色，头端有三个唇片。雄虫长26～70毫米，尾端向腹面弯曲，有尾翼和尾乳突。雌虫长65～110毫米，阴门开口于虫体中部，尾端钝直（图2-0-35、图2-0-36）。

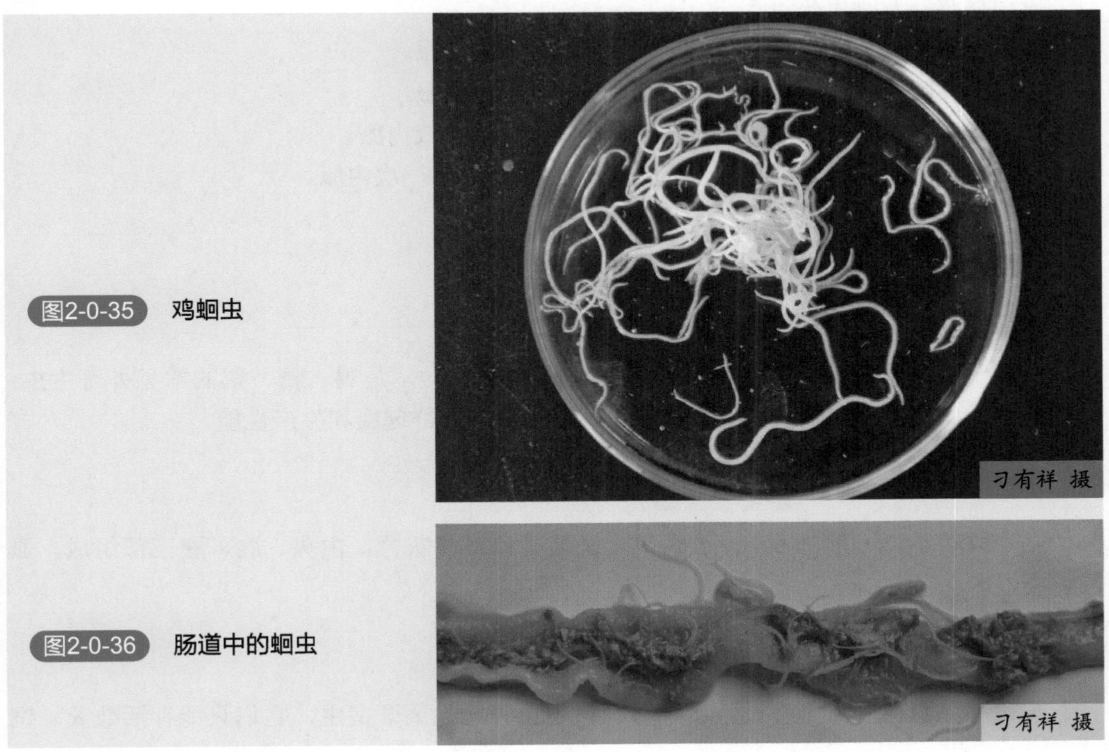

图2-0-35 鸡蛔虫

图2-0-36 肠道中的蛔虫

【流行特点】

虫卵对外界环境因素和常用消毒药物的抵抗力很强，鸡因吞食了被感染性虫卵污染的饲料或饮水而感染，3～4月龄以内的雏鸡最易感染和发病，1年以上的鸡多为带虫者。

【症状】

雏鸡常表现为生长发育不良，精神沉郁，行动迟缓，食欲不振，下痢，有时粪中混有带血黏液，羽毛松乱，消瘦、贫血，黏膜和鸡冠苍白，最终可因衰弱而死亡。严重感染者可造成肠堵塞导致死亡。成年鸡一般不表现症状，但严重感染时表现下痢、产蛋量下降和贫血等。

【诊断】

流行病学资料和症状可作参考，饱和盐水漂浮法检查粪便发现大量虫卵，或尸体剖检在小肠，有时在腺胃和肌胃内发现有大量虫体可确诊。

【预防】

搞好环境卫生；及时清除粪便，堆积发酵，杀灭虫卵；做好鸡群的定期预防性驱虫，每年2～3次。

【治疗】

发现病鸡，及时用药治疗。

（1）丙硫咪唑　每千克体重10～15毫克，一次内服。

（2）左旋咪唑　每千克体重20～30毫克，一次内服。

（3）噻苯唑　每千克体重500毫克，配成20%混悬液内服。

（4）枸橼酸哌嗪（驱蛔灵）　每千克体重250毫克，一次内服。

37.虱

虱属于节肢动物门、昆虫纲、食毛目（Mallophaga），是鸡、鸭、鹅的常见外寄生虫。它们寄生于禽的体表或附于羽毛、绒毛上，严重影响禽群健康和生产性能。

【病原】

虱个体较小，一般体长1～5毫米，呈淡黄色或淡灰色，由头、胸、腹三部组成。虱的种类很多。

【流行特点】

虱的一生均在禽体上度过，属永久性寄生虫。一旦离开宿主，它们只能存活数天。饲养管理水平低、卫生条件差的鸡场易发生本病。

【症状】

家禽因啄痒造成羽毛断折、脱落，影响休息，病鸡瘦弱，生长发育受阻，产蛋量下降，皮肤上有损伤，有时皮下可见有出血块。

【诊断】

在禽皮肤和羽毛上查见虱或虱卵可确诊。

【治疗】

主要是用药物杀灭禽体上的虱，同时对禽舍、笼具及饲槽、饮水槽等用具和环境进行彻底杀虫和消毒。杀灭禽体上的虱，可根据季节、药物制剂及禽群受侵袭程度等不同情况，采用不同的用药方法。

38.鸡刺皮螨

鸡刺皮螨（*Dermanyssus gallinae*）是一种常见的外寄生虫，寄生于鸡、鸽等宿主体表，刺吸血液为食，也可侵袭人吸血，危害颇大。

【病原】

虫体呈淡红色或棕灰色，长椭圆形，后部稍宽，体表布满短绒毛。体长0.6～0.75毫米，吸饱血后体长可达1.5毫米。刺吸式口器，一对螯肢呈细长针状，以此穿刺皮肤吸血。腹面有四对足，均较长（图2-0-37）。

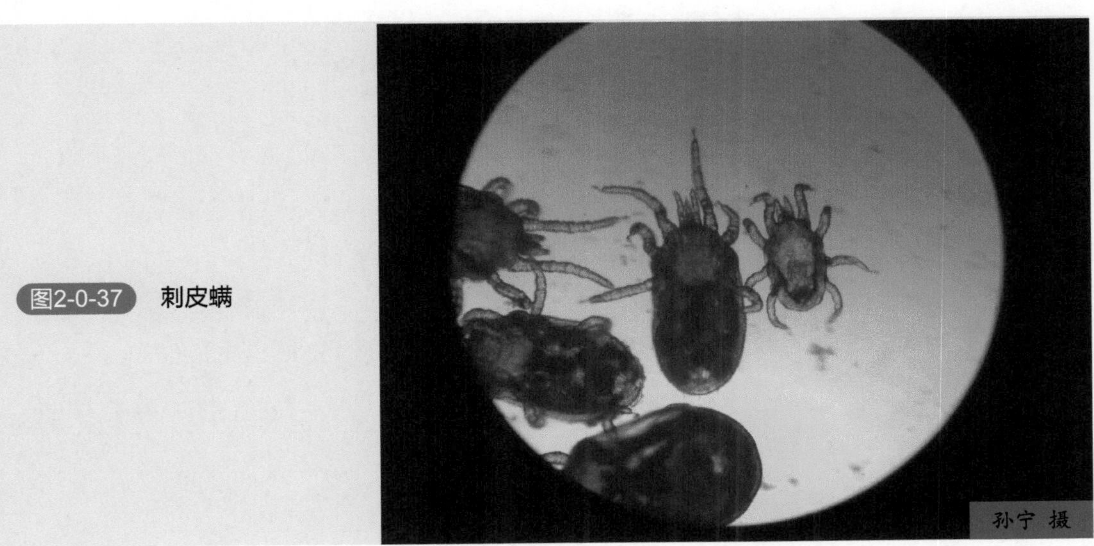

图2-0-37 刺皮螨

【流行特点】

鸡刺皮螨主要在夜间侵袭鸡体吸血，到隐蔽处产卵，经不完全变态变为成虫。

【症状】

轻度感染时无明显症状，侵袭严重时，患鸡不安，日渐消瘦，贫血，生长缓慢，产蛋减少，并可使小鸡成批死亡。

【诊断】

在宿主体表或窝巢等处发现虫体即可确诊，但虫体较小且爬动很快，若不注意则不易发现。

【治疗】

主要是用药物杀灭禽体和环境中的虫体，用药方法同“虱”。人受侵袭时，应彻底更换衣物和被褥等，并用杀虫药液浸泡1～3小时后洗净；房舍地面和墙壁、床板等用杀虫药液喷洒。

第三章　鸡代谢病

39.痛风

痛风（Gout）是由于尿酸盐沉积于内脏器官或关节腔而形成的一种代谢性疾病。

【病因】

（1）营养性因素

① 核蛋白和嘌呤碱饲料过多　豆饼、鱼粉、骨肉粉、动物内脏等含核蛋白和嘌呤碱较高。核蛋白是动植物细胞核的主要成分，是由蛋白质与核酸组成的一种结合蛋白。核蛋白水解时产生蛋白质及核酸，而核酸进一步分解形成各种嘌呤，最后以尿酸的形式排出体外。若日粮中核蛋白及含嘌呤碱类饲料过多，核酸分解产生的尿酸超出机体的排出能力，大量的尿酸盐就会沉积在内脏或关节中，而形成痛风。

② 可溶性钙盐含量过高　贝壳粉及石粉中其主要成分为可溶性碳酸钙，若日粮中贝壳粉或石粉过多，超出机体的吸收及排泄能力，大量的钙盐会从血液中析出，沉积在内脏或关节中，而形成钙盐性痛风。

③ 维生素A缺乏　维生素A具有维持上皮细胞完整性的功能。若维生素A缺乏，会使肾小管上皮细胞的完整性受到破坏，造成肾小管的吸收排泄障碍，而导致尿酸盐沉积而引起痛风。

④ 饮水不足　水线乳头堵塞，或炎热季节或长途运输，若饮水不足，会造成机体脱水，机体的代谢产物不能及时排出体外，而造成尿酸盐沉积，诱发痛风。

（2）中毒因素　许多药物对肾脏有损害作用，如磺胺类和氨基糖苷类等抗生素、感冒通等在体内通过肾脏进行排泄，对肾脏有潜在性的毒害作用。若药物应用时间过长、量过大，就会造成肾脏的损伤。尤其是磺胺类药物，在碱性条件下溶解度大，而在酸性条件下易结晶析出如果长期大剂量应用磺胺类药物而又不配合碳酸氢钠等碱性药物使用，会使磺胺类药物结晶析出而沉积在肾脏及输尿管中，影响肾脏及输尿管的功能，造成排泄障碍，使尿酸盐沉积在体内形成痛风。霉菌和植物毒素污染的饲料亦可引起中毒，如橘霉素、赭曲霉素和卵孢霉素都具有肾毒性，并引起肾功能的改变，诱发痛风。

（3）传染性因素　已知与痛风有关的病毒主要有传染性支气管炎病毒（IBV）、禽肾炎病毒（ANV）及其他相关病毒。传染性支气管炎是鸡的一种高度接触性传染病，通常主要侵害呼吸道，某些毒株如H olte、Gray、Italian和Australian T等具有强的嗜肾性，导致肾炎和肾功能衰竭。幼龄鸡对传染性支气管炎所引起的肾损害最敏感，发病康复后，待后备母鸡性成熟时，为了产蛋需要，饲喂以含钙量较高的日粮，如果肾脏在育雏期或育成期曾受到损害，则这种损伤的肾不能如正常肾那样排除高水平的钙，从而导致痛风。

【症状】

病鸡食欲不振，精神较差，贫血，鸡冠苍白，脱毛，羽毛无光泽，爪失水干瘪，排白色石灰渣样粪便，病鸡呼吸困难，眼结膜有白色尿酸盐沉积（图3-0-1）。关节痛风时，可见运动困难，跗关节肿大（图3-0-2、图3-0-3）。

【病理变化】

内脏痛风时表现为病鸡的肌肉、心脏、肝脏、肠道、肠系膜、腹膜表面有大量石灰

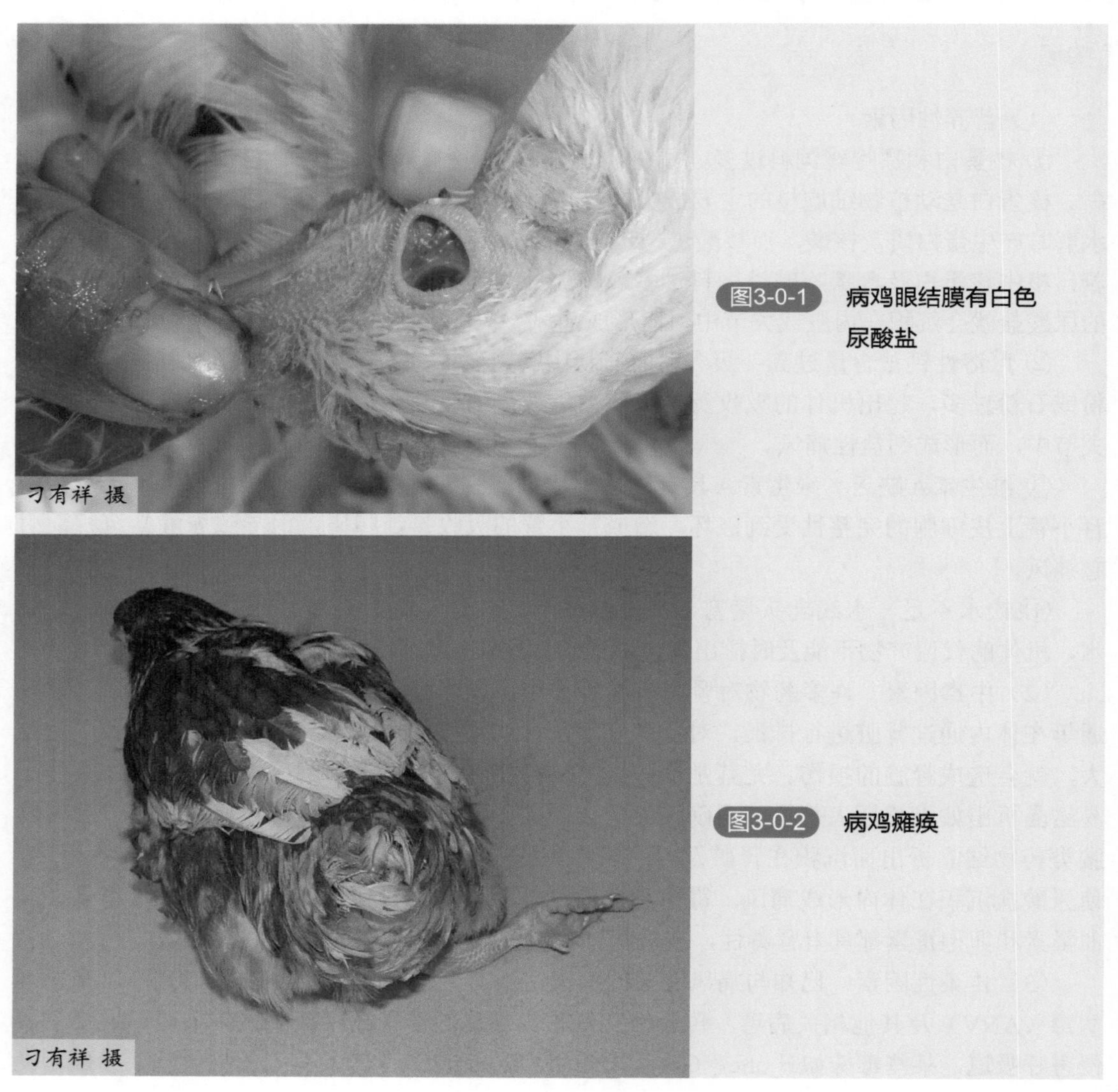

图3-0-1 病鸡眼结膜有白色尿酸盐

图3-0-2 病鸡瘫痪

渣样尿酸盐沉积（图3-0-4～图3-0-6），胃肠道粘连（图3-0-7），严重者肝脏与胸壁粘连（图3-0-8）。肾脏肿大，有大量尿酸盐沉积，红白相间，呈花斑状（图3-0-9）；输尿管中有大量尿酸盐沉积，呈柱状（图3-0-10、图3-0-11）。关节痛风时，在关节周围及关节腔中，有白色的尿酸盐沉积（图3-0-12、图3-0-13），关节周围的组织由于尿酸盐沉着而呈白色。

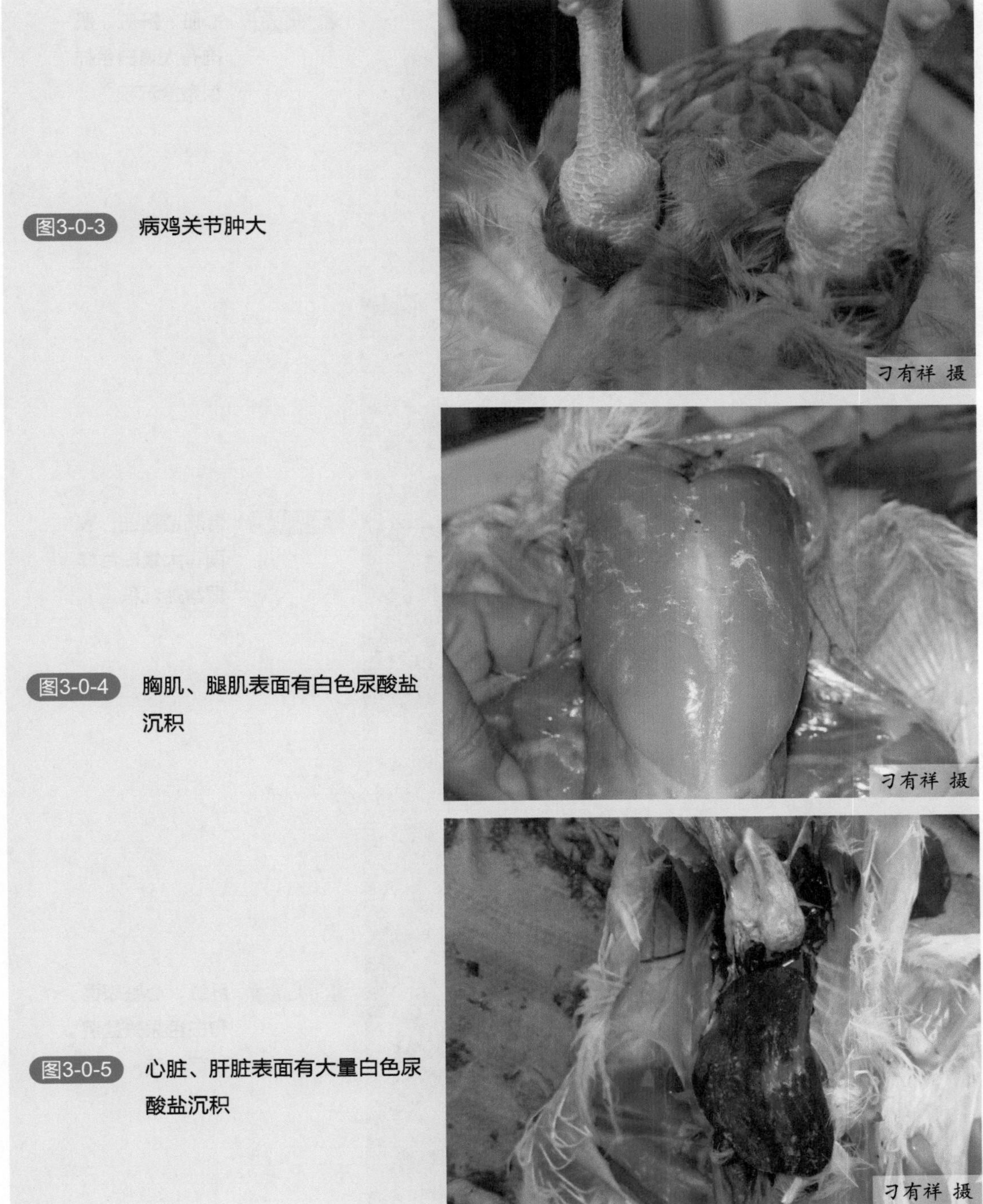

图3-0-3 病鸡关节肿大

图3-0-4 胸肌、腿肌表面有白色尿酸盐沉积

图3-0-5 心脏、肝脏表面有大量白色尿酸盐沉积

图3-0-6 心脏、肝脏、肌肉有大量白色样尿酸盐沉积

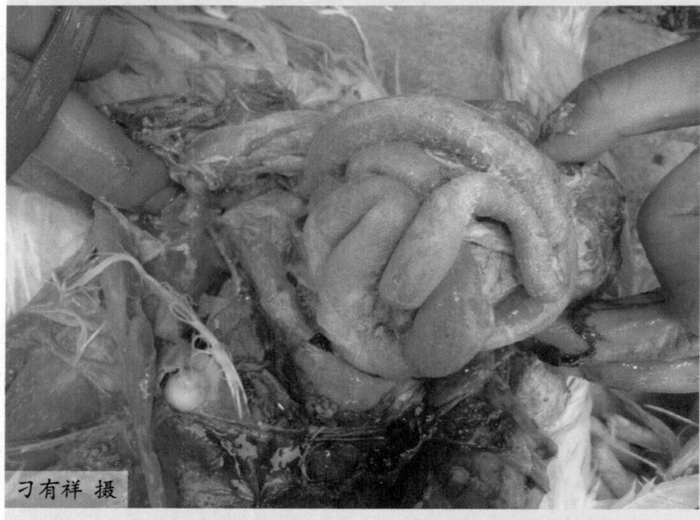

图3-0-7 胃肠道粘连，表面有大量白色样尿酸盐沉积

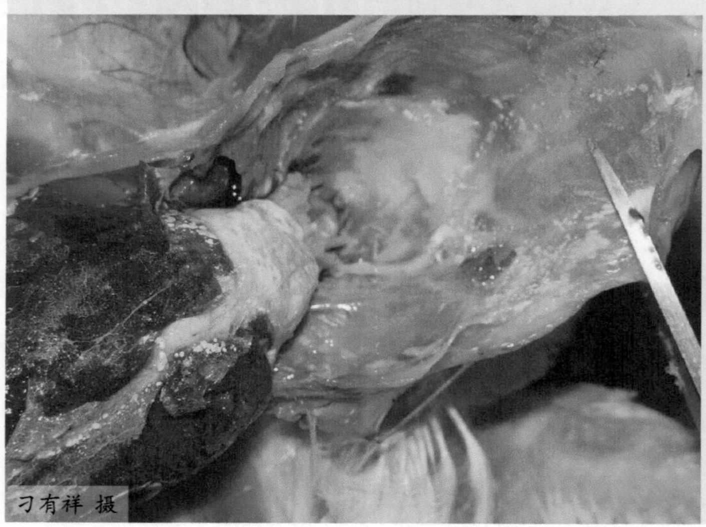

图3-0-8 肝脏、心脏表面有白色尿酸盐沉积而粘连

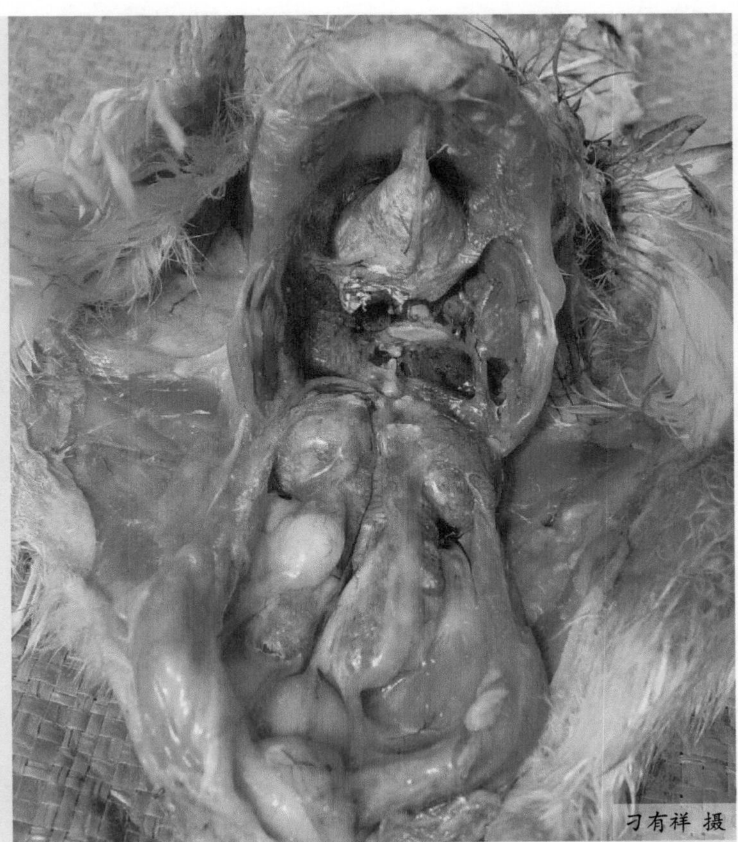

图3-0-9 心脏表面有白色尿素盐沉积，肾脏肿大，有尿酸盐沉积

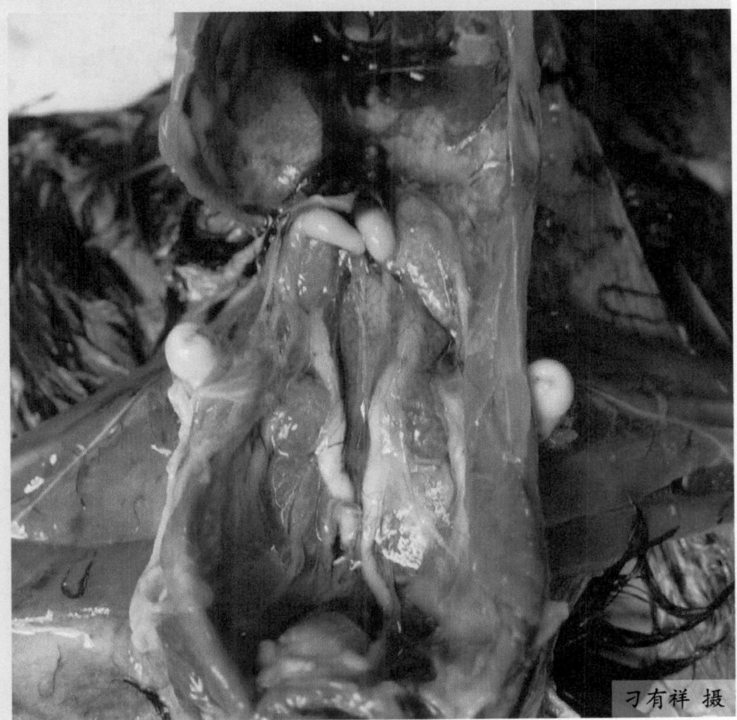

图3-0-10 两侧输尿管中有尿酸盐沉积

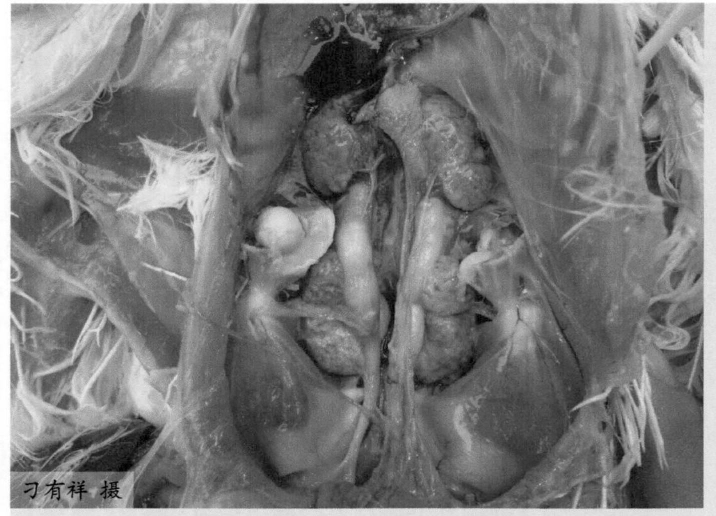

图3-0-11 肾脏肿大，两侧输尿管中有尿酸盐沉积

图3-0-12 关节腔中有白色尿酸盐沉积（一）

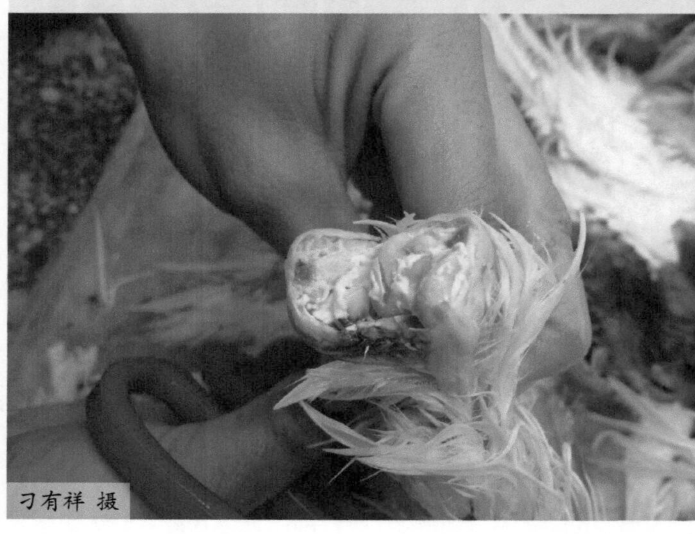

图3-0-13 关节腔中有白色尿酸盐沉积（二）

【诊断】

根据剖检变化即可确诊。但须与肾型传染性支气管炎相鉴别，肾型传染性支气管炎其肾脏中尿酸盐沉积较少，输尿管中、肝脏、肠道表面一般无尿酸盐沉积；肾型传染性支气管炎发病急，发病率高，日粮中蛋白及钙盐正常。

【预防】

（1）预防和控制本病的发生，必须坚持科学的饲养管理制度，根据鸡不同日龄的营养需要，合理配制日粮，控制高蛋白、高钙日粮。15周龄前的后备母鸡日粮中含钙量不应超过1%。大鸡16周龄至产蛋率为5%的鸡群，使用预产期日粮，其含钙量以控制在2.25%～2.5%为宜，高钙日粮可引起严重的肾脏损害。

（2）饲养过程中定期检测饲料中钙、磷及蛋白的含量，抽样检测饲料中霉菌毒素的含量。

（3）适当增加运动，供给充足的饮水及含丰富维生素A的饲料。

（4）合理使用磺胺类及其他药物。

【治疗】

（1）找出发病原因，消除致病因素。

（2）减少喂料量。比平时减少20%，连续5天，并同时补充青绿饲料，多饮水，以促进尿酸盐的排出。

（3）用0.2%～0.3%的小苏打饮水，连用3～4天。

40. 肉鸡猝死综合征

肉鸡猝死综合征（S udden death syndrome，SDS），又称暴死症或急性死亡综合征（Acute death syndrome，ADS）。肉鸡两脚朝天或仆翻，以肌肉丰满、外观健康的肉鸡突然死亡为特征。

【病因】

关于猝死综合征的发病原因目前不十分清楚，由于本病主要发生于饲养管理好、生长速度快、饲料报酬高的鸡群。现在一般认为肉鸡猝死综合征是一种代谢病，因此研究的重点均与营养、环境等因素有关，已研究的指标有矿物质、脂肪、葡萄糖、乳酸等。

【症状】

患鸡死前1分钟无任何异常，其特征性症状是行为正常的鸡突然出现平衡失调，猛烈扑动翅膀和强烈肌肉收缩，症状持续约1分钟鸡即死亡。在发作时多数病鸡发出粗粝的叫声或凄泣的叫唤并扑打背部。死后多以背部着地，少数以体侧面着地。无论死时体姿如何，颈和脚都呈伸展状态。死亡鸡多是同群鸡中生长速度较快、体重较大的（图3-0-14、图3-0-15）。

图3-0-14　死亡鸡营养良好，颈和腿呈伸展状态，皮肤苍白

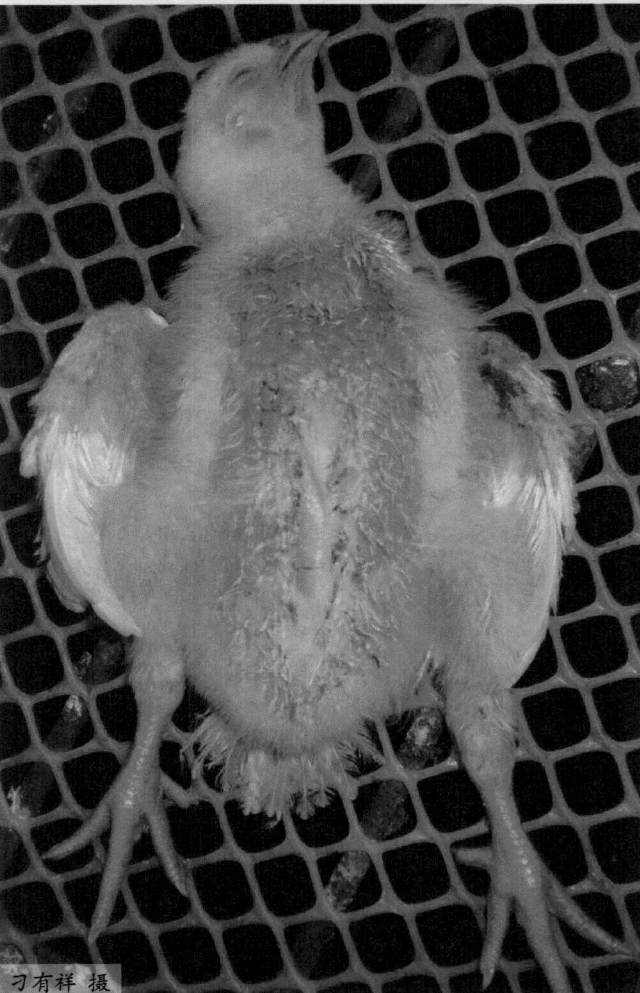

图3-0-15　死亡鸡营养良好，死后背部着地

【病理变化】

剖检可见，患鸡腹部饱满，嗉囊充盈，胃肠道中充满食物，十二指肠内容物常呈奶样外观，胸肌呈粉红色或表现苍白。肺脏出血（图3-0-16），气管内有泡沫状渗出物。肝脏肿大、苍白、易碎，有的鸡肝被膜下出血或肝脏破裂（图3-0-17），胆囊空虚，肾脏变白，心脏呈收缩状态（图3-0-18）。

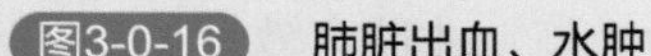
图3-0-16 肺脏出血、水肿

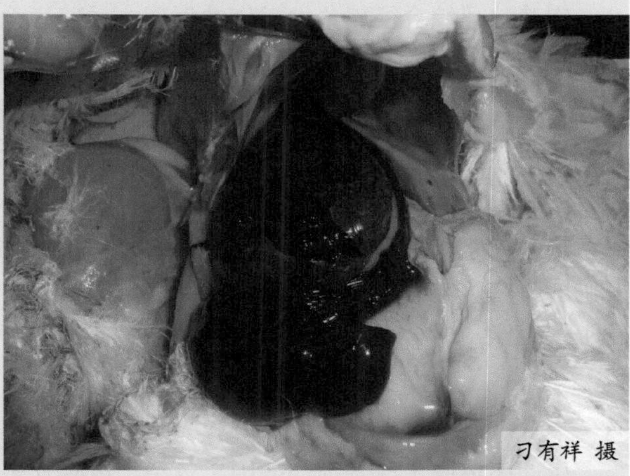

图3-0-17 肝脏破裂，肝脏表面有血凝块附着

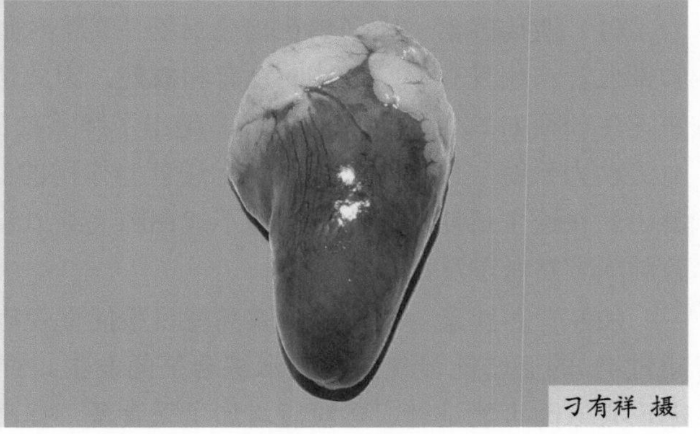

图3-0-18 心脏呈收缩状态

【诊断】

对肉鸡猝死综合征目前尚无特异性诊断方法，一般通过综合判断即可确诊。诊断时可考虑以下标准。

（1）外观健康，生长发育良好，死后出现明显的仰卧姿势。

（2）肠道充盈，嗉囊及肌胃充满刚刚采食的饲料，胆囊小或空。

（3）呼吸困难，肺淤血，水肿。

（4）循环障碍明显，心房扩张淤血，心室紧缩。

（5）后股静脉淤血，扩张。

【预防】

由于肉鸡猝死综合征病因复杂，因此必须采取综合性防治措施，才能有效地控制其发生。研究表明，用碳酸氢钾0.62克/只饮水能明显降低发病鸡群的死亡率。在饲料中掺入碳酸氢钾3.6千克/吨饲料进行治疗，能使死亡率显著降低。在饲养管理上，采取良好的管理措施，实施光照强度低的渐增光照程序。

【治疗】

肉鸡猝死综合征属急性发作性疾病，目前尚无较理想的治疗方法。

41. 肉鸡腹水综合征

肉鸡腹水综合征（Ascites syndrome）是以明显的腹水、右心扩张、肺充血、水肿以及肝脏的病变为特征的一种非传染性疾病。近年来，随着饲养条件的改善，该病的发生逐渐减少。

【病因】

引起肉鸡腹水综合征的病因较复杂，纵观众多影响因素，可概括如下。

（1）遗传因素　肉仔鸡在出壳后的头3周内血流阻力和肺内血压始终升高40%，表明肺部血管系统没有跟上机体的发育和成熟。因此认为，机体的快速生长以及为了支持这种快速生长而对氧气需要量的增长，超出了肺系统的发育与成熟程度，形成了异常的血压-血流动力系统。此外，起携氧和运送营养作用的红细胞，肉鸡比蛋鸡明显大，尤其是4周龄内的快速生长期，这样红细胞不能在肺毛细血管内通畅流动，影响肺部的血液灌注，导致肺动脉高血压及右心衰竭。

（2）营养因素　颗粒饲料或高能日粮能促使肉鸡腹水综合征的发生，颗粒饲料中添加超过4%的脂肪能促使肉鸡腹水综合征的发生。饲料制成颗粒后为何能提高腹水症的发病率，其原因可能是制成颗粒后增加了采食量，提高了生长速度，对氧的需要增加，因而促使鸡发生腹水综合征。

（3）肠道中氨的影响　肠道中存在氨则可增加黏膜壁中的核酸产量从而使肠壁增厚，肠壁增厚可减少养分的吸收和运送，从而降低生长率和饲料利用率。肠道吸收和运送养分所需要的大量血液是由肠道黏膜壁的毛细血管供应的，黏膜壁增厚会增大对肠壁内毛细血管结构的压力从而限制了正常的血流供应，进而加剧了肠道的高血压，血管充血，导致血管中液体渗出而形成腹水。

（4）环境因素　环境缺氧和因需氧量增加而导致的相对缺氧是诱发该病的主要原因。高海拔地区空气稀薄、氧分压低，易致慢性缺氧，而导致腹水的发生。肉鸡的饲养需要较高的温度，通常寒冷季节为了保温而紧闭门窗或通风换气次数减少，空气流通不畅，换气不足，一氧化碳、二氧化碳、氨气等有害气体和尘埃在鸡舍内积聚，空气污浊，含氧量下降，造成相对缺氧；同时天气寒冷和处于快速生长期，其代谢率升高，需氧量也随之增加，从而加重缺氧程度。肉鸡在这种环境下，呼吸频率加快，机体代谢增高，耗氧量加大，致使鸡肺部毛细血管增厚、狭窄，引起肺动脉压升高，出现右心室扩张、肥大、衰竭，造成心肺功能失调而发生腹水。

（5）疾病因素　肉鸡患传染性支气管炎、慢性呼吸道病、气囊炎性大肠杆菌病等疾病时，由于呼吸困难，会造成机体慢性缺氧，导致心力衰竭而发生腹水。硒、维生素E缺乏，莫能霉素、霉菌霉素、食盐等中毒，以及其他引起肺脏、肝脏慢性炎症的疾病，均可不同程度地导致肉鸡发生腹水和心包积水。此外，应激因素也可导致腹水的发生。

（6）孵化因素　孵化期的缺氧会导致腹水综合征。低通透性蛋壳中孵出的鸡即使饲养在最佳环境条件下，其腹水征的发生率仍高于未处理蛋壳中孵出的鸡。

【症状】

本病可表现为突然死亡，但通常病鸡小于正常鸡，而且羽毛蓬乱和倦呆，病鸡呼吸困难和发绀。肉眼可见的最明显的临床症状是病鸡腹部膨大，呈水袋状，触压有波动感。严重者皮肤淤血发红。腹腔穿刺流出透明清亮的淡黄色液体。

【病理变化】

本病的特征性变化是腹腔中积有大量清亮而透明的液体，呈淡黄色，部分病鸡的腹腔中常有淡黄色的纤维蛋白凝块。肝脏充血肿大，肝被膜上常覆盖一层灰白色或淡黄色纤维素性渗出物（图3-0-19～图3-0-21），肝脏变厚、变硬，表面凹凸不平（图3-0-22）。肺脏淤血水肿，副支气管充血。心脏体积增大，心包有积液，右心室扩张、柔软，心肌变薄，肌纤维苍白（图3-0-23）。肠管变细，肠黏膜呈弥漫性淤血（图3-0-24、图3-0-25）。肾脏肿大、充血，呈紫红色。

【预防】

肉鸡腹水综合征不是单一因子所致，而是多种因子共同作用的结果。所以，对腹水征的防预应采取综合性措施。

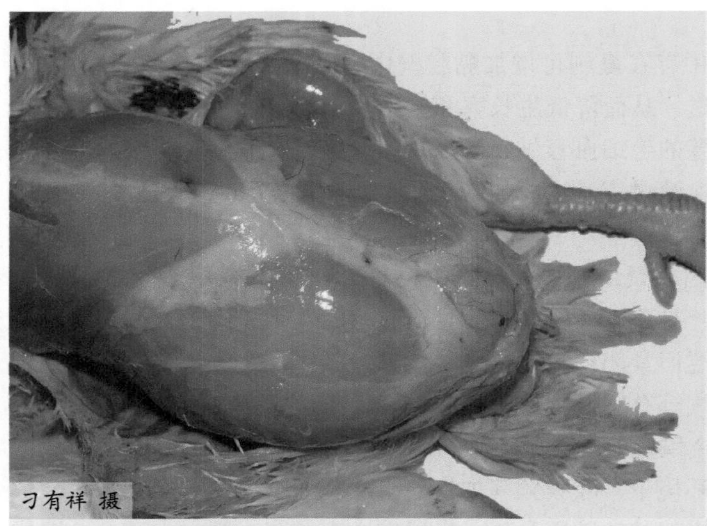

图3-0-19 鸡腹部膨大，呈水袋状，触压有波动感

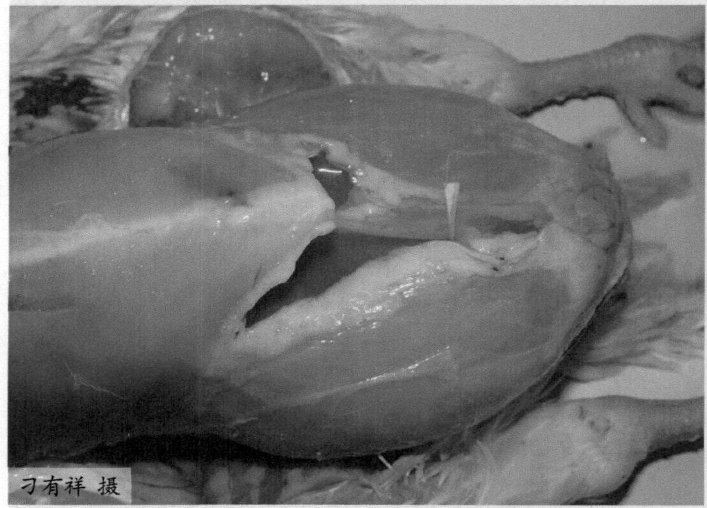

图3-0-20 腹腔中充满透明清亮的淡黄色液体

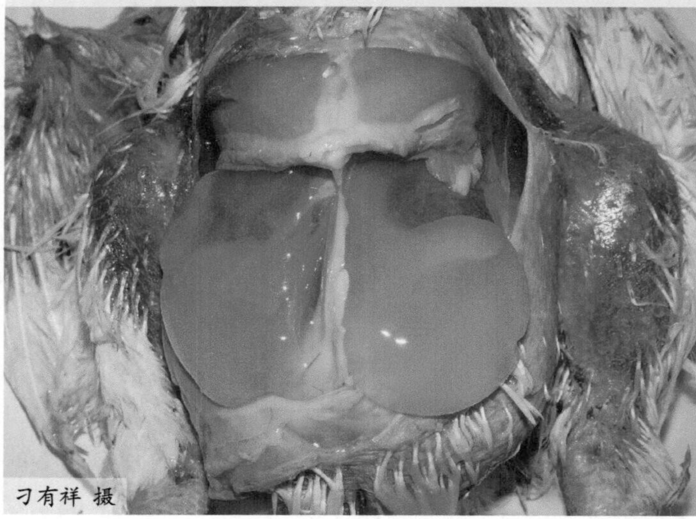

图3-0-21 腹腔中充满凝固的纤维蛋白

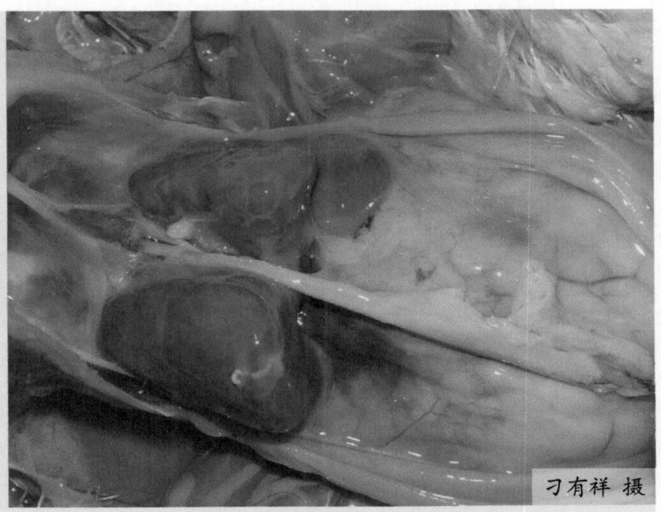

图3-0-22 肝脏肿大，表面凹凸不平，被膜上覆盖一层灰白色纤维素性渗出物

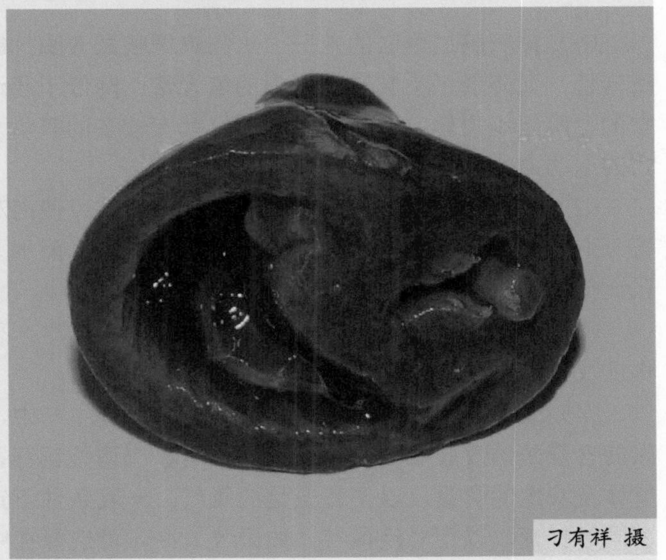

图3-0-23 右心室扩张、柔软，心肌变薄

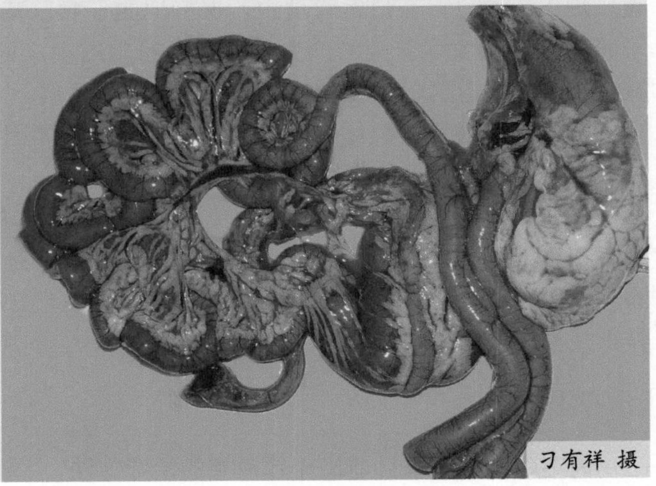

图3-0-24 肠管变细，肠道弥漫性淤血

图3-0-25 肠黏膜弥漫性淤血

（1）抑制肠道中氨的水平　给肉鸡饲喂尿素酶抑制剂，既抑制了小肠和大肠中的尿素酶活性，又降低了小肠和大肠内的氨含量。降低了肠道内的氨含量，从而降低门脉排血器官的黏膜组织周转率和耗氧量，这样就有较多的氧供机体利用，消除了造成腹水征及其死亡的原动力。

（2）添加碳酸氢钠　在低压缺氧条件下，可使肉鸡体内局部氢离子的浓度升高，酸中毒可造成肺部血管缩小从而导致肺动脉压增高，而加入碳酸氢钠可中和酸中毒，使血管扩张而使肺动脉压降低，从而降低了腹水征的发病率。

（3）早期限饲　由于该病发生的日龄越来越早，采取早期限饲可有效地减少以后的腹水征及死亡。

（4）改善饲养环境，在高密度饲养肉仔鸡生产中，舍内空气中的氨气、灰尘和二氧化碳的含量是诱发腹水征的重要原因。所以应调整饲养密度，改善通风条件，减少舍内有害气体及灰尘的含量，以便有充足的氧气。一般条件下定时打开门窗通风，且应注意前后门窗同时打开，以便对流换气。如天气太冷，可选择在中午气温高时通风，有条件的可采用暖风炉正压通风。在日常管理中，保持地面干燥以减少氨气的生成，采用刨花垫料或网上平养，以避免大量灰尘的产生，若舍内粉尘过多，可定期实施人工喷雾。加强饲养管理，减少慢性呼吸道病、大肠杆菌病等肺部感染性疾病。

（5）孵化补氧　孵化缺氧是导致腹水征的重要因素，所以在孵化的后期，向孵化器内补充氧气能产生有益的作用。

（6）减少应激反应　减少或避免不良因素对鸡群的刺激是预防肉鸡腹水征的基础措施，选择在夜间低光照下进行带鸡消毒、更换垫料等，是减轻应激反应的有效方法。在饲料中添加50毫克/千克饲料的多种维生素和复方维生素E等，以缓解或预防应激反应，增强机体抵抗力，降低腹水征的发生。

【治疗】

肉鸡腹水综合征目前尚无较理想的治疗方法。

42. 脂肪肝综合征

脂肪肝综合征，是指笼养蛋鸡摄入过高的能量日粮而运动受到限制，导致能量代谢失衡，肝脏脂肪过度沉积的一种代谢性疾病。此病主要发生于笼养的蛋用型鸡，特别是在炎热的夏季。

【病因】

饲料中能量水平过高，机体缺乏运动以及气候炎热是本病的主要原因。当这些因素存在时，能量的摄入超出了机体的能量消耗，能量物质就会以脂肪的形式储存于体内，如腹腔、皮下、肝脏、血管等部位。由于肝脏中脂肪含量增多，造成肝脏细胞的脂肪变性，肝脏的脆弱程度提高，同时血管壁中的脂肪沉积导致管壁的弹性降低和脆性增强。此时如鸡只受到惊吓、应激或剧烈运动时可导致肝脏和肝血管的破裂。如果是肝内的血管和肝脏内部的轻度破裂，则出血程度受到局限，这样在肝脏内就会形成小血肿；若这种破裂发生在肝脏的大血管，出血就会很严重，鸡只就会发生急性出血性死亡。激素的平衡失调与本病的发生也有关系。雌激素具有促进脂肪同化的作用，当给未成熟小鸡注射雌二醇可引起肝脂肪变性和出血，给产蛋母鸡作同样注射可引起肝脏增大，导致肝脏出血和神经紊乱。

其他一些未确定的因子（存在于菜籽饼、苜蓿、蚕蛹等饲料中）以及黄曲霉毒素与本病的发生也有一定关系。某些营养的不足如蛋氨酸、胆碱、维生素E、维生素H（生物素）、微量元素硒不足也是本病的诱导因素。

【症状】

本病暴发时鸡常产蛋突然下降，甚至停产，或达不到应有的产蛋高峰。鸡体多数过肥，体重一般超重20% ～ 25%，腹部膨大。笼养鸡比平养鸡多发，而且发病急速，发现时鸡已死亡，头部苍白。死亡率一般不超过5%。本病初期鸡群看似正常，但高产鸡的死亡率突然增高。

【病理变化】

急性死亡时，鸡的头部，冠、肉髯和肌肉苍白。体腔内有大量血凝块，附着在肝脏表面（图3-0-26、图3-0-27），肝脏明显肿大，色泽变黄，质脆弱易碎，有油腻感，仔细检查就会发现肝表面有条状破裂区域和小的出血点（图3-0-28 ～图3-0-30），说明腹腔中的血凝块来自肝脏。实质中可能有小血肿，呈深红色或褐色至绿色，其色泽与血肿形成的时间长短有关。腹腔内、内脏周围、肠系膜上有大量的脂肪。如果在本病暴发中和暴发后检查时，看似临床健康的同群鸡中也可见到类似的肝实质中的血肿和体脂增多现象。死亡鸡处于产蛋高峰状态，输卵管中常有正在发育的蛋。

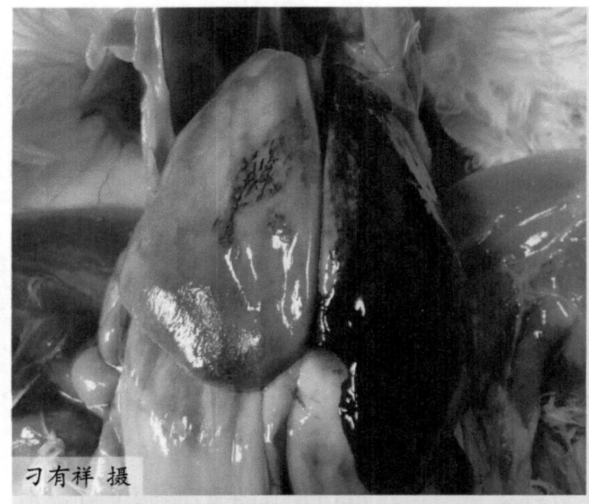

图3-0-26 肝脏表面附着大量凝血块

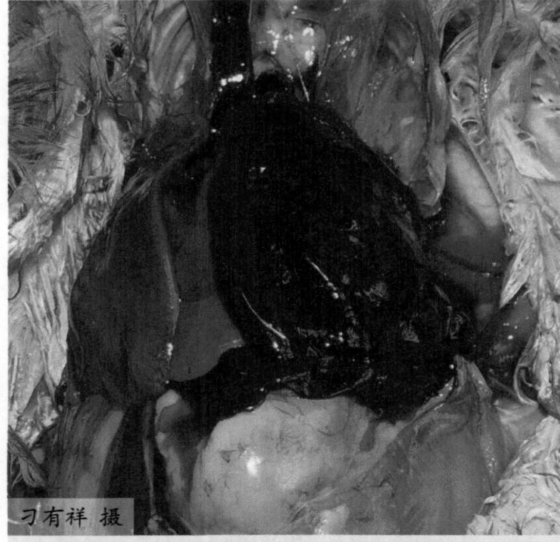

图3-0-27 肝脏表面附着的凝血块

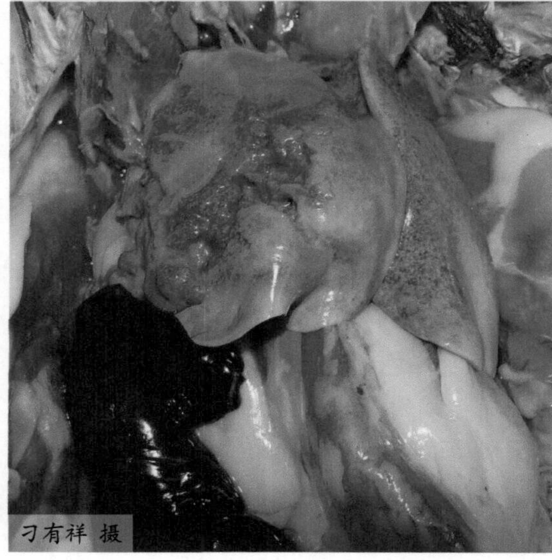

图3-0-28 肝脏肿大，易碎，呈浅黄色

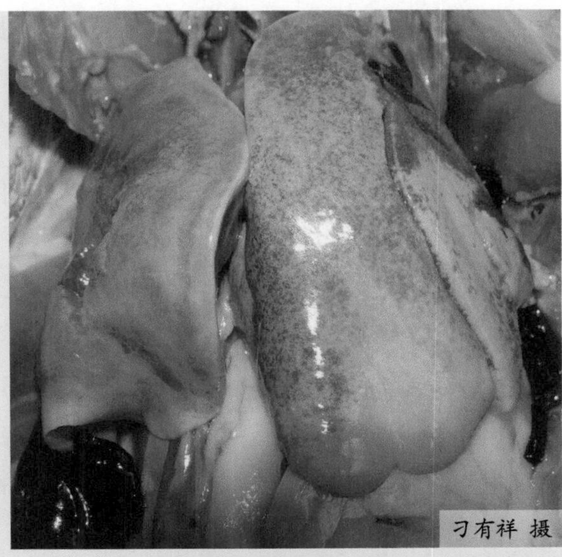

图3-0-29 肝脏肿大，呈浅黄色，肝脏表面有出血点

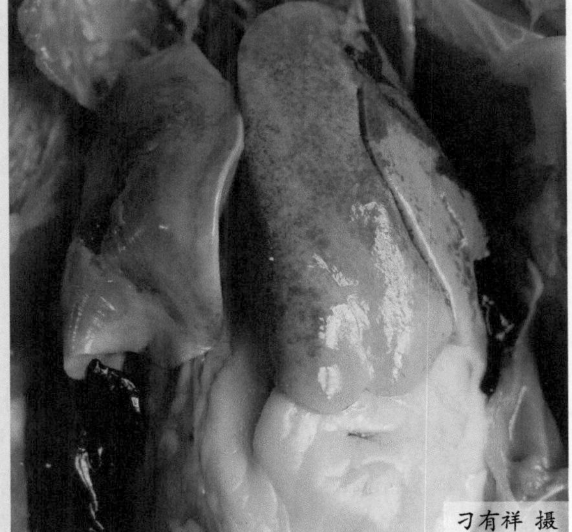

图3-0-30 肝脏肿大，表面有大量出血点

【预防】

（1）限制日粮的能量水平　摄入过高的能量饲料是导致脂肪过度沉积造成脂肪肝的主要原因。日粮应根据不同的鸡品种、产蛋率科学配制，使能量和生产性能比控制在合理的范围内。产蛋率高于80%时蛋能比以60为宜，产蛋率在65%～80%时蛋能比以54为宜，日粮总能水平一般在11.30兆焦/千克左右，可有效减少脂肪肝的发生，同时不影响母鸡的产蛋量。

（2）饲料添加适宜胆碱、肌醇、蛋氨酸、维生素E、维生素B_{12}及亚硒酸钠等嗜脂因子，能防止脂肪在肝脏内沉积。有资料介绍，天气炎热时和产蛋高峰期每千克饲料添加蛋氨酸8克、氯化胆碱1克、维生素E20单位和维生素B_{12} 0.012毫克，能有效防止脂肪肝病的发生。对发病的鸡群，在饲料中适当添加柴胡、黄芩、丹参、泽五味等中草药，可以控制病情的发展。

（3）应注意蛋用鸡育成期的日增重，在8周龄时应严格控制体重，不可过肥，否则超过8周龄后难于再控制。

（4）加强饲养管理，提供适宜的生活空间、环境温度，减少鸡的应激，鸡群换喂全价日粮，对防止脂肪肝综合征的发生有良好的作用。限制菜籽饼、酒糟、苜蓿等在饲料中的加入量。

【治疗】

对于发病鸡群，首先应及时调整饲料配方，降低饲料的能量水平（降低能量饲料和玉米的用量），提高饲料的蛋白质含量（提高蛋白质饲料和豆粕的用量），同时提高氯化胆碱和维生素的添加剂量，连用2周，可减轻鸡群的病情。

43. 笼养鸡疲劳症

笼养鸡疲劳症是笼养蛋鸡特有的营养代谢性疾病，是由多种因素引起的成年蛋鸡骨钙进行性脱失，造成骨质疏松的一种骨营养不良性疾病，高产笼养蛋鸡在夏季发生本病最为普遍。

【病因】

（1）日粮中钙源不足　其一是饲料配方不合理，没有经过严格的科学计算，不适合产蛋期的各个产蛋阶段对钙的需要，或者没有依据产蛋的各阶段对钙的需要及时调整饲料配方；其二是饲料的原料不过关，尽管配方是科学的、合理的，但由于饲料原料中钙的含量达不到要求，特别是劣质鱼粉、劣质骨粉的使用。

（2）日粮中钙、磷比例不当　对于产蛋鸡来讲，钙的含量以占日粮的3.25%为宜，随着日龄的增长，对钙的需求量还会有轻度的提高，磷的含量则以占日粮的0.5%为宜，如钙、磷的比例不当，就会导致它们的吸收率和机体的利用率降低。使用植酸酶时如酶的活性降低，则也会导致饲料中磷的缺乏。

（3）日粮中维生素D不足　维生素D既可促进肠道对钙磷的吸收，也可促进破骨细胞区对钙磷的利用。当维生素D不足时，机体对钙磷的吸收和利用就会发生障碍。

（4）日粮中脂肪缺乏　由于维生素D属于脂溶性维生素，必须溶解在脂肪中才可在小肠中吸收和利用，当脂肪缺乏时，就会造成维生素D的吸收障碍。

（5）运动缺乏　由于缺乏活动，引起笼养鸡骨骼发育低下，骨骼的功能不健全、抗逆能力低下，这也表现在育成期转笼过早时此病的发病率增高。

（6）饲料污染　饲料被黄曲霉污染或锰过量也能导致继发性缺钙。

（7）石粉或贝壳粉过细　石粉或贝壳粉过细，机体吸收快，排泄也快，而蛋壳是在夜间形成，需要钙盐时机体已排出体外，从而蛋壳在形成过程中会动用骨骼中的钙，造成骨钙缺乏。

（8）天气炎热　鸡为了排出体内的热量，呼吸加快，呼吸过程中会排出体内大量的二氧化碳，导致体内碳酸根离子减少。而蛋壳的成分为碳酸钙，由于碳酸根离子减少，碳酸钙无法形成。机体为形成蛋壳势必会动用骨骼中的钙，而引起骨钙缺乏。

（9）产蛋后期对钙的吸收率降低　母鸡产蛋后期对钙的吸收率和存储能力降低，且蛋重增加，若日粮中钙的含量还保持原来的水平，则会出现钙缺乏，导致蛋壳在形成过程中，会动用骨骼中的钙。

（10）肠道疾病　肠道疾病，如肠炎、球虫病等，使胃肠蠕动加快，肠壁的吸收能力降低，未经充分消化的食靡随粪便排出体外，造成鸡对钙、磷、维生素D等营养物质的吸收不足，导致缺钙，引发疲劳症。

（11）初产蛋鸡体内钙沉积不足　产蛋鸡进入预产期后，若未及时调整饲料配方，增加饲料中的钙磷含量，此时体内钙的沉积不足，蛋壳形成时必然利用骨骼中的钙，从而引起骨钙缺乏，引发疲劳症。

【症状】

病初期产蛋率下降，蛋壳变薄或产软壳蛋（图3-0-31），随着病情发展，骨骼的负重能力下降，出现站立困难，常以一侧腿站立，以减轻对另一侧腿的压力（图3-0-32、

图3-0-31　病鸡所产软壳蛋、无壳蛋、褪色蛋

图3-0-32　病鸡左侧脚着地，右侧呈半悬状态

图3-0-33），严重者瘫痪，不能站立，常侧卧于笼内（图3-0-34～图3-0-36）。随后，症状逐渐加剧，骨质疏松脆弱，肋骨易折，胸骨凹陷、弯曲，不能正常活动，由于不能接近食槽和饮水，伴有严重的脱水现象，逐渐消瘦而死亡。

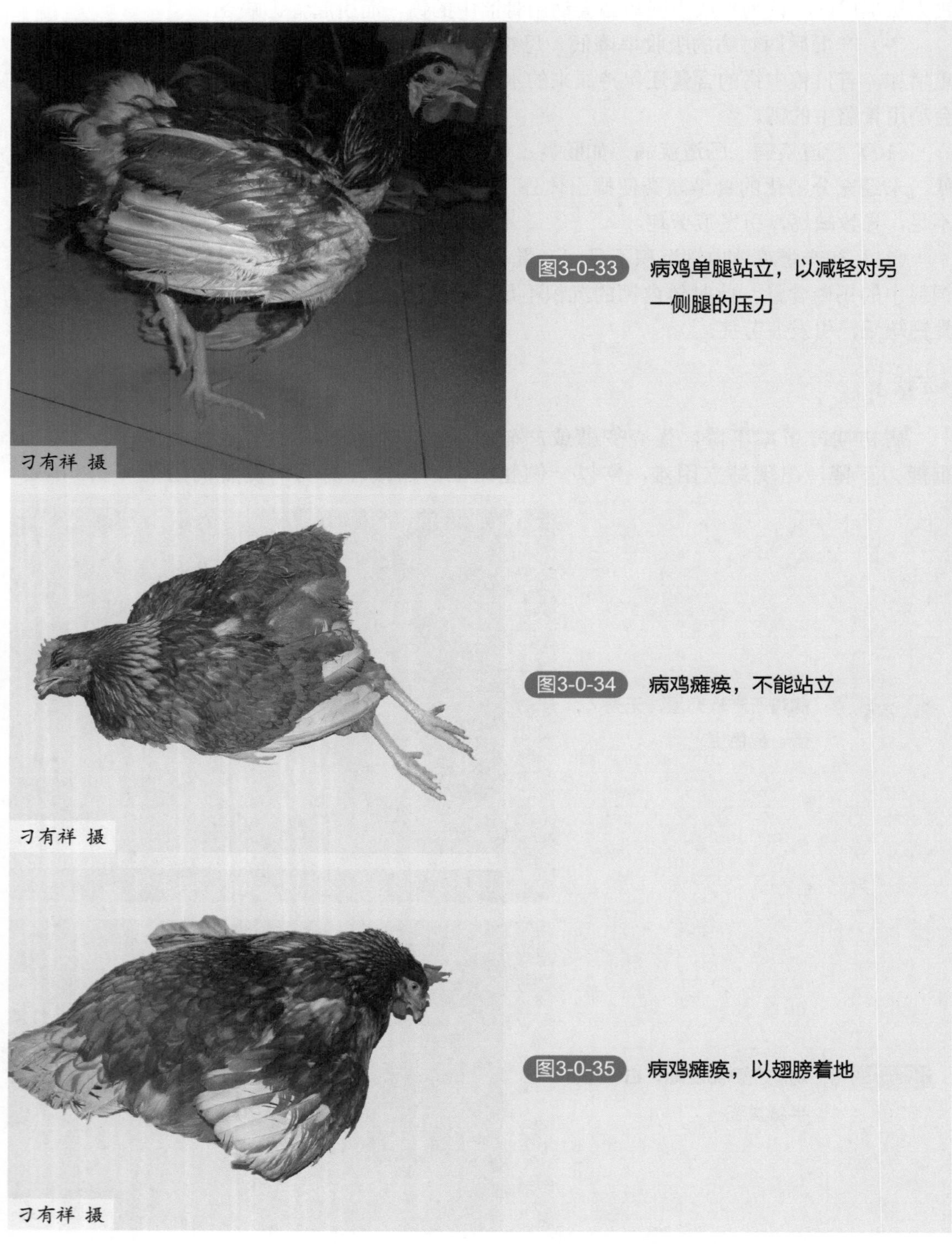

刁有祥 摄

图3-0-33 病鸡单腿站立，以减轻对另一侧腿的压力

刁有祥 摄

图3-0-34 病鸡瘫痪，不能站立

刁有祥 摄

图3-0-35 病鸡瘫痪，以翅膀着地

【病理变化】

卵泡发育正常，输卵管中常有待产的蛋（图3-0-37、图3-0-38），肺脏出血（图3-0-39），骨骼脆性增大，易于骨折，骨折常见于腿骨和翼骨，胸骨常凹陷、弯曲（图3-0-40、图3-0-41）。在胸骨与椎骨的结合部位，肋骨特征性地向内卷曲，有的可发现一处至数处骨折。骨壁菲薄，在骨端处常见肌肉出血或皮下淤血。

刁有祥 摄

图3-0-36 病鸡以翅膀着地，以减轻对腿的压力

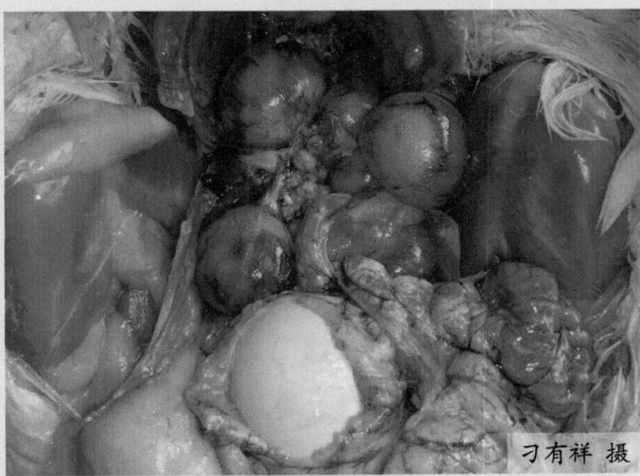

刁有祥 摄

图3-0-37 卵泡发育正常，输卵管中有待产的蛋

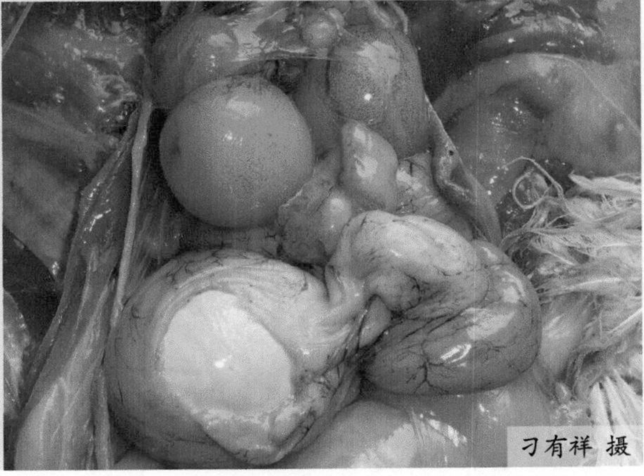

刁有祥 摄

图3-0-38 卵泡发育正常，输卵管中有待产的蛋

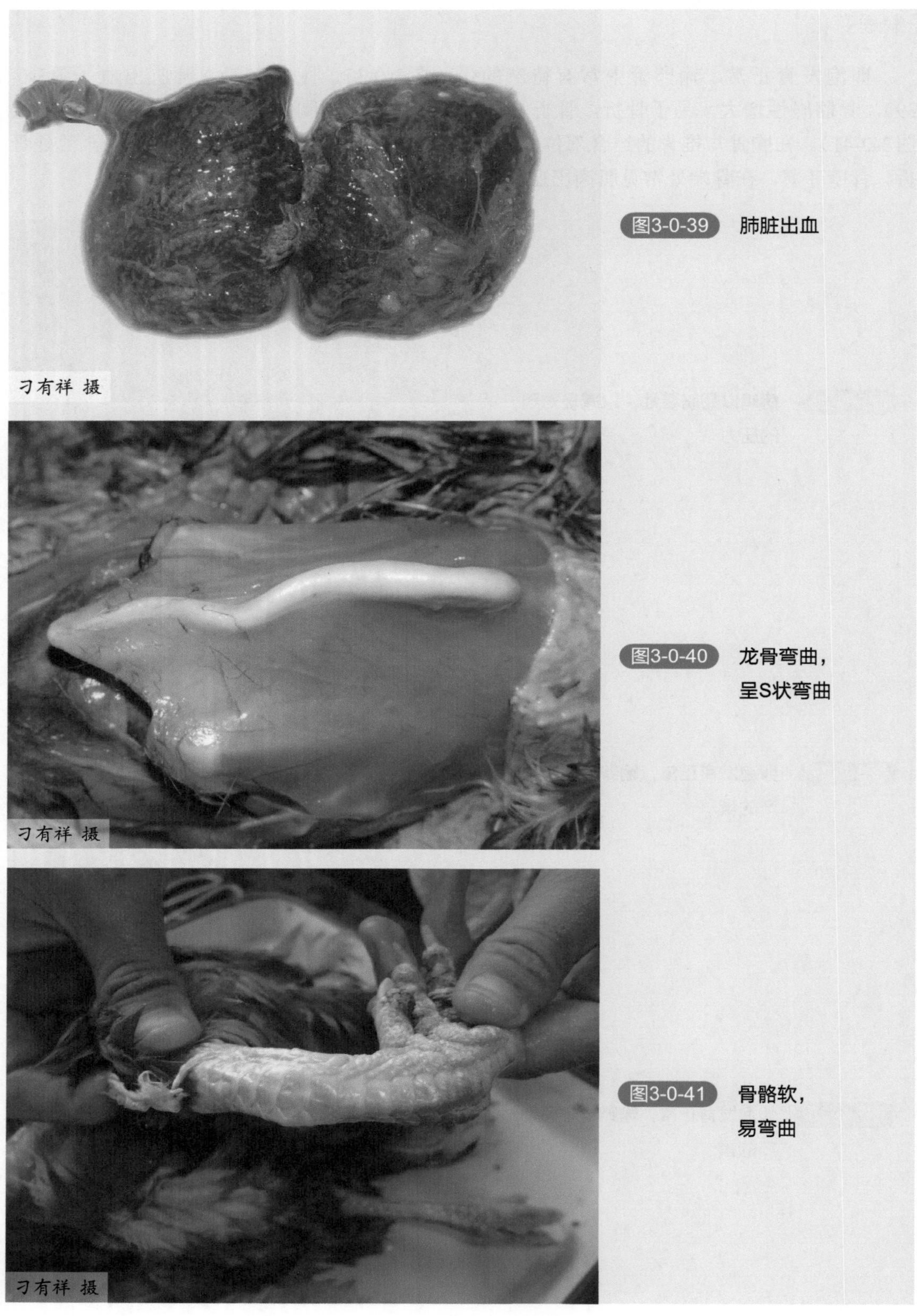

图3-0-39 肺脏出血

图3-0-40 龙骨弯曲，呈S状弯曲

图3-0-41 骨骼软，易弯曲

【预防】

（1）日粮中钙磷含量要充足，比例要适当，在产蛋鸡日粮中钙的含量不应低于3.0%～3.5%，磷的含量不应低于1%，有效磷（即可利用磷）不应低于0.5%。

（2）日粮中维生素D的含量要充足。可在配合日粮中添加维生素AD_3粉，同时应防止饲料放置时间过长或霉败，以防维生素D被氧化分解而失效。

（3）制定科学的饲料配方，并依产蛋的不同阶段进行及时调整。使用质量上乘的饲料原料，禁止使用劣质的鱼粉、骨粉、石粉等。骨粉、石粉不能太细，要有一定的粒度。

（4）饲料中要含2%～3%的脂肪，保证鸡饲喂均衡的日粮，促进机体对维生素D的吸收和利用。

（5）为保证骨的发育良好，上笼时间不宜过早，120日龄为宜，以保证鸡只的充分运动和骨的充分发育。

（6）夏季炎热季节，饮水中或饲料中，添加0.2%的小苏打，以补充碳酸根离子。

【治疗】

一旦发现本病，要及时寻找原因，只有针对病因治疗，才能收到较好的效果，重点应检查饲料的配方、配合过程以及饲料原料的质量、有无漏配成分（如AD_3粉）和劣质原料（如鱼粉、骨粉、贝壳）；并用钙片治疗，每只鸡每天两片，连用3～5天，并给以充足的饲料和饮水，病鸡常在4～7天恢复健康。

44. 维生素缺乏症

维生素是维持动物体正常生理功能所必需的一类微量有机化合物，它既不是构成动物机体组织的原料，又不是机体的能源物质，其主要生理功能是参与各种酶的辅酶和辅基的组成，催化、控制和调节蛋白质、脂肪和碳水化合物及核酸的代谢过程，机体仅需要微量就能满足正常生理功能的需要。在鸡中大多数维生素不能在体内合成或合成数量较少，必须从饲料中摄取。日粮中某些维生素若长期缺乏，就会引起机体代谢过程紊乱，呈现特有的临床症状，这些病症通常称为维生素缺乏症。动物机体维生素缺乏的原因主要是饲料中供给不足，此外维生素在体内的吸收受阻、破坏、增强或生理需要增多，均能引起维生素的缺乏。

（1）维生素B_1缺乏症　维生素B_1（Vitamin B_1）又称硫胺素（Thiamine），别名抗神经炎素。维生素B_1构成α-酮酸脱羧酶系的辅酶参加糖代谢。在动物体内，硫胺素焦磷酸酯是α-酮酸氧化脱羧酶系的辅酶，参与糖代谢过程中α-酮酸（如丙酮酸、α-酮戊二酸）的脱羧反应。动物体如缺乏硫胺素，则丙酮酸氧化分解不易进行，糖的分解停滞在丙酮酸阶段，使糖不能彻底氧化释放出全部能量为机体利用。在正常情况下，神经组织所需能量几乎全部来自糖的分解。当糖代谢受阻时，首先影响到神经活动，并且伴随有丙酮酸、乳酸的堆积产生毒害作用，特别是对周围神经末梢影响最大，可导致多发性神经炎的产生。维生素

B_1能抑制胆碱酯酶的活性。胆碱酯酶可催化乙酰胆碱水解为乙酸和胆碱，而乙酰胆碱是胆碱能神经末梢在兴奋时释放出来的神经传递物质。维生素B_1能降低胆碱酯酶的活性，使乙酰胆碱的分解保持适当的速度，因而能保证胆碱能神经的正常传导。当维生素B_1缺乏时，胆碱酯酶活性增强，乙酰胆碱分解过速，胆碱能神经的传导发生障碍。由于消化腺的分泌和胃肠道的运动均受胆碱能神经的支配，故维生素B_1缺乏时，消化液分泌减少，胃肠蠕动减慢，出现食欲不振、消化不良等症状。

【病因】

饲喂缺乏硫胺素的日粮，长期使用磺胺类药物。

【症状】

饲喂缺乏硫胺素的日粮，大鸡在3周后即表现出多发性神经炎，雏鸡则可在2周龄前出现症状；在雏鸡为突发性，成年鸡则较为缓慢。小公鸡出现发育缓慢，母鸡产蛋和孵化率降低，卵巢萎缩。鸡发病的最初表现为食欲降低，继而表现为体重减轻，羽毛蓬乱，腿无力，步态不稳以及体温降低。成年鸡经常呈现蓝色鸡冠。随着缺乏症的继续，肌肉出现明显的麻痹，开始是趾的屈肌，随后发展到腿、翅膀和颈部的伸肌也受到损害。由于颈的前部肌肉麻痹，鸡头部向后方呈“观星姿势”(图3-0-42)。鸡很快失去站立和直坐的能力而倒在地上，在躺着的同时头仍蜷缩着，最后因瘫痪、衰竭而死。

【病理变化】

可见皮肤发生广泛性水肿，生殖器官萎缩（雄性比雌性更显著），心及胃肠壁萎缩。

【诊断】

根据临床症状即可确诊。

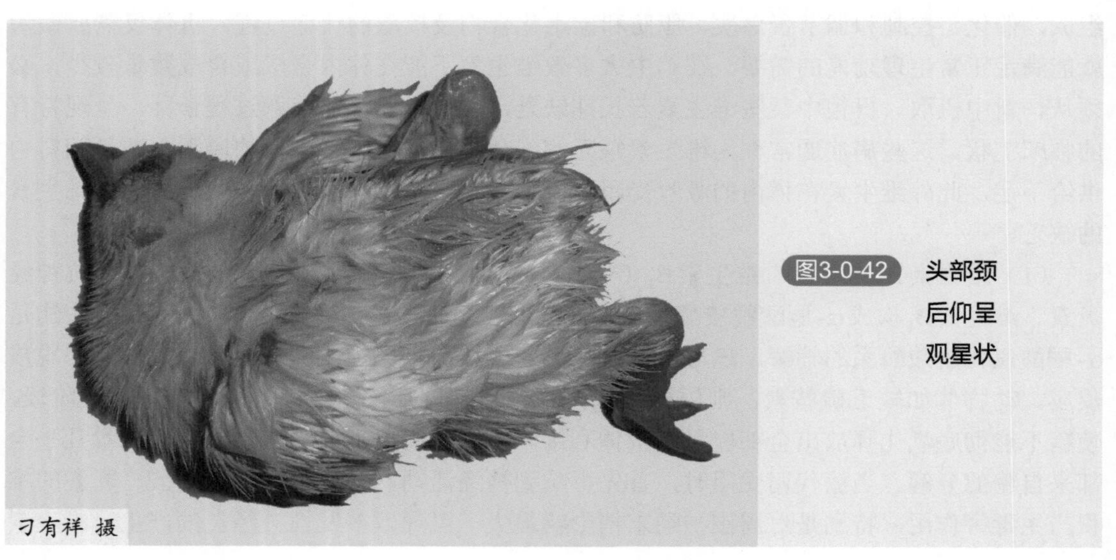

图3-0-42 头部颈后仰呈观星状

【预防】

饲养标标准规定每千克饲料中硫胺素含量，肉用仔鸡和0～6周龄的鸡为1.8毫克；7～20周龄鸡为1.3毫克；产蛋鸡和母鸡为0.8毫克；注意饲料搭配和合理调制，就可以防止硫胺素缺乏症。

【治疗】

疾病严重的可以用药物治疗，在给鸡口服这种硫胺素后，仅数小时后即可出现好转。先要口服维生素B_1，然后在饲料中添加。雏鸡的口服量为每只每天1毫克，成年鸡每只口服量为2.5毫克/千克体重，同时在饲料中补充维生素B_1。

（2）维生素B_2缺乏症　维生素B_2（Vitamin B_2）是由核醇与二甲基异咯嗪结合构成的，由于异咯嗪是一种黄色色素，故又称为核黄素。维生素B_2是生物体内黄酶的辅基的组成成分。生物体内有多种黄酶，它们多属于脱氢酶类。有的黄酶其辅基为黄素单核苷酸（FMN），有的黄酶其辅基为黄素腺嘌呤二核苷酸（FAD）。核黄素具有可逆的氧化还原特性，在组织中通过参与构成各种黄酶的辅基，在生物氧化过程中起传递氢原子的作用。核黄素参与碳水化合物、蛋白质、核酸和脂肪的代谢，具有提高蛋白质在体内的沉积、提高饲料利用率、促进家禽正常生长发育的作用，亦具有保护皮肤、毛囊及皮脂腺的功能。因此核黄素是各种家禽生长和组织修复所必需的。此外，核黄素还具有强化肝脏功能、调节肾上腺分泌、防止毒物侵袭的功能，并影响视力。

【病因】

鸡群摄取核黄素缺乏的日粮。

【症状】

雏鸡摄取核黄素缺乏的日粮时，生长极为缓慢，逐渐衰弱与消瘦，羽毛粗乱，食欲尚好，严重时出现腹泻。雏鸡不愿行走，强行驱赶时则经常是借助于翅膀用跗关节运动。不论行走还是休息，脚趾均向内弯曲成拳状，中趾特别明显，足跟关节肿胀，脚瘫痪，以踝部行走，这是维生素B_2缺乏的特征症状（图3-0-43、图3-0-44）。雏鸡经常处于休息状态，翅膀经常下垂，不能保持正常的姿势。腿部肌肉萎缩、松弛，皮肤干燥和粗糙。后期雏鸡不能运动，两腿叉开，卧地。尽管病鸡食欲正常，但常因不能运动而无法接近食槽和水槽，最后因衰竭死亡或被其他鸡踩死。成年鸡缺乏核黄素时，产蛋率和孵化率均显著下降，胚胎死亡率增多。孵出的雏鸡瘫痪，并且由于羽毛生长障碍而导致羽毛短粗，羽毛黏结在一起呈棒状羽（图3-0-45）。

【病理变化】

剖检时可见肠道内含有多量的泡沫状内容物。胃肠道黏膜萎缩，肠壁菲薄。肝脏较大而柔软，脂肪含量增多，坐骨神经和臂神经肿大变软，有时其直径达到正常的4～5倍。

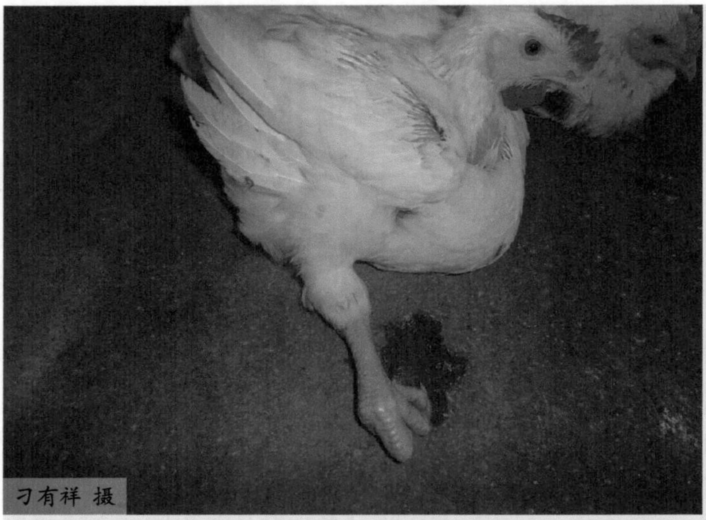

刁有祥 摄

图3-0-43 病鸡爪向内卷曲（一）

刁有祥 摄

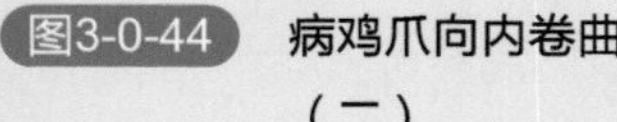

图3-0-44 病鸡爪向内卷曲（二）

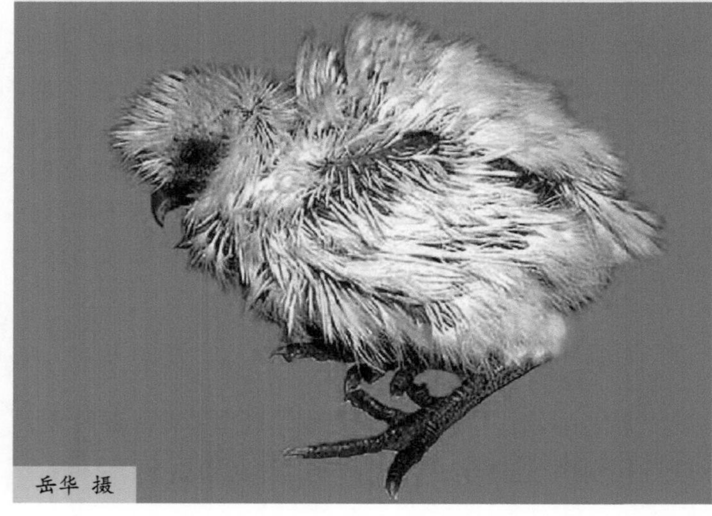

图3-0-45 羽毛短粗，黏结在一起，呈棒状羽

【诊断】

本病主要根据临床症状和病理变化进行确诊。

【预防】

动物性饲料和酵母中维生素B_2的含量很丰富，其他饲料中也含有一定量的维生素B_2，要尽量采用含鱼粉和酵母的配合饲料，但由于这些富含核黄素的饲料在鸡的饲料配方中是有限的，所以鸡日粮中必须补充核黄素。饲养标准中规定，每千克饲料含核黄素：蛋用鸡，0～8周龄鸡3.6毫克，9～20周龄鸡1.8毫克；产蛋鸡2.2毫克；种鸡3.8毫克；肉用仔鸡，0～4周龄7.2毫克，5周龄以上3.6毫克。

【治疗】

当发现缺乏核黄素而孵化出壳率降低时，给母鸡饲喂7天核黄素饲料，蛋的孵化出壳率即可恢复正常。对病情较重的，可用核黄素治疗，雏鸡每天每只喂2毫克核黄素，成鸡喂5～6毫克核黄素，连用1周就可收到很好的治疗效果。但出现严重的脚趾卷曲，坐骨神经损伤的病鸡，往往难以恢复。

（3）泛酸缺乏症　泛酸（Pantothenate）通常称为维生素B_3，因为它在自然界中分布十分广泛，所以又称为遍多酸。泛酸为浅黄色油状物，饲料工业中一般用泛酸钙。泛酸在小肠被吸收，通过小肠黏膜进入门静脉循环供机体利用，在肝、肾中浓度较高。泛酸在组织中大部分用以构成辅酶A，参与机体一系列代谢活动。在糖、脂肪、蛋白质的代谢中起着十分重要的作用。与皮肤和黏膜的正常生理功能、羽毛的色泽和对疾病的抵抗力等有着极密切的关系。因此，泛酸的缺乏可使机体的许多器官和组织受损。

【病因】

饲料中泛酸不足或缺乏导致此病。

【症状】

雏鸡表现为羽毛生长阻滞且粗糙。病鸡消瘦，骨变短粗，口角出现局限性痂样病变。眼睑边缘呈颗粒状并有小痂形成，眼睑常被黏性渗出物粘在一起而变得窄小，并使视力受到局限。皮肤的角化上皮慢慢脱落，在跖球上形成疣状隆突。雏鸡不能站立，运动失调。

【病理变化】

尸体剖检可见口腔内有脓样物，腺胃中有不透明灰白色渗出物。肝脏肿大，呈浅黄至深黄色。脾脏轻度萎缩。脊髓的神经与有髓纤维呈现髓磷脂变性。法氏囊、胸腺和脾脏有明显的淋巴细胞坏死和淋巴组织减少。

【诊断】

根据病鸡临床症状即可确诊。

【预防】

注意添加动物性饲料（鱼粉、酵母粉、骨肉粉）、植物性饲料（米糠、豆饼、花生饼、优质干草）和维生素添加剂。

【治疗】

发病后，可在饲料中添加20～30毫克/千克饲料的泛酸钙，连用2周，治疗效果显著。泛酸与维生素B_{12}之间有密切关系，在维生素B_{12}不足的条件下，雏鸡对泛酸的需要量增多，就有可能发生泛酸缺乏症。所以，在添加泛酸的同时，注意添加维生素B_{12}。

（4）胆碱缺乏症　胆碱（choline）通常称维生素B_4，是磷脂、乙酰胆碱等物质的组成成分。饲料添加剂中常用的胆碱形式为氯化胆碱。

【病因】

家禽体内胆碱缺乏多与下列因素有关。

① 高能日粮。喂高能量和高脂肪日粮的集约化家禽，因采食量降低，使得胆碱摄入量不足。

② 叶酸或维生素B_{12}缺乏。研究表明，在叶酸或维生素B_{12}缺乏的情况下，胆碱的需要量增加。

③ 日粮中添加不足。成年鸡和产蛋鸡一般不易缺乏胆碱，但雏鸡、雏鸭合成胆碱的速度不能满足本身需要，故需在日粮中予以添加。

【症状】

除表现生长缓慢或停滞外，雏鸡、雏鸭等缺乏胆碱的明显症状是胫骨短粗症。骨短粗病的特征最初表现为跗关节周围针尖状出血和轻度肿大，进而腿失去支撑禽体的能力，关节软骨变形，跟腱从所附着的髁脱落。病鸡跛行，瘫痪（图3-0-46）。成年鸡出现产蛋率下降。产蛋鸡易出现脂肪肝，死亡率增加。

图3-0-46　病鸡瘫痪，腿外伸

【病理变化】

胫骨短粗，跖骨进一步扭曲则会变弯或呈弓形。

【诊断】

本病主要根据临床症状和病理变化进行确诊。

【预防】

为预防该病的发生，在日粮中注意添加鱼粉、蚕蛹、肝粉、肉粉、酵母等动物性饲料和花生饼、豆饼菜籽饼、胚芽等植物性饲料，同时在饲料中添加0.1%的氯化胆碱。

【治疗】

发病后，在饲料中添加足够量的胆碱可以治愈缺乏症。但一旦发生腱的滑脱，其损害是不可逆的。

（5）维生素B_5缺乏症　维生素B_5（Vitamin B_5）又称抗癞皮病维生素。它是吡啶的衍生物，包括烟酸（Nicotic acid）和烟酰胺（Nicotinamide）。一般家禽的消化道内细菌能够合成部分烟酸，动物机体还可在体内将色氨酸转化为烟酸。烟酸或烟酸胺在机体的细胞中对碳水化合物、脂肪和蛋白质等的供能代谢中起着非常重要的作用，参与细胞的氧化，并且有扩张末梢血管、保护皮肤和消化器官正常功能之功效。烟酸不足可破坏糖的酵解、三羧循环、呼吸链以及脂肪酸的合成，使机体出现皮肤病变和消化道功能紊乱，口腔、舌、胃肠道黏膜损伤，神经产生变化及眼睛病变等。

【病因】

① 玉米中含有一种抗烟酸的化合物，因此玉米中所含烟酸不能被利用。若日粮中玉米用量过大，就会造成烟酸缺乏。

② 在许多饲料中存在的烟酸是结合型的，家禽一般不易吸收利用。

③ 色氨酸缺乏。研究表明，烟酸的需要量几乎完全取决于这些日粮的色氨酸含量。因此，当日粮中缺乏色氨酸时，就会产生烟酸缺乏症。

【症状】

雏鸡食欲不振，生长停滞，出现黑舌症，口腔及食管前端发炎，黏膜呈深红色，羽毛生长不良，羽被蓬乱，脚和皮肤有鳞状皮炎，关节肿大，腿骨弯曲，趾底发炎，下痢，结肠与盲肠有坏死性肠炎。产蛋鸡产蛋率及种蛋孵化率降低；羽毛脱落，胚胎死亡率高，出壳困难或出弱雏。

【病理变化】

食道出现深红色炎症，胫骨畸形。

【诊断】

根据临床症状可做出初步诊断，确诊还要通过对饲料中维生素的含量进行化验。

【预防】

平时每千克饲料中加入30毫克烟酸，即可满足正常需要。

【治疗】

鸡发病后应立即给予烟酸或富含烟酸的饲料，但如病症发展到腱已从所附着的髁部滑脱，或者跗关节增大，说明已到晚期，添加烟酸疗效甚微。

（6）维生素B_6缺乏症　维生素B_6（Vitamin B_6）是易于相互转化的3种吡啶衍生物，即吡哆醇（Pyridoxin）、吡哆醛（Pyridoxal）、吡哆胺（Pyridoxamine）的总称，饲料工业中一般用盐酸吡哆醇。

【病因】

饲料中的维生素B_6缺乏或不足。

【症状】

维生素B_6缺乏时，雏鸡表现为生长不良、食欲不振、骨短粗病和特征性的神经症状。雏鸡表现出异常兴奋，不能自控地奔跑，并伴有吱吱叫声，听觉紊乱，运动失调，严重时甚至死亡。成年鸡盲目转动，翅下垂，腿软弱，以胸着地，伸屈头颈，剧烈痉挛以至衰竭而死。骨短粗，表现为一侧腿严重跛行，一侧或两侧爪的中趾在第一关节处向内弯曲。产蛋鸡产蛋率和孵化率降低，严重缺乏时导致成年产蛋母鸡的卵巢、输卵管和肉髯退化。成年公鸡发生睾丸、鸡冠和肉髯退化，最终死亡。此外，雏鸡与成年鸡还表现为体重下降，生长缓慢。饲料转化率低，下痢，肌胃糜烂，眼睑炎性水肿等症状。

【病理变化】

一侧腿骨变短臂变粗。

【诊断】

根据临床症状可做出初步诊断，确诊还要通过对饲料中维生素的含量进行化验。

【预防】

维生素B_6在自然界分布较广，在酵母、禾本科植物中含量较多，在动物的肝脏、肾脏、肌肉中均含有。胃肠道中的细菌亦能合成。所以，注意添加上述饲料能较好地预防本病的发生。

【治疗】

发病后，可在千克饲料中添加4毫克的吡哆醇，连用2周。

（7）生物素缺乏症　生物素（Biotin）又称维生素H，是一种与硫胺素一样含有硫元素的环状化合物。生物素广泛存在于动植物体中，以大豆、豌豆和奶汁、蛋黄含量较多。在动物体内，生物素以辅酶的形式，直接或间接地参与蛋白质、脂肪和碳水化合物等许多重要的代谢过程，在脱羧、某些羧基转换、脂肪合成、天冬氨酸的生成及氨基酸的脱氨基中起重要作用。

① 参与碳水化合物的代谢。生物素是中间代谢过程中所必需的羧化酶的辅酶。生物素酶催化羧化和脱羧反应，参与丙酮酸羧化后变为草酰乙酸和合成葡萄糖的过程。生物素在糖原异生中起重要作用，在碳水化合物进食量不足时，机体通过糖原异生作用，以脂肪和蛋白质生成葡萄糖，以保持血糖浓度。

② 参与蛋白质代谢。生物素直接参与氨基酸的降解和间接参与一些氨基酸的合成或蛋白质合成中嘌呤的形成。

③ 参与脂类代谢。生物素直接参与体内长链脂肪酸的生物合成。反应过程：乙酰辅酶A羧化为丙二酸单酰辅酶A，再与另一分子乙酰辅酶A结合，经脱羧、还原和去水后，转化为丁酰辅酶A。这个衍生物又一步步地重复合成时所述的反应，最后导致形成长链脂肪酸。

【病因】

① 日粮中添加量不足。家禽肠道微生物能够合成生物素，但合成的数量远远不能满足其本身需要，故日粮中应适量补加。

② 加工过程中破坏。颗粒饲料在加工过程中，需进行高温挤压，在高温条件下，生物素会受到破坏。

③ 合成及吸收障碍。家禽发生腹泻及其他肠道感染后，吸收生物素的能力降低。长期滥用抗生素，使肠道中合成生物素的细菌受到抑制，而导致生物素缺乏。

【症状】

生物素缺乏引起的皮炎是从脚开始。雏鸡会发生胫骨弯曲，脚底、喙边、眼圈、肛门部皮炎（图3-0-47～图3-0-49）。爪向内或向外弯曲（图3-0-50～图3-0-52），种鸡生物素缺乏时，种蛋的孵化率降低，胚胎可发育形成并趾，即第3趾与第4趾之间形成延长的蹼。胚胎死亡于最后3天或于孵化后1周内死亡。

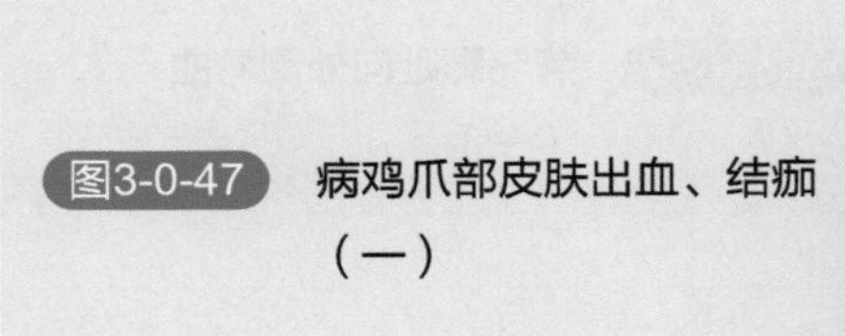

图3-0-47　病鸡爪部皮肤出血、结痂（一）

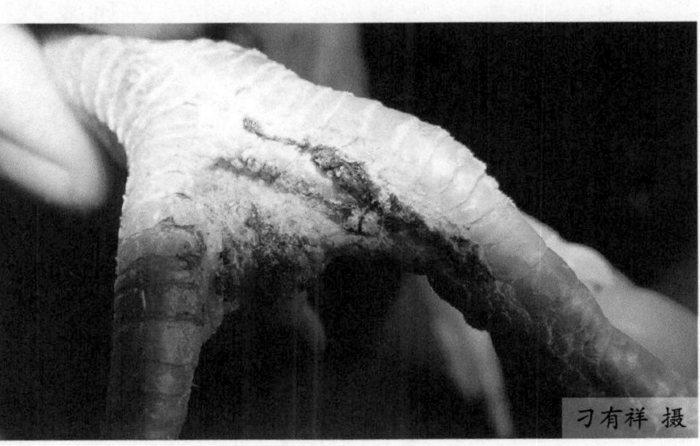

刁有祥 摄

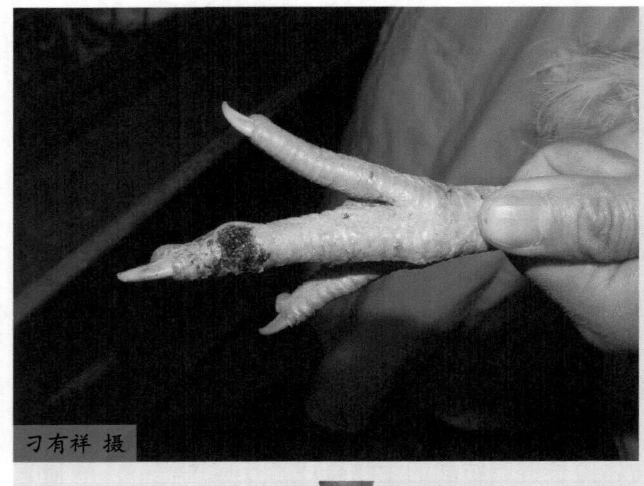

图3-0-48 病鸡爪部皮肤出血、结痂（二）

图3-0-49 病鸡爪部皮肤开裂出血、结痂

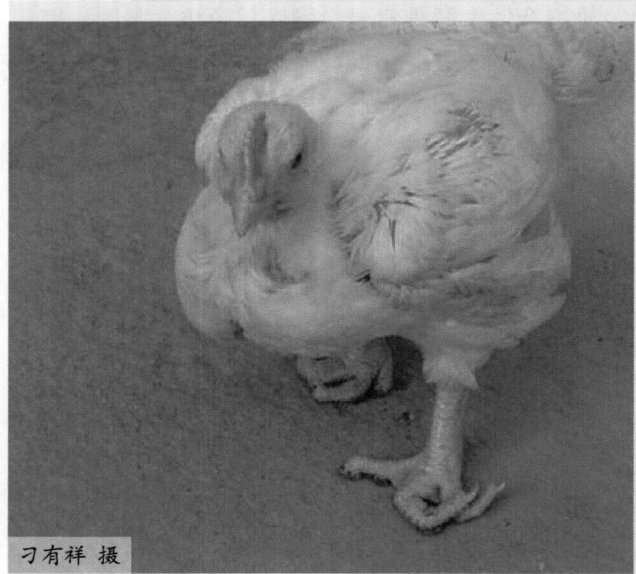

图3-0-50 病鸡脚趾向外侧弯曲（一）

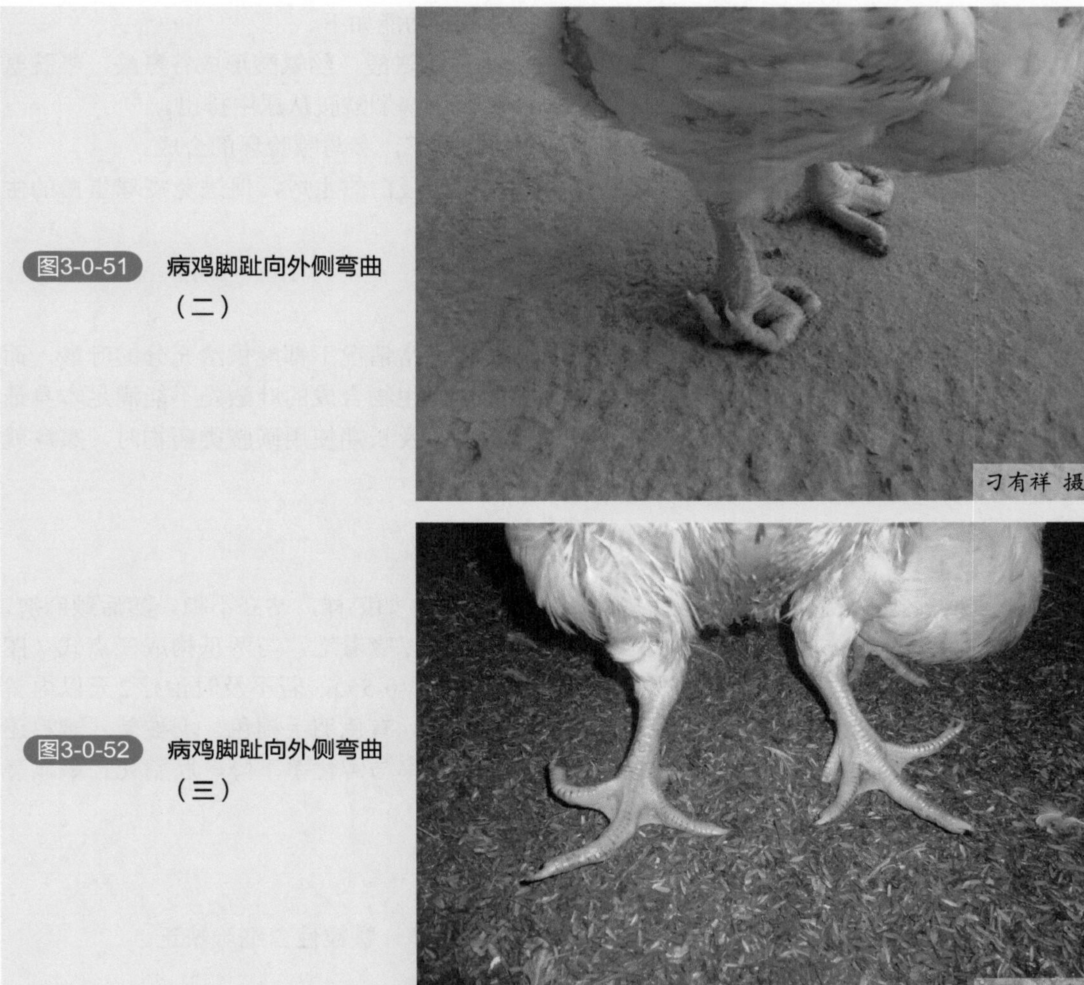

图3-0-51 病鸡脚趾向外侧弯曲（二）

图3-0-52 病鸡脚趾向外侧弯曲（三）

【病理变化】

肝、肾肿大呈青白色，肝脂肪增多，肌胃和小肠内有黑色内容物。胫骨短粗，骨的密度和灰分含量增高，骨的构型不正常，胫骨中部骨干皮质的正中侧比外侧要厚。

【预防】

注意补充青饲料和动物性蛋白饲料，如鱼粉及骨肉粉或单细胞蛋白饲料（如酵母粉）。

【治疗】

发病后可在每千克饲料中可加入0.1毫克的生物素进行治疗。

（8）叶酸缺乏症 叶酸（Folic acid）因其普遍存在于植物绿叶中而得名，又称维生素B_{11}（Vitamn B_{11}）。它是由蝶酸和谷氨酸结合而成。叶酸本身不具有生物活性，需在体内进行加氢还原后生成5,6,7,8-四氢叶酸后才具有生理活性。四氢叶酸是传递一碳基团如甲酰、亚胺甲酰、亚甲基或甲基基团的辅酶。四氢叶酸的主要功能如下。

① 使丝氨酸和甘氨酸相互转化；使苯丙氨酸形成酪氨酸，丝氨酸形成谷氨酸，半胱氨酸形成蛋氨酸，乙醇胺合成胆碱；使烟酰胺转化成*N*-甲基烟酰胺从尿中排出。

② 核酸DNA和RNA的合成中，在转甲酰酶的作用下，参与嘌呤环的合成。

③ 与维生素B_{12}和维生素C共同参与红细胞和血红蛋白的生成，促进免疫球蛋白的生成，增强对谷氨酸的利用率，保护肝脏并具解毒作用。

【病因】

在家禽食用日粮中的常规玉米、豆饼等饲料，在通常情况下都能供给充分的叶酸，而且鸡的肠道微生物还能合成部分叶酸。但若只靠肠道微生物合成的叶酸是不能满足本身最大生长需要和生产需要。另外，当吸收不良、代谢失常及长期使用磺胺类药物时，家禽就会患叶酸缺乏症。

【症状】

鸡叶酸缺乏症的特征性症状是颈麻痹。初期颈前伸，如鹅样，站立不稳。随后颈麻痹，颈非常软，可任人摆布而毫无反抗，颈直伸不能抬起，以喙着地，与两爪构成三点式（图3-0-53）。后期腿麻痹、倒地，两腿伸直（图3-0-54、图3-0-55），若不及时治疗2天以内就会死亡。此外叶酸缺乏时，鸡生长受阻，羽毛生长不良，有色羽毛褪色，羽被差。雏鸡还发生胫骨短粗症，贫血，伴有水样白痢等。种鸡则产蛋率与孵化率下降，胚胎死亡率显著增加（图3-0-56）。

【病理变化】

可见内脏器官贫血，肌肉苍白；巨型红细胞发育暂停，颗粒性白细胞缺乏。

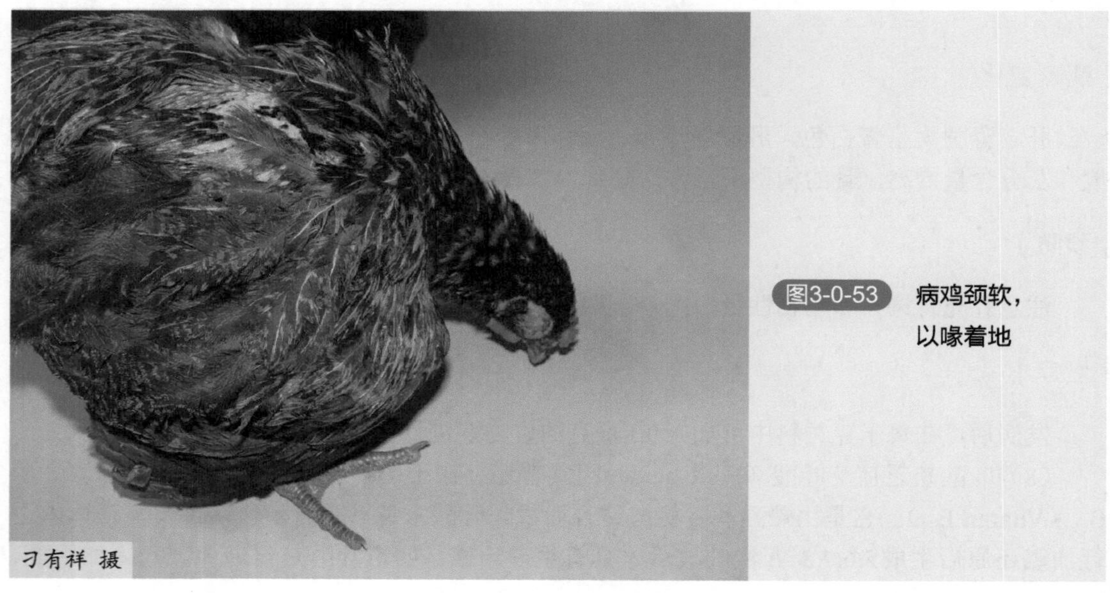

图3-0-53 病鸡颈软，以喙着地

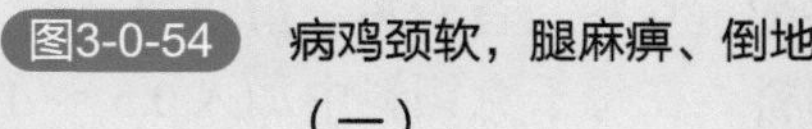

图3-0-54 病鸡颈软，腿麻痹、倒地（一）

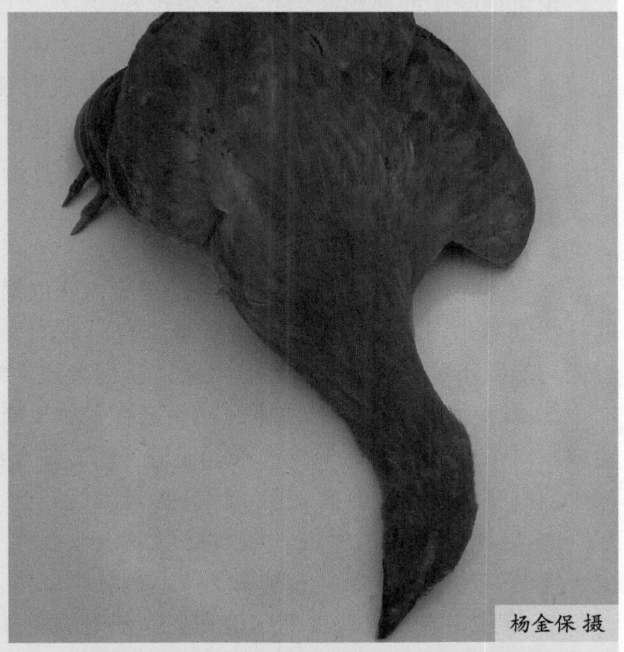

图3-0-55 病鸡颈软，腿麻痹、倒地（二）

图3-0-56 种蛋孵化率下降，死胚增多

【诊断】

本病主要根据临床症状和病理变化进行确诊。

【预防】

叶酸广泛分布于植物和动物体内，在饲料中适当搭配黄豆粉、苜蓿粉、酵母等可防止叶酸缺乏。用玉米作饲料时要特别注意补充含叶酸的饲料。在每千克饲料中加入0.5～1.0毫克的叶酸，就能预防缺乏症的出现。

【治疗】

发病后可用叶酸治疗，每只每天10毫克连用3天。或谷氨酸，每只每天0.3克，连用3天。也可用味精或熟鸡肉治疗，效果较好。

（9）维生素A缺乏症　维生素A（Vitamin A）有维生素A_1和维生素A_2两种。维生素A_1又称视黄醇（retinol），维生素A_2又称为3-脱氢视黄醇。维生素A具有以下生理功能。

① 维持上皮组织结构的完整性。维生素A能促进上皮细胞合成黏多糖，从而促进黏蛋白的合成。而黏蛋白是细胞间质的主要成分，有黏合和保护细胞的作用，因此能维持一切上皮组织的完整性。缺乏维生素A时，上皮增生、角化，表现为皮肤黏膜干燥，易受细菌感染。其中受影响最严重的是眼、皮肤、呼吸道、消化道、泌尿生殖道等。

② 维持正常的视觉。维生素A是合成视紫红质的原料，视紫红质存在于动物视网膜内的杆状细胞中，是由视蛋白与视黄醛结合而成的一种感光物质。如果血液中维生素A水平过低时，就不能合成足够的视紫红质，从而导致功能性夜盲症。

③ 维持生长发育。维生素A能促进肾上腺皮质类固醇的生物合成。促进黏多糖的生物合成，对核酸代谢和电子传递都有促进作用。缺乏维生素A时，动物某些器官的DNA含量减少，黏多糖的生物合成受阻，因此生长迟缓。

④ 提高繁殖力，促进性激素的形成。缺乏维生素A时，种鸡睾丸退化，精液数量减少、稀薄、精子密度低，受精率下降，孵化率下降，死胎增多。

⑤ 维生素A具有改变细胞膜和免疫细胞溶菌膜的稳定性，增加免疫球蛋白的产生，提高机体免疫能力的功效。

⑥ 维持骨骼的正常生长和修补。维生素A不足时，骨骼厚度增加，发育不良，且会由于骨骼变形，压迫中枢神经，导致神经系统的机能障碍。

【病因】

① 饲料中维生素A或维生素A原不足，包括饲料的收获、处理和储存不当，造成维生素A源破坏，或在饲料中添加维生素A的剂量不足或质量低劣。

② 饲料中蛋白质水平过低，维生素A在体内不能被很好地利用。

③ 鸡的肝脏、肠道有疾患时，肝脏的储存能力及肠道将维生素A原转化为维生素A的能力降低。

④ 种鸡、雏鸡或患病鸡群中，维生素A的需要量增加而又没有在饲料中及时地提高添

加剂量。

【症状】

孵化后的雏鸡表现精神委顿，生长停滞，衰弱，羽毛蓬乱，不能站立。本病的特征性症状是病鸡眼中流出一种牛奶样渗出物，严重时眼内有干酪样物沉积，眼球凹陷，角膜混浊呈云雾状，变软，严重者失明，最后因采食困难而衰竭死亡。种鸡缺乏维生素A，母鸡的卵巢退化，产蛋率降低，孵化率降低，弱雏比例增多，病鸡瘫痪，不能站立（图3-0-57）。

【病理变化】

在消化道、呼吸道特别是食管、嗉囊、咽、口腔、鼻腔黏膜上有许多灰白色小结节，有时融合成片，形成假膜，肾脏肿大，表现为灰白色网状花纹，输尿管变粗，有尿酸盐沉积或尿结石。心脏等内脏器官表面有尘屑状尿酸盐沉积，与内脏痛风相似。

【诊断】

本病主要根据临床症状和病理变化进行确诊。

【预防】

① 在日粮中搭配动物性饲料。

② 给家禽投喂青绿饲料特别是青草粉、青绿叶子。

③ 饲料中加入维生素A，并要现配现用，以防氧化而破坏，雏鸡和后备鸡为每千克饲料1500国际单位，种鸡和产蛋鸡为每千克饲料4000国际单位。

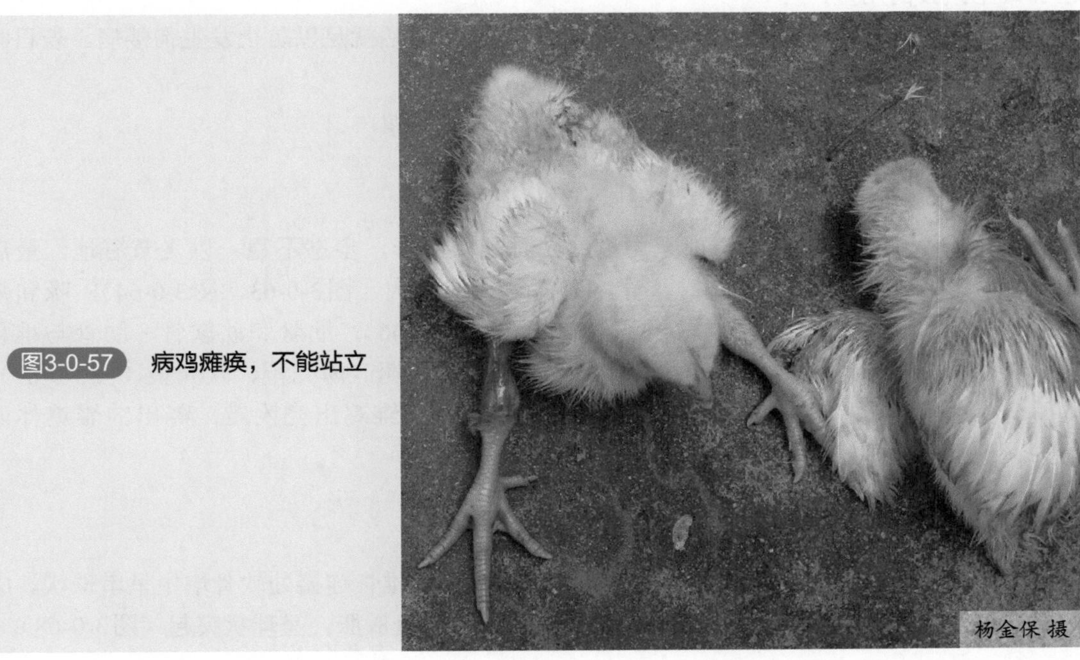

图3-0-57 病鸡瘫痪，不能站立

杨金保 摄

【治疗】

对于发病鸡群，可给予2～4倍正常量的维生素A，症状较重的鸡可口服鱼肝油，每只0.1～0.5毫升，每日3次；对眼部有病变的鸡，可用3%硼酸水冲洗，每天1次，效果良好。由于维生素A吸收较快，在鸡群呈现维生素A缺乏症状时及时补充可迅速见效，病鸡恢复也较快。

（10）维生素D缺乏症　维生素D（Vitamin D）又称为钙化醇，种类很多，均系类固醇衍生物，其中以维生素D_2和D_3较为重要。若家禽完全舍饲，饲料中就需补充维生素D_3。维生素D在肝脏中转化为25-羟维生素D_3，在甲状旁腺素的作用下，25-羟维生素D_3在肾脏中转化为1,25-二羟维生素D_3，1,25-二羟维生素D_3在肾脏中或通过血液输送到肠、骨骼等组织中而发挥其生理作用。其生理功能主要表现如下。

① 与甲状旁腺素一起维持血钙和血磷的正常水平，防止出现搐搦症。

② 激活肠上皮细胞的运输体系，使钙、磷穿越肠道上皮主动转运，以增加钙、磷的吸收。

③ 作用于肾小管上皮细胞，促使肾小管重吸收钙和磷酸钙，减少钙从尿中的损失。

④ 促进钙结合蛋白的形成，并起主动转运钙的作用，同时促进磷的吸收。使血液中钙、磷达到饱和程度。保证骨骼能正常进行钙化过程。

【病因】

① 日粮中钙、磷比例不当。日粮中钙、磷比例以2∶1为最佳，高于或低于这个最佳比例都将使维生素D的需要量增加。

② 日粮中磷的来源。当日粮中含有可利用性差的磷时，如植酸磷或其他形式的磷，需增加维生素D的用量。

③ 舍饲鸡日照不足。生长鸡每天有11～45分钟日晒就足以防止发生佝偻病。若日晒不足，就会引起维生素D缺乏。

④ 日粮中含有霉菌毒素时维生素D的需要量大大增加。

【症状】

雏鸡维生素D缺乏时，腿部无力，站立时呈八字形，步态不稳，以飞节着地，最后不能站立（图3-0-58～图3-0-62）。骨骼变得柔软或肿大（图3-0-63、图3-0-64），喙和爪变软易弯曲，肋骨变软，向内塌陷（图3-0-65、图3-0-66），肋骨和肋软骨、肋骨与椎骨交接处肿大，形成圆形结节，呈“串珠状”。产蛋鸡初期产薄壳蛋、软壳蛋（图3-0-67），随后产蛋量下降，以致完全停产，种蛋孵化率降低。雏鸡出壳困难，孵出的雏鸡体弱无力。

【病理变化】

雏鸡特征性的变化是肋骨与肋软骨交界处、肋骨与椎骨连接处软骨增生呈串珠状。成鸡的病理变化为骨质疏松，变脆易碎，肋骨与椎骨连接处肿胀，呈球状突起（图3-0-68）。

图3-0-58 病鸡瘫痪，不能站立

图3-0-59 病鸡瘫痪，站立时呈八字形

图3-0-60 病鸡瘫痪，腿伸向一侧

图3-0-61 病鸡瘫痪，以跗关节着地

图3-0-62 病鸡瘫痪，完全不能站立，腿向两侧伸展

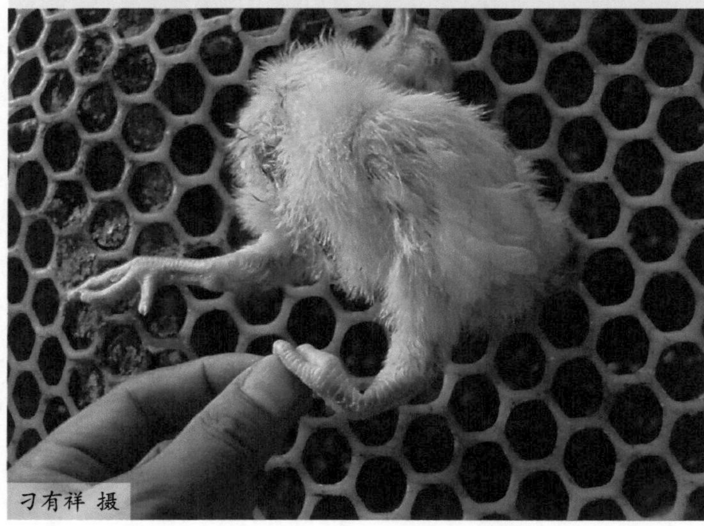

图3-0-63 病鸡骨骼柔软（一）

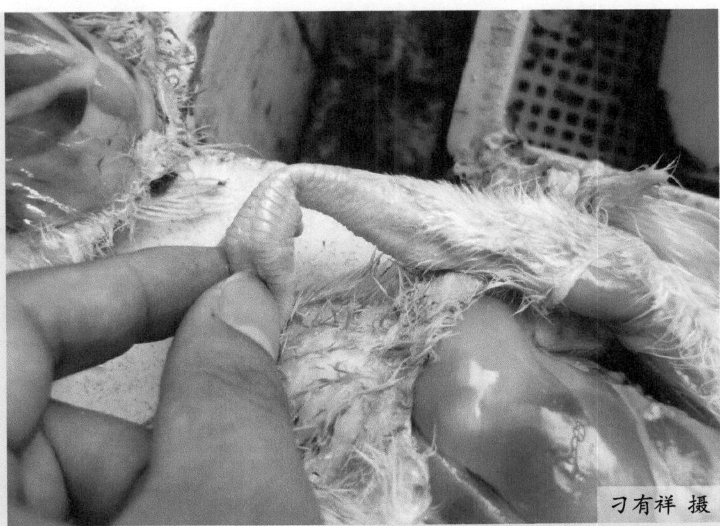

图3-0-64 病鸡骨骼柔软（二）

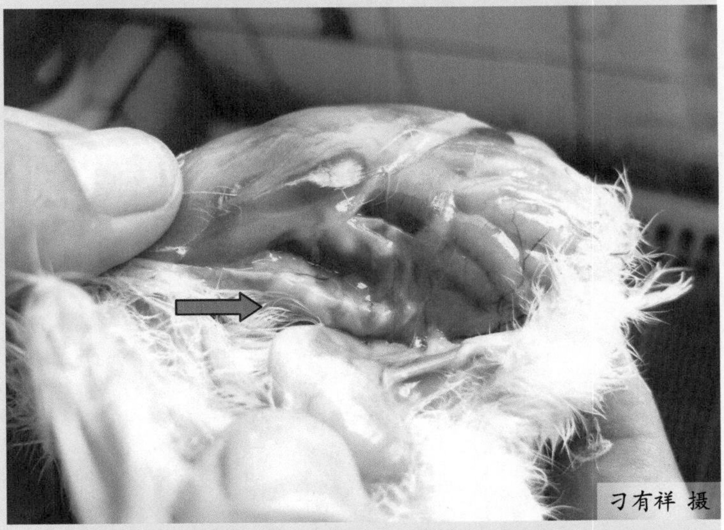

刁有祥 摄

图3-0-65 肋骨向内塌陷

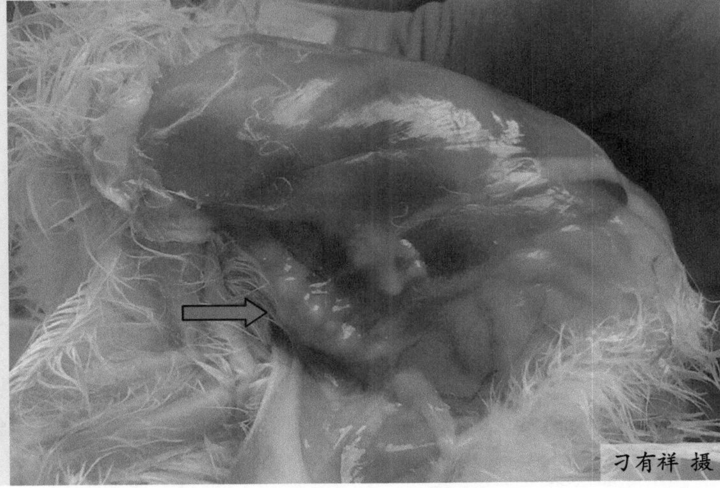

图3-0-66 肋骨变软，内陷

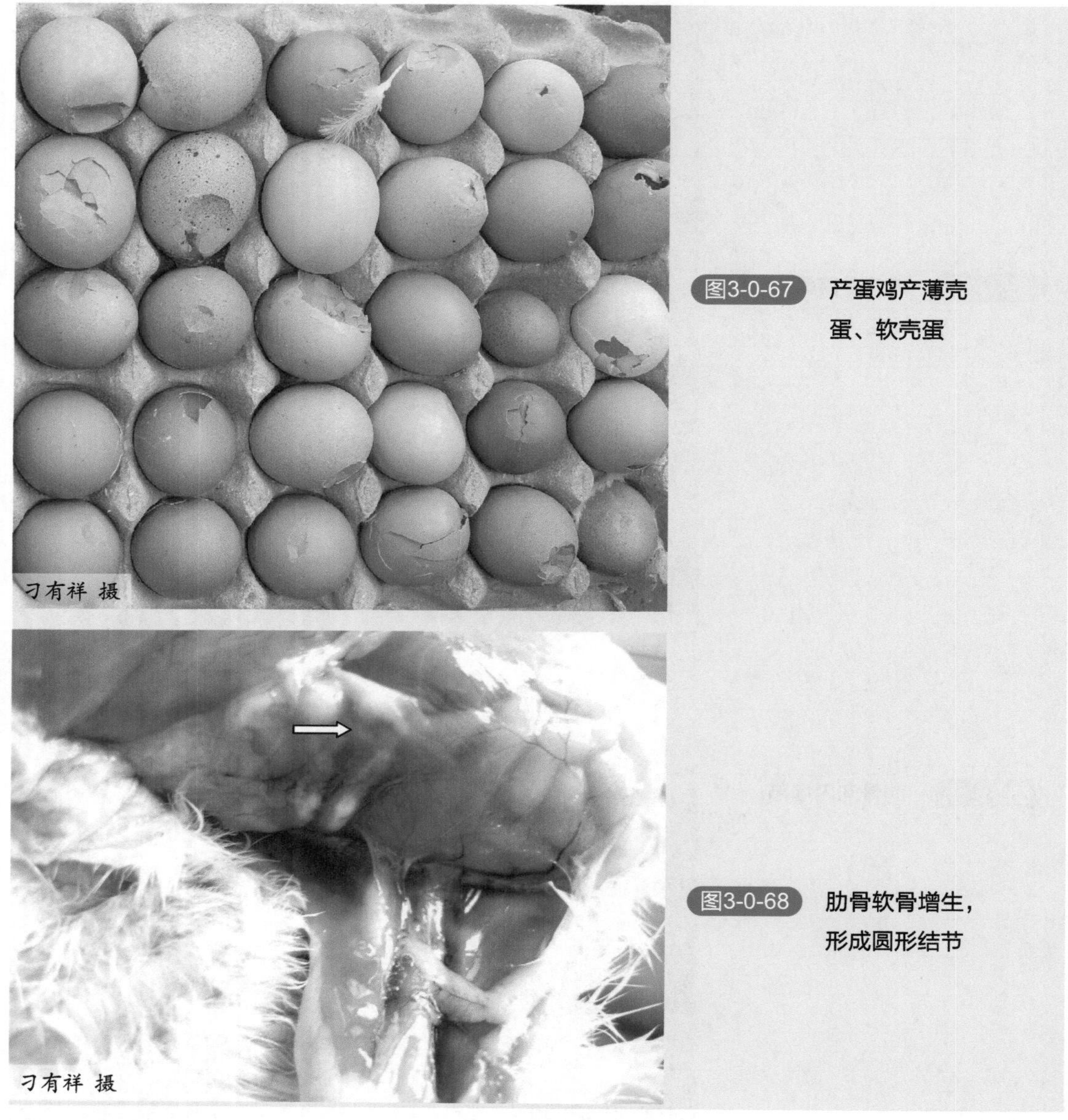

图3-0-67 产蛋鸡产薄壳蛋、软壳蛋

图3-0-68 肋骨软骨增生，形成圆形结节

【诊断】

根据临床症状可做出初步诊断，确诊还要通过对饲料中维生素的含量进行检测。

【预防】

① 保证饲料中维生素D的含量。对散养鸡，可在饲料中加入晒制的青干草、鱼肝油，同时接受阳光的照射；集约化笼养鸡必须在饲料中加入维生素D，雏鸡和后备鸡的添加剂量为每千克饲料200国际单位，产蛋鸡和商品鸡为每千克饲料500国际单位。

② 保证饲料中钙、磷的含量，并维持适当的比例。

【治疗】

出现缺乏症时，饲料中维生素D的添加剂量为正常添加剂量的2～4倍。对于症状严重的鸡，可口服鱼肝油，雏鸡每次2～3滴，每日3次，成鸡注射维丁胶性钙0.5毫升，效果较好。

（11）维生素E缺乏症　维生素E（Vitamin E）亦称生育酚（Tocopherol）。维生素E是一组有生物活性、化学结构相近似的酚类化合物的总称。维生素E具有以下生理功能。

① 维生素E具有抗氧化作用，抑制或减慢多价不饱和脂肪酸产生游离根及超过氧化物的作用，从而防止含有多价不饱和脂肪酸的细胞膜发生过氧化，特别是含不饱和脂质丰富的膜，如细胞的线粒体膜、内质网膜和质膜。

② 维生素E具有促进毛细血管及小血管增生的功能，从而改善动脉循环及减少血栓形成。

③ 调节性腺的发育和功能、维持正常的生殖机能，因为α-生育酚能通过垂体前叶分泌促性腺激素、促进精子的生成及其活动、增加尿中17-酮类固醇化合物的排泄，也促进卵巢的发育。

④ 维生素E能抑制透明质酸酶的活性，保持细胞间质的正常通透性。缺乏时可使透明质酸分解加强，血管上皮细胞通透性增强，而使组织发生水肿。

【病因】

饲料中的维生素E缺乏或不足。

【症状】

① 脑软化症：由微量元素硒和维生素E缺乏引起。病雏表现运动共济失调，头向下挛缩或向一侧扭转，也有的向后仰，步态不稳，时而向前或向侧面倾斜。两腿阵发性痉挛和抽搐。翅膀和腿发生不完全麻痹，最后衰竭死亡。

② 渗出性素质：常因微量元素硒和维生素E同时缺乏而引起。病鸡的特征性病变是颈、胸部皮下组织水肿，呈紫色或蓝绿色，腹部皮下蓄积大量液体，流出一种淡绿色黏性液体（图3-0-69）。

③ 肌营养不良（白肌病）：由于维生素E和含硫氨基酸同时缺乏引起，多发于1月龄前后，病鸡消瘦、无力、运动失调（图3-0-70）。

④ 繁殖率降低：种公鸡在缺乏维生素E时，排精量减少，精液质量下降，种母鸡在缺乏维生素E时，产蛋率基本正常，但孵化率降低，弱雏增多（图3-0-71）。

【病理变化】

① 脑软化症：剖检可见小脑有出血。

② 渗出性素质：病鸡胸部和腿部肌肉、胸壁有出血斑点，皮下有淡绿色胶冻状液体（图3-0-72）。心包积液和扩张。有时病鸡突然死亡，发生日龄多在5周后。

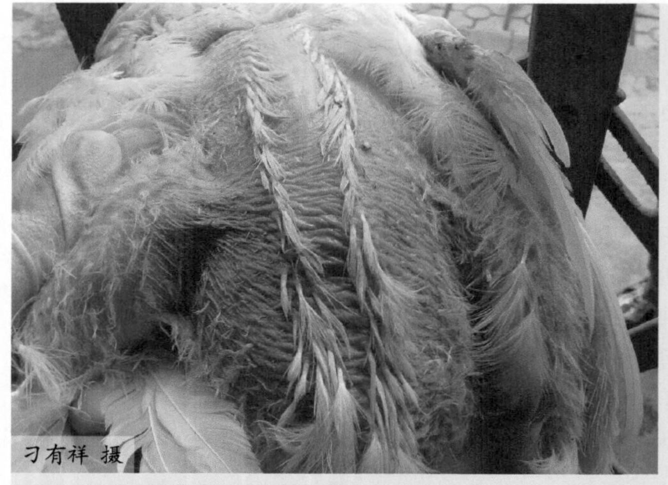

图3-0-69 胸腹部皮肤呈淡绿色

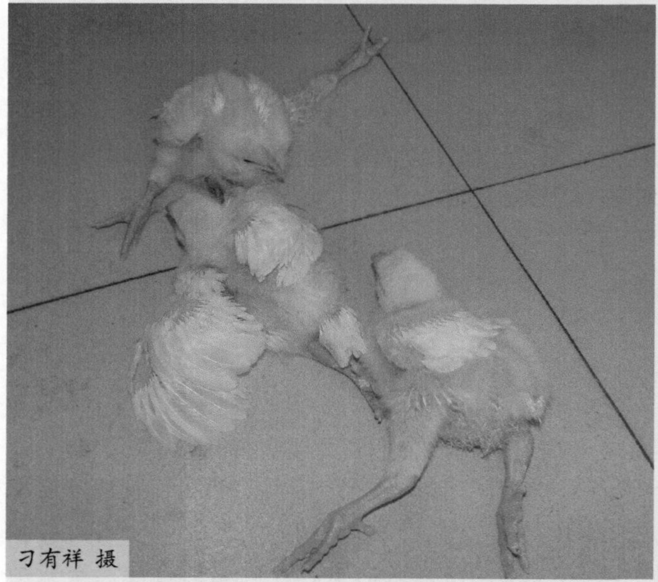

图3-0-70 病雏翅膀和腿发生不完全麻痹

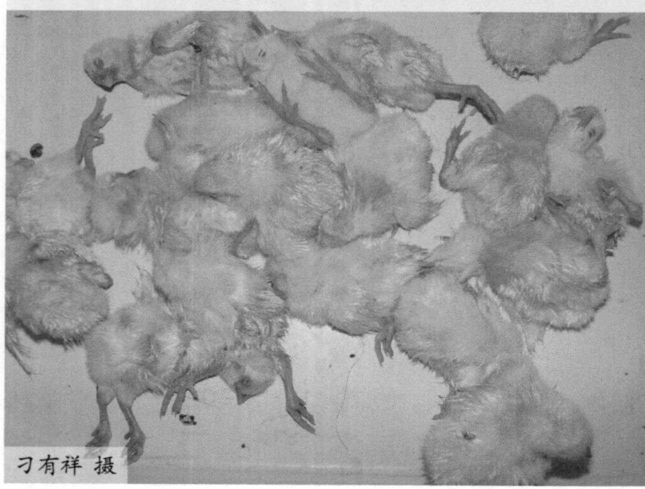

图3-0-71 孵化率降低，弱雏增多

③ 肌营养不良（白肌病）：病理变化主要表现在骨骼肌特别是胸肌、腿肌因营养不良而呈苍白色，并有灰白色条纹（图3-0-73、图3-0-74）。在维生素E和微量元素硒同时缺乏时，还可引起心肌和肌胃肌严重的营养不良。

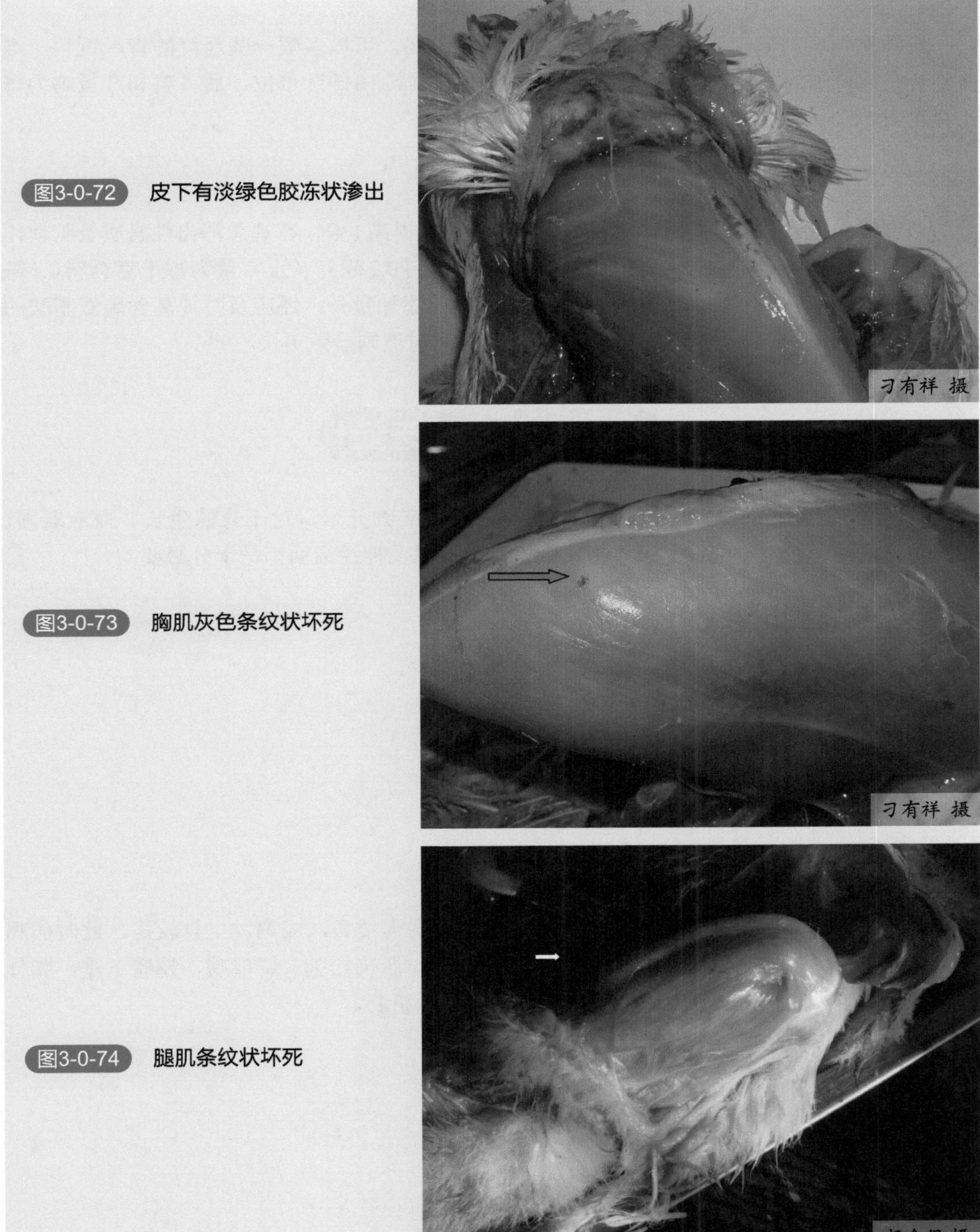

图3-0-72 皮下有淡绿色胶冻状渗出

图3-0-73 胸肌灰色条纹状坏死

图3-0-74 腿肌条纹状坏死

【诊断】

根据临床症状可做出初步诊断，确诊还要通过对饲料中维生素E的含量进行检测。

【预防】

应注意饲料的储存与加工，防止久储和温度过高，可以多喂一些新鲜的青绿饲料。维生素E在饲料中的添加剂量，雏鸡和种鸡为每千克饲料10国际单位，后备鸡和产蛋鸡为每千克饲料5国际单位。

【治疗】

鸡出现维生素E缺乏症时，可将维生素E的剂量提高1倍，在鸡患渗出性素质及脑软化症时，应同时提高硒的添加剂量，要提高每千克饲料0.2毫克（正常量为每千克饲料0.1毫克）。在患有肌营养不良时，除提高维生素E、硒的添加量外，还应及时提高含硫氨基酸的剂量，在饮水中加入0.005%的亚硒酸钠维生素E注射液则显效更快。

45. 矿物质缺乏症

（1）钙缺乏症　钙是维持家禽生理功能的重要矿物元素，对于骨骼生长、血液凝固、心脏正常活动、肌肉收缩、酸碱平衡、细胞通透性以及神经活动都是十分必要的。

【病因】

① 饲料中钙含量不足。
② 饲料中钙磷二者比例不当。
③ 维生素D不足，导致钙的吸收和利用障碍。
④ 慢性胃肠疾病，引起消化功能障碍。
⑤ 光照不足以及缺乏运动。

【症状】

禽类缺钙的基本症状是骨骼发生疾患。雏鸡发生佝偻病，成鸡发生骨软病，此时病鸡表现为行走无力，站立困难或瘫于笼内（图3-0-75），肌肉松弛，腿麻痹，翅膀下垂，胸骨凹陷、弯曲，不能正常活动，骨质疏松、脆弱，易于折断。

【病理变化】

病鸡骨质疏松、变薄、脆弱，易于折断。

【诊断】

本病主要根据临床症状和病理变化进行确诊。

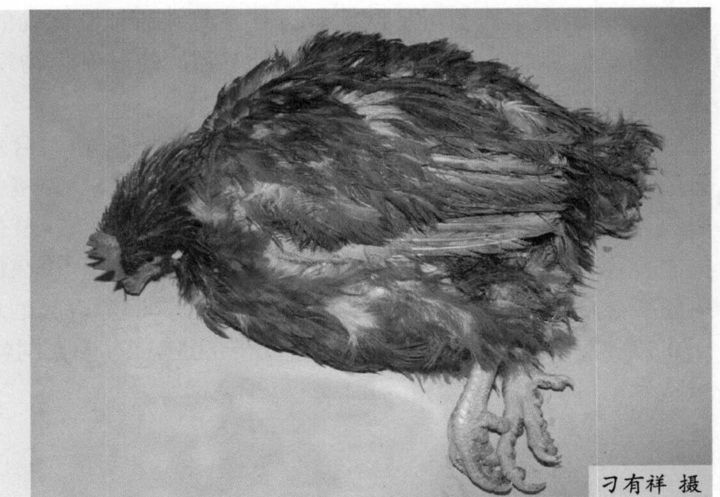

图3-0-75 病鸡瘫痪，不能站立

【预防】

根据鸡的不同阶段的营养标准进行日粮的配合，保证钙的含量和适当的钙磷比例，添加适量维生素D，并保持鸡的适当运动，严把饲料的质量及加工配合关。

【治疗】

当发生缺乏时，要及时调整饲料配方，同时给予钙糖片治疗，成鸡每只每天1片，雏鸡为0.25～0.5片。同时，要提高饲料中维生素D的添加剂量，为正常添加剂量的2倍，经3～5天就可收到良好的治疗效果。

（2）硒缺乏症 硒具有抗氧化作用，保持细胞脂质膜免遭破坏，因谷胱甘肽过氧化物酶在分解这些过氧化物中起很重要的作用，而硒是该酶的活性中心元素。

【病因】

硒缺乏症的病因学比较复杂，它不仅涉及微量元素硒，而且也涉及含硫氨基酸、不饱和脂肪酸、维生素E和某些抗氧化剂的作用。

① 含硫氨基酸是谷胱甘肽的底物，而谷胱甘肽又是谷胱甘肽过氧化物酶的底物，进而保护细胞和亚细胞的脂质膜，使其免遭过氧化物的破坏，含硫氨基酸的缺乏可促进本病的发生。

② 维生素E和某些抗氧化剂可降低不饱和脂肪酸的过氧化过程，减少不饱和脂肪酸过氧化物的产生。不饱和脂肪酸过氧化酶具有一个嘌呤结构，合成它需要维生素E，维生素E和硒具有协同作用，从其抗氧化作用来讲，含硒酶可破坏体内过氧化物。而维生素E则减少过氧化物的产生，维生素E的不足也可导致本病的发生。

③ 不饱和脂肪酸在体内受不饱和脂肪酸过氧化物酶的作用，产生不饱和脂肪酸过氧化物。从而对细胞、亚细胞的脂质膜产生损害。脂肪酸特别是不饱和脂肪酸在饲料中含量过高则可诱导本病的发生。

④ 缺硒是本病的根本病因。硒是谷胱甘肽过氧化物的活性中心元素，当缺硒时该酶的活性降低，对过氧化物的分解作用下降，使过氧化物积聚，造成细胞和亚细胞脂质膜的破坏。

机体的硒营养缺乏，主要起因于饲料（植物）中硒含量的不足或缺乏。而饲料中硒含量的不足又与土壤中可利用的硒水平相关。一般碱性土壤中水溶性硒含量较高且易被植物吸收，故碱性土壤中生长的植物含硒量较丰富。相反，酸性土壤由于硒易与铁形成难溶性的复合物，因而酸性土壤生长的植物含硒量贫乏。种植在低硒土壤上的植物性饲料，其含硒量必然低下。以贫硒的植物性饲料饲喂家禽即可引起硒缺乏症，据报道，土壤含硒量低于0.5毫克/千克土壤、饲料含硒量低于0.05毫克/千克饲料，便可引起家禽发病，因而一般认为饲料中硒的适量值为0.1毫克/千克饲料。

【症状】

本病主要发生于雏鸡，表现为小脑软化症、渗出性素质及白肌病。

① 脑软化症　病雏表现为运动共济失调，头向下弯缩或向一侧扭转，也有的向后仰，步态不稳，时而向前或向侧面倾斜，两腿阵发性痉挛或抽搐，翅膀和腿发生不完全麻痹，腿向两侧分开，有的以跗关节着地行走，倒地后难以站起，最后衰竭死亡。

【病理变化】

病理病化可见小脑软化及肿胀，脑膜水肿，有时有出血斑点，小脑表面常有散在的出血点。严重病例可见小脑质软变形，甚至软不成形，切开时流出乳糜状液体，轻者一般无肉眼可见变化。

② 渗出性素质　病雏颈、胸、腹部皮下水肿，呈紫色或蓝绿色，腹部皮下蓄积大量液体，穿刺流出一种淡蓝绿色黏性液体，胸部和腿部肌肉、胸壁有出血斑点，心包积液和扩张（图3-0-76）。

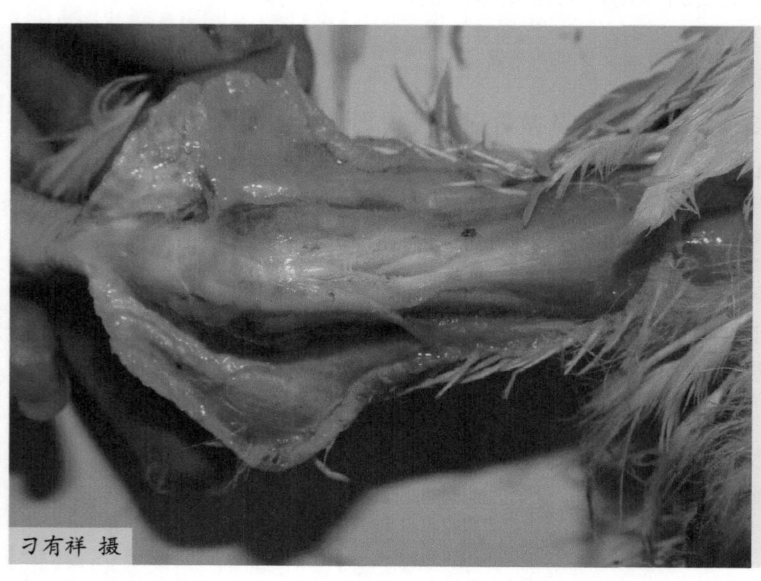

图3-0-76　皮下有淡绿色胶冻状水肿

③ 肌营养不良（白肌病）　病鸡消瘦、无力、运动失调。病理变化主要表现在骨骼肌特别是胸肌、腿肌，因营养不良而呈苍白色；肌肉变性，似煮肉样，呈灰白色或黄白色的点状、条状、片状不等，横断面有灰白色、淡黄色斑纹，质地变脆、变软；心内、外膜有黄白色或灰白色与肌纤维方向平行的条纹斑，有出血点。

【诊断】

根据临床症状可做出诊断。

【预防】

本病预防的关键是补硒。缺硒地区需要补硒，本地区不缺硒但是饲料来源于缺硒地区也要补硒。各种日龄鸡对硒的需求量均为饲料中含有0.1毫克/千克饲料，同时要注意添加维生素E，此外，要避免饲料因受高温、潮湿、长期储存或受霉菌污染而造成维生素E的损失。

【治疗】

对于发病鸡群，要及时添加亚硒酸钠和维生素E，硒的添加剂量为0.1毫克/千克饲料，维生素E的添加剂量为10国际单位/千克饲料，同时在每20千克饮水中加入0.005%亚硒酸钠维生素E注射液10毫升，连用3～5天。

（3）锰缺乏症　锰在体内参与多种物质的代谢活动。锰是形成骨基质黏多糖成分硫酸软骨素的主要成分，也是多种酶类的组成成分或激活剂，还能促进维生素K和凝血酶原的生成，因此锰对机体的健康起着重要的作用。

【病因】

① 某些地区为地质性缺锰，因而在低锰的土壤上生长的植物性饲料含锰量亦低，家禽摄取这样的饲料就会发生锰缺乏症。

② 尽管饲料中锰含量不低，但机体对锰的吸收发生障碍时也会导致锰缺乏症。已确证，饲料中钙、磷、铁以及植酸盐含量过多时，可影响机体对锰的吸收利用。

③ 家禽在罹患慢性胃肠道疾病时，也可妨碍机体对锰的吸收利用。

【症状】

本病以雏鸡多发，常见于2～10周龄的鸡，病雏表现为生长受阻，腿垂直外翻，关节肿大（图3-0-77～图3-0-79），不能站立和行走，种禽所产的蛋蛋壳硬度降低，孵化率下降，孵化的雏鸡运动失调，特别是在受到刺激时，头向前伸和向身体下弯曲或者缩向背后。

【病理变化】

剖检发现骨骼畸形，跗关节肿大和变形（图3-0-80），胫骨扭转，弯曲，长骨短缩变粗以及腓肠肌腱从其踝部滑脱，又称滑腱。

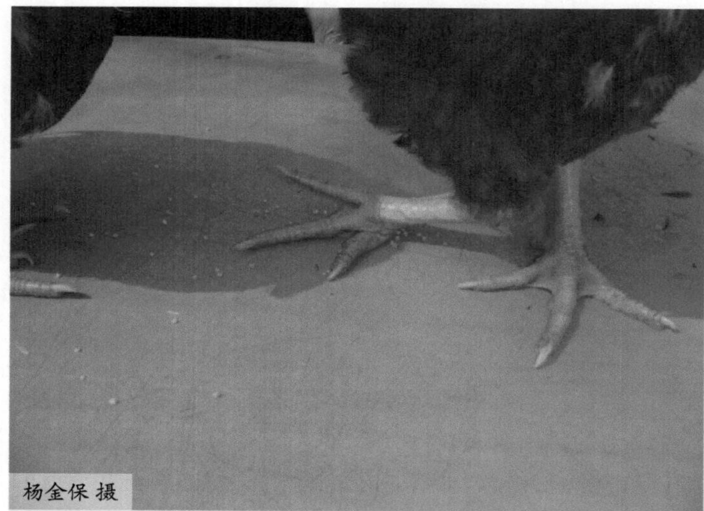

图3-0-77 病鸡腿垂直外翻

图3-0-78 病鸡腿垂直外翻，不能站立

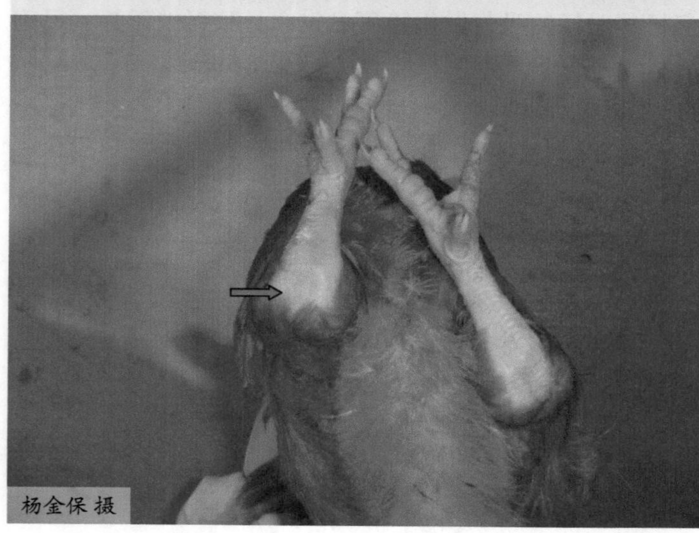

图3-0-79 病鸡关节肿大（一）

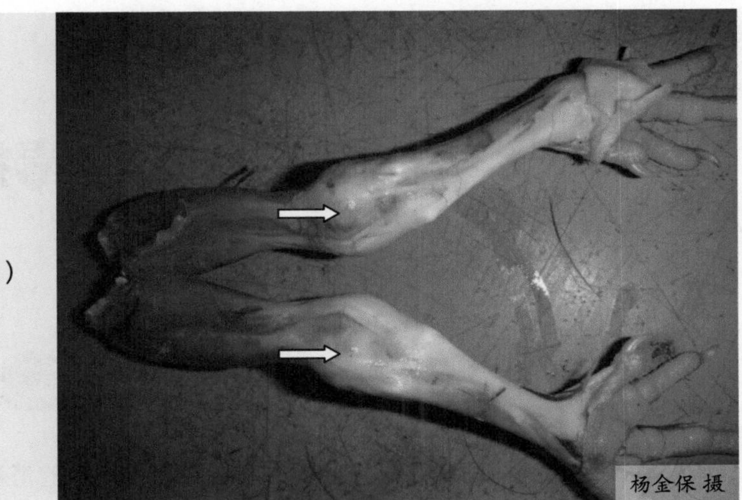

图3-0-80 病鸡关节肿大（二）

【诊断】

根据临床症状可做初步诊断，进一步的诊断需要对饲料中锰含量进行检测。

【预防】

禽类对锰的需求量较多，家禽饲料中需要按各饲养阶段要求添加锰，需要量不一样。一般用硫酸锰作为饲料中添加锰的原料，每千克饲料中添加硫酸锰0.1 ～ 0.2克。

【治疗】

在出现锰缺乏症病鸡时，可提高饲料中锰的加入剂量至正常加入量的2 ～ 4倍，也可用1 ∶ 3000高锰酸钾溶液作饮水，以满足鸡体对锰的需求量。

第四章 鸡中毒病

46. 高锰酸钾中毒

高锰酸钾具有消毒和补锰的作用，所以常用于饮水的消毒和补充微量元素锰。饮水浓度一般在0.01% ~ 0.03%之间。由于高锰酸钾溶于水后产生新生态氧并释放大量热量，其浓度较大（超过0.1%）或溶解不全，鸡饮水时则会引起中毒。高锰酸钾对鸡的损害作用主要是腐蚀鸡的消化道黏膜。

【症状】

病鸡精神沉郁，张口呼吸，口腔、舌、咽部黏膜呈红紫色和水肿（图4-0-1），有时出现腹泻。

【病理变化】

病鸡口腔、舌、咽部表面呈现红褐色，黏膜水肿、糜烂、脱落（图4-0-2），有炎性分泌物，嗉囊壁严重腐蚀，嗉囊下部黏膜和皮肤变黑。高锰酸钾结晶与嗉囊接触部位有广泛的出血，甚至发生嗉囊穿孔。严重者腺胃黏膜也有腐蚀和出血现象，肠黏膜脱落。

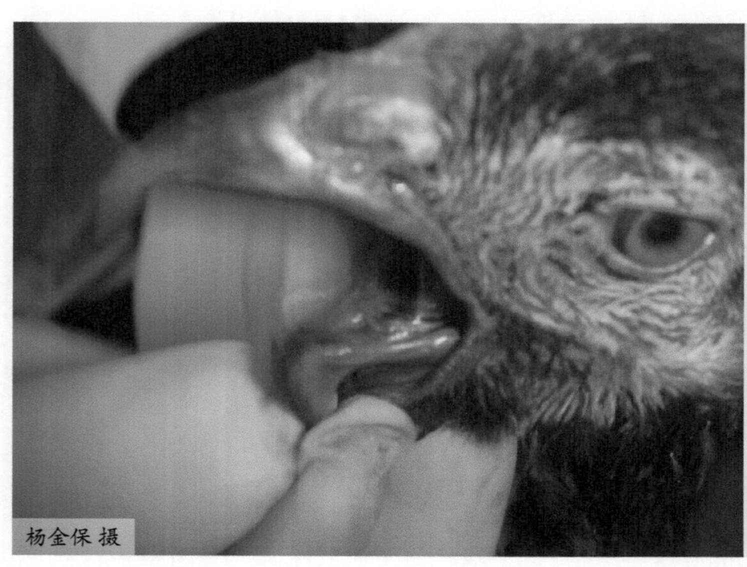

图4-0-1 口腔、舌呈紫红色、水肿

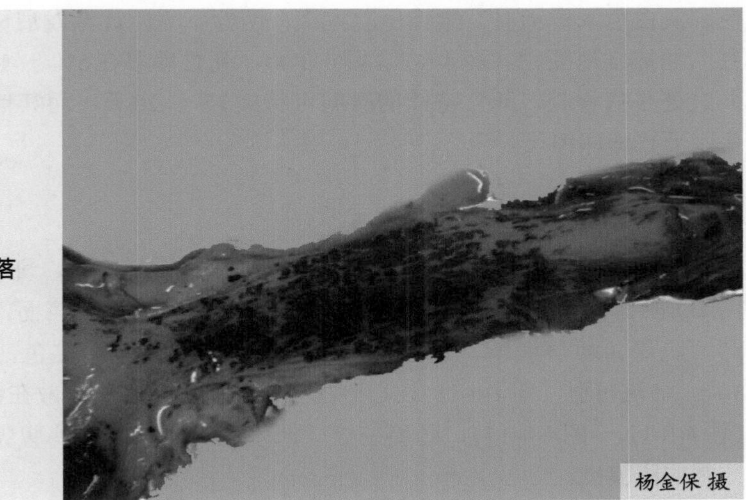

图4-0-2 食道黏膜糜烂、脱落

杨金保 摄

【防制】

严格控制饮水浓度，如用其高浓度溶液进行消毒时，应防止鸡接触和饮用。在用于饮水消毒时，必须在充分溶解后才可给鸡饮用。一旦发生中毒，可迅速在饮水中加入2%～3%的鲜牛奶、鸡蛋清、豆汁，供鸡饮用，以保护胃肠黏膜。

47.痢菌净中毒

痢菌净学名乙酰甲喹，是一种新型抗菌药，为喹噁啉类化合物，具有较强的抗菌和抑菌作用，常用于禽霍乱、沙门菌病和大肠杆菌病的治疗。本品抗菌谱广，不易产生耐药性，价格低廉，在养禽生产中使用广泛。本品对哺乳动物较为安全，对禽类较为敏感，在使用过程中易导致中毒现象的发生。

【病因】

（1）搅拌不匀　痢菌净是治疗大肠杆菌、沙门菌等理想的药物，规定用量为鸡每千克体重2.5～5毫克，每天2次，3天为1个疗程。一般经拌料或饮水给药，使用方便。但往往由于拌料不均引起部分鸡只中毒，尤其是雏鸡更为明显。

（2）重复、过量用药　由于痢菌净原料易得，价格低廉，生产含痢菌净的兽药较多，有的虽然没标注含痢菌净，实际上含有该药物。如果两种兽药均含痢菌净，合用时会造成中毒。

（3）计算错误，称重不准确　有的养殖场户在用药时，由于计算上的错误，使用药物加大数倍，结果导致鸡中毒。

【症状】

鸡群表现精神沉郁，羽毛松乱，采食和饮水减少或废绝，头部皮肤呈暗紫色，排淡黄色、灰白色水样稀粪。雏鸡出现瘫痪，两翅下垂，逐渐发展成头颈部后仰、扭曲，角弓反张，抽搐倒地死亡（图4-0-3、图4-0-4），死亡率多在5% ～ 15%。本病与其他药物中毒不同之处是病程长，死亡持续的时间可持续15 ～ 20天，而其他药物中毒停药后症状很快消失，死亡随即停止。

【病理变化】

尸体脱水，肌肉呈暗紫色，腺胃肿胀、出血、糜烂、乳头呈暗红色、出血（图4-0-5、图4-0-6）、陈旧性坏死，腺胃、肌胃交界处有陈旧性溃疡面，呈褐黑色（图4-0-7、图4-0-8）。肌胃角质层脱落、出血、溃疡。肝脏肿大，呈暗红色，质脆易碎（图4-0-9、图4-0-10）。肺脏出血（图4-0-11）。心脏松弛，心内膜及心肌有散在性出血点。肠黏膜弥漫性出血（图4-0-12 ～图4-0-14），肠腔空虚，泄殖腔充血。产蛋鸡腹腔内有发育不全的卵泡掉入及严重的腹膜炎。

图4-0-3 病鸡精神沉郁，瘫痪

图4-0-4 死亡鸡皮肤呈紫红色

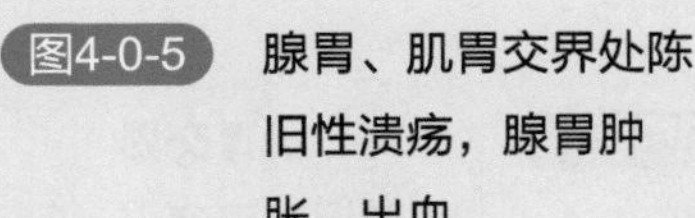

图4-0-5 腺胃、肌胃交界处陈旧性溃疡，腺胃肿胀、出血

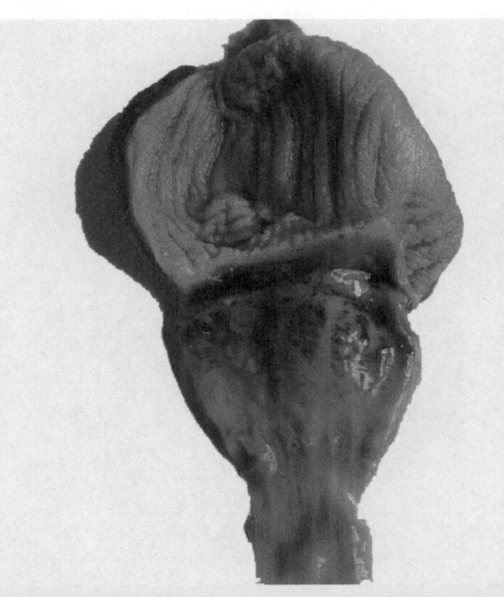

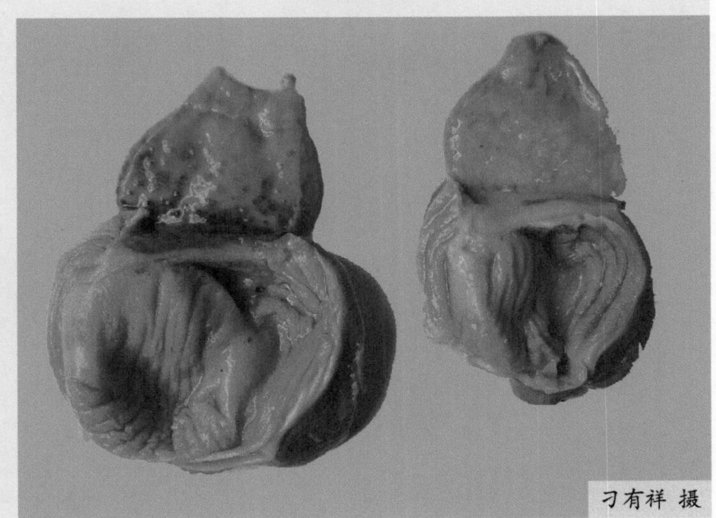

图4-0-6 腺胃、肌胃交界处陈旧性溃疡，腺胃出血

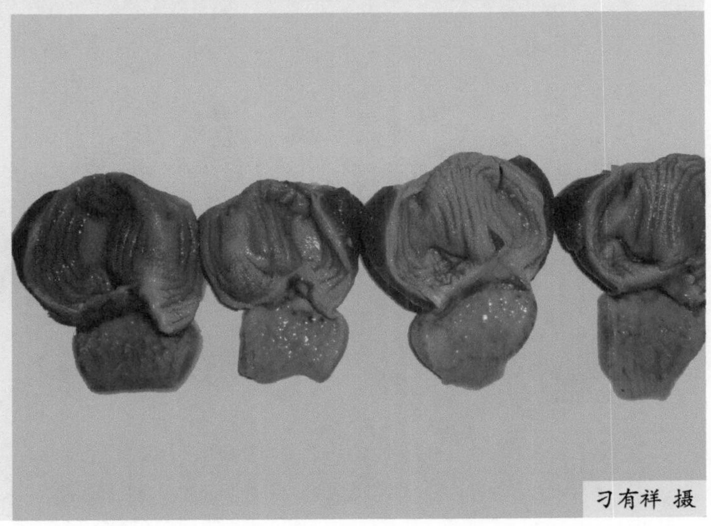

图4-0-7 腺胃、肌胃交界处陈旧性溃疡（一）

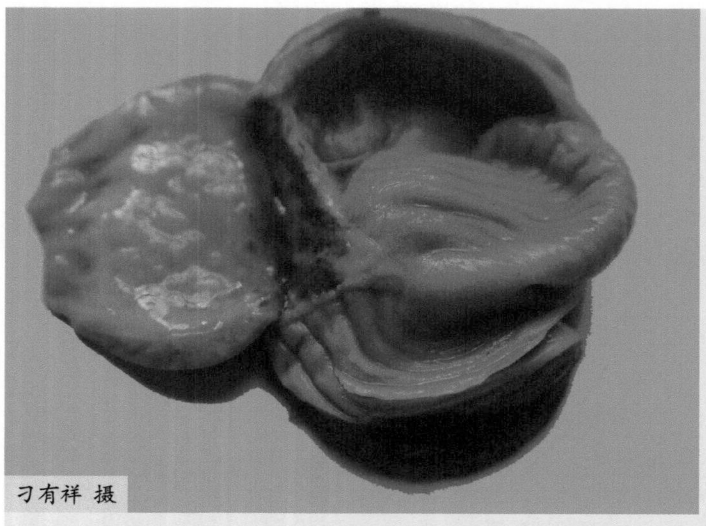

图4-0-8 腺胃、肌胃交界处陈旧性溃疡（二）

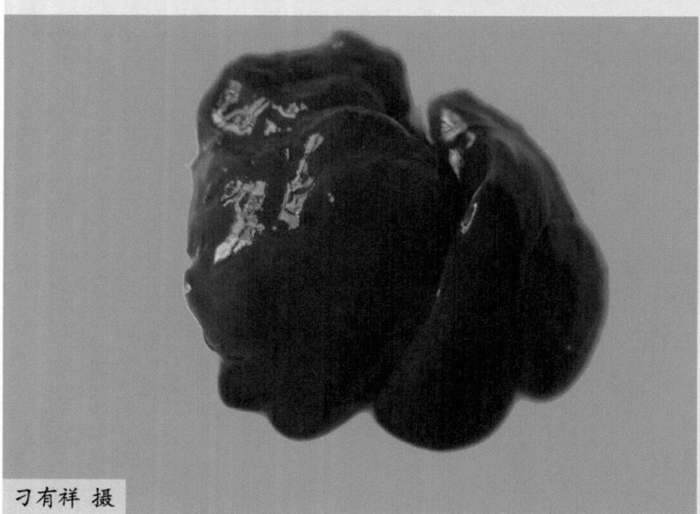

图4-0-9 肝脏肿大，呈暗红色（一）

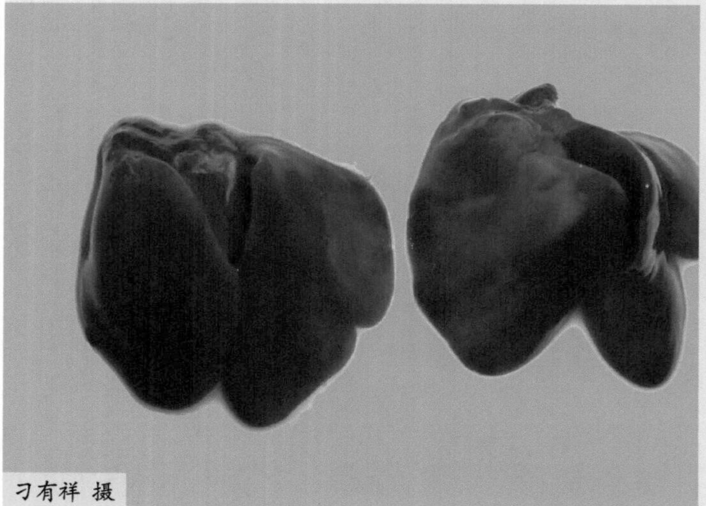

图4-0-10 肝脏肿大，呈暗红色（二）

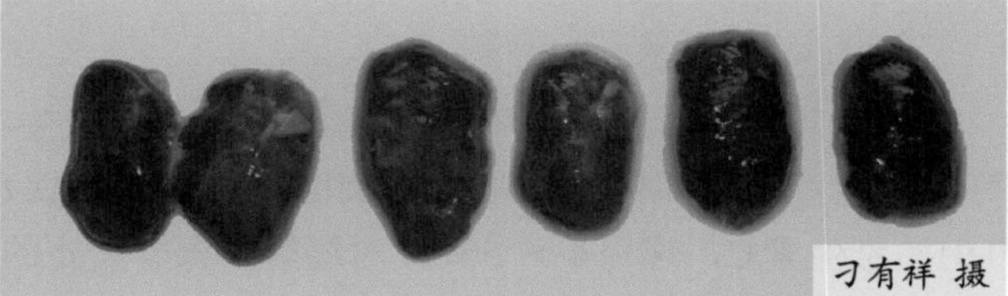

图4-0-11 肺脏出血

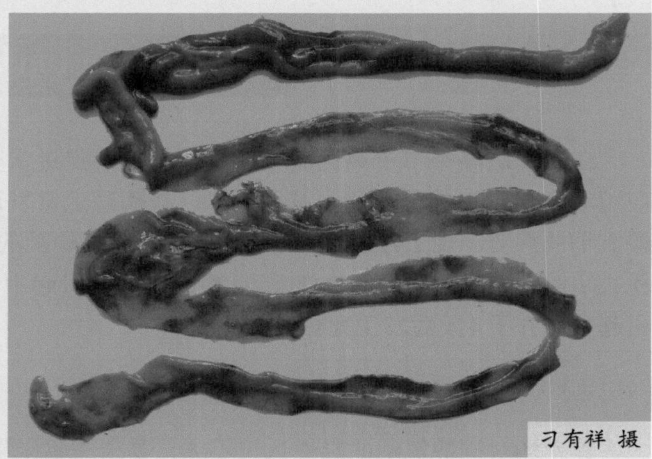

图4-0-12 肠黏膜有大小不一的出血斑点（一）

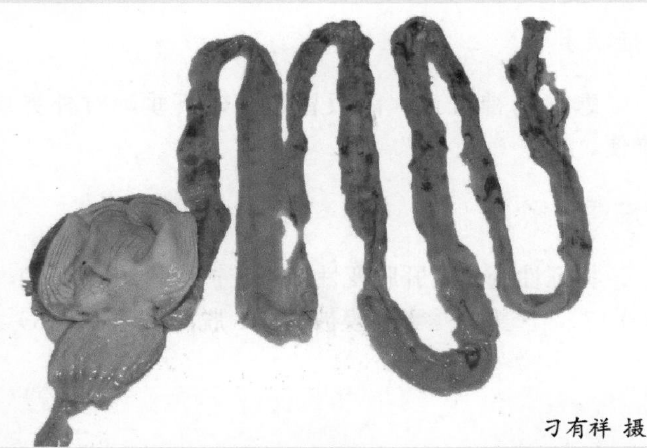

图4-0-13 肠黏膜有大小不一的出血斑点（二）

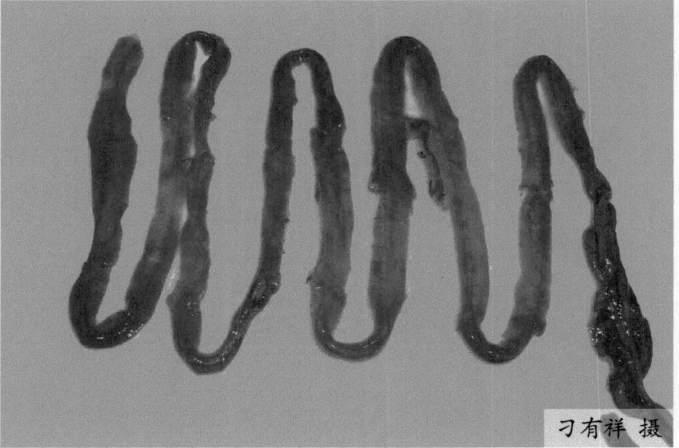

图4-0-14 肠黏膜弥漫性出血

【治疗】

鸡痢菌净中毒尚无没有特效解毒药，一旦发生中毒，死亡率高，损失大。发现中毒可对症治疗，立即停止饲喂含有痢菌净的饲料或饮水，在饮水中添加2%～3%葡萄糖或0.01%维生素C，连用4～5天，对缓解中毒有一定的作用。

48.碳酸氢钠中毒

在夏季高温季节蛋鸡饲料中的碳酸氢钠可促进蛋壳的生成，但大剂量或小剂量长时间应用就会导致鸡的肾炎和内脏型痛风。在病理上常发现患有内脏型痛风的鸡，多有服用碳酸氢钠的病史。用2.49%的碳酸氢钠溶液给予1周龄的鸡饮用可引起中毒，并在第5天开始死亡；2周龄雏鸡给予0.6%的碳酸氢钠溶液可引起中毒而无死亡，若将剂量提高1倍，则引起中毒并于4天后发生死亡。

【病因】

养殖场对碳酸氢钠的毒性认识不够，易造成临床用量过大，雏鸡易引发中毒。

【症状】

患鸡精神沉郁，闭眼昏睡，翅下垂，对外界刺激反应冷漠（图4-0-15），腹泻、水样便。

【病理变化】

特征性变化是肝脏变性，心脏扩张（图4-0-16），肾脏肿大、苍白色，尿酸盐沉积（图4-0-17），严重的嗉囊黏膜被灼伤、脱落（图4-0-18）。

图4-0-15 患鸡精神沉郁，闭眼昏睡

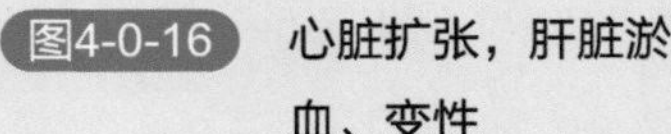

图4-0-16 心脏扩张，肝脏淤血、变性

图4-0-17 肾脏尿酸盐沉积

杨金保 摄

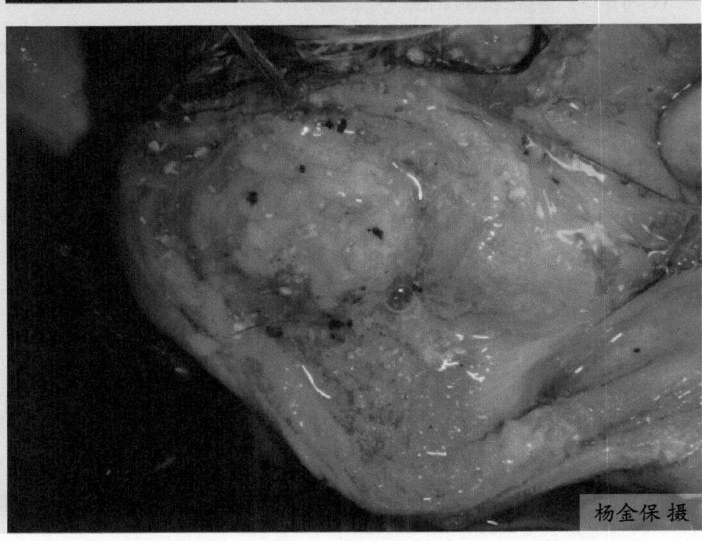

图4-0-18 嗉囊黏膜脱落

【诊断】

根据用药史及腹泻、水样便可初步作出诊断。

【预防】

正确掌握剂量，饮水浓度不超过5%，连用不超过5天，尤其雏鸡不宜添加。

【治疗】

发病鸡立即停药，给予5%的糖盐水或洁净饮用水，并在饮水中加入千分之一的食醋，直至症状消失。

49.有机磷农药中毒

有机磷农药是目前我国生产和使用最多的一类农药，我国生产的有机磷农药绝大部分为杀虫剂，如对硫磷、内吸磷、马拉硫磷、乐果、敌百虫、敌敌畏等，广泛用于农作物害虫的防治，也可用于驱除畜禽体外及体内寄生虫。有机磷制剂毒性较大，当使用不当时，就会引起中毒。有机磷农药的毒性作用是抑制胆碱酯酶的活性，使乙酰胆碱蓄积，造成胆碱能神经的过度兴奋，特别是副交感神经的兴奋，从而出现一系列神经症状。家禽体内胆碱酯酶的含量低，对有机磷农药特别敏感，极易发生中毒。

【病因】

（1）鸡误食撒布农药的农作物或种子，或在鸡场附近喷洒有机磷农药，有机磷农药随风飘入鸡舍而发生吸入性中毒。

（2）没有按操作规程使用有机磷农药，如对农药和饲料未严格分隔储存，用盛装有机磷农药的容器盛装饲料或饮水等。

（3）未按规定使用有机磷农药作驱除体内外寄生虫等医用目的而发生中毒。

（4）雏鸡比成鸡对有机磷农药更为敏感，更易发生中毒。

【症状】

中毒鸡不愿活动，食欲废绝，大量流涎和鼻液，流眼泪，瞳孔缩小，鸡冠发紫，呼吸困难，肌肉震颤无力，运动失调，最后昏迷倒地，常因呼吸中枢麻痹和心力衰竭或者呼吸道被黏液堵塞而窒息死亡。

【病理变化】

病理剖检主要表现为胃肠黏膜充血、出血、肿胀，易脱落，肠管易发生扭转、套叠，而导致肠管出血、坏死（图4-0-19～图4-0-22）。肝、脾肿大，胆囊膨大出血，心内、外膜有小出血点，肾脏浑浊肿胀，被膜不易剥离，肺出血、水肿。

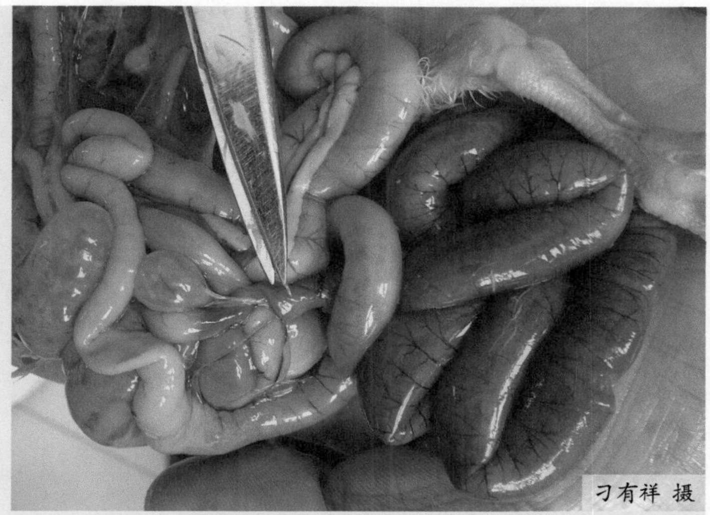

图4-0-19 肠扭转而致肠管严重淤血、坏死

图4-0-20 肠扭转而致肠管严重淤血

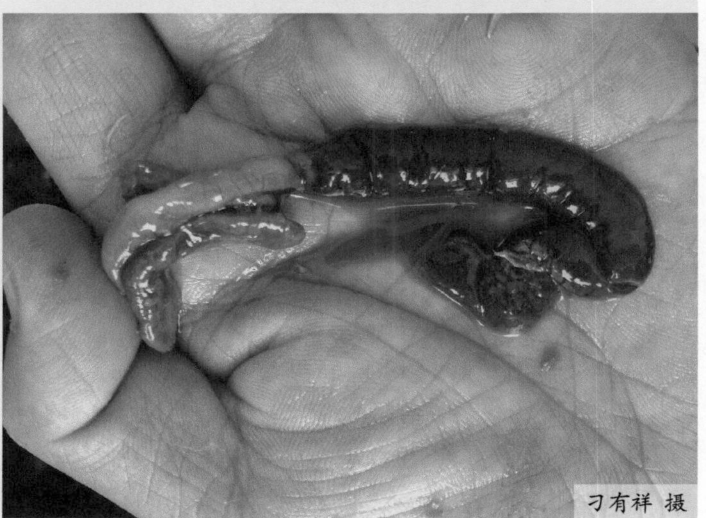

图4-0-21 肠套叠而致肠管严重淤血、坏死

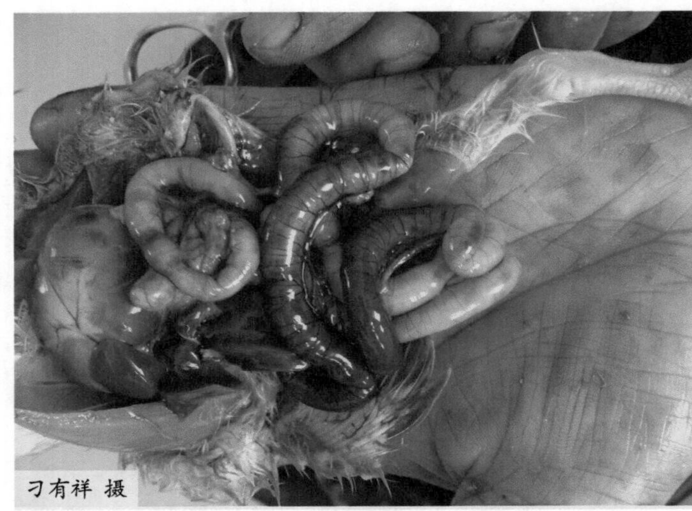

图4-0-22 肠管严重出血

【防制】

健全对有机磷农药的购销、保管和使用制度，防止饲料、饮水、器具被有机磷农药污染，普及有机磷农药使用和预防家禽中毒的知识，使用过有机磷农药的农田禁止放牧家禽，也不能在刚施过有机磷农药的地里采集野菜、野草喂鸡；不能在鸡舍周围喷洒有机磷农药。如使用敌百虫驱虫时，要严格掌握剂量，不要因其毒性较低而盲目加大用药量（鸡每千克体重致死量为0.07克，内服驱虫的浓度不应超过0.1%）有机磷农药中毒大多系急性中毒，往往来不及治疗，如发现及时，可采用下列治疗原则。

（1）迅速排除毒物。可灌服盐类泻剂，尽快排除鸡嗉囊及胃肠道内尚未吸收的有机磷农药。

（2）皮下注射阿托品注射液（每毫升含0.5毫克），剂量为每千克体重0.1 ～ 0.2毫升。

（3）使用特效解毒药。肌内注射解磷定（每毫升含40毫克），每只鸡0.2 ～ 0.5毫升。

50.聚醚类抗生素中毒

聚醚类抗生素（polyether ionophore anticoccidials）又称为离子载体类药物，主要包括盐霉素、莫能菌素、拉沙里菌素、马杜拉霉素、海南霉素。

聚醚类药物的作用机理基本相似。该类药物妨碍细胞内外阳离子（Na^+、K^+、Ca^{2+}）的传递，因为药物易与金属离子形成离子复合物，复合物的脂溶性较强，容易进入生物膜的脂质层，使细胞内外离子浓度发生变化，进而影响渗透压，最终使细胞崩解，达到杀虫的目的。

不同的聚醚类药物对金属离子的亲和力不同。盐霉素、马杜拉霉素主要与Na^+、K^+亲和力高，莫能菌素对金属离子的亲和顺序为$Na^+ > K^+ > Rb^+ > Li^+ > Cs^+$，拉沙里菌素不仅与一价离子亲和力高，对二价离子也有很高的亲和力。低浓度或正常浓度使用时，药物对球虫的细胞膜特别敏感，高浓度使用时对宿主的细胞产生与对球虫细胞同样的高渗透压作用。中毒量的离子载体引起K^{+}离开细胞，Ca^{2+}进入细胞，导致细胞坏死。中毒症状与细胞外高钾和细胞内高钙有关。

【症状】

病鸡初期表现为乱飞乱跳、口吐黏液、兴奋亢进等神经症状，随后精神沉郁、羽毛蓬松、饮食减少；有的口流黏液，嗉囊积食，两翼下垂，两肢无知觉，不愿活动，随后发生瘫痪。病鸡伏卧于地，颈腿伸展，头颈贴于地面，较轻的病鸡出现瘫痪（图4-0-23～图4-0-25），两腿向外侧伸展（图4-0-26）。病鸡排稀软粪便，最后口吐黏液而死。成年鸡除表现麻痹和共济失调等症状外，还表现为产蛋下降，呼吸困难。慢性中毒表现为食欲不振，羽毛粗乱，脱毛（图4-0-27），精神沉郁，腹泻，腿软，增重及饲料转化率降低，生长受阻。

图4-0-23 病鸡瘫痪

图4-0-24 病鸡瘫痪，腿向外侧伸展

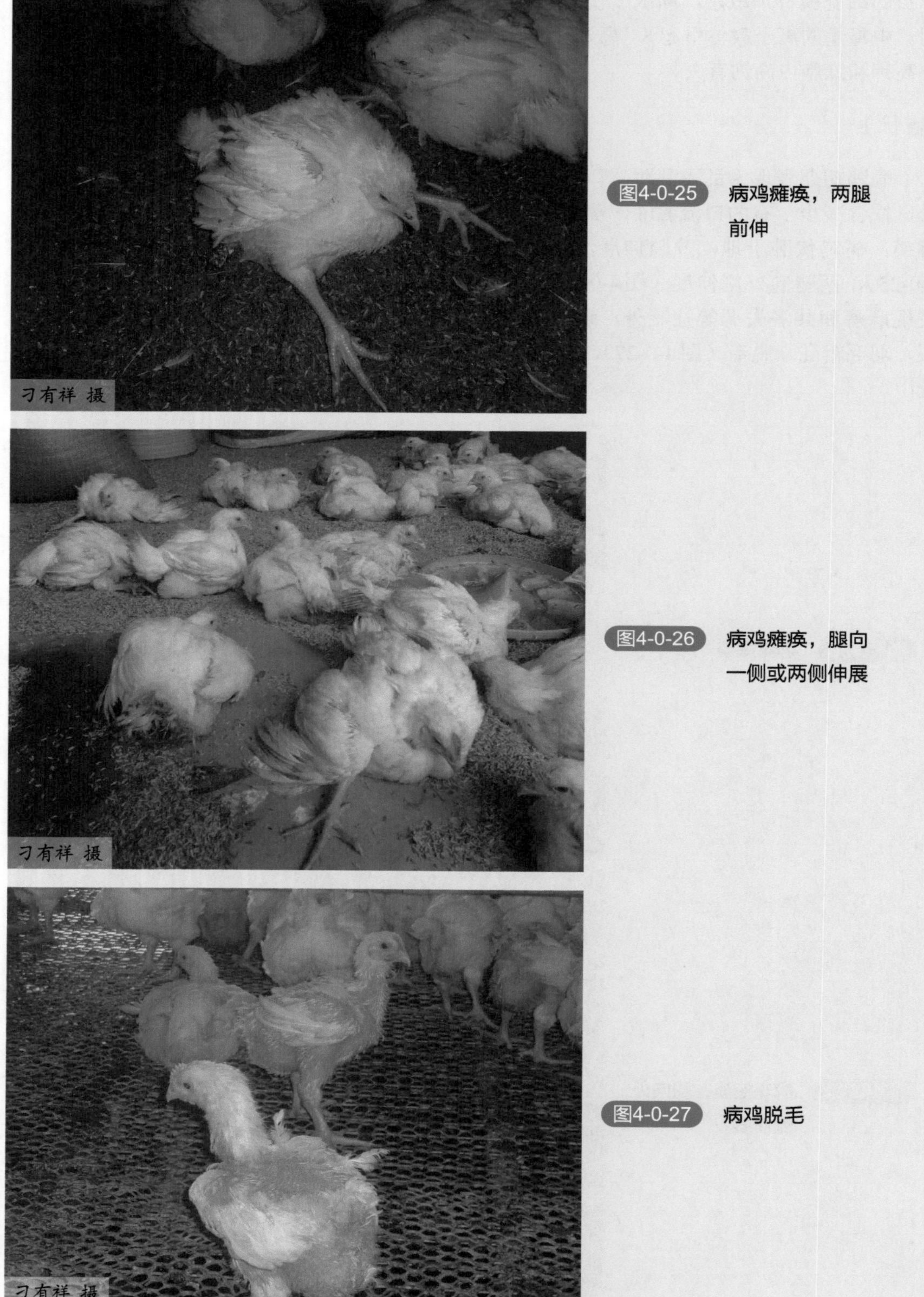

图4-0-25 病鸡瘫痪，两腿前伸

图4-0-26 病鸡瘫痪，腿向一侧或两侧伸展

图4-0-27 病鸡脱毛

【病理变化】

肝脏肿大，质脆、瘀血（图4-0-28、图4-0-29）。十二指肠黏膜呈弥漫性出血，肠壁增厚。肌胃角质层易剥离，肌层有轻微出血。肺脏出血。肾脏肿大、淤血（图4-0-30）。心脏冠状脂肪出血，心外膜上出现不透明的纤维素斑。腿部及背部的肌纤维苍白、萎缩。

刁有祥 摄

图4-0-28 肝脏肿大，呈浅黄色

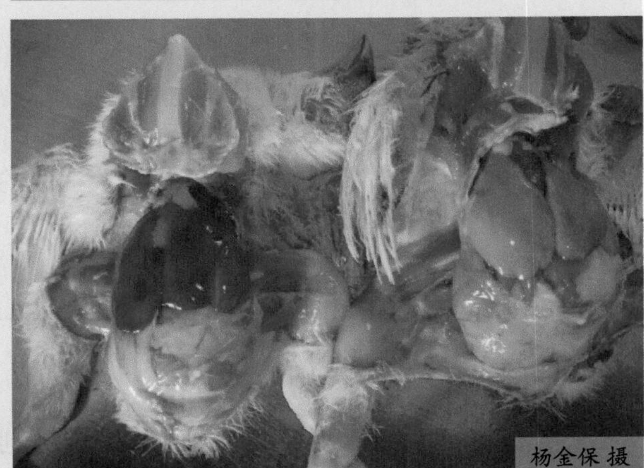
杨金保 摄

图4-0-29 肝脏肿大，呈土黄色

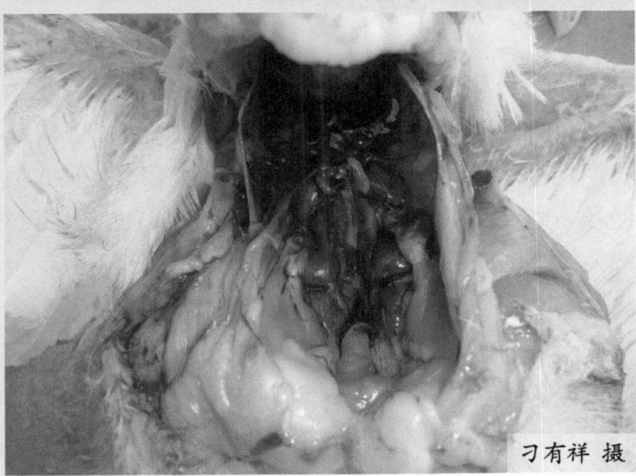
刁有祥 摄

图4-0-30 肾脏肿大，淤血

【防制】

（1）更换饲料，停用原饲料。

（2）用5%的葡萄糖饮水，或在水中加入维生素C。注射抗氧化剂维生素E和亚硒酸钠溶液，降低聚醚类抗生素的毒性作用。全天用电解多维饮水。

（3）预防本病的发生，首先应注意按说明用药，不要盲目扩大用药剂量，严禁将同类药物混合使用。药物使用前应注意其有效成分，勿将同一成分不同名称的两种药物同时应用。

51.磺胺类药物中毒

磺胺类药物是一类抗菌谱较广的化学治疗药物，能抑制大多数革兰氏阳性和阴性细菌，而且有显著的抗球虫作用，是防治家禽疾病的常用药物，但由于它的安全范围小，中毒量很接近治疗量，甚至治疗量也对造血及免疫系统有毒性作用，若用药不当，如用药量过大或用药时间过长，就会引起中毒。

【病因】

（1）用药剂量过大。磺胺类药物种类较多（达十几种），各种药物的使用量相差也较大，从0.025%～1.5%不等，如磺胺喹噁啉的混饲浓度为0.025%～0.05%，而磺胺脒的混饲浓度为1%～1.5%，因此，如果对磺胺类药物的用量一概而论，盲目加大用药剂量就会发生中毒。每种药物都要严格遵守药物使用说明，合理用药，不得超剂量应用。

（2）磺胺类药物使用时间过长。各种药物都有其安全使用期限，磺胺类药物一般可连用5～7天，若连续使用时间较长，就会发生中毒现象。如在19周龄的鸡群中，连续饲喂含0.05%磺胺喹噁啉的饲料4周，其死亡率为11%，而在连续使用 7 天的情况下则没有死亡现象。

（3）在使用片剂或粉剂添加于饲料中时，片剂粉碎不细或在拌料时搅拌不匀，使个别鸡摄入量过大，也会引起中毒。

【症状】

急性中毒主要表现为兴奋不安、摇头、厌食、腹泻、惊厥、瘫痪等症状。慢性中毒系长期用药引起，表现为羽毛松乱，沉郁（图4-0-31），食欲减退或不食，饮水增多，腹泻或便秘，增重缓慢，严重贫血，冠、髯、面部、可视黏膜苍白或黄染，有出血现象（图4-0-32）。产蛋鸡产蛋量下降，产软壳蛋，蛋壳粗糙。

【病理变化】

磺胺类药物中毒时最常见的病变是皮肤、肌肉和内脏器官的出血（图4-0-33～图4-0-35），出血可发生在冠、髯、眼睑、面部、眼前房以及胸和腿部的肌肉。在生长鸡，骨髓由正常的深红色变成粉红色（轻症）或黄色（重症），整个肠道有点状或斑点出血（图4-0-36），盲肠腔内含有血液。腺胃和肌胃角质层下可能出血。肝脏肿大，颜色变浅，呈淡红色或黄色，散在出血和局灶性坏死（图4-0-37～图4-0-39）。脾肿大，有出血点和灰白色的梗死区。肺脏出血（图4-0-40）。心肌呈刷状出血（图4-0-41）。

图4-0-31 病鸡精神沉郁，瘫痪

刁有祥 摄

图4-0-32 因磺胺类药物中毒死亡的鸡，皮肤、喙呈浅黄色

刁有祥 摄

图4-0-33 腿肌条纹状出血

刁有祥 摄

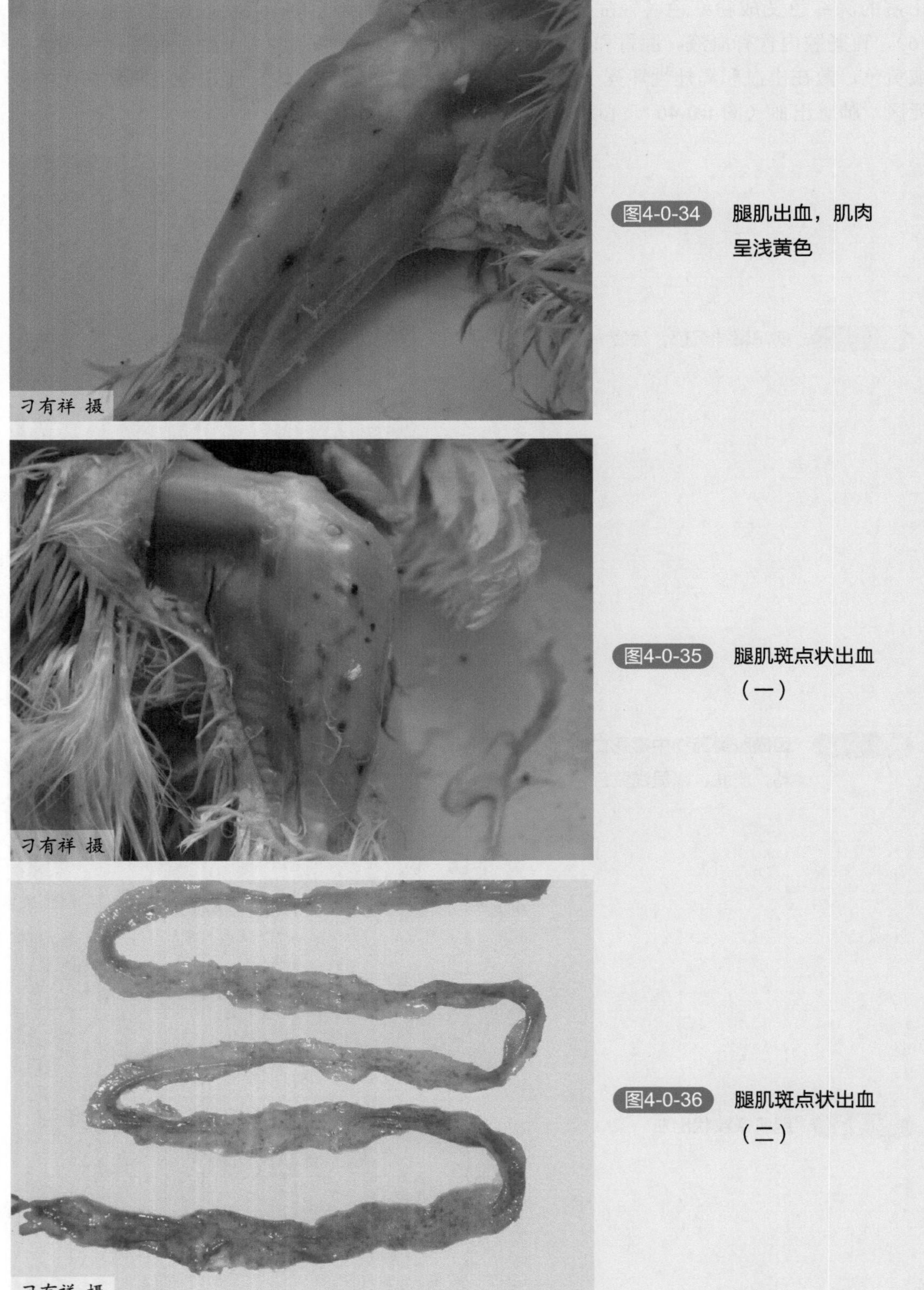

图4-0-34 腿肌出血，肌肉呈浅黄色

图4-0-35 腿肌斑点状出血（一）

图4-0-36 腿肌斑点状出血（二）

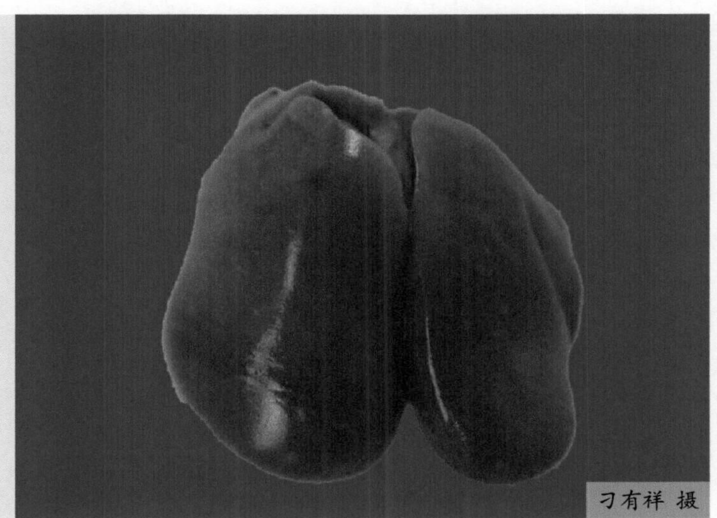

图4-0-37 肝脏肿大，呈淡黄色，有散在出血和局灶性坏死

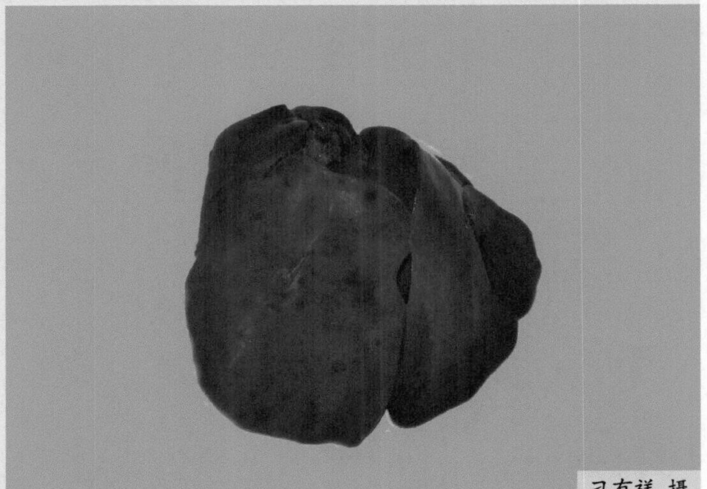

图4-0-38 肝脏肿大，呈淡黄色，表面有散在的出血点

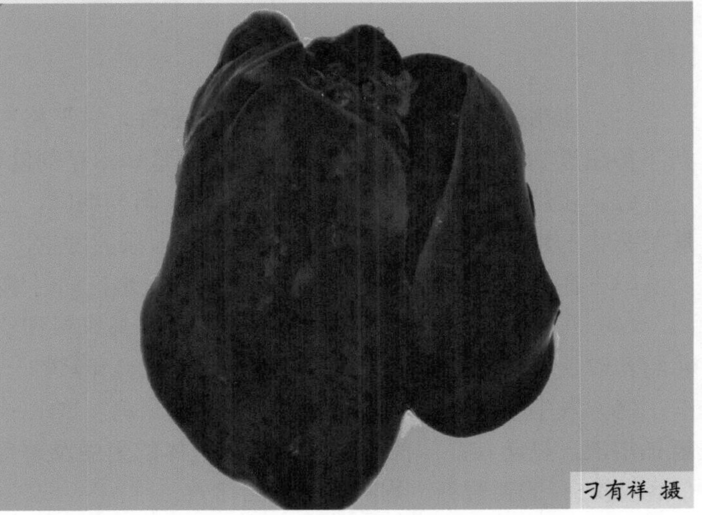

图4-0-39 肝脏肿大，表面有弥漫性的出血点

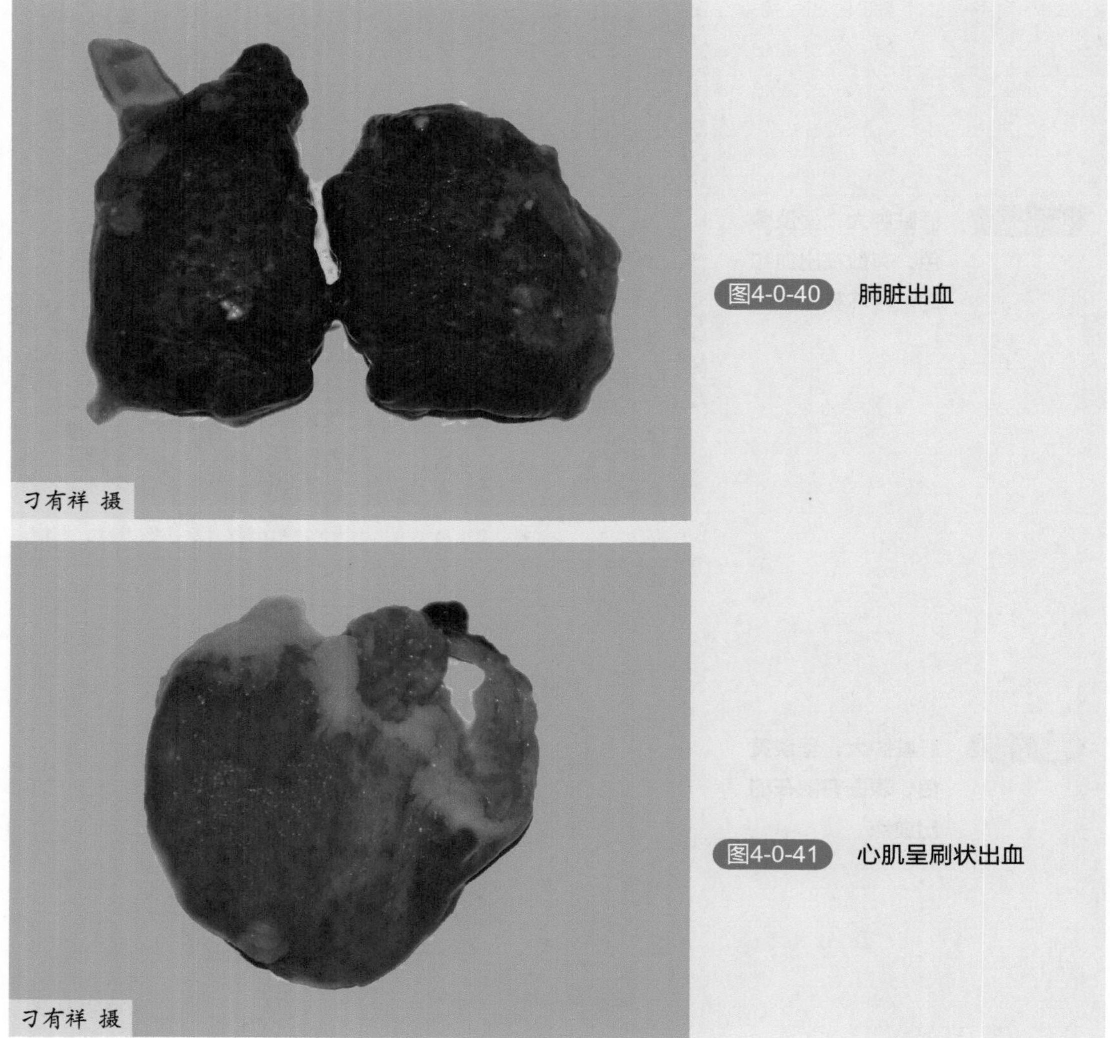

图4-0-40 肺脏出血

图4-0-41 心肌呈刷状出血

【防制】

（1）应用磺胺类药物时，应注意其适应症，并严格控制用药剂量及用药时间。一般用药不得超过1周，每种磺胺类药物的预防剂量和治疗剂量要严格按照药物说明使用。

（2）应用磺胺类药物特别是容易吸收的药物期间，应同时服用碳酸氢钠，其剂量为磺胺类药物剂量的1～2倍，以防止结晶尿和血尿的发生。

（3）在用药期间，应给予充足的饲料和饮水，同时增加饲料中维生素的含量。

（4）在生长速度较快的肉仔鸡，要精确计算饲料和饮水的消耗量，以便通过饲料和饮水给药时使每只鸡得到正常的日剂量，而且饲料和药物一定要混合均匀。

（5）发生中毒时，应立即停药，并尽量让鸡多饮水；重症病鸡可饮用1%～2%的碳酸氢钠溶液，以防结晶尿的出现；为提高机体的耐受及解毒能力，可饮服车前草水、维生素C溶液或5%的葡萄糖，均具有一定的疗效。

52. 喹诺酮类药物中毒

喹诺酮类药物是一类广谱、高效、低毒的抗菌药。从1962年萘啶酸问世以来，已有数以千计的喹诺酮类化合物得以合成。喹诺酮类药物在临床治疗中已成为很多感染性疾病的首选药物，使用频率仅次于青霉素类。目前常用的有诺氟沙星、环丙沙星、恩诺沙星等。

喹诺酮类通过抑制DNA螺旋酶作用，阻碍DNA合成而导致细菌死亡。细菌在合成DNA过程中，DNA螺旋酶的A亚单位将染色体DNA正超螺旋的一条单链（后链）切开，接着B亚单位使DNA的前链后移，A亚单位再将切口封住，形成了负超螺旋。根据实验研究，氟喹诺酮类药并不是直接与DNA螺旋酶结合，而是与DNA双链中非配对碱基结合，抑制DNA抑螺旋酶的A亚单位，使DNA超螺旋结构不能封口，这样DNA单链暴露，导致mRNA与蛋白合成失控，最后细菌死亡。

近年来因氟喹诺酮类药物超量应用，导致鸡中毒的病例屡见不鲜，中毒鸡所表现的神经症状及骨骼发育障碍与氟有关。氟是家禽生长发育必需的微量元素，主要参与骨骼生理代谢，维持钙磷平衡，同时与神经传导介质和多种酶的生化活性有关。

【症状】

鸡群大群精神不振，垂头缩颈，眼半闭或全闭，昏睡状态，羽毛松乱，无光泽，采食、饮水下降，病鸡不愿走动，双腿不能负重，匍匐卧地，刺激有反应，但不能自主站立，多侧瘫（图4-0-42），喙趾、爪、腿、翅、胸肋骨柔软，可任意弯曲，不易断裂，粪便稀薄，石灰渣样，中间略带绿色。

【病理变化】

嗉囊、肌胃、腺胃内容物较少，肠黏膜脱落、肠壁变薄、有轻度出血。肝脏淤血、肿胀。肾脏肿胀、出血。肌胃角质膜、腺胃与肌胃交界处出现溃疡，腺胃内含较多黏性液体。

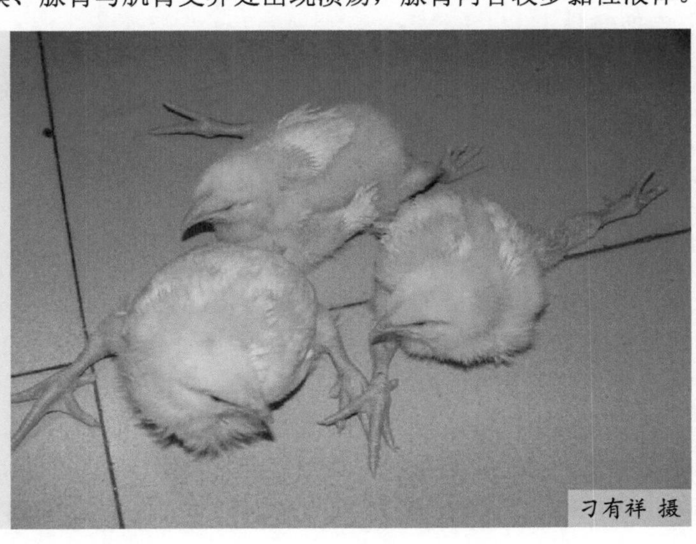

图4-0-42 病鸡瘫痪，不能站立

刁有祥 摄

脑组织充血、水肿。

【治疗】

当发生中毒时，应立即停止饲喂喹诺酮类药物的饲料或饮水，对中毒鸡采取对症治疗，可饮用5%的葡萄糖，同时用0.01%维生素C饮水。

53.喹乙醇中毒

喹乙醇是一种高效抗菌剂，而且具有促生长作用。由于其具有用量小、价格低、使用方便且不易产生耐药性等优点，近年来在养禽业中广泛应用。但由于喹乙醇安全范围较小，在使用过程中用量过大，加入饲料中混合不均或重复添加，均可发生中毒现象。

【病因】

（1）对喹乙醇的性质了解不够，误以为剂量大作用也大，没有按规定的添加剂量应用，而是盲目加大剂量，导致中毒。

（2）喹乙醇加入饲料时，混合不均匀，部分家禽摄入过量而中毒。

（3）有个别分装销售的喹乙醇，没有按规定注明其含量及应用剂量，往往造成应用失误。

（4）使用饲料公司或工厂生产的全价饲料时，有的已添加喹乙醇，而饲喂时又重新添加，导致实际用量过大而中毒。

（5）同一成分不同名称的两种药物同时应用而发生中毒。

【症状】

食欲减退或废绝，精神不振，羽毛蓬松，不喜运动，冠呈黑紫色，饮水量增加，腹泻，最后衰竭死亡。

【病理变化】

喹乙醇中毒常见的病理变化为口腔内有多量黏液，血液凝固不良，心外膜严重充血和出血（图4-0-43），心内膜亦有出血（图4-0-44）。肺充血和出血，呈暗紫色，肠黏膜出血，并存在不同程度的脱落，肝、肾肿大、出血（图4-0-45），泄殖腔充血。

【防制】

严格掌握喹乙醇的用量是预防本病的关键，饲料中的添加剂量为0.0035%～0.005%，而且一定要混合均匀，防止因混合不匀导致部分鸡摄入过多而中毒，在使用成品饲料或浓缩料时，注意是否已添加了喹乙醇，避免重复添加。

当发生中毒时，应立即停止饲喂混有喹乙醇的饲料，停喂后，死亡仍持续一定的时间才能停息，对中毒鸡采取对症治疗，可饮用口服补液盐或饮用5%的葡萄糖，同时给病鸡维生素C制剂25～50毫克/（只·天），可肌注、饮水或拌料。

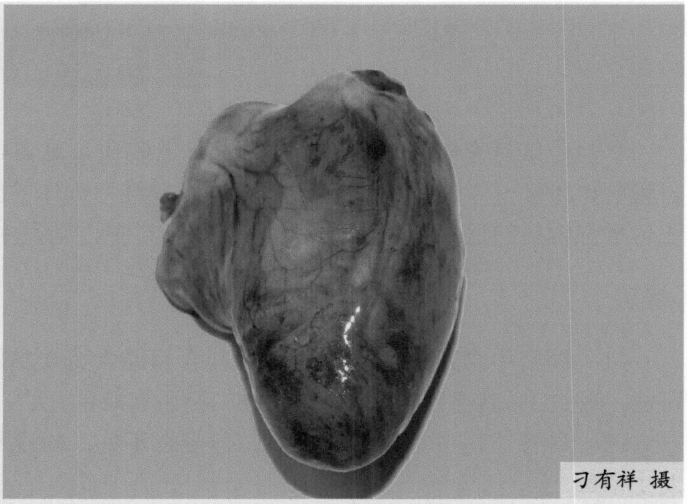

图4-0-43 心外膜出血

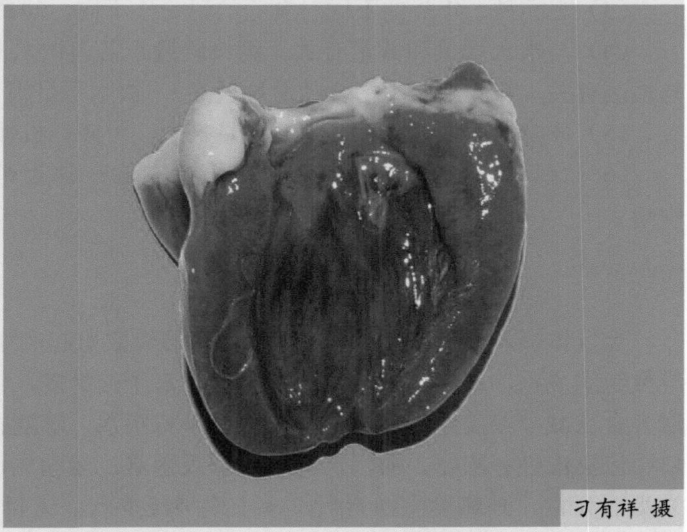

刁有祥 摄

图4-0-44 心内膜出血

刁有祥 摄

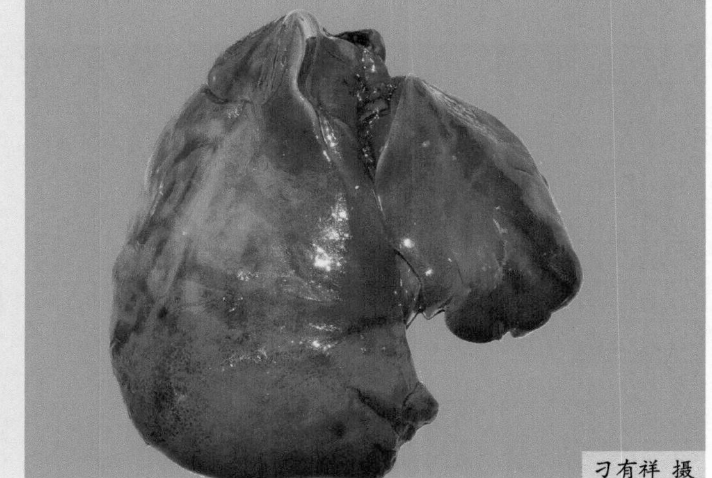

图4-0-45 肝脏肿大，出血

刁有祥 摄

54.食盐中毒

食盐是维持家禽正常生理活动所必需的物质，是禽类日粮中必需的营养成分，一般占日粮的0.25% ～ 0.5%，主要用于补充钠，以维持鸡体的酸碱平衡和肌肉的正常活动，同时还可增强饲料的适口性，增强食欲，若采食过多，则发生中毒。

【病因】

（1）饲料中含盐过量。饲料中食盐含量通常为0.25% ～ 0.5%，若超过2%就有中毒的可能，超过3%就会引起中毒，超过5%则引起鸡的死亡。

（2）尽管饲料中总体含量不高，但混合不均，粒度不一，部分鸡采食盐量过多，也会发生中毒。

（3）鸡品种、年龄的不同对食盐的耐受性不同，幼禽较成禽敏感。

（4）与饮水质量和数量有关。饲料质量正常但饮水质量较差，含有较高的盐分（往往与地区有关，有的地区水中含盐量均较高），饮水不足则会加重食盐中毒。

（5）环境温度过高，机体水分大量丧失，可降低机体对食盐的耐受量。

（6）饮口服补液盐过量。口服补液盐中含有食盐和碳酸氢钠，若过量饮用就会引起中毒。

【症状】

当机体摄入大量食盐后，直接刺激胃肠黏膜引起炎症反应。由于胃肠道内渗透压增高，导致组织脱水，口渴严重。血液中一价阳离子的增多，使中枢神经处于兴奋状态。临床表现为食欲减少或废绝，口渴现象严重，争抢喝水，嗉囊扩张、较软、含有大量液体，鼻或口中流黏液性分泌物，腹泻，下痢，呼吸困难。运动失调，步态蹒跚，最后瘫痪，因呼吸衰竭而死亡。雏鸡发生中毒后，常出现神经症状，无目的地冲撞，胸腹朝天，两脚蹬踏，头仰向后方，头颈不断旋转，鸣叫不止，后期精神沉郁（图4-0-46），最终因麻痹死亡。

图4-0-46 病鸡精神沉郁

【病理变化】

消化道黏膜因大量食盐的刺激而出现出血性卡他性炎症，嗉囊黏膜脱落、充满黏性液体，肠道明显充血和出血，肠黏膜脱落，肠道内有稀软带血的粪便（图4-0-47）。皮下水肿，呈胶冻样（图4-0-48～图4-0-50），腹腔积水（图4-0-51），心包积液（图4-0-52）。肝脏肿大呈土黄色（图4-0-53、图4-0-54），肺出血、水肿（图4-0-55），脑膜血管充血扩张或有出血点（图4-0-56）。

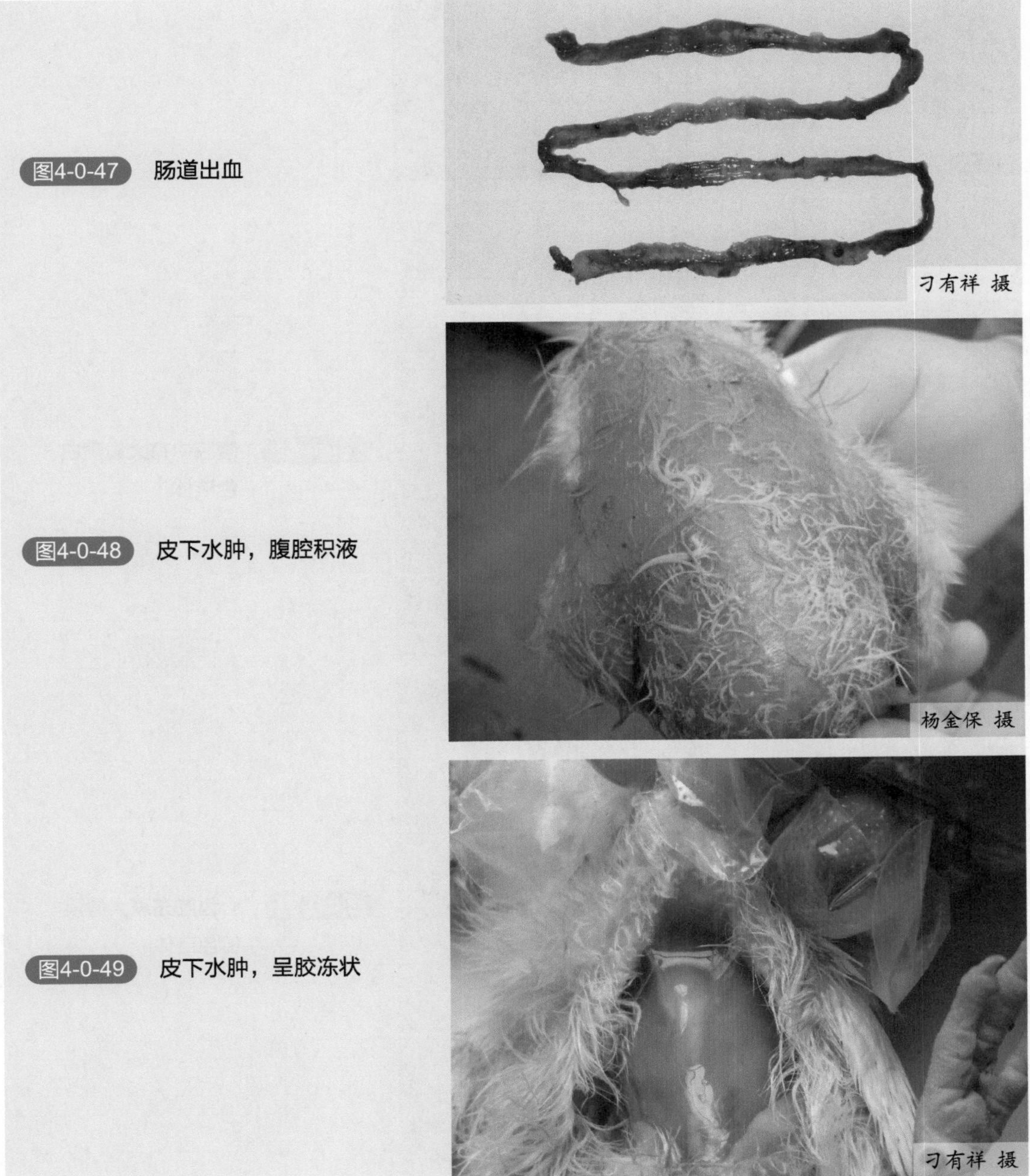

图4-0-47 肠道出血

刁有祥 摄

图4-0-48 皮下水肿，腹腔积液

杨金保 摄

图4-0-49 皮下水肿，呈胶冻状

刁有祥 摄

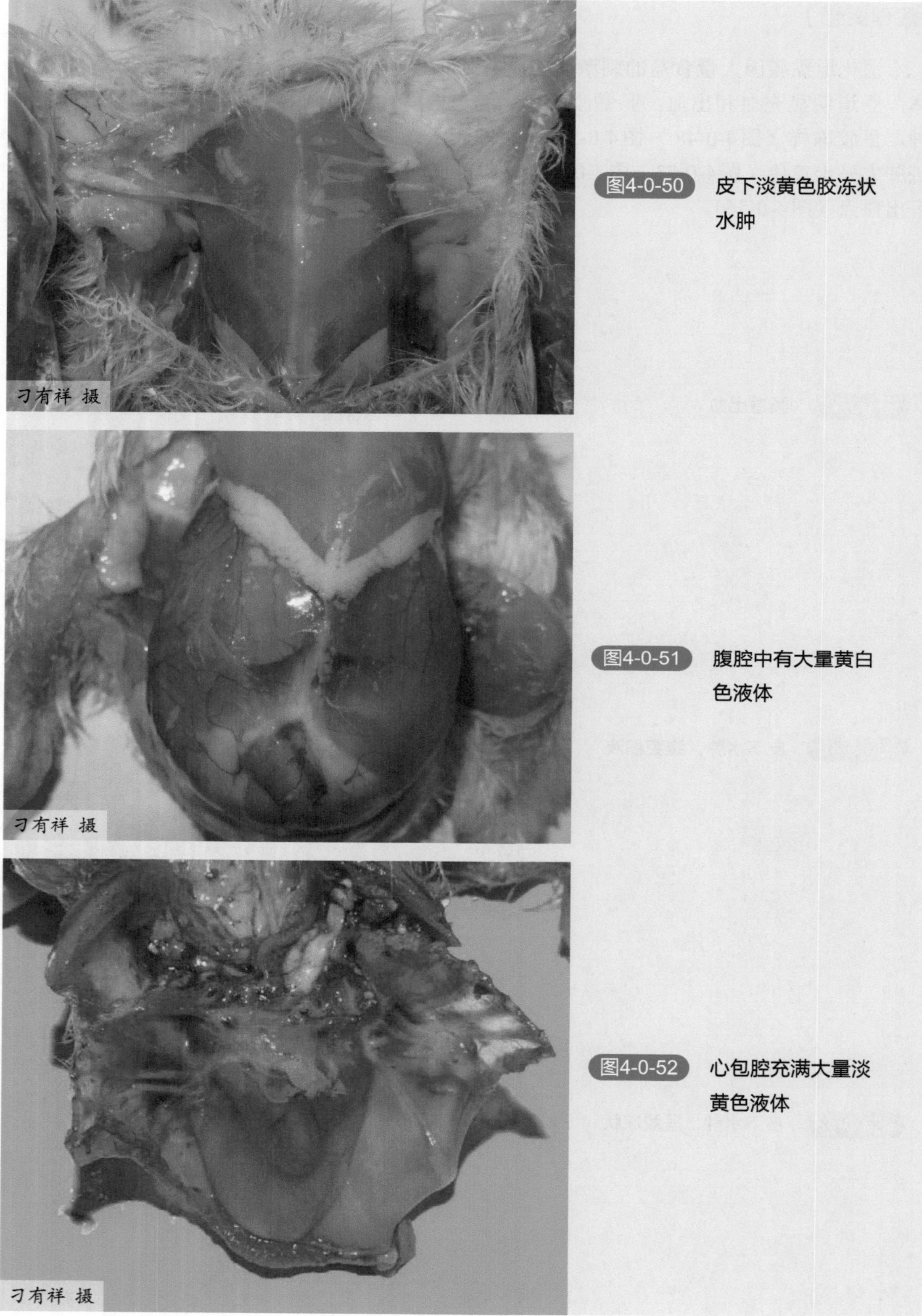

图4-0-50 皮下淡黄色胶冻状水肿

图4-0-51 腹腔中有大量黄白色液体

图4-0-52 心包腔充满大量淡黄色液体

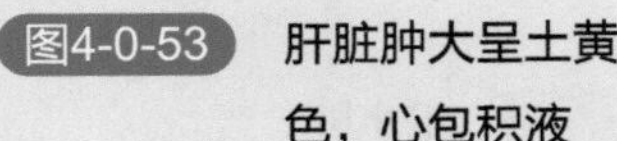

图4-0-53　肝脏肿大呈土黄色，心包积液

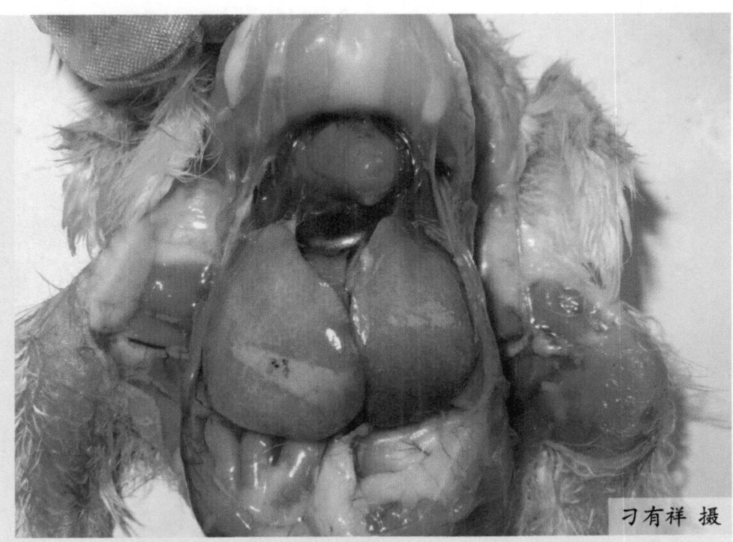

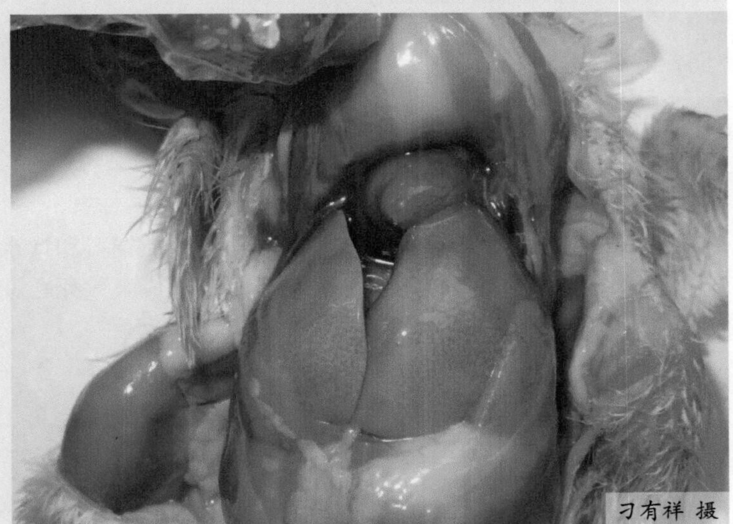

图4-0-54　肝脏肿大呈土黄色

图4-0-55　肺脏出血、水肿

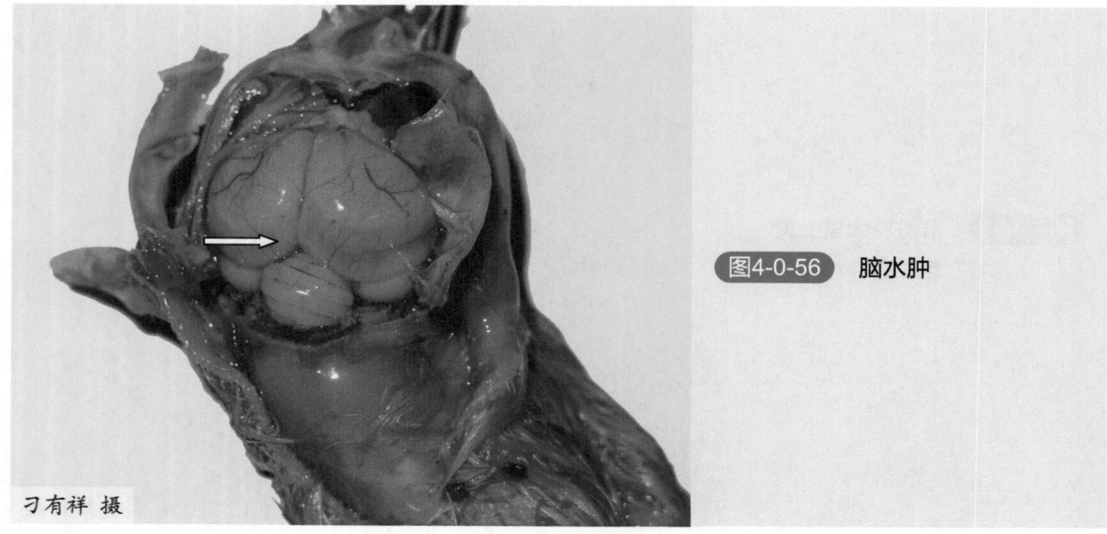

图4-0-56 脑水肿

【防制】

（1）严格控制饲料中的食盐含量，一般不应超过0.3%，特别是对雏鸡更应格外留心，应慎重添加未经测定食盐量的鱼粉。

（2）供给清洁、新鲜、不含食盐的饮水。

（3）发生食盐中毒时，须停止饲喂含食盐的饲料和饮水，饮用清水，少量多次；防止一次性给予大量饮水，以防盐分大量吸收，造成大量死亡。轻者一般可自愈，重者往往预后不良。

55.氟中毒

氟多以化合物的形式存在，最常见于有萤石、冰晶石、磷灰石等，它是机体不可缺少的微量元素之一。氟参与机体的正常代谢，可以促进牙齿和骨骼的钙化，对于神经兴奋性的传导和参与代谢的酶系统都有一定的作用。氟中毒分为无机氟中毒和有机氟中毒两大类，在禽类主要是无机氟中毒，特别是采用未经脱氟的过磷酸钙作畜禽的矿物质补充饲料时。当饲料中氟化钠含量达到700～1000毫克/千克饲料时，就会发生中毒。

【病因】

（1）自然条件致病，主要是由于自然环境中水和土壤的含氟量过高，引起人、畜、禽共患。

（2）工业污染致病，氟中毒经常发生在炼铝厂、磷肥厂及金属冶炼厂周围地区，工业烟尘对这些地区生长的饲料植物的污染（以干物质汁）达到40毫克/千克饲料以上时，对禽类即有潜在的危险。

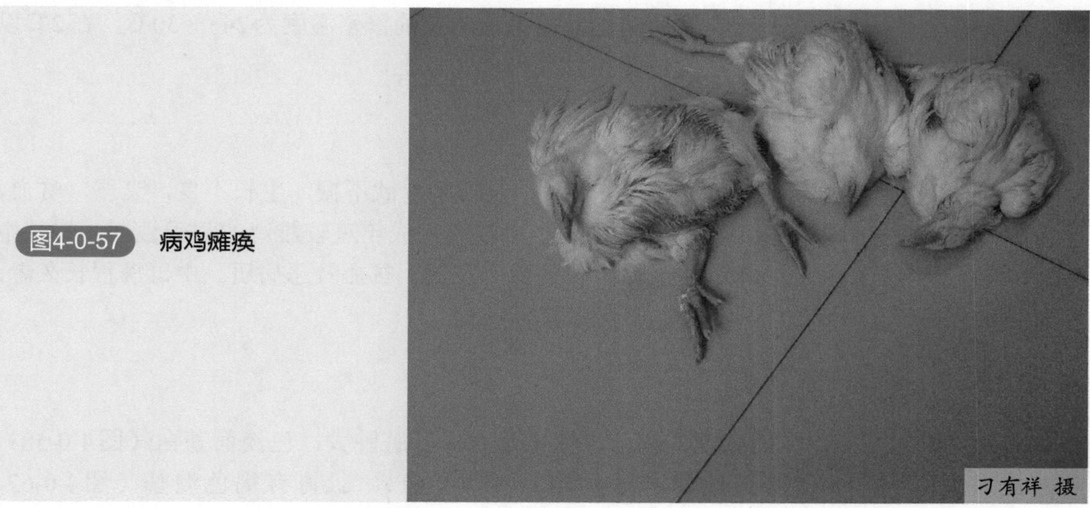

图4-0-57 病鸡瘫痪

（3）禽类长期采食未经脱氟处理的过磷酸钙作饲料中的钙磷来源，这是禽类发病的主要原因。

【症状】

家禽的氟中毒多经消化道引起，氟在长期、少量进入机体时同血液中的钙结合，形成不溶的氟化钙，致使血钙降低，为补偿血液中的钙，骨钙不断地释放，导致骨骼脱钙，骨质疏松。病鸡表现为腿部无力、瘫痪（图4-0-57），易于骨折。同时由于血镁降低，神经兴奋性增高，病鸡易于惊恐，肌肉震颤，甚至呈僵直性痉挛，采食减少，冠苍白，有屑状物附着。病鸡最后常因极度衰竭而死亡。中毒的产蛋鸡，产蛋量减少，蛋壳质量低下，产软壳蛋、薄壳蛋，蛋壳粗糙，易于破碎，蛋的孵化率降低。单纯地调整饲料中钙磷比例及补充钙质，疗效很不明显，且死亡率较高，这是本病与钙的代谢失调最明显的区别。

【防制】

在自然氟病区和工业污染区主要寻找低氟水源供禽类饮用。测定饲料中氟含量，肉用仔鸡、生长鸡配合饲料≤250毫克/千克，产蛋鸡配合饲料≤350毫克/千克。在采用过磷酸钙作饲料添加剂时，要经脱氟处理，氟的含量小于1200毫克/千克。严禁添加含氟量超标的过磷酸钙，对于发病的鸡群，可口服葡萄糖酸钙和维生素D、维生素B_1、维生素C，对疾病的恢复有一定效果。饲料及饮水要及时更换。

56.黄曲霉毒素中毒

黄曲霉毒素是黄曲霉、寄生曲霉和软毛曲霉的一种代谢产物，目前已发现黄曲霉毒素及其衍生物有20多种，它们都具有致癌作用，导致畜禽和人类肝脏损害和肝癌。最易感染黄曲霉菌的是一些植物的种子，其中包括花生、玉米、黄豆、棉籽等。家禽中毒是由于应用被感染的种子及其副产品作饲料所致。黄曲霉最适宜的繁殖湿度为24 ～ 30℃，在2℃以下和50℃以上即不能繁殖。最适宜的繁殖湿度为80%以上。

【症状】

雏鸡一般为急性中毒，多发于2 ～ 6周龄。表现为食欲不振，生长不良，衰弱，贫血，冠苍白，排出白色稀粪，腿麻痹或跛行，死亡率较高。成年鸡较雏鸡的耐受性强，慢性中毒时，症状不明显，主要表现为食欲减少、消瘦、衰弱、贫血及恶病质。中毒病程长久者，可发生肝癌；产蛋鸡则产蛋量下降，孵化率降低。

【病理变化】

家禽在肝脏上有特征性病理变化。急性中毒时，肝脏肿大，色淡而苍白（图4-0-58），有出血斑（图4-0-59），腺胃出血（图4-0-60、图4-0-61），肌胃有褐色溃疡（图4-0-62、

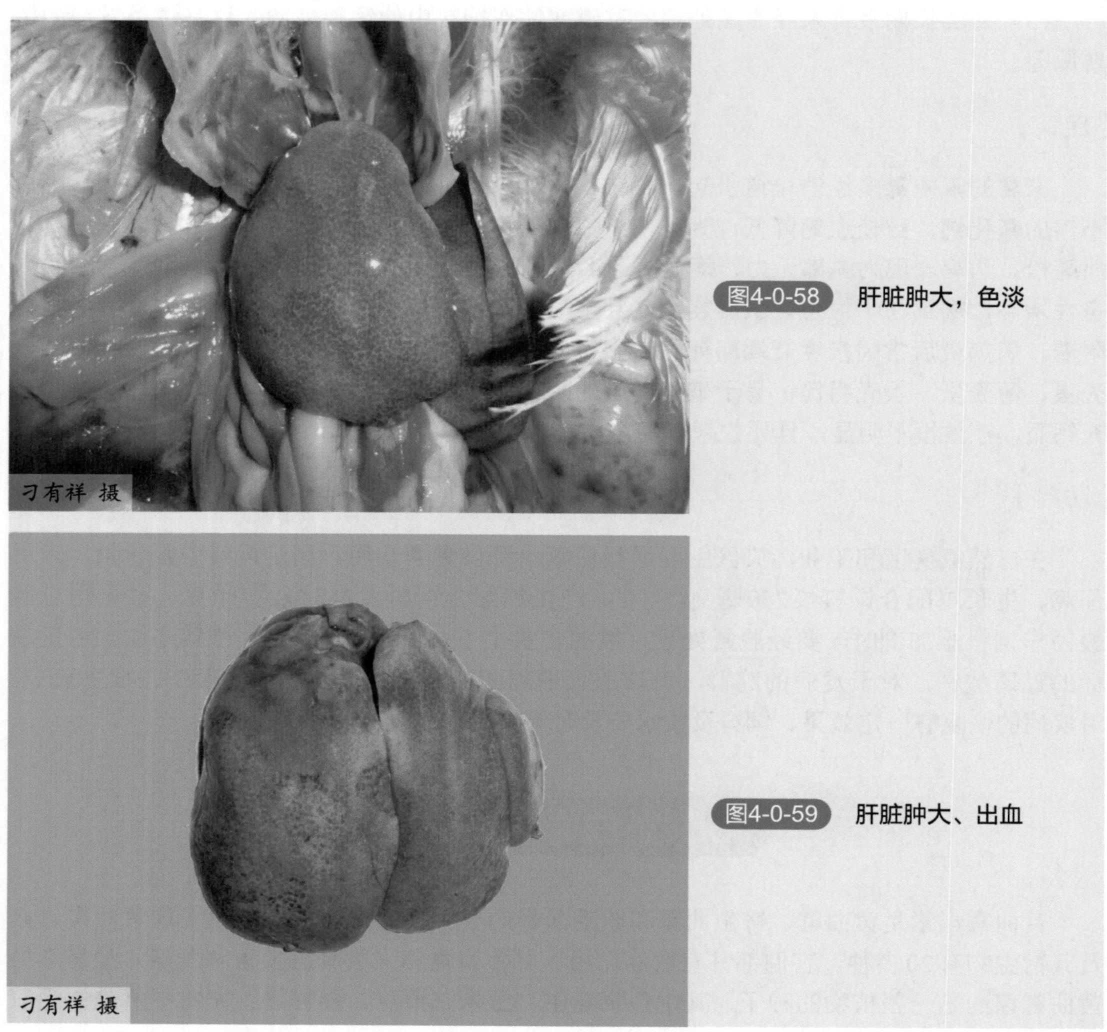

图4-0-58 肝脏肿大，色淡

图4-0-59 肝脏肿大、出血

图4-0-63）。其他病变包括胆囊扩张，肾肿大和出血，十二指肠卡他炎症或出血性炎症（图4-0-64），脾脏肿大（图4-0-65），肌肉出血（图4-0-66）。若种鸡饲料中黄曲霉毒素超标，1日龄的雏鸡在剖检时可见肌胃糜烂（图4-0-67）。慢性中毒时可见肝脏呈淡黄褐色，有多灶性出血和不规则的白色坏死病灶以及脂肪含量增加；在非致死性黄曲霉毒素中毒病例，肝脏损害是肝细胞肿胀，呈空泡变性，核过大以及多量的核分裂象；在病程长达1年以上者，则可见肝癌结节。

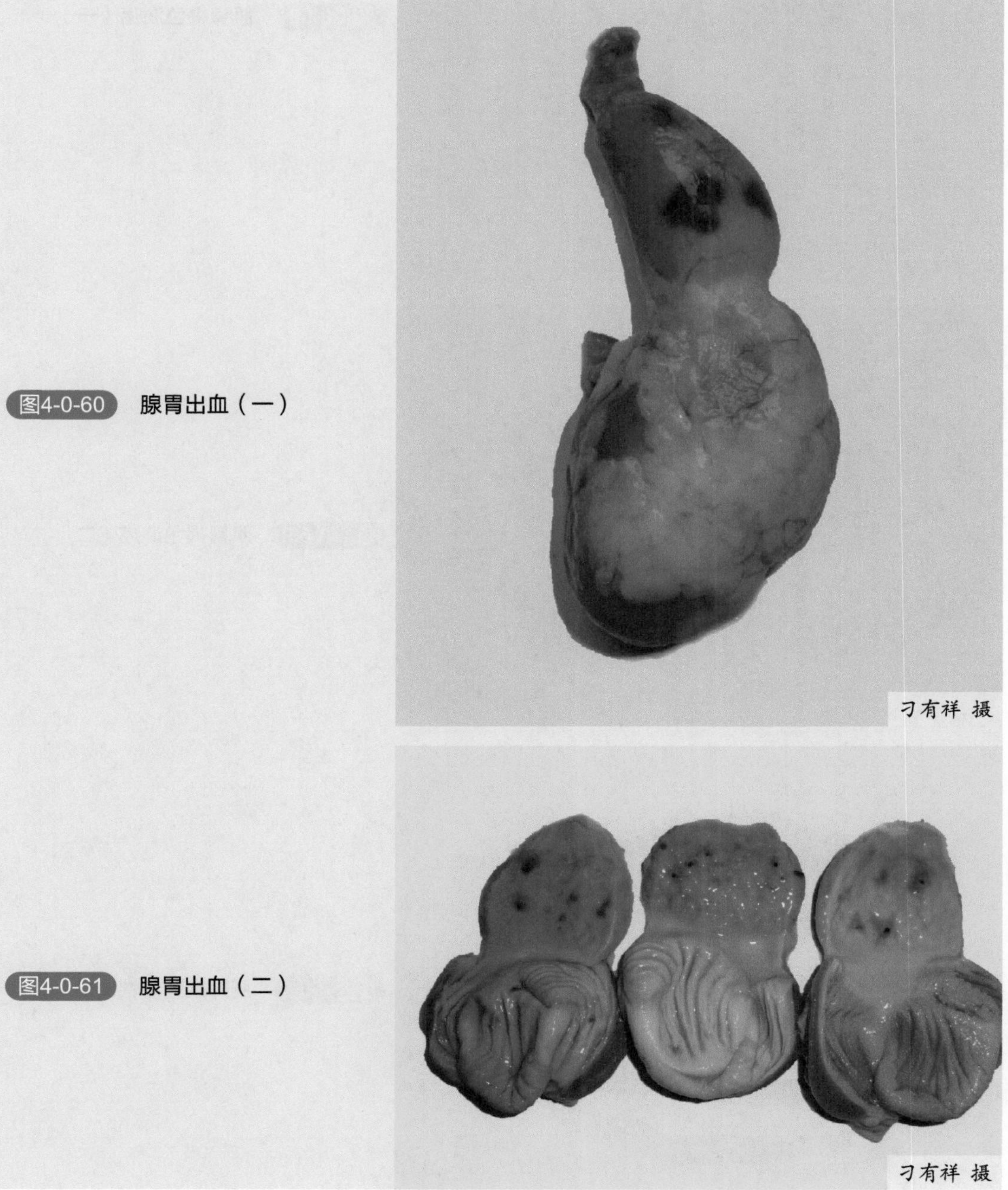

图4-0-60 腺胃出血（一）

图4-0-61 腺胃出血（二）

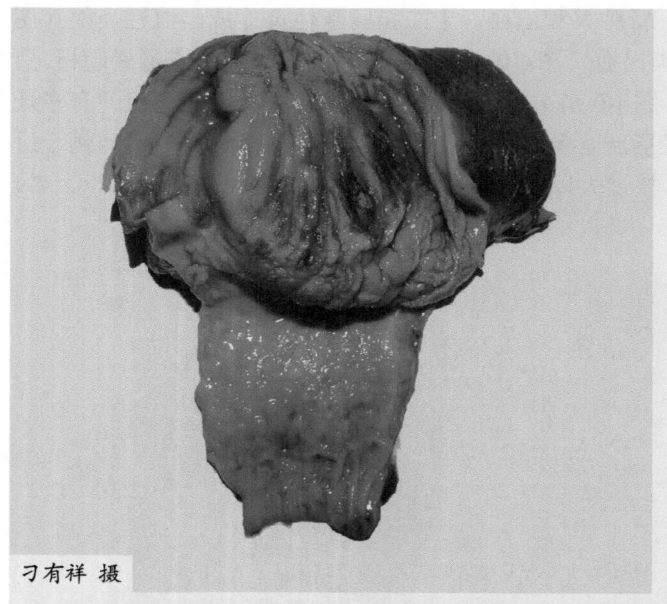

图4-0-62 肌胃褐色溃疡（一）

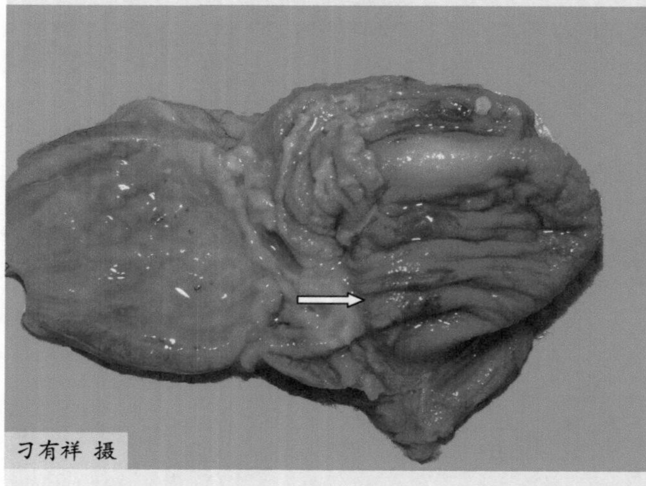

图4-0-63 肌胃褐色溃疡（二）

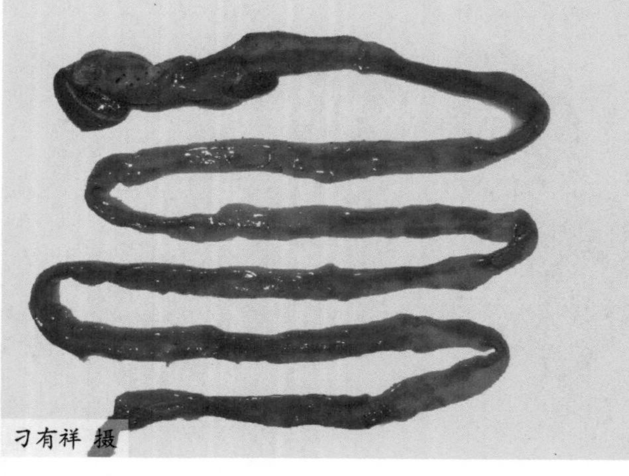

图4-0-64 肠黏膜弥漫性出血

图4-0-65 脾脏肿大、出血

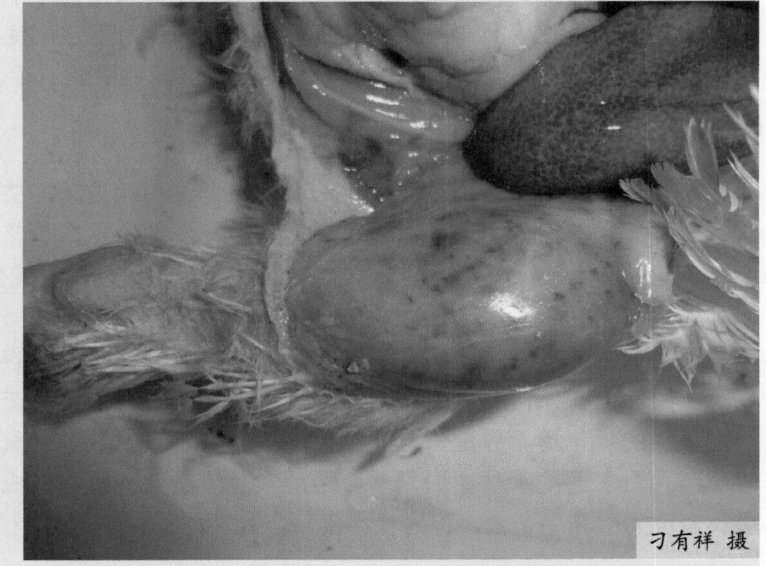

图4-0-66 腿肌出血

图4-0-67 1日龄雏鸡肌胃褐色溃疡、糜烂

黄曲霉毒素中毒的诊断必须依据病史、病理变化、症状方可做出初步诊断，确诊必须参考病理学特征变化及黄曲霉毒素测定的结果。

【防制】

本病尚无解毒剂，主要在于预防。饲料必须在收获时充分晒干，并放置通风干燥处，切勿放置于阴暗潮湿处而致发霉。

57. 甲醛中毒

由于甲醛有极强的还原活性而使蛋白质变性，呈现强大的杀菌作用。养禽生产中用甲醛熏蒸进行消毒，因熏蒸时甲醛气体能分布到每一个角落，消毒效果好。但甲醛对呼吸道和消化道黏膜以及眼结膜等具有很强的刺激性和腐蚀性，若将小鸡长时间置于高浓度甲醛环境中，不仅损伤其呼吸器官，同时由于家禽视力损伤而不能及时饮水、进食等，引起脱水、饿死。带禽熏蒸时每立方米空间用甲醛7毫升为正常浓度，若熏蒸后气体大部分未排出或者带禽熏蒸时浓度使用不当、时间过长，可发生甲醛中毒。

【症状】

甲醛有强烈刺激作用。急性中毒者，鸡群不喜欢走动，挤堆，眼紧闭，不能寻食、寻水，眼烧灼、流泪、畏光，眼睑水肿，角膜炎，鼻流涕，呛咳，呼吸困难，喉头及气管痉挛，声门和肺水肿，甚至昏迷死亡。慢性中毒者嗜眠，采食减少，软弱无力，心悸，肺炎，肾脏损害及酸中毒。

甲醛熏蒸消毒也是控制种蛋细菌污染、提高孵化率和健雏率的有效措施，被各地孵场广泛应用。但在操作上使用不当，容易造成种蛋中毒，尤其在夏季高温季节，有空调储藏种蛋条件的孵化场，种蛋“出汗”现象较为普遍，此时进行熏蒸消毒，甲醛气体挥发后易溶解到种蛋表面的水珠中去，然后通过气孔渗透到种蛋内造成种蛋甲醛中毒，影响孵化效果。表现为受精率正常，但孵化率下降，死胚增加，严重的全部死亡。

【病理变化】

死亡鸡喙部乌青，脚趾干燥，眼结膜潮红，有的还出血。剖检可见皮下水肿，腹腔积液；肺脏潮红、充血，到后期出血（图4-0-68）、坏死增多，有的肺有散在性、局限性的炎症病灶；口腔和气管内有黏液样渗出物，潮红（图4-0-69、图4-0-70），时间稍长的可见坏死性伪膜斑。

【防制】

生产中一定要注意甲醛的用量和时间，一般空舍消毒每立方米用甲醛16～24毫升、高锰酸钾8～12克、水8～12毫升。时间为进雏前4～5天，用塑料布封好窗门消毒1天后，敞开门窗放净甲醛至育雏舍内在高温下无刺激眼鼻的气味方可进雏。发现吸入中毒者，

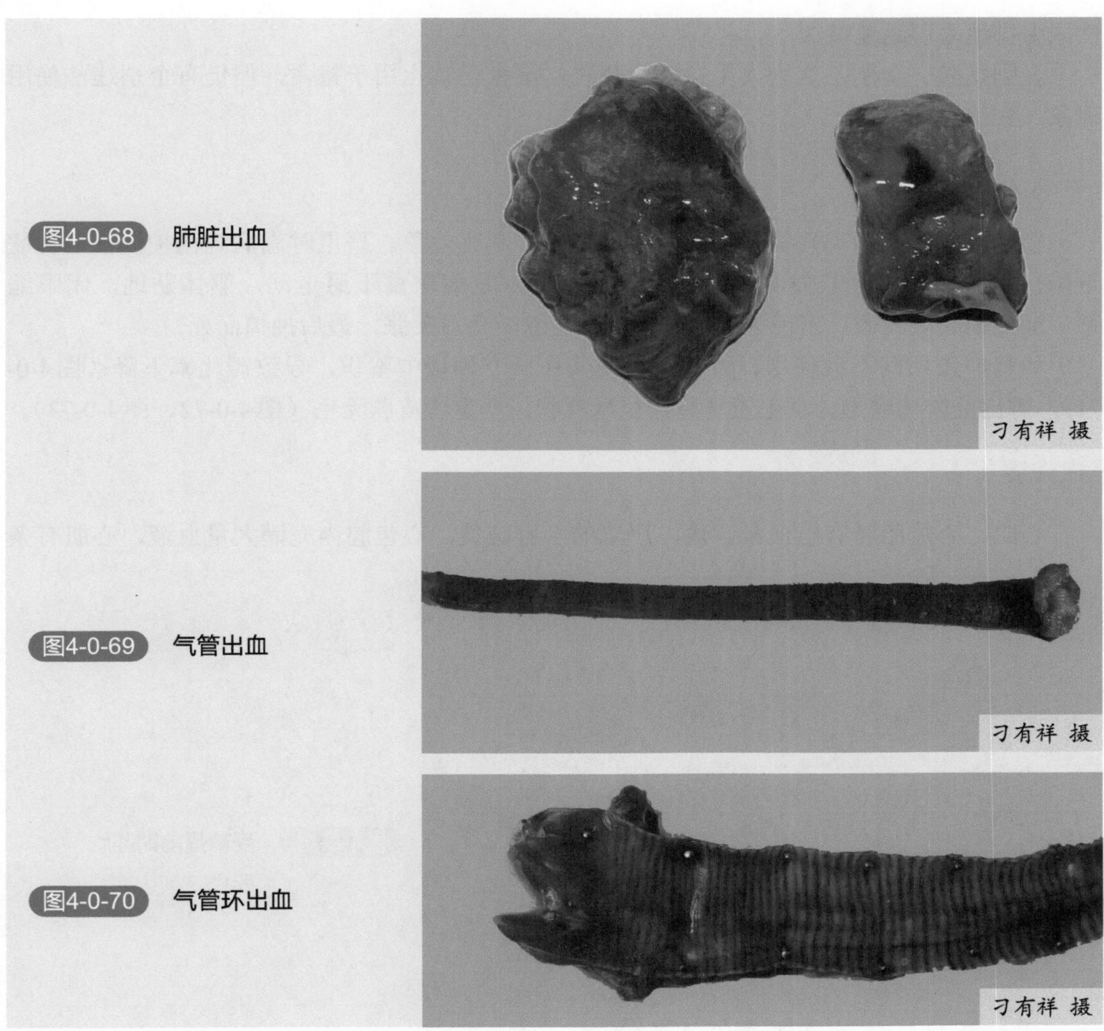

图4-0-68 肺脏出血

图4-0-69 气管出血

图4-0-70 气管环出血

立即移到新鲜空气处，给足氧气，并用抗生素防止继发感染，禁用磺胺类药，以防在肾小管内形成不溶性甲酸盐而致尿闭。还可在饮水中加少许尿素或活性炭、牛奶、豆浆、蛋清等饮服。眼内用清洁水或2%碳酸氢钠溶液冲洗，并可用可的松眼药水滴眼，加强科学饲养管理，精心护理。

58. 金刚烷胺中毒

金刚烷胺及金刚乙烷是最早用于抑制流感病毒的抗病毒药，对某些RNA病毒有干扰病毒进入细胞、阻止病毒脱壳及其核酸释放等作用，能特异性地抑制甲型流感病毒，对其敏感株有明显的化学预防效应。本品的抗病毒作用无宿主特异性。口服易吸收，在胃肠道吸收迅速且完全，主要由肾脏排泄。在体内不残留，90%以上以原形经肾脏随尿排出，在酸性尿中排泄率可迅速增加。

金刚烷胺、金刚乙烷为人用抗病毒药物，国家已禁止用于畜禽，但仍有个别违法使用现象，致使出现中毒。

【症状】

轻度中毒时，病鸡兴奋性增加，出现乱飞、乱跳现象。严重时患病鸡精神沉郁，食欲下降，羽毛蓬松，生长发育迟缓，排绿色稀粪；发病家禽不愿走动，躯体贴地，闭眼缩颈；濒死期共济失调，出现神经症状，头颈震颤，角弓反张，最后抽搐而死。

种鸡产蛋期间不宜使用，否则可以使其在所产种蛋中蓄积，导致孵化率下降（图4-0-71），孵出的雏鸡畸形，羽毛发育障碍呈米粒状，严重者皮肤无毛（图4-0-72、图4-0-73）。

【病理变化】

心肌、心冠脂肪有出血条、斑，严重的心脏破裂，心包腔内充满大量血液，心肌有条

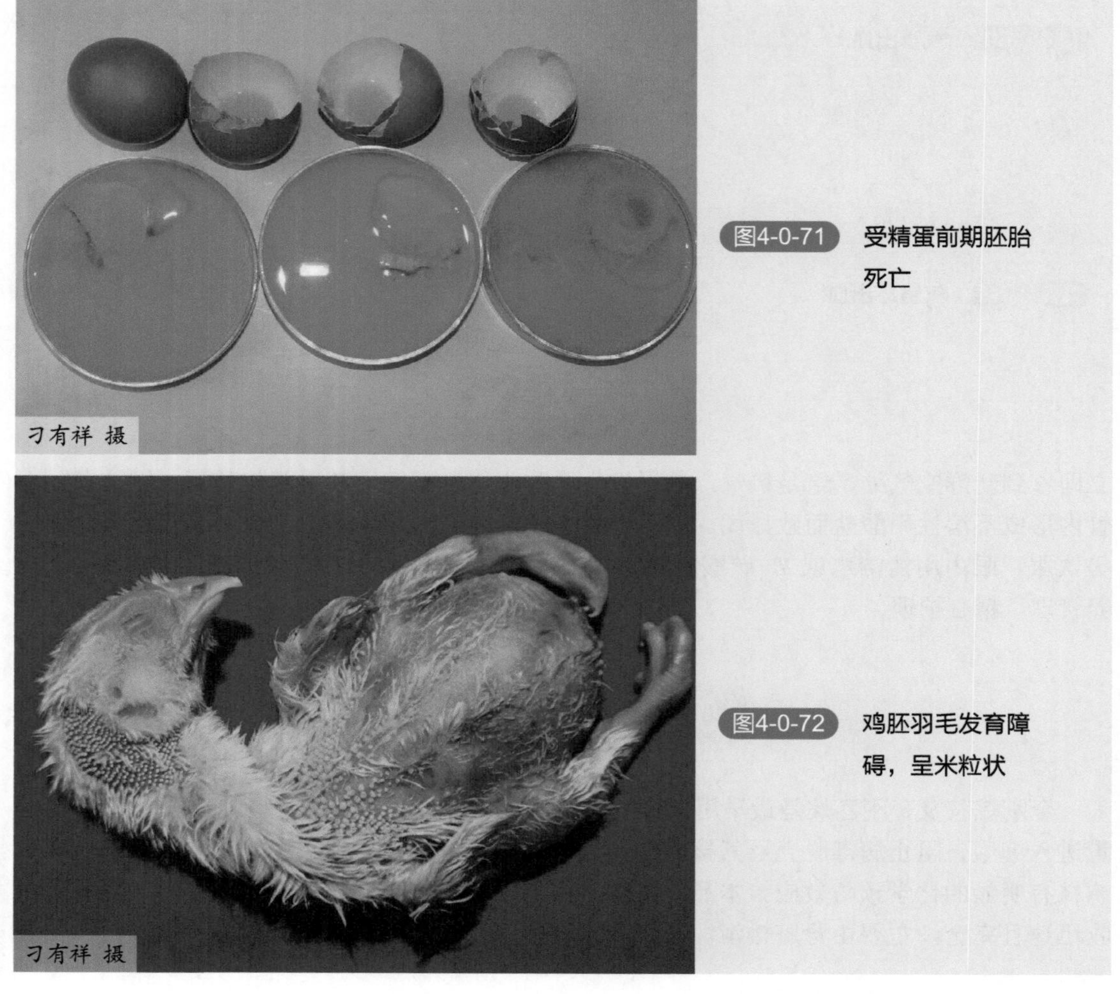

图4-0-71 受精蛋前期胚胎死亡

图4-0-72 鸡胚羽毛发育障碍，呈米粒状

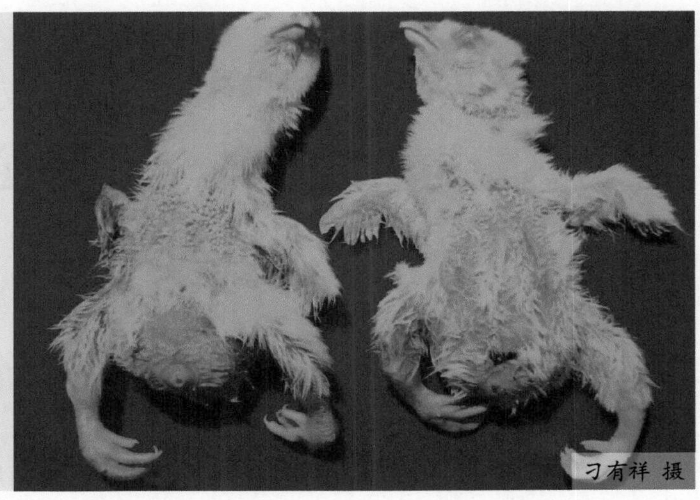

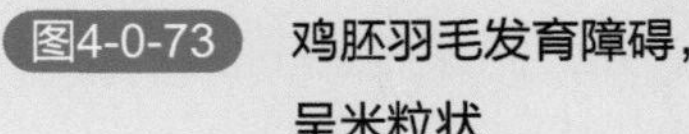
图4-0-73 鸡胚羽毛发育障碍，呈米粒状

纹状出血。腺胃出血，肌胃角质膜溃疡。肝脏肿大，呈土黄色。腿部和颈部肌肉出血，肾脏肿大。肠黏膜脱落，弥漫性充血、出血，内容物混有血液，泄殖腔黏膜出血。肺充血、出血，气管、喉头弥漫性充血、出血。

【治疗】

使用5%葡萄糖和0.01%的维生素C饮水，连用3～5天。

第五章　鸡普通病

59. 肌胃糜烂症

肌胃糜烂症（G irrard erosion，GE），又称为肌胃角质层炎（cuticulitis），是由于饲喂过量的鱼粉而引起的一种群发病，主要表现为肌胃发生糜烂和溃疡，甚至穿孔。

【病因】

（1）溃疡素　化学名称为2-氨基-G（4-咪唑基）-7-氮-壬酸，是鱼粉中最强的致肌胃溃疡物质，它的活性为组胺的1000倍以上，它既是组胺的衍生物，又是赖氨酸的衍生物，在鱼粉中它的最高含量可达30毫克/千克。若原料呈微酸性或干燥时，温度越高，则容易产生。它使胃内pH值下降，胃内总酸量增加，胃酸分泌亢进；使细胞耗氧量增加，细胞内的环腺苷酸（cAMP）浓度上升，最终导致胃肠内环境改变，胃肠黏膜受腐蚀。

（2）组胺　鲭鱼、青枪鱼、鲐鱼、鲅鱼等青皮红肉鱼中游离氨基酸相当丰富，这些鱼在制鱼粉前，濒死状态持续时间往往比较长，如外界温度较高，体内蛋白质结构崩解得很快。有些细菌，专以鱼体蛋白质内组氨酸为目标，将组氨酸转化为有毒的组胺。鱼粉中组胺含量的多少，与加工时的鱼类新鲜程度有关，鱼新鲜，制出的鱼粉组胺含量少；濒死期长，被细菌污染，腐败严重的，制出的鱼粉组胺含量高。组胺可引起唾液、胰液、胃液大量分泌，平滑肌痉挛，腐蚀胃肠黏膜，也造成肉鸡支气管黏膜肿胀、肺气肿、毛细血管和小动脉扩张、腹泻等。

（3）细菌与霉菌毒素　由于鱼粉含有较高的蛋白质和其他各种营养成分，在储藏或海上运输过程中会滋生沙门菌和志贺菌而产生毒性。有些加工鱼粉的单位无冷藏设备，在加工前原料就腐败变质；有的鱼粉厂无除臭、脱脂、烘干设备，原料全凭太阳晒干，遇到渔汛旺季和阴雨天，致使鱼粉滋生霉菌。细菌和霉菌产生的毒素，对鸡的胃肠道有较强的腐蚀作用，也易引起消化系统紊乱造成腹泻。

（4）其他　有些鱼粉厂见利忘义，在鱼粉中掺入羽毛粉、皮革粉、尿素、棉仁粉等，不但使鱼粉蛋白质质量下降，而且还残留有重金属、酚和其他有机物，对鸡的消化道产生长期严重的刺激，协同其他因素诱发肌胃糜烂症。

【症状】

病鸡精神沉郁，食欲减少，步态不稳，闭眼缩颈，羽毛蓬松，嗜眠。鸡冠及肉髯苍白。

嗉囊外观呈黑色，倒提时用手挤压嗉囊，可从口中流出黑褐色稀薄如酱油色的液体。病鸡腹泻，排出棕色或黑褐色软便，肛门周围羽毛粘有黑褐色稀粪。严重者迅速死亡，病程长者表现为渐进性消瘦，最后因衰竭而死亡。

【病理变化】

嗉囊呈黑色，肌肉苍白，从口腔到直肠的消化道内有暗褐色液体，尤其是嗉囊、腺胃及肌胃内积满黑色内容物（图5-0-1）。腺胃松弛，无弹性，腺胃乳头部扩张，膨大，刀刮时有褐色液体流出，有1～2毫米大小的溃疡。肌胃与腺胃结合部位以及在十二指肠开口部附近有程度不同的糜烂及米粒大或更大的散在性溃疡。严重的病例在腺胃与肌胃间穿孔（图5-0-2、图5-0-3），流出多量的暗黑色黏稠液体，污染十二指肠或整个腹腔（图5-0-4）。在消化道中以十二指肠病变较显著，其内容物呈黑色（图5-0-5），肠黏膜出血（图5-0-6），肝脏苍白，脾脏萎缩，胆囊扩张。

【诊断】

本病根据剖检变化如肌胃与腺胃及其结合部、十二指肠开始部有溃疡及糜烂，消化道内容物呈黑色，同时对饲料进行分析，检查鱼粉的含量、鱼粉的来源等即可确诊。

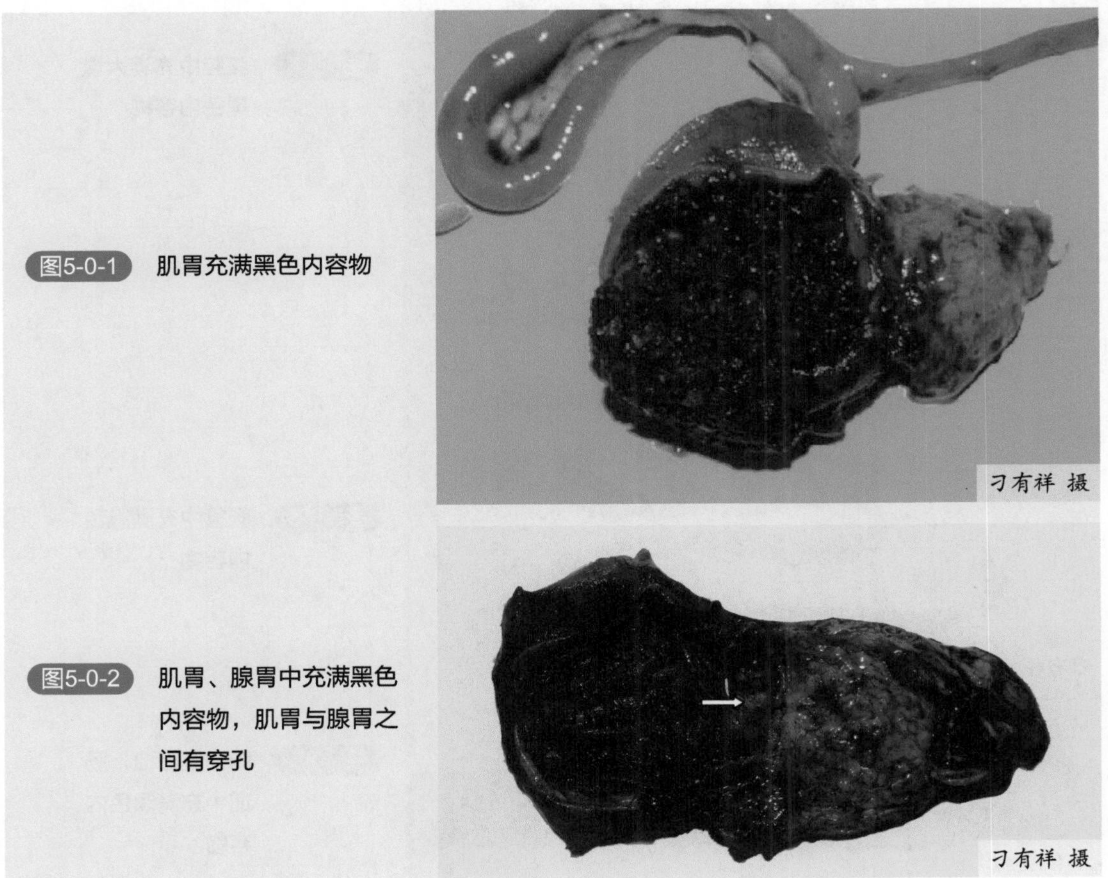

图5-0-1 肌胃充满黑色内容物

刁有祥 摄

图5-0-2 肌胃、腺胃中充满黑色内容物，肌胃与腺胃之间有穿孔

刁有祥 摄

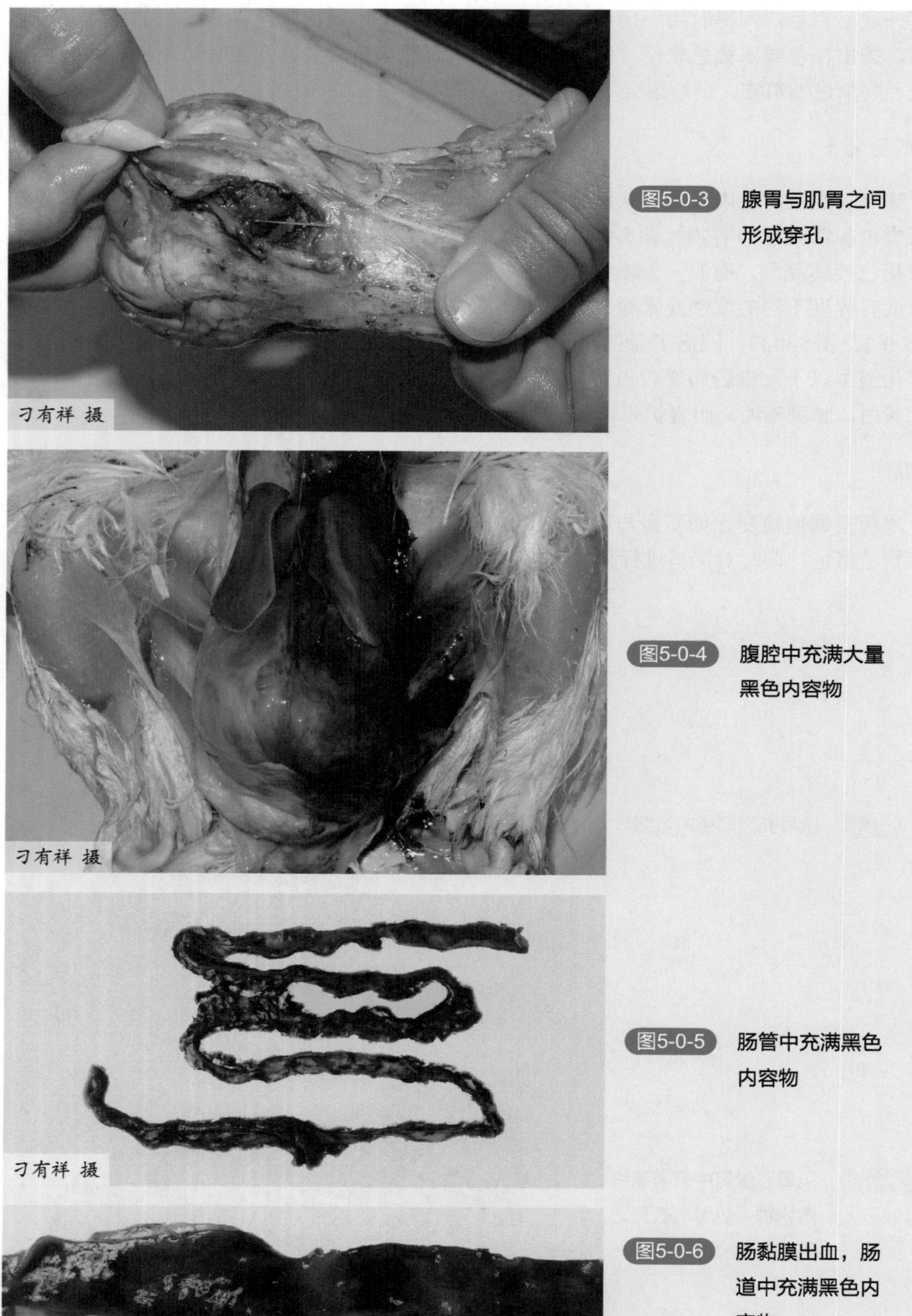

图5-0-3 腺胃与肌胃之间形成穿孔

图5-0-4 腹腔中充满大量黑色内容物

图5-0-5 肠管中充满黑色内容物

图5-0-6 肠黏膜出血，肠道中充满黑色内容物

【预防】

（1）制造含溃疡素低的鱼粉。鱼粉呈酸性，则溃疡素胺酸容易生成；另外鱼粉干燥时，温度愈高，则溃疡素愈容易产生。据此，在鱼粉干燥时，若预先在原料内加赖氨酸、抗坏血酸，能显著抑制溃疡素生成。

（2）鱼粉采购时须慎重。购鱼粉时，要注意鱼粉色泽、气味，正常的鱼粉色泽应呈黄棕色或黄褐色，气味咸腥。

（3）正确把握鱼粉使用量。当日粮中各营养成分较平衡时，鱼粉的需要量：雏鸡和育成鸡饲料中含3%左右；产蛋鸡含2%左右；肉鸡前期3%～4%，后期2%～3%。超过5%则易发生肌胃糜烂症。

（4）采用酸碱对抗剂。由于肌胃糜烂症在酸性条件下发病率高，在中性或碱性条件下则发病率低，又由于肉鸡多采用高能量高蛋白饲料，胃肠内乳酸浓度高，pH值自然较低。可在饲料中或饮水中添加0.2%～0.4%小苏打。

【治疗】

（1）发病后应及时更换饲料，使用优质鱼粉，并调整鱼粉含量。

（2）饮水中加入0.4%的碳酸氢钠，早晚各饮1次，连用3天。饲料中添加维生素K_3。

60. 啄癖

啄癖是养鸡生产中的一种多发病，常见的有啄羽、啄趾、啄背、啄肛、啄头等。轻者使鸡受伤，重者造成死亡。如不及时采取措施，啄癖会很快蔓延，带来很大的经济损失。

【病因】

引起啄癖的原因很多，主要有如下一些。

（1）饲料搭配不当：若日粮中缺乏蛋白质、纤维素易引起啄肛；缺乏含硫氨基酸易导致啄羽、啄肛；钙含量不足或钙磷比例失调，会引起啄蛋；日粮单一，饲喂量不均或搭配不当，会导致微量元素和维生素缺乏而引起啄癖。

（2）饲养密度过大，通风不良，鸡群拥挤，缺乏运动，采食、饮水不足。

（3）光照过强，鸡群兴奋而互啄，或产蛋鸡暴露在阳光下，母鸡不能安静产蛋，常在匆忙间产蛋后肛门外突，而招致其他鸡啄食。

（4）皮肤有疥癣或其他外寄生虫寄生，刺激皮肤，先自行啄羽毛，有创伤后，其余的鸡群起啄创伤处。

（5）育雏室闷热，温度过高，或育雏舍过冷而育雏器过暖，雏鸡拥挤易引起啄癖的发生。

【症状】

鸡只啄羽，翅膀、皮肤、肛门等出血（图5-0-7～图5-0-12）。

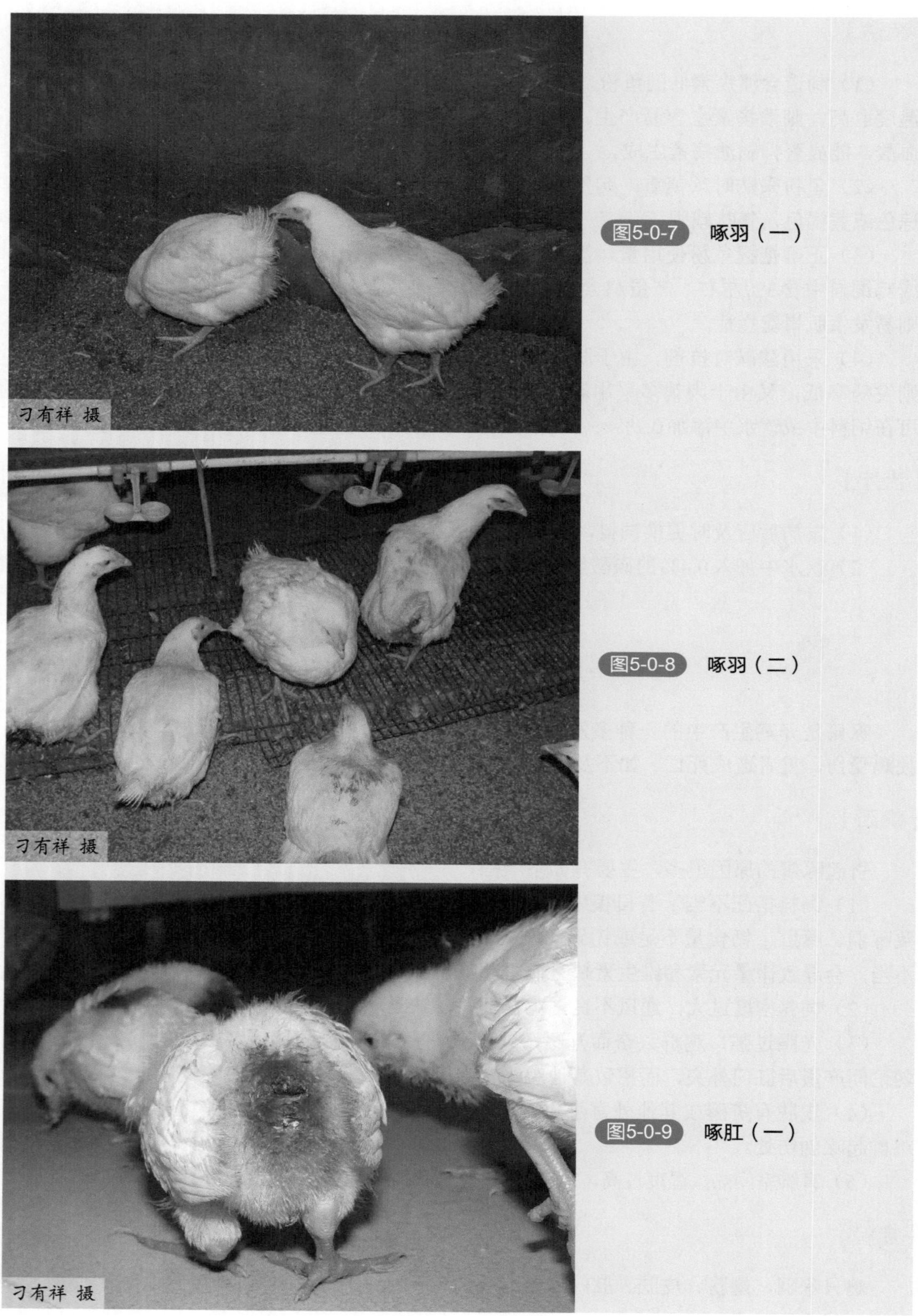

图5-0-7 啄羽（一）

图5-0-8 啄羽（二）

图5-0-9 啄肛（一）

图5-0-10 啄肛（二）

图5-0-11 啄肛，致使肛门流血（一）

图5-0-12 啄肛，致使肛门流血（二）

【预防】

（1）断喙。于6～9日龄断喙可有效地预防啄癖的发生。为防止断喙后出血，手术前后应喂以适量维生素K，并给以清凉饮水。

（2）合理分群。按鸡的品种、年龄、公母、大小和强弱分群饲养，以避免发生啄斗。

（3）加强管理。鸡舍要通风良好，舍温保持18～25℃，相对湿度以50%～60%为宜。饲养密度以雏鸡20只/米^2、育成鸡7～8只/米^2，成年鸡5～6只/米^{2}为宜，设置足够的食槽和水槽。

（4）光照不宜过强。利用自然光照时，可在鸡舍窗户上挂红色帘子或用深红色油漆涂窗户玻璃，使舍内仅产生一种暗红色，人工光照时照度以3瓦/米^{2}为宜。

（5）合理配制饲料。根据鸡的营养需要合理配制日粮，雏鸡料中的粗蛋白质含量保证有16%～19%，产蛋期不低于16%；饲料中的矿物质（如钙、磷）应占2%～3%。

（6）产蛋箱要足够，并设置在较暗的地方，使母鸡有安静的产蛋环境。

（7）有外寄生虫时，鸡舍、地面、鸡体可用0.2%的溴氰菊酯进行喷洒，对皮肤疥螨病可用20%的硫黄软膏涂擦。

（8）平养鸡可在运动场上悬挂青菜让鸡群啄食，既分散鸡的注意力，减少啄癖，又可补充维生素。

【治疗】

（1）出现啄癖时，可在饲料中加1%～2%的石膏连用5～7天；或在饲料中增加2%食盐，饲喂4～5天，并挑拣出有啄癖的鸡。

（2）若为单纯啄羽可用1%的人工盐饮水，连用1～5天。也可用硫酸亚铁和维生素B_{12}治疗，方法是体重0.5千克以上者，每只鸡每次口服0.9克硫酸亚铁和2.5克维生素B_{12}，体重小于0.5千克者，用药量酌减，每日2～3次，连用3～4天即可。

（3）对被啄的鸡伤口，涂以有特殊气味的药物，如鱼石脂、松节油、碘酒、紫药水，使别的鸡不敢接近，利于伤口愈合。

61. 中暑

中暑（Heatstroke）又称热应激，是指家禽在高温环境下，由于体温调节及生理机能趋于紊乱而发生的一系列异常反应，并伴随生产性能下降，甚至出现热休克和死亡。中暑多发生于夏秋高温季节，特别多见于集约化饲养的种鸡及快大肉鸡。

【病因】

中暑是由于禽舍及周围环境温度的升高超过了机体的耐受能力而产生的，而引起禽舍及环境温度升高的主要原因如下。

（1）夏季强烈阳光照射，使屋顶及地面产生大量的辐射热，据测定中午时太阳水平辐射热达到45～51千卡/（米^2·小时），大量的热通过辐射、传导和对流等途径进入禽舍。

（2）饲养密度大。由于密集饲养，每个个体所占的空间较小而不利于个体体热的散发，甚至可因拥挤而造成高于周围环境温度的小环境。

（3）舍内积聚的热量散发出现障碍，如通风不良、停电、风扇损坏、空气湿度过高等。

当外界环境潮湿闷热，气温升高，体内积热。鸡由于热的刺激反射性地引起呼吸加快，促进热的散发。但因外界环境温度高，机体不能通过传导、对流、辐射散热，只能通过呼吸、排粪、排尿散热，产热多，散热少，产热与散热不能保持相对的统一与平衡，鸡可出现明显的热应激乃至中暑等不良反应。中暑时，鸡呼吸加快，心率增加，体温升高；体内二氧化碳和水分大量排出，破坏体内酸碱平衡，血液中H^+浓度下降，pH值升高，出现呼吸性碱中毒，最终鸡因碱中毒而死亡。

【症状】

中暑时，最先出现的症状是呼吸加快，心跳增速。当环境温度超过32℃时，出现以张口伸颈气喘（图5-0-13～图5-0-15）、翅膀张开下垂、体温升高为特征的热喘息；同时伴

图5-0-13 鸡张口气喘

刁有祥 摄

图5-0-14 鸡张口气喘，腿呈伸展状态

随食欲下降，饮水增加，粪便稀薄（图5-0-16、图5-0-17）。产蛋家禽产蛋量下降，蛋重减轻，蛋壳变薄、变脆；处于生长期的鸡，其生长发育受阻，增重减慢；种公鸡精子生成减少，活力降低，母鸡则受精率下降，种蛋孵化率降低。长期慢性热应激的鸡可见部分脱毛现象，死后病鸡鸡冠、肉髯呈紫黑色（图5-0-18）。

图5-0-15 鸡伸颈、张口气喘

图5-0-16 粪便稀薄，鸡舍走道中充满粪水

图5-0-17 粪便稀薄

【病理变化】

血液凝固不良，尸冷缓慢，肌肉苍白（图5-0-19），心冠脂肪出血（图5-0-20），肺脏瘀血，肺水肿（图5-0-21、图5-0-22），胸膜、心包膜以及肠黏膜出血（图5-0-23）；腺胃变薄、变软、水肿（图5-0-24、图5-0-25），肝脏表面有散在的出血点（图5-0-26），脑及脑膜淤血，并有出血点，脑组织水肿。产蛋鸡卵泡膜充血（图5-0-27），输卵管黏膜水肿（图5-0-28）。

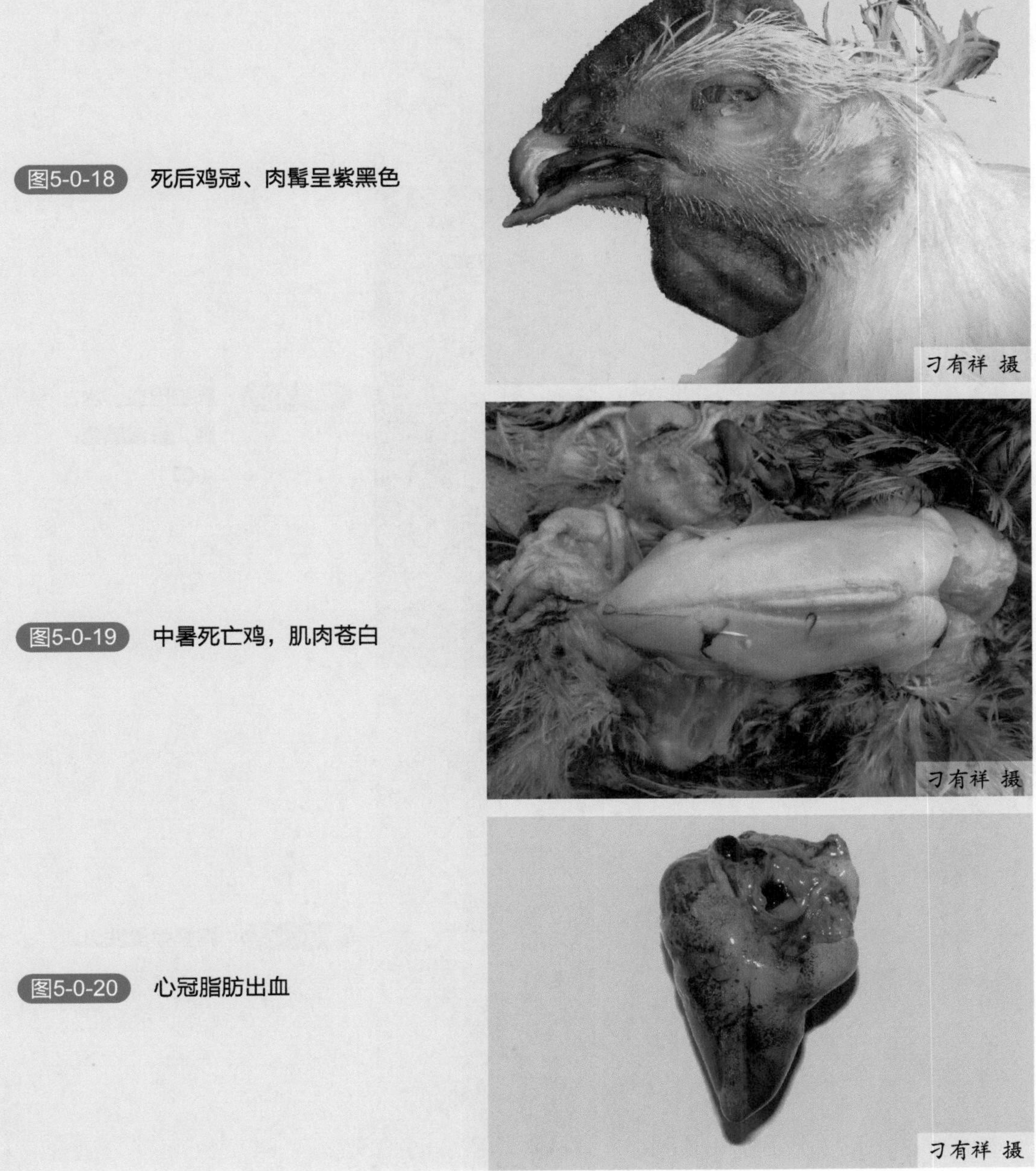

图5-0-18 死后鸡冠、肉髯呈紫黑色

图5-0-19 中暑死亡鸡，肌肉苍白

图5-0-20 心冠脂肪出血

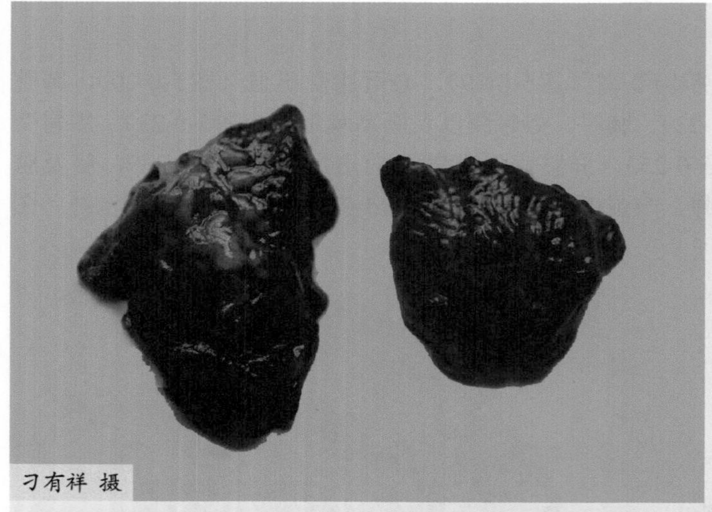

图5-0-21 肺脏出血、水肿，呈紫黑色（一）

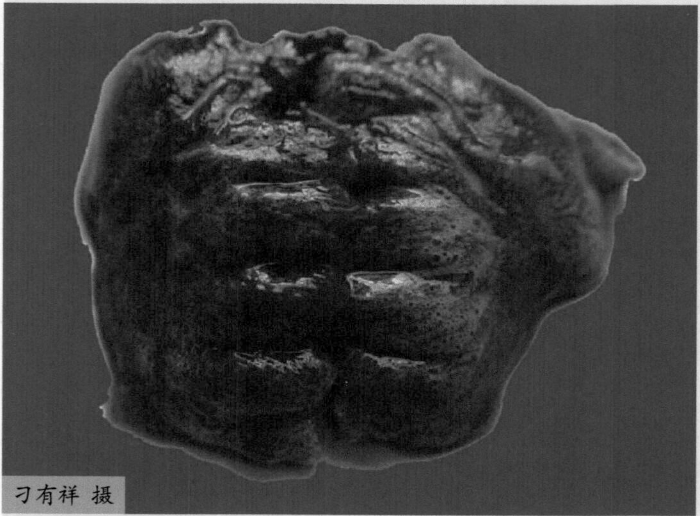

图5-0-22 肺脏出血、水肿，呈紫黑色（二）

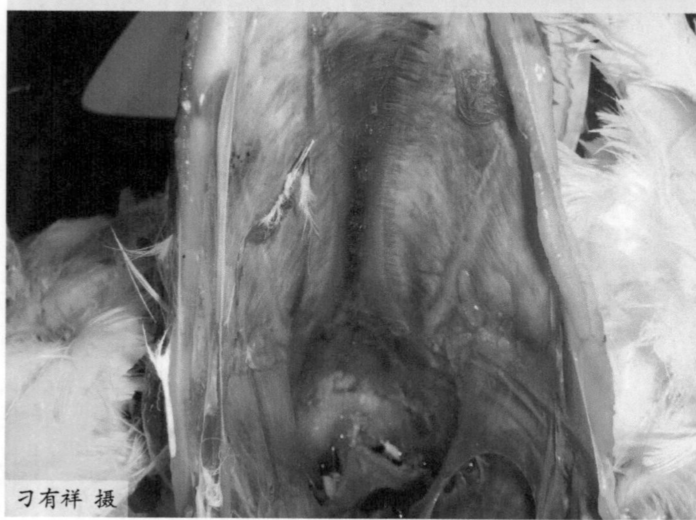

图5-0-23 胸膜弥漫性出血

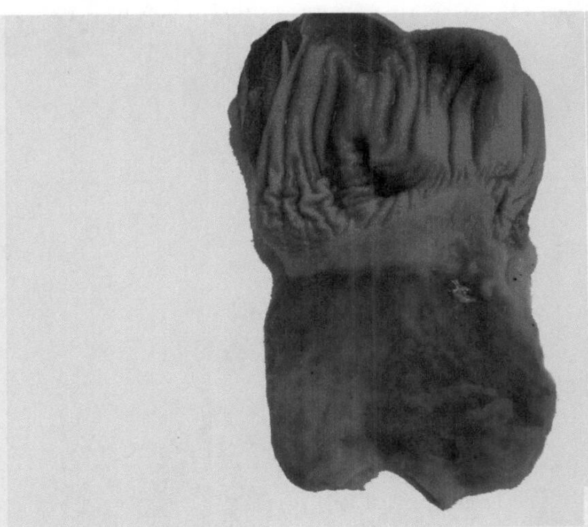

图5-0-24 腺胃失去弹性，胃壁变薄，水肿（一）

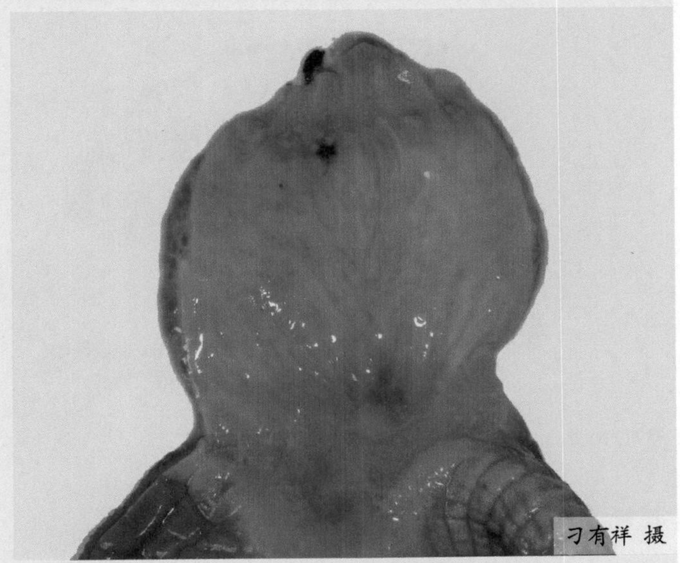

图5-0-25 腺胃失去弹性，胃壁变薄，水肿（二）

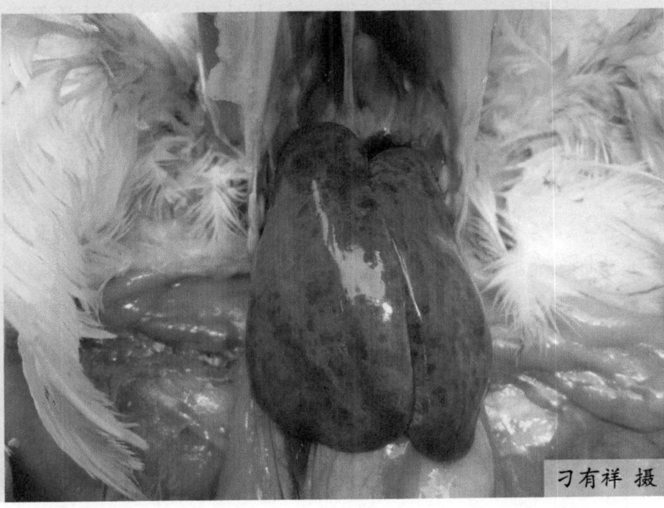

图5-0-26 肝脏表面有大小不一的出血点

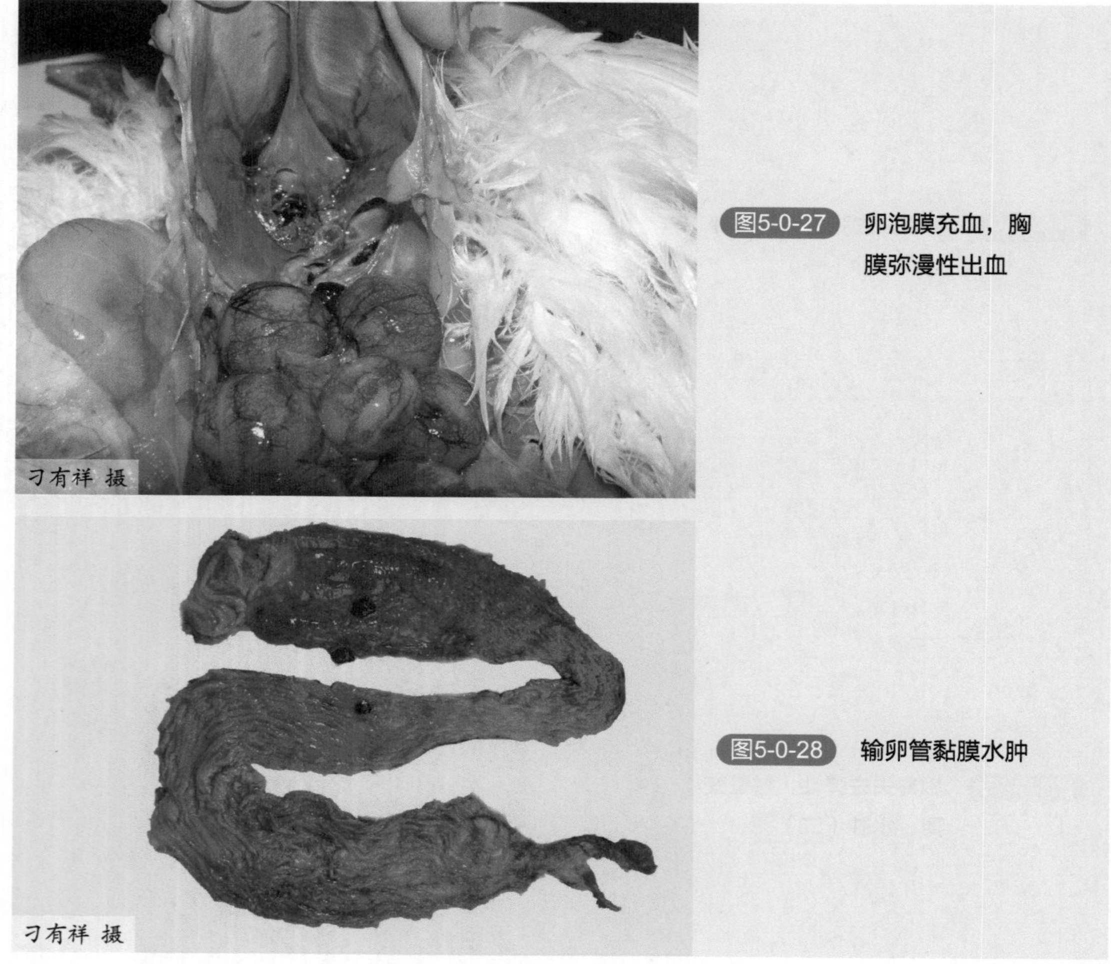

图5-0-27 卵泡膜充血，胸膜弥漫性出血

图5-0-28 输卵管黏膜水肿

【诊断】

本病根据发病季节、发病症状及剖检变化即可确诊。

【预防】

（1）禽舍建筑不能太矮并应尽可能坐北朝南，开设足够的通风孔，禽舍周围适当种植树草。

（2）安装必要的通风降温设备，如风扇、水帘、喷水等，可采用水帘加纵向通风的最佳通风系统。

（3）炎热季节，降低饲养密度，适当改变饲喂制度，改白天饲喂为早晚饲喂，并相应调整饲料的能量和蛋白水平，适当增加维生素的供应，白天供应足够的饮水，最好给予冷的井水，并在水中适当添加电解质。

（4）使用抗热应激剂

① 在日粮中补充维生素C。在常温条件下，家禽能合成足够的维生素C供机体利用，

但在热应激时，机体的合成能力下降，而此时对维生素C的需要量却增加，一般在日粮中添加0.01%～0.04%的维生素C。

② 在日粮或饮水中补充氯化钾。由于饲料中含钾量较高，所以常温下不需要在日粮中补充，但在热应激时，由于出现低血钾，所以必须从外界补充钾，一般饮水中补充0.15%～0.3%的氯化钾或在日粮中补充0.3%～0.5%的氯化钾。

③ 在日粮或饮水中补充氯化铵。鸡热应激时，出现呼吸性碱中毒，在日粮或饮水中补充氯化铵能明显降低血液pH值，一般在饮水中补充0.3%或在日粮中添加0.3%～1%的氯化铵。

④ 在日粮中补充碳酸氢钠。由于热应激时，产蛋鸡血液中碳酸氢根离子含量降低，蛋壳形成困难，所以在蛋鸡日粮中补充碳酸氢钠有利于增强蛋壳厚度，同时减少氯化钠在饲料中的用量，一般在饲料中补充0.5%。由于使用碳酸氢钠后会使血液pH值升高，而促进碱中毒的发生，所以在使用碳酸氢钠时应配合酸性药物，可在上午使用碳酸氢钠，下午使用维生素C。

⑤ 在日粮中补充柠檬酸。补充柠檬酸可使鸡血液中的pH值下降，添加量在0.25%左右。

【治疗】

鸡群发现有中暑症状时，必须立即急救。将病鸡移到阴凉地方，并把鸡放在冷水中浸泡，以降低体温，促进病鸡的恢复。大群鸡可用冷水降温。

参考文献

[1] 刁有祥. 鸡病诊治彩色图谱. 北京：化学工业出版社，2012.

[2] [美]塞弗. 禽病学. 第12版. 苏敬良，高福，索勋译. 北京：中国农业出版社，2012.

[3] 刁有祥. 禽病学. 北京：中国农业科学技术出版社，2011.